高等学校专业教材

中国轻工业"十四五"规划教材

浙江省普通高校"十三五"新形态教材

生物工程专业实验指导

吴元锋 主编

李业 张尧 鲍文娜 副主编

中国轻工业出版社

图书在版编目（CIP）数据

生物工程专业实验指导／吴元锋主编；李业，张尧，鲍文娜副主编．－－北京：中国轻工业出版社，2025.6.
（高等学校专业教材）（中国轻工业"十四五"规划教材）．－－ ISBN 978-7-5184-4861-6

Ⅰ．Q81

中国国家版本馆 CIP 数据核字第 2024F0G575 号

责任编辑：邹婉羽

策划编辑：伊双双　　责任终审：唐是雯　　封面设计：锋尚设计
版式设计：砚祥志远　　责任校对：吴大朋　　责任监印：张　可

出版发行：中国轻工业出版社（北京鲁谷东街5号，邮编：100040）

印　　刷：三河市万龙印装有限公司

经　　销：各地新华书店

版　　次：2025年6月第1版第1次印刷

开　　本：787×1092　1/16　印张：21.5

字　　数：496千字

书　　号：ISBN 978-7-5184-4861-6　定价：49.00元

邮购电话：010-85119873

发行电话：010-85119832　010-85119912

网　　址：http://www.chlip.com.cn

Email：club@chlip.com.cn

版权所有　侵权必究

如发现图书残缺请与我社邮购联系调换

231799J1X101ZBW

本书编写人员

主　编　吴元锋（浙江科技大学）
副主编　李　业（浙江科技大学）
　　　　　张　尧（浙江科技大学）
　　　　　鲍文娜（浙江科技大学）
参　编（以姓氏笔画为序）
　　　　　王宏鹏（浙江科技大学）
　　　　　肖竹钱（浙江科技大学）
　　　　　金庆超（浙大宁波理工学院）
　　　　　郑露华（浙江科技大学）
　　　　　赵伟睿（浙大宁波理工学院）
　　　　　柳　永（浙江科技大学）
　　　　　梁喜丽（浙江科技大学）
　　　　　戴德慧（浙江科技大学）
　　　　　魏培莲（浙江科技大学）

前言 Preface

生物工程是一门基础性强、涵盖面广的新兴综合性应用学科，是以生物科学与生物技术为基础，多学科相互交叉渗透融合发展而成的21世纪前沿学科之一，包括基因工程、细胞工程、发酵工程、酶工程、生物反应工程等。生物工程在社会发展的各个领域中都发挥着重要作用，为人类生产生活提供了极为丰富的物质基础。利用生物工程技术大规模生产人类社会所需的食品、能源、材料等，是我国实现生产方式变更、社会可持续发展的必由之路。

生物工程是一门实验性很强的学科。学生在学习过程中，需要培养自身的动手能力、创新实践能力和创业思维能力。实验实践环节在生物工程专业人才培养过程中具有与理论教学同样重要的地位。学校既要培养懂得生物工程及其产业化的科学原理、工艺技术过程和工程设计等基础理论、基本技能的创新人才，又要培养能在生物工程领域从事设计、生产、管理和新技术研究、新产品开发的工程技术人员，这些工作都离不开生物工程实验技术。

近年来，教育改革对高等院校提出了很多新的要求。党的二十大报告指出，"教育、科技、人才是全面建设社会主义现代化国家的基础性、战略性支撑"。习近平总书记在全国教育大会上指出："要提升教育服务经济社会发展能力"。"推进产学研协同创新，积极投身实施创新驱动发展战略，着重培养创新型、复合型、应用型人才"。党和国家十分关注大学生实践和创新能力的培养。

作为一门实验性及应用性较强的课程，生物工程专业实验课不仅要求培养的人才具有深厚的实验操作能力，还要求其具备较强的独立分析和解决问题的能力，因此，如何规划与开设本课程，特别是如何建设能够体现生物工程专业特点和培养方向的专业综合性实验课程，是一个非常重要的问题。

本教材是为生物工程专业学生编写的专业实验指导用参考书，从2005年开始作为自编讲义在本校生物工程专业本科生中使用，中间经过几次改版和扩充，使用效果良好。本教材应用型人才培养目的明确，综合实验内容大多是浙江科技大学生物与化学工程学院教师已经完成的科研项目，具有可靠的重复性，将科研融入教学，适合应用型人才培养，深受本专业广大师生的欢迎。全书共10章，分别是：实验室与实验的一般准则；生物工程实验常用仪器与设备；基因工程实验；细胞工程实验；酶工程实验；发酵工程实验；食品生物技术实验；生物分离工程实验；综合实验：脂肪酶表达载体构建、表达与纯化；综合实验：生物分子的生物信息分析、分子改造及发酵过程的虚拟仿真等。书中详细叙述了实验的目的要求、基本原理、具体操作步骤，罗列了每个实验的所需材料和仪器设备，每个实验均有对该实验结果的认真记录考核要求及注意事项提示，并在其后附有一定的思考题，以帮助学生加深对实验的理解和掌握。本书在编写过程中注重强调实验研究过程中的多种能力、素质和创新意识的培养与提高，并增加了思政教学内容。作为新形态教材，本书还附有部分实验教学视频，便于学生和实验操作人员学习。

　　本书由长期工作在教学和科研一线的教师编写，其中第一章由吴元锋和张尧编写，第二章由肖竹钱编写，第三章由鲍文娜编写，第四章由柳永编写，第五章由魏培莲编写，第六章由郑露华编写，第七章由戴德慧编写，第八章由王宏鹏编写，第九章由吴元锋、张尧、李业编写，第十章由金庆超、赵伟睿编写，附录由梁喜丽编写。本书配套实验教学视频中，第一章和第二章主要由吴元锋讲解，并由梁喜丽、王佳欣、王珍珍讲解部分仪器操作；第三章由鲍文娜讲解；第九章由鲍文娜、李业、戴德慧、于林凯、蔡海莺和肖竹钱等讲解。

　　本书适合生物工程、生物技术及相关专业实验教学使用，也可作为生物工程相关领域研究人员的实验参考书。由于生物工程技术的飞速发展以及编写者自身水平限制，书中难免存在差错和疏漏，恳请各位读者对本教材给予批评指正。

编　者

2025 年 5 月

目录 | Contents

第一章 实验室与实验的一般准则 ··········· 1
 第一节 实验室一般准则 ············· 1
  一、实验室准则要点 ············· 1
  二、实验室基本设施安全使用准则 ····· 3
  三、实验室危险化学品使用准则 ······· 5
  四、实验室生物安全防护 ··········· 10
  五、实验室环保准则 ············· 11
 第二节 实验开展的一般准则 ········· 12
  一、实验方案确定准则 ············ 12
  二、实验内容确定准则 ············ 12
  三、实验设计准则及方法 ··········· 13
 第三节 实验数据分析与报告撰写 ····· 15
  一、实验数据分析及方法 ··········· 15
  二、实验报告撰写规范 ············ 25
 第四节 实验资料及其检索方法 ······· 28
  一、实验室常用工具书 ············ 28
  二、生命科学与生物工程领域主要期刊 ·· 30
  三、生命科学与生物工程重要文献资源 ·· 30
  四、文献及网络信息检索方法 ········ 33
 第五节 实验室道德规范 ············· 35

第二章 生物工程实验常用仪器与设备 ······ 37
 第一节 分析检测设备 ··············· 37
  一、分光光度计 ················ 37
  二、气相色谱仪 ················ 39
  三、液相色谱仪 ················ 40
  四、气相色谱-质谱联用仪 ·········· 42
  五、液相色谱-质谱联用仪 ·········· 44

第二节 生物制品制备相关设备 ······ 46
一、发酵设备 ······ 46
二、提取设备 ······ 48
三、纯化设备 ······ 49
四、浓缩和干燥设备 ······ 51

第三节 现代生物技术设备 ······ 53
一、电泳设备 ······ 53
二、凝胶成像系统 ······ 56
三、PCR 仪 ······ 56
四、免疫印迹 ······ 58
五、酶标仪 ······ 59
六、流式细胞仪 ······ 60

第三章 基因工程实验 ······ 63
实验 1　PCR 扩增目的基因 ······ 64
实验 2　质粒 DNA 的提取、分离纯化和酶切鉴定 ······ 70
实验 3　感受态细胞的制备 ······ 74
实验 4　重组质粒的连接、转化及筛选 ······ 76
实验 5　目的基因原核表达质粒的构建 ······ 80
实验 6　外源基因在大肠杆菌中的诱导表达 ······ 85
实验 7　表达蛋白的 SDS-PAGE 分析 ······ 88

第四章 细胞工程实验 ······ 94
实验 8　海洋微藻细胞固定化培养技术 ······ 94
实验 9　绿色荧光蛋白的异源表达 ······ 97
实验 10　红曲霉原生质体的制备与显微摄影 ······ 102
实验 11　酿酒酵母的培养与转化 ······ 105
实验 12　植物（胡萝卜）的组织培养 ······ 110
实验 13　小鼠肝细胞原代培养 ······ 115
实验 14　细胞传代培养 ······ 118

第五章 酶工程实验 ······ 121
实验 15　产酶菌株的快速分离筛选——以纤维素酶产生菌为例 ······ 121
实验 16　糖化酶的发酵、提取与酶活力测定 ······ 123
实验 17　果胶酶的发酵、提取与酶活力测定 ······ 125
实验 18　利用亲和层析法从鸡蛋清中分离溶菌酶 ······ 128

实验 19　α-淀粉酶的固定化和酶活力测定 ……………………………………… 132
实验 20　红曲霉酯酶同工酶鉴定技术 …………………………………………… 134

第六章　发酵工程实验 …………………………………………………………… 138
实验 21　发酵菌种的复壮和保藏 ………………………………………………… 138
实验 22　大肠杆菌生长曲线的测定 ……………………………………………… 141
实验 23　发酵污染——噬菌体的检测 …………………………………………… 143
实验 24　l-乳酸发酵 ……………………………………………………………… 145
实验 25　丙酮酸发酵 ……………………………………………………………… 148
实验 26　柠檬酸发酵 ……………………………………………………………… 151
实验 27　枯草芽孢杆菌发酵 ……………………………………………………… 155
实验 28　淀粉酶固态发酵 ………………………………………………………… 157
实验 29　小型连续发酵 …………………………………………………………… 160

第七章　食品生物技术实验 ……………………………………………………… 163
实验 30　甜酒酿发酵 ……………………………………………………………… 163
实验 31　干红葡萄酒酿造 ………………………………………………………… 165
实验 32　酱油酿造 ………………………………………………………………… 170
实验 33　米醋酿造 ………………………………………………………………… 176
实验 34　啤酒发酵 ………………………………………………………………… 184
实验 35　特色食药用真菌菌种生产 ……………………………………………… 189
实验 36　乳酸菌的分离纯化以及凝固型酸乳发酵 ……………………………… 193
实验 37　浓香型杭白菊速溶粉制备 ……………………………………………… 197
实验 38　纳豆制作及其抗菌性实验 ……………………………………………… 200

第八章　生物分离工程实验 ……………………………………………………… 204
实验 39　RNA 制备和核苷酸的离子交换层析分离 …………………………… 204
实验 40　冬虫夏草菌丝培养及胞内多糖的提取 ………………………………… 209
实验 41　膜分离法精制浓缩酶 …………………………………………………… 212
实验 42　海带中岩藻聚糖硫酸酯的提取 ………………………………………… 216
实验 43　食用菌多糖的提取及初步纯化 ………………………………………… 218
实验 44　血清蛋白的醋酸纤维薄膜电泳 ………………………………………… 220
实验 45　利用盐析和等电点沉淀法从牛乳中制备酪蛋白 ……………………… 223
实验 46　离子交换层析分离氨基酸 ……………………………………………… 225
实验 47　大蒜细胞超氧化物歧化酶的提取与分离 ……………………………… 228
实验 48　双水相体系中蛋白质分配系数的测定 ………………………………… 232

实验 49　离子交换树脂总交换容量的测定 …………………………………… 234

第九章　综合实验：脂肪酶表达载体构建、表达与纯化 ………………………… 237

实验 50　细菌基因组的提取 ………………………………………………… 238
实验 51　基因的 PCR 扩增及产物纯化 ……………………………………… 239
实验 52　细菌质粒提取 ……………………………………………………… 242
实验 53　载体质粒、PCR 产物的双酶切及酶切产物的纯化 ………………… 244
实验 54　重组载体的构建及转化 …………………………………………… 246
实验 55　重组子的筛选与测序验证 ………………………………………… 248
实验 56　基因工程菌菌种的活化及扩大培养 ……………………………… 250
实验 57　基因工程菌发酵工艺 ……………………………………………… 252
实验 58　发酵过程中残糖、生物量及表达产物含量的测定 ………………… 258
实验 59　脂肪酶的表达及分离纯化 ………………………………………… 261
实验 60　SDS-PAGE 凝胶电泳 ……………………………………………… 263
实验 61　脂肪酶活力测定 …………………………………………………… 265

第十章　综合实验：生物分子的生物信息分析、分子改造及发酵过程的虚拟仿真 …… 267

实验 62　目的基因的结构鉴别、蛋白质预测和系统发育分析 ……………… 268
实验 63　应用拉氏图信息提升谷氨酸脱羧酶的热稳定性 …………………… 277
实验 64　乳酸菌发酵生产 γ-氨基丁酸过程优化及放大虚拟仿真实验 ……… 285

附录一　常见元素的相对原子质量表 ……………………………………………… 290

附录二　化学试剂的规格 …………………………………………………………… 291

附录三　法定计量单位和单位换算 ………………………………………………… 294

附录四　生物工程单元操作实验中的常用数据表 ………………………………… 296

附录五　常用培养基和缓冲液的配制方法 ………………………………………… 300

参考文献 …………………………………………………………………………… 327

第一章 实验室与实验的一般准则

CHAPTER 1

[学习目标]

1. 了解实验室安全的各类注意事项。
2. 了解实验开展的一般准则。
3. 了解实验数据分析和文献检索的一般方法。
4. 了解实验室学术道德规范。

第一节 实验室一般准则

一、实验室准则要点

实验室与实验的一般规则

（一）实验室技术安全管理

实验室技术安全管理通常包括以下内容：实验室的安全组织机构设置、安全教育、实验室准入管理、危险化学品安全管理、生物安全管理、辐射安全管理、实验废弃物安全管理、仪器设备安全管理、安全设施建设、水电安全管理、实验室内务管理、环境保护、安全检查、奖惩等方面。为保证实验教学顺利进行，实验操作者应遵守"安全第一、预防为主、综合治理"的方针，应有红线意识和底线思维。

（二）实验室安全检查制度

养成良好的实验室安全意识和危险源排查意识至关重要。应当建立健全实验室安全检查和隐患排查治理制度，养成定期对实验室化学、生物、辐射、机械、电气等危险源进行检查和定期排查的习惯，逐步形成对实验室安全的重视，确保能够及时发现并消除事故隐患。同时，应当着重接受相关安全教育培训，意识到安全问题的重要性，并养成规范使用和处置实验室设备的好习惯。

（三）实验室安全教育与准入制度

1. 安全课程建设

应加强对实验室安全的认识和实验操作技能的提升，需要建立系统完备的实验室安全培训课程。这些课程可以由学校、院系、实验室或其他内外部培训机构提供。课程内容应包括一般实验室安全知识以及化学、生物、辐射等专业领域的安全要求。此外，还需要涵盖基础设施、环境保护、健康防护等方面的知识，可以通过必修、选修或专门培训来学习和掌握实验室安全相关知识。

2. 常规教育培训

应将实验室安全教育纳入日常教育，将安全教育培训与实验室准入有机结合，每年开展安全教育培训活动并记录。

3. 专业教育培训

在专业领域内应建立必要的安全意识和技能。针对各专业和学科的特点，开展相关培训活动，特别是针对危险化学品安全、病原微生物安全、辐射安全以及特种设备操作等方面。这些专业培训可以由高校自行组织，也可以由国家相关部门或学术组织提供。

4. 应急演练

应急演练活动应该包括各种不同范围和内容的训练，特别应反映各学科特点的实验室安全方面的内容，例如处理危险化学品泄漏、实验室安全事故的紧急救援和消防演练等。这些演练活动应在相关部门的指导下进行，并进行记录，从而有助于在实际情况下熟练应对各种安全问题。

5. 安全检查与值班值日制度

（1）校级检查　根据教育部《高等学校实验室安全检查项目表》，每年初应拟订实验室安全检查计划，明确检查范围和内容，学校层面将定期或不定期进行检查，每年至少进行4次检查。必要时，需要建立实验室安全监督队伍，其中包括校级领导、实验室管理部门、相关部门、学院领导、技术安全专家和实验室管理人员等。每次检查都应有书面记录和照片等证据，并及时归档。建议利用移动互联网等技术基础构建安全管理系统，从而实现信息化管理。信息化管理系统的应用有利于整个管理过程留痕，也有利于实现网络化管理，从而显著提高管理效率。

（2）专项检查　对高危实验物品应有正确的认识，例如剧毒品、病原微生物和放射源，每年都要进行专项检查。这些专项检查分别针对剧毒品、病原微生物和放射源展开。剧毒品的专项检查重点关注场所、采购、储存、使用和处置等方面；学生使用的病原微生物的专项检查主要涵盖实验室资质文件、生物安全组织机构、生物安全管理体系、实验室管理制度、学生培训与管理、实验室环境和设备、实验室记录与档案、应急预案、个人防护、菌（毒）种和样本的储存与管理、感染性物质的运输和废弃物管理等12个方面；放射源的专项检查主要涉及放射源场所、资质、采购、处置、人员管理与防护、国家核技术利用、辐射安全管理系统数据使用等情况。

（3）房间自我检查　实验室需要制定安全与卫生值日制度。实验人员应记录每天发生的安全问题及处理情况，以及对室内的电气设备、电线和环境卫生的检查情况。这些记录需要包括日期和实验人员签名，以便实现实验室每日的安全自查（图1-1）。

（4）危险源识别　①危险源清单：应熟悉并掌握实验室的安全危险源清单。这份清单应包括设计单位、房间类别、数量、责任人等信息。危险因素可以归为4类：物的因素、环境的因

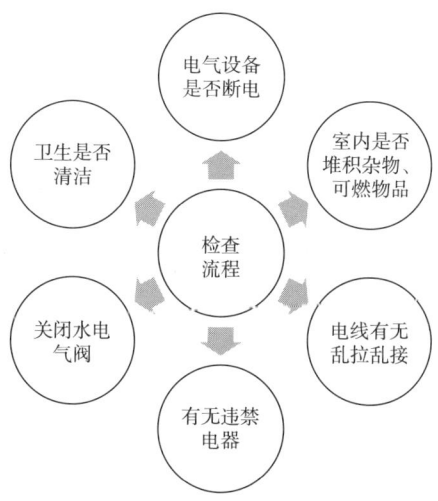

图1-1 实验室自检查流程

素、人的因素和管理的因素。危险源清单主要涉及危险性设备和危险性物质。对潜在危险源的分析和判断需要考虑事故模式及后果预测、事故发生的原因及条件分析、操作过程中的危险、操作失误存在的危险、实验工具存在的缺陷、安全防范措施是否符合国家要求、事故处理的应急救援方法和预案。②警示标识：在进行实验前应注意观察存在危险源区域的警示标识。安全警示标识可以为图形标志、警示语句、警示线和告知卡等形式。如果发现警示标识牌破损、褪色或者变形，应及时修整或更换。在修整或更换警示标识牌时，应提供临时的替代标志，以防发生意外伤害。实验室的入口和房间内所有危险源都应有明确的警示标识。③高危场所的软硬件设施和标识：在涉及剧毒品、病原微生物、放射性同位素、强磁等高危场所时，应该确保这些场所具备符合要求的软硬件设施，并且设置明显的警示标识。

二、实验室基本设施安全使用准则

（一）水、电基本设施的正确使用准则和个人防护等

1. 水

水槽地漏及下水道畅通，水龙头上下水管无破损。各类连接管无老化、破损，特别是冷却冷凝系统的橡胶管接口处。无自来水龙头开着时人离开的现象。实验室管理人员清楚所在楼层及实验室的各级水管总阀位置。

实验室基本设施
安全使用准则

2. 电

实验室电容量插头插座与用电设备功率需匹配，不得私自改装，电源插座需固定。实验室和电气设备应配备空气开关和漏电保护器，且应满足配色和分断要求。不私自乱拉乱接电线电缆，不使用老化的线缆花线和木质配电板。禁止多个接线板串接供电。接线板不宜直接置于地面。大功率电器设备包括空调等使用专用插座，不可使用接线板，用电负荷满足要求，长期不用时应切断电源。无人看管状态下，应切断充电器或充电宝的充电电源。电源插座不宜安装在水槽边，若确有需要，应增设防护挡板或防护罩。电线接头绝缘可靠，无裸露连接线，台面上的线缆应有盖板或护套。配电柜或配电箱无物品遮挡且便于操作，配电箱、开关插座等周围无

易燃易爆物品堆放。插座、插头、接线板为国家质量认证的合格产品，无烧焦、变形、破损现象。易燃易爆气体等特殊实验室的线路和用电装置应按相关规定使用防爆电气线路和装置。易积水实验场所取消地面插座，积水时需切断地面插座电源。

3. 个人防护

凡是进入实验室的人员均需穿着合适的长袖防护服或实验服。如进行化学实验、有危险的机械操作等，需佩戴安全防护眼镜。进行化学、生物安全和高温实验时，不得佩戴隐形眼镜。特殊场所按需要佩戴安全帽。在外操作机床等旋转设备时，不穿戴长围巾、领带、长裙等。涉及不同的有害化学物质、病原微生物、高温和低温等时，应正确选择不同种类的防护手套。在特殊的实验室（如有挥发性毒物溅射危险等），配备和使用正确种类的面罩、呼吸器、防化服等，呼吸器应在有效期内，不用时应密封放置。防化服等个人防护器具分散存放在安全场所，并配有明显标识，紧急情况下便于取用。各类个人防护器具的使用有培训及定期检查维护记录。

4. 其他

高温、高压、高速运转等危险性实验时必须有两人或两人以上在场。实验室不能脱岗，通宵实验时需两人或两人以上在场，并有事先审批。穿着化学、生物类实验服或戴实验手套时，不得随意出入非实验区，例如会议室、办公室、休息室、餐厅、电梯等。实验结束后，物品归位，保持桌面整洁。手机卡、银行卡、校园卡等物品不得带入高磁场实验室。

（二）高压容器、高转速容器的正确使用准则

1. 高压容器

压力大于等于 0.1MPa 且容积大于 30L 的压力容器需取得特种设备使用登记证和压力容器登记卡。压力容器操作人员需持证上岗，取得相应的特种设备作业人员证，每 4 年复审一次。委托有资质单位进行定期检验，并将在有效期内的安全检验合格证置于特种设备的显著位置。安全阀或压力表等安全附件需委托有资质单位定期校验或鉴定。原则上不使用超过期限或已经达到设计使用年限的压力容器；未规定使用年限但已超过 20 年的固定式压力容器，如需要继续使用，应当委托有资质机构进行检验，经单位主要负责人批准后，办理使用登记证书变更，方可继续使用。实施使用登记制度，及时填写使用登记表。

2. 高转速容器——超高速离心机

超高速离心机在独立房间内应有足够的安全空间，放置于平整的地面或平整又坚固的台面上。超高速离心机运行时不准打开机盖，不使用时要关闭电源，打开盖子。操作有致病性微生物的生物材料样品时，转头的装载、平衡、密封和打开必须在生物安全柜内进行。离心完毕后，转头必须做消毒灭菌处理，清洗干净后再用。

（三）实验室防火与防爆

1. 消防设施

实验室应配备合适的灭火器，灭火器按所充装的灭火剂可以分为泡沫灭火器、干粉灭火器、二氧化碳灭火器、卤代烷灭火器等。实验室应配备灭火毯，用于扑灭油锅起火或披在身上逃生。有机类化学实验室应配备消防沙，用于扑灭油制品、易燃化学品等引起的火灾。危险实验室应配备烟感报警器、消防喷淋系统。大型精密仪器、有机合成实验室、机房等，不适宜配备消防喷淋系统。大型仪器实验室应配备二氧化碳灭火器，机房应配备六氟丙烷灭火器。实验室内消防灭火设备应安装放置位置规范，取用方便，灭火器应放置在实验室出口醒目位置，进行定期维护管理。定期对消防设施物品进行检查、更换、保养，确保其正常发挥

功能。

应在楼道显著位置张贴紧急逃生疏散路线图,包括当前位置、逃生路线指示及出口等。疏散平面图上显示的信息应清晰易懂,有两条以上的逃生路线。

实验人员应熟悉各种消防设备和物品,尤其是灭火器的性质、适用范围和使用方法,定期开展相关使用训练;熟悉紧急疏散路线张贴位置及相关信息。消防设备和物品只能扑救初起的火灾,一旦发现火情蔓延,应及时撤离,并向消防部门报警。

2. 应急喷淋与洗眼装置

存在可能受到化学和生物伤害的实验区域应配置应急喷淋和洗眼装置,走廊有显著引导标识。应急喷淋安装地点与工作区域之间畅通距离不超过30m,应急喷淋安装位置合适,拉杆位置合适、方向正确。喷淋装置水管总阀处于常开状态,喷淋头下方无障碍物,不能以普通淋浴装置代替应急喷淋装置。洗眼装置接入生活用水管道,水量、水压适中,喷出高度8~10cm,水流畅通、平稳。定期维护应急喷淋与洗眼装置,并有检查记录。每月启动一次阀门,时刻保证管内水流畅通。

3. 通风系统

有需要的实验场所配备符合要求的通风系统,管道风机需防腐,使用可燃气体场所应采用防爆风机。实验室通风系统运行正常,柜口面风速 0.35~0.75m/s,定期进行维护检修,有记录屋顶风机固定,无松动,无异常噪声。根据需要在通风柜管路上安装有毒有害气体的吸附或处理装置,如活性炭、光催化分解、水喷淋等。任何可能产生高浓度有害气体、可燃可爆炸气体、蒸气且导致气体积聚的实验都应在通风柜内进行。进行实验时,可调玻璃视窗开至距台面10~15cm,保持通风效果,并保护实验人员胸部以上部位。实验人员在通风柜进行实验时,应避免将头伸入调节门内,不得将一次性手套或较轻的塑料袋等遗留在通风柜内,以免堵塞排风口。通风柜内应避免放置过多物品器材,以免干扰空气的正常流动,通风柜内放置物品应距离调节门内侧15cm左右,以免掉落。涉及易燃易爆有机试剂的通风柜内不得安装电源插座。配备通风罩等的实验场所换气扇、风机可正常使用。

4. 实验室防爆

防爆实验室需符合防爆设计要求,安装防爆开关、防爆灯等,安装必要的气体报警系统、监控系统及断水断电应急系统。对于产生可燃气体或蒸气的装置,应在其进出口安装阻火器,室内应加强通风,使爆炸物浓度控制在爆炸下限值以下。对于有爆炸危险的仪器设备,应使用合适的安全罩防护。

三、实验室危险化学品使用准则

(一)危险化学品的分类

《危险化学品安全管理条例》第三条记:"本条例所称危险化学品,是指具有毒害、腐蚀、爆炸、燃烧、助燃等性质,对人体、设施、环境具有危害的剧毒化学品和其他化学品。"根据国务院公布的《易制毒化学品管理条例》,常见的易制毒化学品分类见表1-1。其中第一类是可以用于制毒的主要原料,第二类、第三类是可以用于制毒的化学配剂。根据公安部编制的《易制爆危险化学品名录(2021年版)》,常见的易制爆化学品分类见表1-2。

表1-1　　　　　　　　　　常见的易制毒化学品

序号	品类		
	第一类	第二类	第三类
1	1-苯基-2-丙酮	苯乙酸	甲苯
2	3,4-亚甲基二氧苯基-2-丙酮	醋酸酐	丙酮
3	胡椒醛	三氯甲烷	甲基乙基酮
4	黄樟素	乙醚	高锰酸钾
5	黄樟油	哌啶	硫酸
6	异黄樟素	溴素	盐酸
7	N-乙酰邻氨基苯酸	1-苯基-1-丙酮	苯乙腈
8	邻氨基苯甲酸	α-苯乙酰乙酸甲酯	γ-丁内酯
9	麦角酸	α-乙酰乙酰苯胺	
10	麦角胺	3,4-亚甲基二氧苯基-2-丙酮缩水甘油酸	
11	麦角新碱	3,4-亚甲基二氧苯基-2-丙酮缩水甘油酯	
12	麻黄素、伪麻黄素、消旋麻黄素、去甲麻黄素、甲基麻黄素、麻黄浸膏、麻黄浸膏粉等麻黄素类物质		
13	羟亚胺		
14	邻氯苯基环戊酮		
15	1-苯基-2-溴-1-丙酮		
16	3-氧-2-苯基丁腈		
17	N-苯乙基-4-哌啶酮		
18	4-苯胺基-N-苯乙基哌啶		
19	N-甲基-1-苯基-1-氯-2-丙胺		

资料来源：《易制毒化学品管理条例》。

（二）危险化学品的采购、验收和运输

1. 危险化学品的采购

（1）一般危险化学品　危险化学品必须向具有危险化学品生产经营许可资质的单位购买，学校也应建立危险化学品采购管控程序，建立集中统一的危险化学品采购管理平台，对实验室采购行为和采购数量进行有效监管。学校应建立危险化学品供应商的资质审核程序，对于供应商的资质、品目、服务进行有效监管，实验室应根据学校要求按需限量采购。

（2）其他危险化学品　剧毒品、易制毒品、易制爆品、爆炸品购买前需经学校审批，报公安部门批准或备案后，向具有经营许可资质的单位购买，学校职能部门须保留资料，建立档案，不得私自从外单位获取管控化学品。

表1-2 常见的易制爆化学品分类

序号	酸类	硝酸盐类	氯酸盐类	高氯酸盐类	重铬酸盐类	过氧化物和超氧化物类	易燃物还原剂类	硝基化合物类	其他
1	硝酸	硝酸钠	氯酸钠	高氯酸锂	重铬酸锂	过氧化氢溶液（含量>8%）	锂	硝基甲烷	硝化棉
2	发烟硝酸	硝酸钾	氯酸钾	高氯酸钠	重铬酸钠	过氧化锂	钠	硝基乙烷	4,6-二硝基-2-氨基苯酚钠
3	高氯酸	硝酸铯	氯酸铵	高氯酸钾	重铬酸钾	过氧化钠	钾	2,4-二硝基甲苯	高锰酸钾
4		硝酸镁		高氯酸铵	重铬酸铵	过氧化钾	镁	2,6-二硝基甲苯	高锰酸钠
5		硝酸钙				过氧化镁	镁铝粉	1,5-二硝基萘	硝酸胍
6		硝酸锶				过氧化钙	铝粉	1,8-二硝基萘	水合肼
7		硝酸钡				过氧化锶	硅铝	二硝基苯酚（干的或含水率<15%）	2,2-双（羟甲基）-1,3-丙二醇
8		硝酸镍				过氧化钡	硫黄	2,4-二硝基苯酚（含水率≥15%）	
9		硝酸银				过氧化锌	锌尘	2,5-二硝基苯酚（含水率≥15%）	
10		硝酸锌				过氧化脲	金属锆	2,6-二硝基苯酚（含水率≥15%）	
11		硝酸铝				过氧乙酸	六亚甲基四胺	2,4-二硝基苯酚钠	
12						二枯基过氧化物	1,2-乙二胺		
13						过氧化氢	一甲胺		
14						超氧化钠	硼氢化锂		

资料来源：《易制爆危险化学品名录（2021年版）》。

(3) 麻醉药品和精神药品　购买前需向食品药品监督管理部门申请，报批同意后，向定点供应商或定点生产企业采购。

2. 危险化学品的验收

学校应建立对危险化学品的验收管理制度，由专人按合同进行检查验收登记，验收内容包括：数量、包装、危险标志、化学品、安全技术说明书等。对于管制类危险品的验收要更加严格，完整记录并存档，有条件的应使用信息化手段进行管理，在最小包装容器上加贴二维码标签，以便实现从领用到报废的全过程管理。库存危险化学品也应当定期检查，如果发现其品质变化、包装破损、渗漏、稳定剂短缺等，应及时处理。

3. 危险化学品的运输

应保障化学品气体运输安全，校园内的运输车辆、运输人员、送货方式等符合相关规范。

（三）危险化学品的管理

1. 剧毒品的管理

剧毒品的储存需要配备专门的保险柜并固定，实行双人双锁保管，具有高挥发性、低闪点的剧毒品应存放在具有防爆功能的冰箱内，并配备双锁，配备监控与报警装置。执行双人收发、双人运输，严格记录品种、规格以及购入、发放、退回的日期，单位及经手人数量以及结存数量。使用时有两人同时在场，且计量使用后立即放回保险柜，详细记载用途，双人签字。建立规范的剧毒品处置流程，依规对残余废弃的剧毒品或空瓶进行处置，双人签字。

2. 其他危险化学品的管理

（1）易制毒品　使用易制毒化学品的学校应建立专门的储存场所，符合相关要求，实验室使用易制毒化学品的，应单独设置存放地点，分类存放，指定专人保管，做好使用处置记录，防止丢失被盗。第1类易制毒品应实行五双制度（图1-2）管制；加强对第2、3类易制毒化学品的管理，按性质分类存放、上锁，有使用记录。

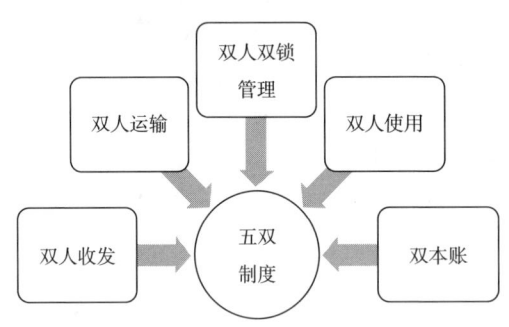

图1-2　五双制度

（2）易制爆品　易制爆化学品库房应按照《易制爆危险化学品储存场所治安防范要求》建设，并由所在地公安机关验收合格以后投入使用。室内如需少量存放易制爆化学品，应单独设置存放场所，并按照每种化学品的本质危险属性进行分类存放。易制爆品指定专人管理，做好领取、使用、处置记录，防止丢失被盗。

（3）爆炸品　使用爆炸品的学校必须建设符合国家有关标准和规范的爆炸物品专用仓库，有具备相应资质的安全管理人员，仓库管理人员、实验室人员也应得到充分培训，健全安全管理制度、岗位安全责任制度、操作规范。爆炸品的使用应当如实记录领取发放的品种、数量、编号以及领取人、发放人员姓名，领取数量不得超过实际需求量，如有剩余，必须立即退还，返回仓库领取发放的原始记录保存备查。如果需要实验室暂存，则严格限制其存放量，且提供完备的安全防护措施。实验操作时应提供符合标准的专用设备，保持安全距离，设置警示标识并安排警戒人员，实验结束后应及时检查，排除未使用的爆炸品，剩余的爆炸品应登记造册，需处理时报所在地县级人民政府公安机关组织监督销毁。

3. 麻醉品和精神类药品的管理

麻醉药品和第一类精神药品的使用单位应当设立专库或者保险专柜，专库应当设有防盗设施和报警装置，装库和专柜实行双人双锁管理，并建立储存麻醉药品和第一类精神药品的专用账册。药品的入库、双人验收、出库、双人复合做到账户相符，专用政策的保存期限应当自药品有效期期满之日起不少于5年。

第二类精神药品应当专柜储存。建立专用账册，实行专人管理，专用账册的保存期限应当自药品有效期期满之日起不少于5年。

对于精神类药品，应当按需规范领取、采购、储存、使用、处置。常见危险化学品标志如表1-3所示。

表1-3 常见危险化学品标志

标识	注解	标识	注解	标识	注解
	Xn：有害物质		Xi：刺激性物质		C：腐蚀性物质
	N：环境危险物质		T：有毒物质		爆炸品标志
	O：氧化性物质		腐蚀品标志		
	易燃气体标志		F：易燃物质		

（四）实验室化学试剂的存放及管理

实验室内应有化学试剂的动态使用台账；建立本实验室危险化学试剂目录，并有危险化学品安全技术说明书或安全周知卡，方便查阅。

实验室应有专用于存放试剂药品的空间，如储藏室、储藏区、储存柜等，且通风、隔热、避光、安全；有机溶剂存储区应远离热源和火源；易泄漏易挥发的试剂存放区域应保证通风充足；试剂柜中不能有电源插座或接线板；试剂不得叠放，装有试剂的试剂瓶不得开口放置；实验台架如无挡板，不得存放化学试剂。化学品应有序分类存放，配备必要的二次泄漏防护措施。吸附和防溢流功能试剂不得叠放，配伍禁忌化学品不得混存，固液不混乱，放置装有试剂的试剂瓶不得开口放置于实验台架。实验室内存放的危险化学品总量原则上不应超过100L或100kg，其中易燃易爆性化学品的存放总量不应超过50L或50kg，且单一包装容器规格不应大于20L或20kg。如单个实验装置存放于10L以上甲类物质储罐，或20L以上乙类物质储罐，或50L以上丙类物质储罐，需加装泄漏报警器或通风联动装置。化学品包装物上应有符合规定的化学品标签，当化学品由原包装物转移或分装到其他包装物内时，转移或分装后的包装物应及时重新粘贴标识，化学品标签脱落模糊，被腐蚀后应及时补上，如不能确认，则作为废弃化学品处理。定期清理过期药品。

（五）化学废弃物处置管理

与有资质的处置单位或企业签约处置化学废弃物。学校有统一的化学实验废弃物标签，包含废弃物类别、危险特性、主要成分、产生部门、送储人、日期等信息。配备化学实验废弃物分类容器，对化学废弃物进行分类收集与存放，应避免易产生剧烈反应的废弃物混放，贴好标签，盖子不敞开。实验室内无大量存放现象。对于危险性大的废弃物要独立包装，标签信息明确。化学废弃物包装严密，及时送学校中转站或收集点，学校定时清运化学实验废弃物，无室外堆放实验废弃物现象。化学实验固体废弃物与生活垃圾不得混放，不向下水道倾倒废弃化学试剂和废液。锐器废弃物应盛放在纸板箱等不易被刺穿的容器中。

四、实验室生物安全防护

（一）实验室资质

开展病原微生物实验研究的实验室需具备相应的安全等级资质，其中3级、4级生物安全实验室需经政府部门批准建设，1级、2级生物安全实验室由学校建设后报政府卫生或农业主管部门备案。开展病原微生物实验需向卫生或农业主管部门申报备案。

实验室生物安全防护

开展未经灭活的高致病性病原微生物（列入1类、2类）相关实验和研究，必须在3级、4级实验室中进行；开展低致病性病原微生物（列入3类、4类）或经灭活的高致病性、感染性材料相关实验和研究，须在1级、2级或以上等级实验室中进行。

（二）场所与设施

实验室安全防范设施应达到相应生物安全实验室要求，各区域分布合理、气压正常。2级及以上实验室需设门禁管理和准入制度。储存病原微生物的场所或橱柜应配备防盗设施，并安装监控报警装置。实验室配有符合相应要求的2级生物安全柜，定期进行检测；B型生物安全柜具有正常通风系统；配有压力蒸汽灭菌器，并定期监测灭菌效果，有安全操作规程上墙；配备消防设施，应急供电（至少延时0.5h）、应急淋浴及洗眼装置；传递窗功能正常，内部不存放物品；安装防虫纱窗，入口处有挡鼠板。

（三）病原微生物的采购与管理

采购高致病性病原微生物菌（毒）种需按照学校流程审批，报行业主管部门批准。采购病原微生物需从有资质的单位购买，具有相应合格证书。高致病性病原微生物的转移和运输，按规定报卫生和兽医主管部门批准，并按相应的运输标准要求包装后转移和运输。病原微生物菌（毒）种，保存在带锁冰箱或柜子中，实行双人双锁管理。有病原微生物菌（毒）种保存、实验使用、销毁的记录。自行分离高致病性病原微生物必须在相应安全等级的实验室中进行，并报卫生或农业主管部门批准方可开展，实验资料报学校备案。

（四）人员管理

人员进出生物安全实验室，需要进行登记。外来人员进入生物安全实验室需经负责人批准，并有相关的教育培训安全防控措施。开展病原微生物相关实验和研究的人员需经过专业培训，考核合格并取得证书。为从事高致病性病原微生物的工作人员提供适宜的医学评估、监测和治疗方案，并妥善保存相应的医学记录。实验人员出现感冒、发热等症状时，不得进行病原微生物实验。生物安全实验室不准带入食品、化妆品、隐形眼镜等。

（五）生物安全操作

制定并采用生物安全手册。手册应方便取阅，有从事病原微生物相关实验活动的标准操作规范，有开展病原微生物相关实验活动的记录。2级及以上实验室开展病原微生物的相关实验活动应有风险评估和应急预案，包括病原微生物及感染材料溢出和意外事故处理的书面操作程序。

一切病原微生物实验需在合适的生物安全柜中进行，不得在超净工作台中进行病原微生物实验。安全操作高速离心机，防止离心管破损或盖子破损，造成溢出或气溶胶散发。有合适的个人防护措施，并规范执行。做危险性生物实验时不接打电话。禁止戴防护手套操作设施设备（包括仪器、冰箱、电脑、电话、开关、门窗、柜子、抽屉等）。

（六）实验动物安全

饲养实验动物的场所应有资质证书。实验动物需从具有资质的单位购买，有合格证。用于解剖的实验动物需经过检验检疫合格。解剖实验动物时必须做好个人防护。动物实验结束后，经必要的灭菌灭活处理送往学校中转站或收集点。成立实验动物伦理委员会，保障动物权益。

（七）生物废弃物处置

学校与有资质的单位签约处置生物废弃物，保留交接记录。有生物固废中转站并符合相关规定，贴有统一的生物实验废弃物标签。

实验室内应配备生物实验废弃物垃圾桶（一般内置黄色塑料袋），贴有标签，其中刀片、移液管、枪头等尖锐物应使用耐扎的利器盒或纸板箱存放。送贮时再装入黄色塑料袋，贴好标签。生物实验废弃物不得混入生活垃圾桶，生活垃圾不得混入生物实验废弃物垃圾桶。

涉及病原微生物的实验废弃物必须进行高温高压灭菌或化学浸泡处理，并有处置记录，高致病性生物材料废弃物处置实现溯源追踪。动物实验所需的核酸染料毒性强，需集中存放，贴好化学废弃物标签，及时送往学校中转站或收集点。

五、实验室环保准则

生物工程实验室的废液、废气和废渣必须经过处理才能排放，以防污染环境。为建立环保意识，应从使用的源头抓起。实验室一切药品及中间产品必须贴上标签，防止误用或处理不当引发事故。

实验室的废液应根据性质的不同分别集中在废液桶内，并贴上明显的标签。处理有毒或带有刺激性的物质时，必须在通风橱内进行，防止这些物质散逸在室内。接触过有毒物质的器皿、滤纸、容器等要分类收集后集中处理。废弃的培养基集中后，先经过高压灭菌再另行处理。

在集中废液时要注意，有些废液不得随意混合，如过氧化物和有机物、盐酸等挥发性酸与不挥发性酸，铵盐及挥发性胺与碱等。一般的酸碱处理，必须在进行中和进行后用水大量稀释，才能排放到下水槽。

第二节 实验开展的一般准则

实验开展一般准则

一、实验方案确定准则

实验方案是指导实验工作有序开展的纲要。实验前应围绕实验目的，针对研究对象特征对实验工作的开展进行全面规划和构想，拟定一个切实可行的实验方案。实验方案的主要内容包括：实验目的、技术路线与方法的选择及确定、实施方案的设计。生物工程实验所涉及的内容十分广泛。由于实验目的、研究对象和实验复杂程度的不同，实验者要想高起点、高效率地着手实验，就必须在明确目的的基础上，对实验技术路线与方法进行选择。在进行系统周密的调查研究的基础上，总结和借鉴前人的研究成果，结合生物工程理论和科学的实验方法，寻求合理的技术路线和有效的实验方法。

由于技术的积累，针对一个课题往往有多种可供选择的工艺过程研究方案。研究者应根据研究对象的特征，从技术和经济相结合的角度对方案进行评价和筛选，以确定实验研究工作的最佳切入点。对于错综复杂的生物过程，应在生物工程理论的指导下，将研究对象分解为不同层次，然后在不同层次上对实验系统进行合理的简化，并借助科学的实验手段逐一开展研究。在实验研究方法中，过程的分解是否合理，是否真正揭示了过程的内在关系，是研究工作成败的关键。

工艺与工程相结合的开发思想极大地推进了现代生物工程新技术的发展，如原位萃取发酵、膜反应器技术、超临界萃取与反应技术等都是将反应器的工程特性与反应过程的工艺特性有机结合在一起而形成的新技术。因此，正如过程分解可以帮助研究者找到行之有效的实验方法，借助工艺与工程相结合的综合思维，实验人员也会在实验技术路线和方法的选择上得到有益启发。此外，生物工程学科发展的目的就是使人类社会可持续发展。因此，保护地球的生态平衡，开发资源、节约能源、保护环境是国民经济发展的重要课题。尤其对于生物工程工业，如何有效地利用自然资源，避免高污染、高毒性化学品的使用，保护环境，实现清洁生产，是生物工程和生物化工新技术、新产品开发中必须认真考虑的问题。

二、实验内容确定准则

实验内容的确定应抓住实验课题的关键问题，有的放矢地开展工作。例如，同样是研究生物反应器中的流体变化，对搅拌罐研究的重点是机械混合及其流体返混和阻力问题，对气升式反应器研究的重点则是气流搅拌及其流体返混和流体的均布问题。因此，在确定实验内容前，要对研究对象进行认真分析，以便抓住关键问题。实验指标是指为达到实验目的而必须通过实验来获取的一些表征实验研究对象特性的参数。如发酵过程的产酸速率，工艺实验测定的转化率、收率等。实验指标的确定必须紧紧围绕实验目的。实验目的不同，研究的着眼点就不同，实验指标也就不同。

实验因子是指在实验中直接考察的工艺参数或操作条件，常称为自变量，如温度、压力、流量、原料组成、酸碱度、搅拌强度等。确定实验因子时必须注意两点：一是实验因子必须具有可控制性和可检测性，即采用现有仪器进行控制或采用现有分析方法或检测仪器直接测得，并具有足够的准确度；二是实验因子与实验指标应具有明确的相关性。

选取变量水平时，应注意变量水平变化的可行域。可行域是指因子水平的变化在工艺、工程及实验技术上所受到的限制。如温度水平的变化应限制在生物催化剂的活性温度范围内，以确保实验在生物催化剂活性相对稳定的范围内进行。专业实验中，确定各变量的水平前，应充分考虑实验项目的工业背景及实验本身的技术要求，合理地确定其可行域。

三、实验设计准则及方法

实验设计是指在已确定实验内容的基础上，拟定一个具体的实验安排表，以指导实验的进程。生物工程实验通常涉及多变量多水平的实验设计，由于不同变量、不同水平所构成的实验点在操作可行域中的位置不同，对实验结果的影响程度也不同。因此，如何安排和组织实验，用最少的实验次数获取最有价值的实验结果，是实验设计的核心内容。

（一）实验设计的原则

1. 科学可行性原则

所谓科学可行性，是指实验目的要明确，实验原理要正确，实验材料和实验手段的选择要恰当，整个设计思路和实验方法的确定都不能偏离生物学基本知识和基本原理以及其他学科领域的基本原则。选题必须有依据，要符合客观规律，科研设计必须科学，符合逻辑性。

2. 对照与均衡性原则

实验中的无关变量很多，必须严格控制，要平衡和消除无关变量对实验结果的影响。对照实验的设计是消除无关变量影响的有效方法。由于同一种实验结果可能会由多种不同的实验因素导致，因此如果没有严格的对照实验，即使出现了某种预想的实验结果，也很难保证该实验结果是由某因素所导致的，这样就使得设计的实验缺乏应有的说服力。

3. 随机性原则

随机性是指分配于实验各组的对象（样本）是从实验对象的总体中任意抽取的，即在将实验对象分配至各实验组或对照组时，它们的机会是均等的。如果在同一实验中存在数个处理因素（如先后观察数种代谢产物的作用），则各处理因素施加顺序的机会也是均等的。通过随机化，一是尽量使抽取的样本能够代表总体，减少抽样误差；二是使各组样本的条件尽量一致，消除或减少组间人为误差，从而使处理因素产生的效应更加客观，便于得出正确的实验结果。

4. 可重复性原则

同一处理在实验中出现的次数称为重复。重复的作用有两个：一是降低实验误差，扩大实验的代表性；二是估计实验误差的大小，判断实验可靠程度。重复、对照、随机是保证实验结果准确的三大原则。任何实验都必须有足够的实验次数才能判断结果的可靠性,在设计实验只能进行一次而无法重复的情况下就得出"正式结论"是草率的。

(二)实验设计的方法

1. 析因设计法

析因设计法又称网格设计法,该法的特点是以各因子和水平的全面搭配来组织实验,逐一考察各因子的影响规律。通常采用的实验方法是单因子变更法,即每次实验只改变一个因子的水平,其他因子保持不变,以考察该因子的影响。例如在发酵过程实验中,采取固定原料浓度、配比、温度、通风量、基质流加速率等,考察搅拌转速的影响。或固定搅拌转速等其他条件,考察通风量的影响,以确定发酵罐的氧传递特性。据此,要完成所有因子的考察,实验次数 n、因子数 N 和因子水平数 K 之间的关系为:$n=K^N$。一个 4 因子 3 水平的实验,实验次数为 $3^4=81$。可见,对于多因子、多水平的实验系统,析因设计法的实验工作量非常大,在对多因子多水平的系统进行工艺条件寻优或动力学测试的实验中应谨慎使用。

2. 正交设计法

正交设计法是为了避免析因设计法在实验点设计上的盲目性而提出的一种比较科学的实验设计方法。它根据正交配置的原则,从各因子各水平的可行域空间中选择最有代表性的搭配来组织实验,综合考察各因子的影响。正交实验设计所采取的方法是制定一系列规格化的实验安排表供实验者选用,这种表称为正交表。正交表的表示方法为:$L_n(K^N)$,式中 L 表示正交表,n 表示实验次数,K 表示因子的水平数,N 表示实验因子数。

正交表一般的选表原则是:正交表的自由度≥各因子自由度之和+因子交互作用自由度之和。其中,正交表的自由度=实验次数−1;因子自由度=因子水平数−1;因子交互作用自由度=A 因子自由度×B 因子自由度。

3. 均匀设计法

均匀设计法是统计试验设计的方法之一,它与其他许多试验设计方法,如正交设计、最优设计、旋转设计、稳健设计等相辅相成。均匀设计是通过一套精心设计的表来进行试验设计的,对于每一个均匀设计表都有一个使用表,可指导如何从均匀设计表中选用适当的列来安排试验。

4. 序贯实验设计法

序贯实验设计法是根据一定的原则先安排一个或两个实验,然后根据前面的实验结果再安排后面的实验,依次进行下去,直至找到最优值的方法。序贯实验设计法的优点是实验总次数少,适用于单极值函数的寻优。它将最优化的设计思想融入实验设计中,采取边设计、边实施、边总结、边调整的循环运作模式。根据前期实验提供的信息,通过数据处理和寻优,搜索出最灵敏、最可靠、最有价值的实验点作为后续实验的内容,周而复始,直至得到最理想的结果。这种方法既考虑了实验点因子水平组合的代表性,又考虑了实验点的最佳位置,使实验始终在效率最高的状态下运行,实验结果的精度提高,研究周期缩短。在生物工程过程开发的实验研究中,尤其适用于模型鉴别与参数估计类实验。

第三节　实验数据分析与报告撰写

实验数据分析与报告撰写

一、实验数据分析及方法

（一）误差分析

由于各种因素的影响，实验中任何一个实验数据都会含有实验误差。误差的大小决定着实验数据的精确程度，直接影响实验结果的可靠性。实验误差是做实验时经常面对的问题，实验误差有方法误差、仪器误差、人员误差、环境误差等，尽量避免或均衡实验误差，才能获得准确的实验结果。

1. 误差常见术语及定义

准确度指检测结果与真实值之间相符合的程度（检测结果与真实值之间差别越小，则分析检验结果的准确度越高）。精密度指在重复检测中，各次检测结果之间彼此的符合程度（各次检测结果之间越接近，分析检测结果的精密度越高）。将通过直读获得的准确数字称作可靠数字；将通过估读得到的数字称作存疑数字；将测量结果中能够反映被测量大小的带有一位存疑数字的全部数字称作有效数字。有效数字中，保留末一位不准确数字，其余数字均为准确数字；有效数字的最后一位数值是可疑值。例如，0.2014 为四位有效数字，最末一位数值 4 是可疑值，而不是有效数值；1g 和 1.000g 所表明的量值虽然都是 1，但准确度是不同的，其分别表示准确到整数位和准确到小数点后第三位数值。因此有效数值不但表明了数值的大小，同时反映了测量结果的准确度。重复性指在相同测量条件下，对同一被测量进行连续、多次测量所得结果之间的一致性。重复性条件为相同的测量程序、相同的测量者、相同的条件下，使用相同的测量仪器设备，在短时间内进行重复性测量。再现性（复现性）指在改变测量条件下，同一被测量的测定结果之间的一致性。改变条件包括改变测量原理、测量方法、测量人、参考测量标准、测量地点、测量条件以及测量时间等。通常再现性好，意味着精密度高。精密度是保证准确度的先决条件，没有良好的精密度就不可能有高的准确度，但精密度高准确度不一定高；准确度高，精密度必然高。

2. 误差的种类、来源及消除方式

（1）系统误差　系统误差是指在相同条件下，多次测量同一量时，绝对值和符号保持恒定或遵循一定规律变化的误差。例如，某量块的零件标注的设计尺寸为 10mm，实物尺寸为 10.001mm，误差为 -0.001mm，若按零件标注的设计尺寸使用，则始终会存在 -0.001mm 的系统误差。产生原因为仪器误差（仪器损耗，未校正）、测量方法误差（采用测量方法不同）、单位换算误差、样品处理方法不同（浓度、pH、温度、作用时间等）、试剂差异（纯度、杂质等）、操作差异、条件差异（实验室环境、温湿度、照明、通风等）等。消除系统误差的方法有：设置对照实验、空白实验，校准仪器，保证试剂质量，采样方法、样品制备、储藏标准化，注意药品或其他因素的干扰（处理因素之相互作用），固定检测实验人员，校正办法（找不出原因，则用回归方程校正）。

（2）随机误差　随机误差是指排除系统误差后随机发生的误差，包括偶然误差和抽样误差，具有可变性和不可避免性。例如，噪声干扰（包括外界噪声和仪器内部器件和零部件产生的噪声）、电磁场微变、空气扰动、地面微震、测量人员的操作微变等都可能会引起随机误差。产生原因为：抽样误差（抽样样品多少、差异的误差）、非均匀误差（抽样样品不均匀）、偶然误差（由一些暂时无法控制的微小因素所造成的误差，如实验过程中气候与周围电磁场的微小变化、仪器性能的微小变化等）、分配误差（抽样样品组间分配误差）等。消除随机误差的方法有：随机化和对照原则、增加平行测定次数、设置交叉实验以及盲法[1]。

（3）粗大误差　粗大误差是指在一定测量条件下，测量值明显偏离实际值或明显超出测定条件下预期的误差，即明显歪曲检测结果的误差。产生原因为：客观外界条件的原因，如机械冲击、外界振动、供电电压突变、电磁干扰等测量条件意外改变，引起仪器示值或被测对象位置的改变而产生粗大误差；检测人员的主观原因，如由于检测人员工作责任心不强、对仪器熟悉与掌握程度不够等引起操作不当，或在检测过程中不小心、不耐心、不仔细，从而造成错误的读数或记录错误等；测量仪器内部的突然故障，若不能确定粗大误差是由上述前两个原因产生时，可分析是否为测量仪器内部的突然故障等。含有粗大误差的检测结果为"坏值"，坏值应想办法予以发现和剔除。剔除粗大误差可用的方法有拉依达准则（3σ 准则），该准则要求检测结果的次数不能小于10次，否则不能剔除任何"坏值"，测量次数较少时，这种判别方法可靠性不高。或者使用格拉布斯准则，可以检验测量次数较少时的数据。

①拉依达准则（3σ 准则）：设对被测量对象进行等精度测量，独立得到 $x_1, x_2, x_3, \cdots x_n$，算出其算术平均值 $\bar{x}$ 及剩余误差 $v_i = x_i - \bar{x}$（$i=1, 2, \cdots n$），并按贝塞尔（Bessel）公式算出标准偏差 σ，若某个测量值 x_b 的剩余误差 v_b（$1 \leq b \leq n$）满足：$|v_b| = |x_b - x| > 3\sigma$，则认为 x_b 是含有粗大误差值的坏值，应予剔除。

②格拉布斯准则：应用格拉布斯准则时，测量次数 $n = 20 \sim 100$，判别效果好；对某一量做多次等精度的独立测量 $x_1, x_2, x_3, \cdots x_n$；计算算数平均值、剩余误差、标准偏差，如式（1-1）、式（1-2）、式（1-3）所示。

$$\bar{x} = \frac{1}{n} \sum x \tag{1-1}$$

$$v_i = x_i - \bar{x} \tag{1-2}$$

$$\sigma = \sqrt{\frac{\sum v^2}{n-1}} \tag{1-3}$$

将测量值 x_i（$i=1, 2, 3, \cdots n$）按从小到大进行排序，找到最小值 x_1 和最大值 x_n，令 $g_1 = \frac{x_1 - \bar{x}}{\sigma}$，取定显著度 α（一般为0.05或者0.01），查阅表1-4，得到临界比较值 g_0（n, α）。

3. 误差的表示方法

（1）准确度与误差　准确度是指在调查或实验中某一实验指标或性状的观测值与其真实值接近的程度。误差的大小是衡量准确度高低的尺度，误差越小，表示分析结果的准确度越高；反之，误差越大，准确度就越低。误差又分为绝对误差和相对误差。

1）盲法：为避免研究者和受试主观因素的影响，在实验实施、资料收集和分析阶段使研究者或研究对象不知晓分组、干预措施和其他相关信息，以保证研究结果真实、可靠的实验设计。

表 1-4　　　　　　　　　　临界比较值

n	α		n	α	
	0.05	0.01		0.05	0.01
	$g_0(n, \alpha)$			$g_0(n, \alpha)$	
3	1.15	1.16	17	2.48	2.78
4	1.46	1.49	18	2.50	2.82
5	1.67	1.75	19	2.53	2.85
6	1.82	1.94	20	2.56	2.88
7	1.94	2.10	21	2.58	2.91
8	2.03	2.22	22	2.60	2.94
9	2.11	2.32	23	2.62	2.96
10	2.18	2.41	24	2.64	2.99
11	2.23	2.48	25	2.66	3.01
12	2.28	2.55	30	2.74	3.10
13	2.33	2.61	35	2.81	3.18
14	2.37	2.66	40	2.87	3.24
15	2.41	2.70	50	2.96	3.34
16	2.44	2.75	100	3.17	3.59

注：若 $g_1(n, \alpha) \geqslant g_0(n, \alpha)$，则该值为粗大误差，应予以剔除。

绝对误差 ΔA 为测定值 A 与真实值 A' 之差：$\Delta A = A - A'$；相对误差表示绝对误差在真实值中的占比：相对误差（%）= $\Delta A/A' \times 100\%$。分析结果的准确度常用相对误差表示。绝对误差和相对误差都有正值和负值。正值表示分析结果偏高，负值表示分析结果偏低。

（2）精确度与偏差　精确度用"偏差"表示。偏差的大小是衡量精确度高低的尺度，偏差越小说明分析结果的精确度越高。偏差也分为绝对偏差 [式（1-4）] 和相对偏差 [式（1-5）]。

$$\text{绝对偏差 } \Delta A = \text{个别测得值 } m - \text{算术平均值 } M \tag{1-4}$$

$$\text{相对偏差（\%）} = \text{绝对偏差 } \Delta A / \text{算术平均值 } M \times 100\% \tag{1-5}$$

式中，m 为对同一种试样进行 n 次测定，分别测得的结果 m_1, m_2, $\cdots m_n$；M 设为它们的算术平均值，如式（1-6）。

$$M = (m_1 + m_2 + m_3 + \cdots m_n)/n \tag{1-6}$$

偏差不计正负号。分析结果的精确度常用相对偏差表示。此外，精确度也常用算术平均偏差 δ 和相对平均偏差来表示。它们可分别由式（1-7）、式（1-8）计算。

$$\delta = (m_1 - M) + (m_1 - M) + (m_1 - M) + \cdots (m_1 - M)/n \tag{1-7}$$

$$\text{相对平均偏差（\%）} = \delta/M \times 100\% \tag{1-8}$$

对同一种试样进行 n 次测定，所得数据的分散程度较大时，仅从其平均偏差还不能看出其精确度的好坏，需采用标准偏差来衡量其精确度。标准偏差又称为均方根偏差，当测定的次数不多时（$n<20$），单次测定标准偏差 S 可按式（1-9）进行计算。

$$S = \frac{\sqrt{\Delta A_1 + \Delta A_2 + \cdots \Delta A_n}}{\sqrt{n-1}} \tag{1-9}$$

式中 ΔA_1,ΔA_2,…ΔA_n——个别测定值 m_1,m_2,…m_n 与平均值 M 的差。

用标准偏差表示精确度比用平均偏差好,因为将单次测定的偏差平方之后,较大的偏差被更显著地反映出来,能更好地说明数据的分散程度。

(3) 气密性装置实验的误差分析 通过实验测定生物的呼吸速率、呼吸熵、光合速率,或是确定生物的呼吸类型,均需要用到气密性实验装置。图 1-3 所示装置可用于测定发芽种子的呼吸速率(装置1)和探究种子萌发时的呼吸类型或测定发芽种子的呼吸熵(装置1和装置2)。

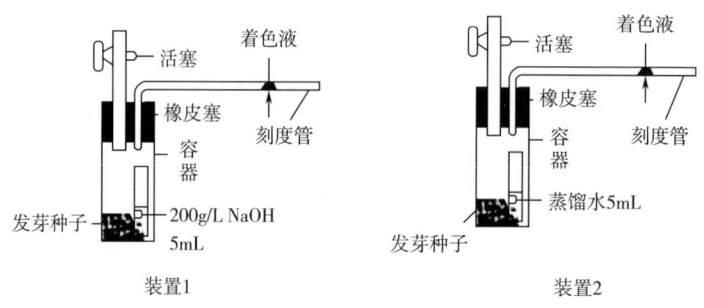

图 1-3 气密性实验装置

气密性实验装置产生误差主要有两个方面:一是被测生物表面和实验仪器表面存在微生物,微生物的呼吸会吸收装置内的氧气,放出二氧化碳造成误差,这种误差可通过在实验前对实验装置进行灭菌,对被测生物进行消毒来消除;二是环境因素(如气温变化)造成实验装置内的气体体积发生变化而引起误差,这就需要通过设置对照实验来校正物理误差,对照实验装置只需将有活性的被测生物换成等量没有活性的生物,其他装置均与实验组相同即可。

(二)显著性分析

1. 基本原理

统计检验是先对总体的分布规律做出某种假说,然后根据样本提供的数据,通过统计运算,根据运算结果,对假说做出肯定或否定的决策。如果要检验实验组和对照组的平均数(μ_1 和 μ_2)有没有差异,其步骤为:①建立虚无假设,即先假定两个平均数之间没有显著差异,用 H_0:$\mu_1=\mu_2$ 表示;②通过统计运算,确定假设 H_0 成立的概率 P;③根据 P 的大小,判断假设 H_0 是否成立。P 与 H_0 的关系如表 1-5 所示。

表 1-5　　　　　　　　　　P 与 H_0 的关系

P	H_0 成立概率大小	差异显著程度
$P \leqslant 0.01$	成立概率极小	差异非常显著
$P \leqslant 0.05$	成立概率较小	差异显著
$P > 0.05$	成立概率较大	差异不显著

2. 大样本平均数差异的显著性检验——Z 检验

Z 检验法适用于大样本(样本容量大于 30)两个平均数之间差异程度的显著性检验。它是通过计算两个平均数之间差的 Z 分数来与规定的理论 Z 值相比较，通过是否大于规定的理论 Z 值，从而判定两个平均数的差异是否显著的一种差异显著性检验方法。其一般步骤为：①建立虚无假设 H_0：$\mu_1 = \mu_2$，即先假定两个平均数之间没有显著差异；②计算统计量 Z 值，对于不同类型问题选用不同的统计量计算方法。

（1）检验一个样本平均数 $\bar{x}$ 与一个已知总体平均数 μ_0 的差异是否显著，其 Z 值计算如式（1-10）所示。

$$Z = \frac{\bar{x} - \mu_0}{S/\sqrt{n}} \tag{1-10}$$

式中　$\bar{x}$——检验样本的平均数；

　　　μ_0——已知总体的平均数；

　　　S——样本方差；

　　　n——样本容量。

（2）检验来自两组样本平均数的差异性，从而判断它们各自代表的总体差异是否显著，其 Z 值计算如式（1-11）所示。

$$Z = \frac{\bar{x}_1 - \bar{x}_2}{\sqrt{\frac{S_1}{n_1} + \frac{S_2}{n_2}}} \tag{1-11}$$

式中　$\bar{x}_1$、$\bar{x}_2$——样本 1、样本 2 的平均数；

　　　S_1、S_2——样本 1、样本 2 的标准差；

　　　n_1、n_2——样本 1、样本 2 的容量。

比较计算所得 Z 值与理论 Z 值，推断发生的概率，依据 Z 值与 P 值关系做出判断。如表 1-6 所示。

表 1-6　　　　　　　　　　　　　　|Z| 与 P 的关系

|Z|	P	差异显著程度
|Z|≥2.58	P≤0.01	差异非常显著
|Z|≥1.96	P≤0.05	差异显著
|Z|<1.96	P>0.05	差异不显著

根据以上分析，结合具体情况得出结论。

3. 小样本平均差异的显著性检验——t 检验

t 检验适用于小样本（样本容量小于 30）两个平均值之间差异程度的显著性检验。它是用 t 分布理论来推断差异发生的概率，从而判定两个平均数的差异是否显著。其一般步骤为：①建立虚无假设 H_0：$\mu_1 = \mu_2$，即先假定两个平均数之间没有显著差异；②计算统计量 t 值，对于不同类型的问题选用不同的统计量计算方法。

（1）评断一个总体中的小样本平均数与总体平均值之间的差异程度，其统计量 t 值的计算如式（1-12）。

$$t = \frac{\bar{x} - \mu_0}{\sqrt{\dfrac{S}{n-1}}} \tag{1-12}$$

(2) 评断两组样本平均数之间的差异程度,其统计量 t 值计算如式 (1-13)。

$$t = \frac{\bar{x}_1 - \bar{x}_2}{\sqrt{\dfrac{\sum x_1^2 + \sum x_2^2}{n_1 + n_2 - 2} \times \dfrac{n_1 + n_2}{n_1 \times n_2}}} \tag{1-13}$$

根据自由度 $df=n-1$,查 t 值表,找出规定的 t 理论值并进行比较。理论值差异的显著水平为 0.01 级或 0.05 级。不同自由度的显著水平理论值记为 t (df) 0.01 和 t (df) 0.05。

比较计算得到的 t 值和理论 t 值,推断发生的概率,依据表 1-7 给出的 t 值与 P 值的关系表作出判断。根据以上分析,结合具体情况得出结论。

表 1-7　　　　　　　　　　　　t 与 P 的关系

t	P	差异显著程度
$t \geq t$ (df) 0.01	$P \leq 0.01$	差异非常显著
$t \geq t$ (df) 0.05	$P \leq 0.05$	差异显著
$t < t$ (df) 0.05	$P > 0.05$	差异不显著

(三) 图表分析方法

图表可以使数据分析变得更加轻松,也可以让分析人员更加清晰地看懂数据。以下是几种常见的图表类型。在建立图表分析数据前,可以先依据需求选择适当的图表。

1. 饼图

饼图是一个划分为几个扇形的圆形统计图表。每个扇形的弧长(以及圆心角和面积)大小表示该种类占总体的比例,且这些扇形合在一起刚好是一个完整的圆形,饼图最显著的功能在于表现"占比"(图 1-4)。

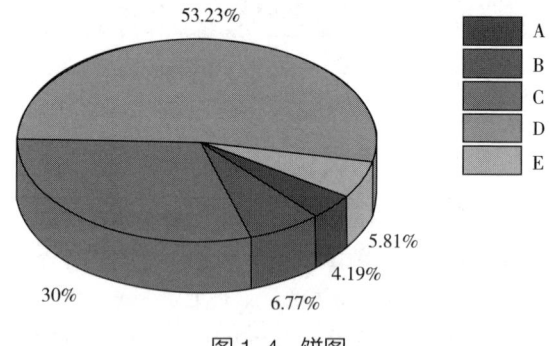

图 1-4　饼图

2. 柱状图

柱状图展示多个分类的数据变化和同类别各变量之间的比较情况,适用于对比分类数据,相似图表有:堆积柱状图,比较同类别各变量和不同类别变量总和差异;百分比堆积柱状图,适合展示同类别每个变量的比例(图 1-5)。

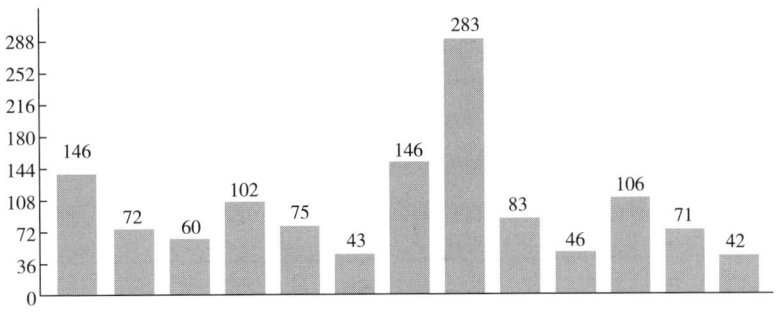

图 1-5　柱状图

3. 条形图

条形图是一种以长方形的长度为变量的统计图表。用来比较两个或以上的价值，只有一个变量，通常适用于较小的数据集分析。条形图也可横向排列，或用多维方式表达（图1-6）。

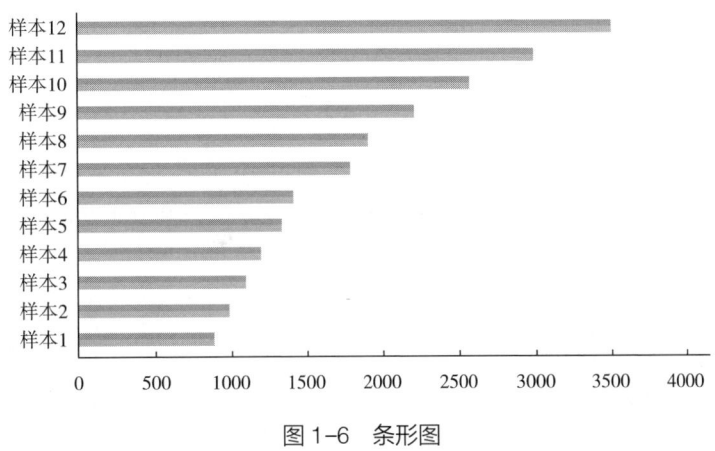

图 1-6　条形图

4. 折线图

折线图是一种由笛卡尔坐标系（直角坐标系）、一些点和线组成的统计图表，常用来表示数值随时间间隔或有序类别的变化，适用于有序的类别，例如时间（图1-7）。

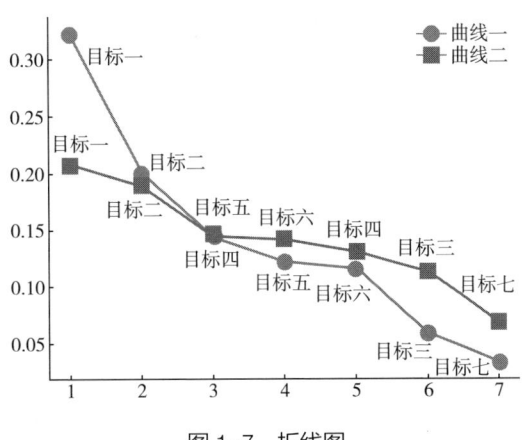

图 1-7　折线图

5. 圆环图

圆环图属于饼图的一种可视化变形，是数据可视化中最常见的图之一，用于观测各类数据大小以及占总数据的比例，显示了各个部分与整体之间的关系（图1-8）。

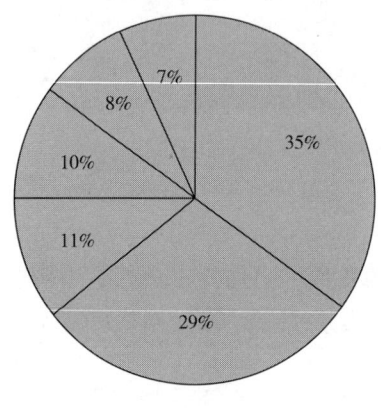

图 1-8　圆环图

6. 气泡图

气泡图是一种多变量的统计图表，由笛卡尔坐标系（直角坐标系）和大小不一的圆组成，可以看作是散点图的变形。通常用于展示和比较数据之间的关系和分布（图1-9）。

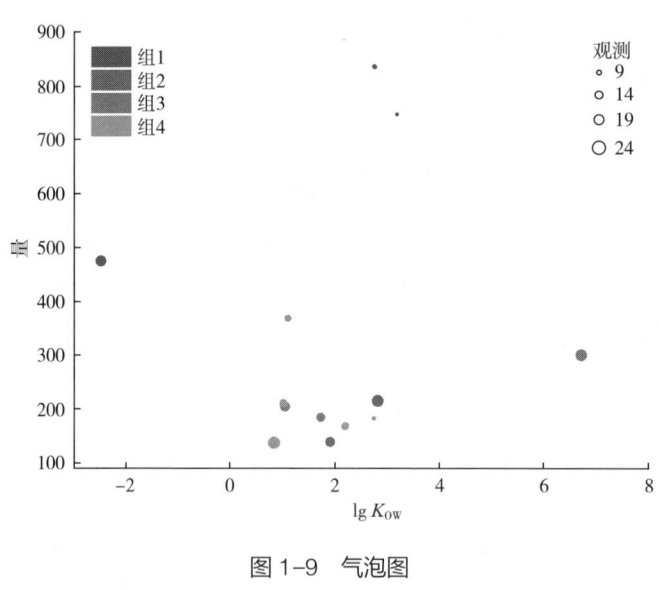

图 1-9　气泡图

K_{OW}：水分配系数

7. 雷达图

雷达图是一种显示多变量数据的图形方法（图1-10）。通常从同一中心点开始等角度间隔地射出3个以上的轴，每个轴代表一个定量变量。可以用来在变量间进行对比，或者查看变量中有没有异常值。

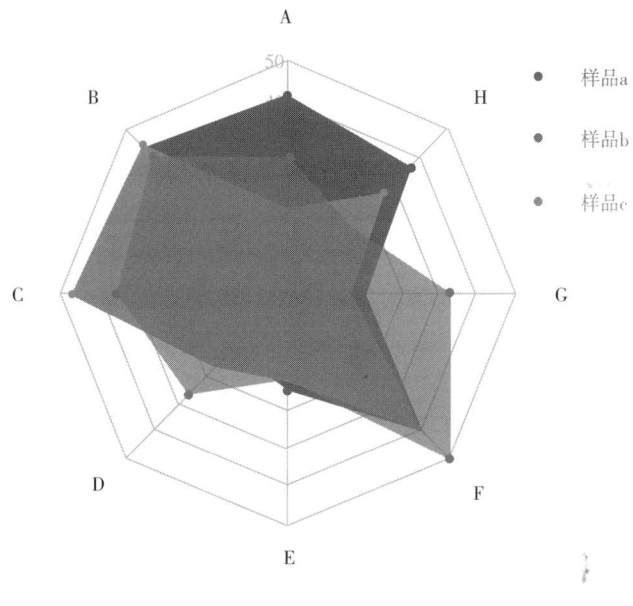

图 1-10　雷达图

8. 矩形树图

矩形树图是一种由不同大小的嵌套式矩形来显示树状结构数据的统计图（图 1-11）。在矩形树图中，父子层级由矩形的嵌套表示。在同一层级中，所有矩形依次无间隙排布，矩阵的面积之和代表整体的大小。

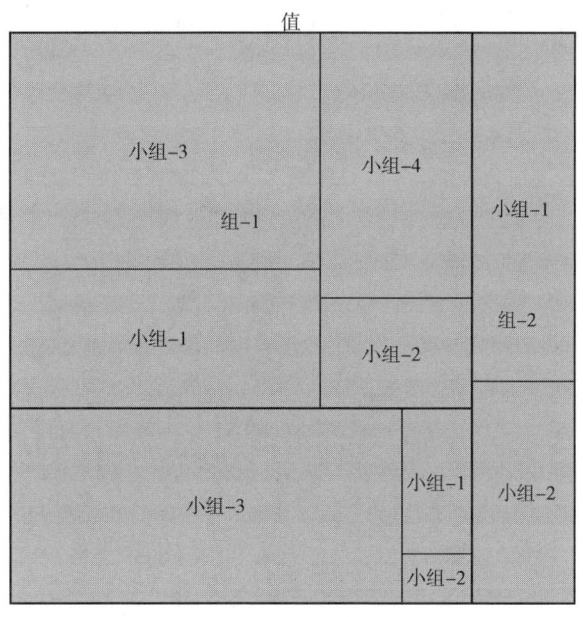

图 1-11　矩形树图

9. 曲线面积图

曲线面积图又称区域图,是一种随有序变量变化反映数值变化的统计图表,原理与折线图相似(图 1-12)。曲线面积图的特点在于,曲线与自变量坐标轴之间的区域由颜色或纹理填充。

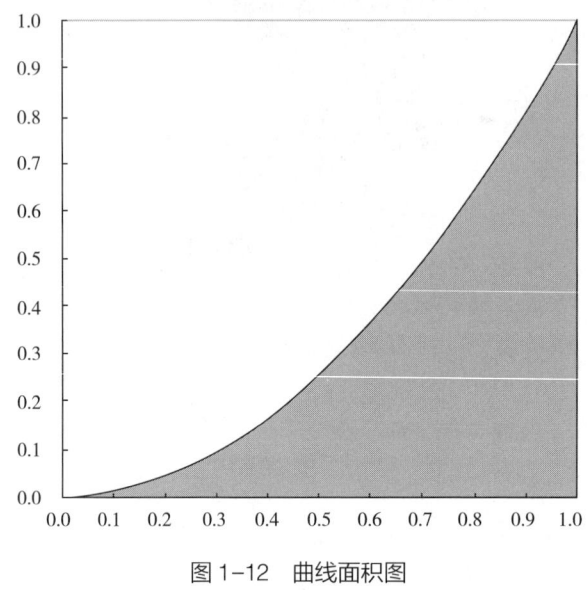

图 1-12　曲线面积图

10. 直方图

直方图,又称质量分布图,用于表示数据的分布情况,是一种常见的统计图表(图 1-13)。一般用横轴表示数据区间,纵轴表示分布情况,柱子越高,则落在该区间的数量越多。

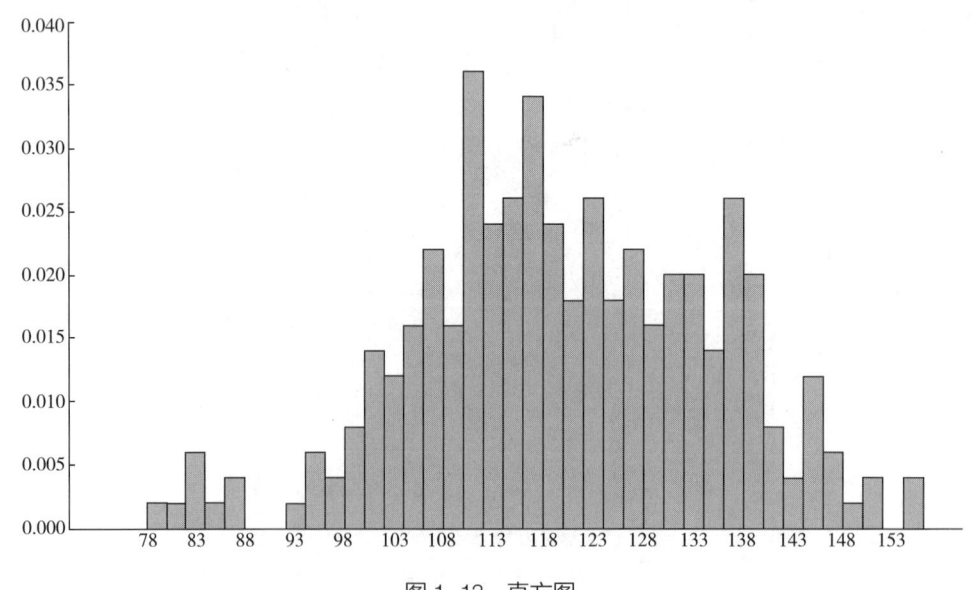

图 1-13　直方图

11. 漏斗图

漏斗图用梯形面积表示某个环节业务量与上一个环节之间的差异（图1-14）。适用于有固定流程并且环节较多的分析，可以直观地显示转化率和流失率。

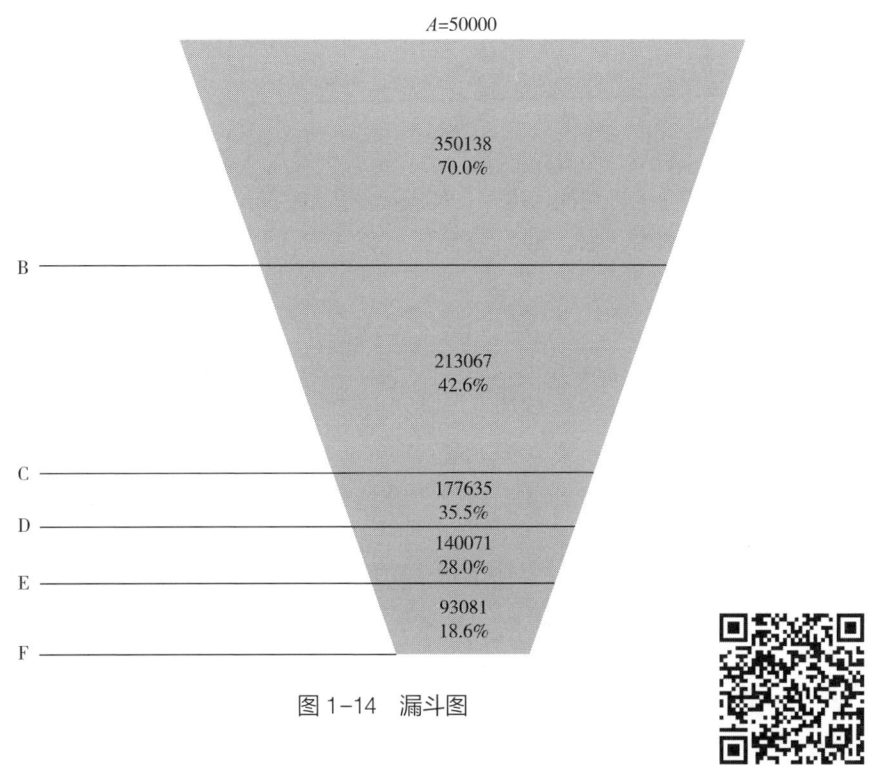

图1-14　漏斗图

二、实验报告撰写规范

实验报告是在科学研究活动中人们为了检验某一种科学理论或假设，通过实验中的观察、分析、综合、判断，如实地将实验的全过程和实验结果用文字形式记录下来形成的书面材料。实验报告具有情报交流和保留资料的作用。实验报告应包括实验预习报告、实验原始记录和实验报告3部分，具体要求如下。

（一）实验预习报告要求

实验预习报告包括实验目的、实验原理、实验材料及装置、实验内容及实验步骤等。

1. 实验目的

实验目的要明确，在理论上验证定理、公式、算法，并使实验者获得深刻和系统的理解，在实践上应掌握使用实验设备的技能技巧和程序的调试方法。

2. 实验原理

实验原理是指自然科学中具有普遍意义的基本规律，实验原理的表述内容是实验设计的整体思路，即通过何种手段达到何种实验目的，还包括实验现象与结果出现的原因、重要实验步骤设计的根据等。

3. 实验材料与装置

即实验所用的材料和设备。

4. 实验步骤

从理论和实验两个方面考虑，要写明依据何种原理、定律算法或操作方法进行实验，并详细写出理论计算过程。

（二）实验原始记录要求

将实验现象和数据仔细地记录在实验原始记录中，做到原始记录准确、简练、详尽、清楚。如称量试材样品的质量、滴定管的读数、分光光度计的读数等，都应设计一定的表格准确记下，并根据仪器的精确度准确记录有效数字。每一个结果至少要重复观测两次，符合实验要求并确知仪器工作正常后再写在实验报告上。实验中使用仪器的类型、编号以及试剂的规格、化学式、相对分子质量、准确的浓度等，都应记录清楚，以便总结实验完成报告时进行核对和作为查找成败原因的参考依据。如果发现记录的结果有怀疑、遗漏、丢失等，都必须重做实验。

1. 原始记录表格的设计

记录的定义为阐明所取得的结果或提供所完成活动证据的一种文件，它可作为可追溯性提供文件和提供验证、预防措施和纠正措施的证据。实验室认可准则将记录分成质量记录和技术记录两种，有安全保护和保密的要求。记录的时效性要求在批准启用新的原始记录格式时，原有的老格式应予以废除停用。实验室根据所进行的检测、校准、抽样项目、质量管理体系等不同要求来设计原始记录表格的格式，与检验频次无关。

2. 有效数字的计算与修约规则

在分析测定中，有效数字就是能够具体测量到的数字。有效数字表示数字的有效意义。有效数字的位数与方法中精密度最低的测量仪器有效数位数相同，也应与其不确定度相对应。

3. 有效数字的运算规则

其结果只能保留一位可疑数字，即保留以小数点后位数最少的数据为根据。

4. 确定修约位数的表达方式

数值修约是运算的基本要求。只有通过正确的数值修约才能得出准确的运算结果。修约间隔是确定修约保留位数的一种方式，修约间隔的数值一经确定，修约值应为数值的整数倍。修约间隔表示修约范围，即对小于修约间隔的数字进行修约，它等同于有效数字的末位。

5. 法定计量单位的正确使用

法定计量单位是政府以法令的形式，明确规定要在全国范围内采用的计量单位。《中华人民共和国计量法》规定：国家采用国际单位制，国际单位制是我国法定计量单位的主体，国家选定的作为法定计量单位的非国际单位制单位是我国法定计量单位的重要组成部分，具有与国际单位制单位相同的法定地位。国际单位制（SI）有7个基本量和2个辅助单位（弧度、球面度）；米、米/秒、分贝属于我国的法定计量单位。需要注意的是，ppm不是标准单位。

6. 法定计量单位的使用规则

法定计量单位的名称一般是指其中文名称，通常用于叙述性文字和口述中，不用于公式、表、图等处。符号可用于一切需要简单明了表示单位之处，也可用于叙述性文字中。单位的名称和符号必须作为一个整体使用，不得拆开。法定计量单位的词头符号，是代表单位和词头名称的字母或者特殊符号，它们应采用国际通用符号，如"mg"。在某些普通书刊中，必要时也可以将单位的简称作为符号使用，这样的符号称为"中文符号"，如"毫克"。用词头构成倍数单位时，不得使用重叠词头，如"毫微克"。选用SI单位的倍数单位，一般应使用量的数值处于 0.1~1000，如 7.2×10⁴g 可以写成 72kg。

7. 常用的法定计量单位

①质量单位：kg、g、mg、μg；②容量单位：L、m³、mL、μL；③浓度单位：kg/L、mol/L、g/100g；④热量单位：J；⑤温度单位：℃。容易混淆的几个概念：摩（尔）是物质的量的单位，它不是质量单位，更不是浓度单位；摩尔质量的 SI 单位是 kg/mol。

（三）实验报告要求

实验结束后，应及时整理和总结实验结果，在预习报告的基础上完成实验报告中的结果与讨论，包括以下几部分。

1. 数据处理和结果表述

实验数据处理和结果包括实验现象的描述、实验数据的处理等。对于实验结果的表述，一般有 3 种方式。

（1）文字叙述 根据实验目的将原始资料系统化、条理化，用准确的专业术语客观地描述实验现象和结果，要有时间顺序以及各项指标在时间上的关系。

（2）图表和计算公式 表格、坐标图或计算公式可以使实验结果突出、清晰，便于相互比较，尤其适合于分组较多，且各组观察指标一致的实验，使组间异同一目了然。每一个图表应有表头和计量单位，能说明一定的中心问题。

对一个物理量进行多次测量或研究几个物理量之间的关系时，往往借助于列表法将实验数据列成表格，以使大量数据表达清晰醒目、条理化，易于检查数据和发现问题，避免差错，同时有助于反映物理量之间的对应关系。一个适当的数据表格可以提高数据处理的效率，减少或避免错误，所以一定要养成列表记录和处理数据的习惯。在记录数据时需要注意：①各栏目均应注明所记录物理量的名称（符号）和单位；②栏目的顺序设置应充分注意数据间的联系和计算顺序，力求简明、齐全、有条理；③表中的原始测量数据应正确反映有效数字，不应随便涂改数据，确实要修改数据时，应将原来的数据做记号以备随时查看；④对于函数关系的数据表格，应按自变量由小到大或由大到小的顺序排列，以便判断和处理。

（3）作图法 利用实验数据，将实验中物理量之间的函数关系利用几何图线表示，这种方法称为作图法。作图法不仅能简明、直观、形象地显示物理量之间的关系，而且有助于我们研究物理量之间的变化规律，找出物理量之间的函数关系或求出相关的物理量。同时，所作的图线对测量数据起到取平均值的作用，从而减小随机误差的影响。此外，还可以绘出仪器的校正曲线，帮助发现实验中的某些错误等。

2. 问题和讨论

根据相关的实验结果及理论知识对所得到的实验结果进行解释和分析，说明如果所得到的实验结果和预期结果一致，那么它可以验证什么理论；实验结果有什么意义，说明了什么问题。此外，也可以撰写本次实验的心得以及提出问题或建议等。

3. 结论

结论是针对这一实验所能验证的概念、原则或理论的简明总结，从实验结果中归纳出一般性、概括性的判断，要简练、准确、严谨、客观。

4. 参考文献

即实验开展所需的文献。

第四节 实验资料及其检索方法

实验资料及其检索方法

一、实验室常用工具书

（1）《中国农业菌种目录》 中国农业微生物菌种保藏管理中心著，中国农业科学技术出版社出版的国家菌种资源库。全书主要包含了中国农业微生物菌种保藏管理中心保藏的部分菌株名录，它是重要的农业微生物菌种资源，分为6个部分，即细菌、酵母菌、放线菌、古菌、丝状真菌、大型真菌（主要为食用、药用菌），主要介绍了各菌种的基础信息、培养基编号及配方、菌种学名索引及菌株编号索引。

（2）《中国菌种目录》 周宇光主编，化学工业出版社出版。全书由7个国家专业微生物菌种保藏中心根据微生物菌种资源共性描述规范，在对各自保藏的微生物菌种进行标准化整理的基础上编写而成，分为病毒、衣原体和立克次氏体、古菌、细菌、酵母菌等9个部分，主要介绍了菌株的学名、来源、分离源、用途和特性、建议的培养基和培养温度以及每个培养基的详细组成成分。该书按保藏中心名称缩写和菌株号编排索引，微生物菌种资源平台建设项目开展两年的阶段性工作成果的具体体现。

（3）《微生物菌剂技术研究与应用》 陈申宽、侯和平主编，中国农业科学技术出版社出版，主要介绍微生物菌剂性能和应用的范围、菌剂的使用剂量与方法及其在各个领域的应用。

（4）《生物实验室常用仪器的使用》 王鹏主编，中国环境科学出版社出版。全书主要从专业课程体系教学所涉及的仪器中遴选出常用的、必需的仪器作为教学内容，介绍了生物培养仪器设备的使用、紫外可见分光光度计及酶标仪的使用、电泳仪和PCR仪的使用、基础仪器的使用、色谱仪的使用，以相关职业所需的知识、能力、素质为主线，突出适用性和可操作性，强调仪器的基本结构、主要技术指标、操作方法及注意事项。

（5）《常用分析试剂与标准溶液配制标定实用手册》 刘世越编著，北京北大方正电子出版社出版。全书介绍了各种常用试剂、指示剂等的配制标定，缓冲溶液与试剂用水的配制标定，化学试剂标准与试剂检验等。

（6）《化学基础实验操作规范》 梁慧锋、王秀玲、董丽丽主编，化学工业出版社出版，全书主要介绍化学基础实验中常用仪器与基本操作单元的实验要求和规范的操作过程，侧重对实验过程中动手能力和操作规范性的培养。

（7）《化学实验室常用标准汇编：试样的采取与制备、标准溶液的制备》 中国标准出版社第五编辑室编，中国标准出版社出版，全书主要介绍了目前有关化学检测实验室常用的国家标准，包括试剂的采取与制备、标准溶液的制备、基础物理性能测定、仪器分析方法通则、数据处理、实验室能力验证共6个方面的130余项国家标准。

（8）《溶剂手册》 范耀华、王光垺、邓春森等译，中国石化出版社出版，全书系统地介绍了正确选择和使用溶剂的理论知识和实践经验，论述了使用溶剂的好处和风险性，包括：使用溶剂的基本原理，溶剂的分类、制造方法和在各种工业中的用途，溶剂检测和分析的标准和特殊方法，溶剂的回收和循环，溶剂的最新发展趋势，特别是用安全溶剂替代有毒溶剂和相应新工艺过程的发展等。

(9)《化学试剂化学药品手册（第三版）》 赵天宝主编，化学工业出版社出版，全书内容新、品种全、编排合理、检索方便，收集了目前国内外常用的近8500种化学试剂及化学药品产品的最新资料，包括中英文正名和别名、结构式、分子式、相对分子质量、所含元素百分比、性状、理化常数、国家危险物品名编号、国家化学试剂标准编号、行业化学试剂标准号、染料索引编号、国际生物化学联合会对酶的编号、参考规格、参考单价、标准、用途及注意事项等。

(10)《精编分子生物学实验指南》 F. M. 奥斯伯（F. M. Ausubel）主编，科学出版社出版。该书是知名度很高、不断更新的《最新分子生物学实验方法汇编》（*Current Protocols in Molecular Biology*）系列的精编版本。它对原有内容进行了修订和更新，包括：脱氧核糖核酸（DNA）和核糖核酸（RNA）的酶学操作、RNA的制备和分析、蛋白质的表达、蛋白质磷酸化的分析、生物信息学、蛋白质相互作用的分析等；又新增了染色质的装配与分析、核酸阵列、组合文库的建立和使用、单个细胞或一群细胞间差异表达基因的发现和分析等内容。

(11)《生命科学实验设计指南》 D. J. 格拉斯著，科学出版社出版。该书是作者基于多年教学科研经验以及与著名专家学者交流的基础，对生物学研究策略和实验设计进行深入细致的解析后撰写而成。

(12)《分子克隆实验指南（第三版）》 J. 萨姆布鲁克、D. W. 拉塞尔著，科学出版社出版。该书的前两版在近20年时间里一直被视为分子生物学实验的经典参考书。在第三版中，作者修订了实验的每条方案，增加了大量新的材料，拓宽了涉猎领域，内容丰富而详实，使其具有用于学习遗传学、分子细胞生物学、发育生物学、微生物学、神经科学和免疫学等科学的重要指导和参考价值。

(13)《伯杰氏系统细菌学手册》（*Bergey's，Manual of Systematic Bacteriology*） 美国细菌学家霍尔特（Holt）主编，科学出版社出版是有代表性的、参考价值极高、比较全面系统的细菌分类手册，也是公认的细菌分类体系参考书籍。

(14)《培养基手册：微生物培养基手册》（*Difco Manual：Manual of Microbiological Culture Media*） 是季朴（Zimbro）在2003年于BD Diagnostic Systems出版社出版的微生物培养基手册。

(15)《生物技术基本实验室方法（第二版）》［*Basic Laboratory Methods for Biotechnology（2nd Edition）*］ Lisa Seidman编著，2023年Benjamin Cummings出版社出版。全书从生物技术行业的角度出发，系统、易懂、实用地介绍了基本的实验室方法，并为学生在实验室建立职业生涯提供了基础。作者平衡了背景、理论与实际信息，从分析化学文本、分子生物学手册、行业标准、政府法规、制造商信息、供应商信息等获取有用材料总结了常用实验室知识。

(16)《生物技术与生物工程概论（第二版）》［*Introduction to Biotechnology（Second Edition）*］ 蒂曼（William J. Thieman）著，科学出版社出版。全书的主要内容包括：生物技术的时代及其生产力、基因及基因组概述、基因工程——DNA重组技术、蛋白质工程、微生物工程、农业生物技术、动物生物技术、DNA指纹图谱和法医鉴定、生物修复、水生生物技术、医学生物技术、生物技术的监督与管理、生物技术（生物工程）与伦理学。它基于技术工具、生产实践及成功案例，向读者系统介绍学科的基本知识，是国外生命科学领域的优秀教材之一。

(17) *Biotechnology Procedures and Experiments Handbook* S. 哈里莎（S. Harisha）著，Jones & Bartlett Publishers出版社出版。该书为实践专业人员和生物技术学生提供了与重组DNA、电泳、干细胞研究、基因工程、微生物学、组织培养等现代主题相关的最新实验室技术。每种实验室技术包括：原理、必要试剂、分步程序及最终结果。其中还包括如何避免特定实验的潜在风险。

二、生命科学与生物工程领域主要期刊

1. 国内

①生态学报；②生物多样性；③生物工程学报；④遗传；⑤微生物学报；⑥中国生物化学与分子生物学报；⑦中国生物工程杂志；⑧中国科学·C辑，生命科学；⑨微生物学通报；⑩古生物学报；⑪微体古生物学报；⑫生物技术通报；⑬生物技术通讯；⑭生物学通报；⑮应用生态学报；⑯生物化学与生物物理进展；⑰生命科学；⑱生命世界；⑲过程工程学报；⑳科学通报；㉑中国细胞生物学学报；㉒应用与环境生物学报；㉓生命科学研究。

2. 国外

① *Annual Review of Biomedical Engineering*；② *Biocybernetics and Biomedical Engineering*；③ *Clinical Biomechanics*；④ *Journal of Microbiology and Biotechnology*；⑤ *International Journal for Numerical Methods in Biomedical Engineering*；⑥ *Bioinspired, Biomimetic and Nanobiomaterials*；⑦ *Journal of Biomedical Materials Research Part B: Applied Biomaterials*；⑧ *Annals of Biomedical Engineering*；⑨ *Animal biotechnology*；⑩ *Artificial Cells, Nanomedicine, and Biotechnology*；⑪ *Bioscience, Biotechnology, and Biochemistry*；⑫ *Biotechnology Advances*；⑬ *Biotechnology and Applied Biochemistry*；⑭ *Biotechnology and Bioengineering*；⑮ *Biotechnology Letters*；⑯ *Biotechnology Progress*；⑰ *Critical Reviews in Biotechnology*；⑱ *Current Opinion in Biotechnology*；⑲ *Journal of Biotechnology*；⑳ *Journal of Biomaterials Applications*；㉑ *Nature Biotechnology*；㉒ *Trends in Biotechnology*；㉓ *Journal of Applied Biomechanics*；㉔ *Journal of Chemical Technology and Biotechnology*；㉕ *Journal of Industrial Microbiology & Biotechnology*；㉖ *Marine Biotechnology*；㉗ *Preparative Biochemistry & Biotechnology*；㉘ *Applied Microbiology and Biotechnology*；㉙ *Journal of Bioscience and Bioengineering*。

三、生命科学与生物工程重要文献资源

1. 数据库

（1）SCI（科学引文索引） 由美国科学资讯研究所（Institute for Scientific Information，ISI）于1960年上线投入使用的期刊文献检索工具，其出版形式包括印刷版期刊和光盘版及联机数据库。SCI是目前国际上公认的最具权威的科技文献检索工具，是当今世界上最著名的检索性刊物之一，也是文献计量学和科学计量学的重要工具。

（2）EI（工程索引） 由美国工程信息公司编辑出版，是历史上最悠久的一部大型综合性检索工具。EI在全球学术界、工程界、信息界享有盛誉，是科技界共同认可的重要检索工具。EI目前主要有三个版本：EI Compendex 光盘数据库、EI Compendex Web 数据库、Engineering Village 2。

（3）Web of Science Proceedings（简称WOSP） 汇集了世界上最著名的会议、座谈、研究会和专题讨论会议录资料。WOSP只收录全球首次发表的会议录及有全文的会议资料，提供综合全面、多学科的会议论文，并且不仅限于英文资料。

（4）ISTP（科技会议录索引）搜索网站 美国科学情报研究所的网络数据库Web of Science Proceedings 中的两个数据库（ISTP 和 ISSHP）之一。它覆盖所有科学技术领域的会议文

献，包括农业、环境科学、生物科学、分子生物学、生物技术、医学、工程技术、计算机、化学和物理等学科。

（5）Scopus　一个新的导航工具，是全世界最大的摘要和引文数据库，涵盖了15000种科学、技术及医学方面的期刊。Scopus不仅为用户提供了其收录文章的引文信息，还直接从简单明了的界面整合了网络和专利检索，直接链接到全文、图书馆资源及其他应用程序如参考文献管理软件，这也使得Scopus比其他任何文献检索工具更为方便快捷。

（6）CA（化学文摘）　世界最大的化学文摘库，也是目前世界上应用最广泛且最为重要的化学、化工及相关学科的检索工具。提供世界上最大的公开披露的化学相关信息数据库，并且提供相关的文献检索软件为用户提供原始文献和专利的链接。

（7）GenBank　一个全面的核苷酸序列的公共数据库，包含478000个正式描述物种的超过21亿个核苷酸序列的9.9万个亿碱基对，是一个支持注释书目和生物建造的分布式的国家生物技术信息中心，也是一个国家医学图书馆。

（8）NCBI（美国国家生物信息中心）　由基础数据库（一级）和派生数据库（二级）组成，基础数据由相关研究的实验人员提交和修订，如GenBank、SNP、GEO、PubChem、Substance；二级数据由专业人员或第三方管理、编辑和修订，如NCBI RefSeq、UniGene、TPA、RefSNP、Protein、Structure等。

（9）ENA（欧洲核苷酸档案库）　由EMBL-Bank核酸序列数据库基础上发展而来，EMBL数据直接来源于测序工作者提交的数据、与其他数据机构协作交换的数据、欧洲专利局提供的数据，是欧洲最重要的核酸序列资源。

（10）DDBJ（日本核酸数据库）　数据来源主要是日本研究者提交的序列和其他数据机构协作交换的数据。

（11）BIGD（北京基因组研究所生命与健康大数据中心，Beijing Institute of Genomics Data Center）　目前的数据资源系统包括高通量测序的原始组学数据归档库GSA，具备可服务全球的基因组数据共享网络。

（12）NSD（国际核酸序列数据库，International Nucleotide Sequence Databank）　由日本的DDBJ、欧洲的EMBL和美国的GenBank 3家各自建立和共同维护。

（13）EMBL库　欧洲分子生物学实验室的DNA和RNA序列库。

（14）GSDB　美国国家基因组资源中心维护的DNA序列关系数据库。

（15）TIGR DATAbase　世界上最大的互补DNA（cDNA）数据库，还有大量的表达序列标签（EST）和人类基因索引。

（16）万方数据库　中外学术论文、中外标准、中外专利、科技成果、政策法规等科技文献的在线服务平台。

（17）中国知网硕博士论文数据库　目前国内资源完备、质量上乘、连续动态更新的中国博硕士学位论文全文数据库。

（18）Elsevier Science Direct期刊数据库　是Elsevier出版社的全文数据库平台，是全世界最大的科学、科技、医学（STM）全文与书目电子资源数据库。提供超过2650种同行评审期刊，包含超过1900万篇文献。

（19）Landes Bioscience数据库　为美国兰德斯生物医学出版公司拥有。该数据库拥有独特的检索、浏览平台——Eurekah平台。读者可以通过章节分类的方式浏览；同时，读者还可以通过访问、浏览、查询 Landes Bioscience 数据库和 Eurekah 平台了解期刊和在线出版物的情况。它为广大科研工作者和教育工作者提供免费数据库资源。

（20）ProQuest 全球学位论文全文（PQDT Global）数据库　收录了美国几乎所有学科领域的博士、硕士研究生学位论文；近年来，不断扩展北美地区外的国际学位论文信息源覆盖率，它是美国国会图书馆指定的收藏全美国博硕士论文的机构，是目前世界上规模最大、使用最广泛的博士硕士论文数据库。

（21）施普林格（Springer）　是目前 STM 领域全球最大的图书和学术期刊出版社之一，有超过 200 位诺贝尔奖、费尔兹奖获得者选择 Springer 发表其科研成果。Springer 致力于通过创新的信息产品和服务为科研人员和读者提供高品质的学术资源。

（22）威利（Wiley）全文电子期刊数据库　其内容全面，兼具深度与广度，涵盖物质科学、生命科学、健康科学和人文与社会科学等领域。

（23）中国科学引文数据库（Chinese Science Citation Database，CSCD）　该数据库由国家科学图书馆自主研发，作为国内首个引文数据库，在国内科技文献检索及文献计量评价等方面发挥了重要作用。该数据库目前共收录我国出版的自然科学、医学、工程技术、管理科学等领域的优秀期刊 1000 余种。

（24）中文科技期刊数据库　我国最大的数字期刊数据库，该数据库受到国内图书情报界的广泛关注和普遍赞誉，目前已拥有包括港澳台地区在内的 6000 余家大型机构用户，是我国数字图书馆建设的核心资源之一、高校图书馆文献保障系统的重要组成部分，也是科研工作者进行科技查证和科技查新的必备数据库。

（25）美国冷泉港实验室出版社数据库　具有很高的影响因子，是生物领域研究人员不可或缺的研究参考资料。

（26）读秀知识库　全球最大的中文图书搜索及文献传递系统，集图书搜索、图书试读、文献传递、参考咨询等多种功能为一体，以海量的数据库资源为基础，为用户提供切入目录和全文知识点的深度检索，以及部分图书的全文试读。读者可通过直接进入各种检索的结果或某个章节进行图书阅读，也可通过文献传递来阅读，以获取他们想要的文献资源。读秀数据库是一个真正意义上的知识搜索及文献传递服务平台。

（27）EBSCO host 科学技术/商业信息数据库　该数据库包括生物科学、工商经济、咨询科技、通信传播、工程、教育、艺术、医药学等领域的约 2700 种期刊。

（28）EPS 数据库　其参考了 SAS、SPSS 等国际著名分析软件的设计理念和标准，在完整、全面、权威的数据库基础上建立强大的数据分析和数据预测功能，突破了传统数据库数据单一、操作复杂的使用方式，通过内嵌的数据分析预测软件，在平台内只需点击相关按钮，即可完成对数据的分析和预测。

（29）BioSino　中国自主开发的核酸序列公共数据库。免费提供人类编码蛋白质信息的公共数据库，包括全部 24000 种编码人类蛋白质的基因在 44 个正常组织、18 种肿瘤组织、69 个细胞系和 18 种血液细胞的单链 RNA（mRNA）和蛋白质中的表达信息。

（30）INFOGENE 数据库　Sanger 中心计算基因组学小组维护的、各基因组测序计划所提供序列中已知的蛋白质和预测出的基因与蛋白质的数据库。

（31）PubMed Central（公共医学中心，PMC）　由美国国立卫生研究院（NIH）旗下的国立医学图书馆（NLM）建立的一个生物医学和生命科学期刊文献全文数据库，由 NLM 下属的美国国家生物技术信息中心（NCBI）开发维护，于 2000 年 2 月起向全球公众免费开放。

2. 标准制定机构

（1）国内　国家标准化管理委员会、中国标准化信息协会。

（2）国外　英国标准学会、美国标准学会、加拿大标准学会、联合国教科文组织、日本工业标准调查会、法国标准化协会。

3. 知识产权保护组织

世界知识产权组织（WIPO）、国家知识产权局、欧洲专利局、日本专利局、加拿大专利局、德国专利局、欧亚专利局、英国专利局。

4. 知识产权数据库

中国专利信息网、中国知识产权网、美国专利书目数据库、欧洲专利数据库。

5. 图书馆、文献中心

中国国家图书馆、国家科技图书文献中心、中国数字图书馆、中国科学院文献情报中心、中国科学数据库、北京大学图书馆、清华大学图书馆、复旦大学图书馆、浙江大学图书馆、法国国家图书馆、加拿大国家图书馆、美国国家医学图书馆、美国国会图书馆、美国国家农业图书馆、美国教育图书馆、日本国立国会图书馆、耶鲁大学图书馆、哈佛大学图书馆、麻省理工学院图书馆。

四、文献及网络信息检索方法

1. 信息检索概述

信息检索是将信息按一定的方式组织和存储起来，并根据需要从已存储的信息集合中找出所需信息，是将检索标识和存储标识进行比较的过程。其中检索标识有：文献名称标识（书名、刊名、篇名等）、著者标识（作者姓名）、序号标识（书号、刊号、专利号等）为外部特征；分类标识（体系分类号）、主题标识（叙词、关键词）为内部特征。

2. 信息检索分类

信息检索按检索对象、内容的不同可分为文献信息检索、数据信息检索、事实信息检索。

（1）文献信息检索　以某一特定文献为检索对象。

（2）数据信息检索　以某一数据、公式、化学式等为检索对象。

（3）事实信息检索　以某一特定事实为检索对象。

信息检索按照检索方式不同分为手工检索、计算机检索。

（1）手工检索　优点：广泛的适应性、费用低廉、操作方便、检索时间广；缺点：耗时多、效率低、查找效果一般。

（2）计算机检索　优点：信息存储量大、检索速率快、效率高；缺点：追溯时间有限。

3. 信息检索的程序

（1）分析检索课题　明确检索目的与要求、时间、范围；分析主题内容、所属学科；分析所需信息类型：文献类型、年代范围、语种；确定课题对查新、查准和查全的指标要求。

（2）选择检索方法。

（3）确定检索工具（数据库）　根据检索题目的内容性质。

（4）确定检索标识及途径　根据已知条件，选择著者途径、题名途径、分类途径、引文途径、序号途径、代码途径等。

(5) 实施检索策略，浏览初步检索结果。

(6) 调整检索策略，实施并输出检索结果。

(7) 索取原始文献。

4. 信息检索方法

(1) 工具法　即利用文摘、题录等各种检索工具查找文献的方法，工具法又分为顺查法、倒查法和抽查法。①顺查法：时间上由远及近，可以反映某课题或学科的全貌，能收集到某一课题的系统文献，适用于较大课题的文献检索；②倒查法：时间上从新到旧，例如查找某领域的新进展，使用这种方法可以最快地获得最新资料；③抽查法：选取某段时间，利用检索工具进行重点检索的方法。

(2) 追溯法　从已有文献的参考文献去追溯查找，指不利用一般的检索系统，而是利用文献后面所列的参考文献，逐一追查原文（被引用文献），再从这些原文后所列的参考文献目录逐一扩大文献信息范围，一环扣一环地追查下去的方法。它可以像滚雪球一样，依据文献间的引用关系，获得更好的检索结果。

(3) 循环法　又称分段法或综合法，将上述两种方法加以综合运用，取长补短，相互配合，获得更好的检索结果。循环法兼有工具法和追溯法的优点，可以查得较为全面而准确的文献，是实际中采用较多的方法。

5. 信息检索工具

信息检索工具即报道、存储和查找各类信息的系统化文字描述工具。它具有存储和检索的功能。

(1) 目录型检索工具　著录对象是整本书或某种期刊，如馆藏目录、联合目录。

(2) 题录型检索工具　著录对象是单篇文献，如全国报刊索引。

(3) 文摘型检索工具　著录对象是单篇文献，如 Web of Science。

6. 信息检索途径

(1) 著者途径　利用著者索引、机构（机构著者或著者所在机构）索引、专利权人索引，从著者、编者、译者、专利权人的姓名或机关团体名称字序进行检索的途径。

(2) 题名途径　一些检索系统中提供按题名字序检索的途径，如书名目录和刊名目录。

(3) 分类途径　按学科分类体系来检索文献。利用分类途径检索文献资料，主要是利用分类目录和分类索引。

(4) 引文途径　引文编制的索引系统，称为引文索引系统，它提供从被引论文检索引用论文的一种途径，称为引文途径。

(5) 序号途径　有些文献有特定的序号，如专利号、报告号、合同号、标准号、国际标准书号和刊号等。文献序号对于识别一定的文献具有明确、简短、唯一性特点。依此编成的各种序号索引可以提供按序号自身顺序检索文献信息的途径。

(6) 代码途径　利用事物的某种代码编成的索引，如分子式索引、环系索引等，可以从特定代码顺序进行检索。

(7) 从文献信息所包含的或有关的名词术语、地名、人名、机构名、商品名、生物属名、年代等的特定顺序进行检索，可以解决某些特别的问题。

7. 计算机检索步骤（检索策略的制定与调整）

①分析检索课题，明确检索需求；②选择信息源；③确定检索标识，选择检索项；④编写

检索提问式；⑤实施检索并调整检索策略；⑥输出检索结果。

8. 信息检索效果的评价

信息检索效果主要从质量标准、费用标准和时间标准三方面来评价。

（1）质量标准　主要通过查全率（检出的相关文献量与检索系统中相关文献总量的百分比）与查准率（检出的相关文献量与检出文献总量的百分比）进行评价。可以通过扩大检索范围，考虑同义词或近义词（使用布尔逻辑符"or"连接），选择较大检索范围的字段（如摘要），使用截词符、上位词等提高查全率；也可以通过缩小检索范围，使用 and、not 等限制检索范围；使用位置算符（同句、同段），选择检索范围较小的字段，使用二次检索、下位词、精确检索来提高查准率。

（2）费用标准　指用户为检索课题所投入的费用。

（3）时间标准　包括检索准备时间、检索过程时间、获取文献时间等。

第五节　实验室道德规范

实验室道德规范

科研人员应认真遵守"爱国守法、明礼诚信、团结友善、勤俭自强、敬业奉献"的道德规范要求，在科学研究活动中应自觉遵守《中华人民共和国著作权法》《中华人民共和国专利法》等相关法律法规，积极宣传并认真实践科学道德规范，自觉维护单位的学术声誉和教育（科学）工作者的良好形象。

科研人员在进行科学研究活动时，应严格自觉遵守下述道德规范。

（1）进行学术研究，首先应检索有关文献，了解他人的研究成果，承认并尊重他人的学术贡献。

（2）引用他人的成果，必须注明出处；引证的目的应该是介绍、评论某一成果或者说明某一问题；所引用的部分不能构成引用他人成果的主体部分或者实质部分；从他人成果转引第三人成果，应注明转引出处。

（3）申报科研项目，应客观、真实地报告该项目国内外的研究现状、研究人员的水平和能力，以及完成项目的学术价值、预期目标、经济效益与社会效益、所需经费和有关技术指标等。

（4）合作成果应按照对科学研究成果所做贡献大小的顺序署名，但另有学科署名惯例或作者另有约定的除外。任何合作成果在发表前要经过所有署名人审阅，所有署名人应对本人完成部分负责，成果第一完成人应对成果整体负责。

（5）在对自己或他人的研究成果进行介绍、评价时，应遵循客观、公正、准确的原则，在充分掌握国内外材料、数据基础或者检索证明材料的基础上，作出全面分析、评价和论证。

（6）对应经而未经学术界内部严谨论证的重大科研成果，不得向媒体公布。

科研人员不得有下列违反学术道德规范的行为。

（1）为得出某种符合自己主观期望的结论而故意捏造、篡改研究成果、实验数据或引用的资料。

（2）抄袭他人已发表或未发表的成果，或者剽窃他人的学术观点、学术思想。

（3）在填写有关个人学术情况报表时，伪造或不如实填报学术经历、学术成果、专家鉴定、证书及其他学术能力证明材料。

(4) 未参加实际研究或者论著写作，而在别人发表的成果中署名。

(5) 通过新闻媒体发布依所在学科惯例应经而未经单位或其他学术组织机构论证的重大科研成果，而为个人或单位牟取不正当利益。

(6) 故意夸大研究成果的学术价值、经济与社会效益，或通过弄虚作假等手段，骗取科研项目。

(7) 违反国家有关保密的法律、法规或单位有关保密的规定，将应保密学术事项对外泄露或传播给他人。

(8) 其他违背学术界公认的学术道德规范的行为。

在实验实施过程中，科研人员应该遵循社会主义道德准则和规范，遵守集体利益，弱化个人利益。个人利益应该服从于集体利益，个人行为应该符合集体要求；应该了解诚实守信的重要性，尊重合同精神，遵守法律法规，不欺骗、不偷盗、不抢劫；应该了解友爱互助的重要性，关心他人，帮助他人，共同进步；应该保护生态环境，促进可持续发展。社会主义道德原则是社会主义制度下的道德要求，是社会主义伦理的基础，是社会主义文明建设的重要内容。在实践中，科研人员应该积极践行社会主义道德原则，为社会主义伦理发展和社会主义文明建设做出应有的贡献。

思考题

1. 应该注意哪些实验室安全问题？如何处置实验过程中的突发情况？
2. 实验设计的基本原则有哪些？
3. 怎样确定实验方案以及如何开展？
4. 实验室常用设备有哪些？
5. 如何通过对照试验、空白试验或校准仪器等办法控制系统误差？
6. 怎样减少实验误差？具体方法有什么？
7. 在实验数据的处理中通常采用什么方法检验实验结果间差异的显著性？
8. 实验报告包括哪几部分？撰写实验报告时应该注意哪些问题？

第二章

生物工程实验常用仪器与设备

[学习目标]

1. 学习和掌握生物工程实验涉及的主要分析检测设备的类型、原理和操作方法。
2. 以行业视野了解生物制品相关设备,学习工程知识,增强工程理念。
3. 以创新思维学习现代生物工程设备的工作原理与操作方法,培养坚定的学科认同感,养成良好的实验作风和工作习惯。

在微生物工业生产中,生物工程设备的性能和操作的专业性是获得高质量产品的关键。掌握生物工程实验常用仪器与设备的基本原理与操作方法是开展实际应用的前提。生物工程实验室常用设备包括灭菌设备、光度测定仪、生化培养设备、发酵装置、固液分离设备、酸碱测定设备、显微镜和酶标仪等。生物工程设备贯穿了整个实验流程,糅合了生物、化学、材料和机械等多学科原理。党的二十大报告指出:"坚持创新在我国现代化建设全局中的核心地位。""坚决打赢关键核心技术攻坚战"。虽然我们实验、科研仪器的研发工作中屡获突破,但对于一些高端的实验仪器,例如液相色谱仪、液相色谱-质谱联用仪等,其创新能力和精确制造水平仍与世界先进水平有差距,迫切需要我们在使用中发现问题,努力创新,为建设制造强国做贡献。

第一节 分析检测设备

一、分光光度计

分光光度计(1)

分光光度计又称光谱仪(spectrometer),是将成分复杂的光分解为光谱线的分析仪器。测量光波长一般为200~380nm的紫外光区和380~780nm的可见光区。根据测定的波长范围,分光光度计可分为紫外分光光度计、可见光分光光度计（或比色计）、红外分光光度计、原子吸收分光光度计和荧光分光光度计等。

1. 分光光度计的组成

一般来说，分光光度计由以下 5 部分组成，即光源、单色器、吸收池、检测器和信号记录装置，如图 2-1 所示。

图 2-1 分光光度计的组成

I_0—入射的单色光强度；I—透射的单色光强度。

2. 工作原理

分光光度计采用一个可以产生多个波长的光源，通过系列分光装置产生特定波长的光源，光线透过测试的样品后，部分光线被吸收，测量样品的吸光度，从而计算出样品的浓度。样品的吸光度与样品的浓度成正比。单色光辐射穿过被测物质溶液时，被该物质吸收的量与该物质的浓度和液层厚度（光路长度）成正比，其关系如式（2-1）。

$$A = -\lg(I/I_0) = -\lg T = KLc \tag{2-1}$$

式中　A——吸光度；

　　　I_0——入射的单色光强度；

　　　I——透射的单色光强度；

　　　T——物质的透射率；

　　　K——摩尔吸收系数；

　　　L——被分析物质的光程，即比色皿的边长；

　　　c——物质的浓度。

一般以吸光度 A 为纵坐标，浓度 c 为横坐标绘制标准曲线，测出待测液的吸光度，就可以由标准曲线计算出对应被测物质的浓度。

物质对光的选择性吸收波长，以及相应的吸收系数是该物质的物理常数。当已知某纯物质在一定条件下的吸收系数，可用同样条件将该供试品配成溶液，测定其吸光度，即可由式（2-1）计算出供试品中该物质的含量。在可见光区，除某些物质对光有吸收外，很多物质本身对光并没有吸收，但可在一定条件下加入显色试剂或经过处理，使其显色后再测定，故又称比色分析。由于显色时影响呈色效果的因素较多，且常使用单色光纯度较差的仪器，因此测定时应用标准品或对照品同时操作。

3. 操作步骤

分光光度计的操作方式较为简单，一般包括以下步骤。

（1）开机预热，时间大于 20min。

（2）选择光源，根据波长切换钨灯或氘灯。

（3）输入所需波长。

（4）设备校准，若无自动校准功能，可用手动校准。

（5）开始测量，将空白液及测定液分别倒入比色皿 3/4 处，用擦镜纸擦净外壁，放入样品

分光光度计（2）

室内，使空白管对准光路。使用蒸馏水的吸收池调零后放入样品和参比样。

（6）数据处理，绘制标准曲线。

（7）关机，清洗吸收池并保存。

4. 应用

紫外分光光度法可测定蛋白质含量。蛋白质含量测定可基于折射率、相对密度和紫外吸收等物理化学参数。蛋白质中含有的酪氨酸和色氨基酸残基上具有共轭双键，具有吸收紫外光的性质，最大吸收峰位于280nm处（不同蛋白质略有差别）。在最大吸收波长处，吸光度与蛋白质溶液的关系符合朗伯-比尔定律。具体测定可参照如下步骤。

（1）标准曲线的绘制　用吸量管分别吸取1.0mL、1.5mL、2.0mL、2.5mL和3.0mL的3.00mg/mL标准蛋白质溶液于5支10mm石英比色皿中，用9g/L生理盐水稀释至刻度，振荡摇匀。用10mm石英比色皿，以9g/L生理盐水为参比，在278nm处分别测定上述浓度标准蛋白质溶液的吸光度，记录所得读数，并绘制曲线。

（2）吸收曲线的绘制　用吸量管吸取2mL 3.00mg/mL标准蛋白质溶液于10mm比色皿中，用9g/L生理盐水稀释至刻度，摇匀。用1mm石英比色皿，以9g/L生理盐水溶液为参比，在250~310nm处，每隔2nm测量一次吸光度，记录读数。

（3）样品测定　先将待测样品取约1mL到比色皿中，测量其吸光度，估算稀释倍数。然后取适量浓度的待测蛋白质溶液3mL，按上述方法测定278nm处的吸光度，平行测定3组。数据处理后，得到未知蛋白质溶液浓度。

二、气相色谱仪

1. 气相色谱仪的组成

气相色谱（gas chromatography，GC）系统组成如图2-2所示。

气相色谱仪

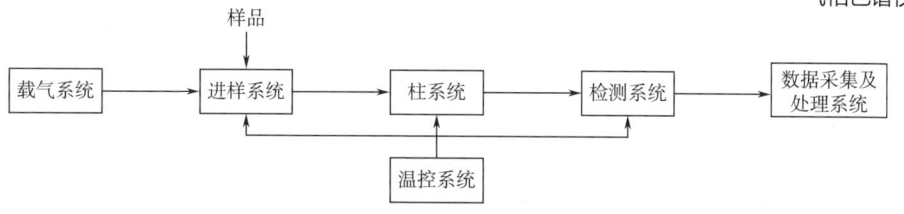

图2-2　气相色谱仪的组成

气相色谱仪各系统功能如下。

（1）载气系统　气源分载气和辅助气两种，载气是携带分析试样通过色谱柱，提供试样在柱内运行的动力；辅助气是提供检测器燃烧或吹扫用。现大多载气系统已与数字化控制系统匹配形成智数控化载气系统。

（2）进样系统　引入试样，并保证试样气化。一般配有预处理装置，如脱附装置（TD）、裂解装置、吹扫捕集装置和顶空进样装置等。

（3）柱系统　试样在色谱柱内进行分离。试样组分与固定相的相互作用在此处发生，这是组分分离的根本原因。

（4）检测系统　对柱后已被分离的组分进行检测。包括柱后衍生化装置，如硅烷化、酰化和烷基化装置。

(5) 数据采集及处理系统　采集并处理检测系统输入的信号，给出最后试样定性和定量检测结果。

(6) 温控系统　控制并显示进样系统、柱温箱、检测器及辅助部分的温度。

2. 工作原理

气相色谱是一种把混合挥发性物质分离成单个组分并且形成谱图的检测技术，用于对样品组分进行定性和定量检测。气相色谱仪以气体作为流动相（载气）。当样品由微量注射器注入进样器气化后，被载气携带进入填充柱或毛细管色谱柱。由于样品中的流动相（气相）和固定相（液相或气相）间分配或吸附系数的差异，在载气的冲洗下各组分在两相间作反复多次分配，使各组分在柱中得到分离，依次从柱后流出。然后用接在柱后的检测器，根据组分的物理、化学特性，将各组分按顺序检测出来。

3. 操作步骤

气相色谱仪的操作步骤大体相似，根据型号不同会有略微差异。一般气相色谱仪操作包括排气、预热、升温、点火、检测、降温和关机等步骤。以岛津 GC-2014 为例，有以下操作规程。

(1) 打开氮气钢瓶，保持氮气压力在 0.5MPa 以上。打开气相色谱仪主机电源开关。

(2) 打开电脑，在桌面上选择系统软件，登录工作站主界面，进入参数界面，依次输入进样器、色谱柱和检测器的工作参数。

(3) 等待进样口温度、柱温和检测器温度达到设定值后，打开空气发生器和氢气发生器，15min 后点击右侧面板上的"火焰：打开"开启火焰离子化检测器（FID），等仪器参数达到设定值后，右侧面板上会显示"GC 状态：准备就绪"。

(4) 点击左侧面板上的"单次分析"进入分析操作界面。

(5) 点击左侧面板上的"样品记录"，输入样品名称和"数据文件"目录及名称，点击"自动递增"复选框。输入"样品瓶号"，将放在自动进样盘上样品瓶的位置输入，点击"确定"。点击左侧面板上的"开始"，进行数据采集。

(6) 分析结束后，点击右侧面板上的"火焰：关闭"，关闭空气发生器和氢气发生器。

(7) 通过设置"仪器参数"和"下载参数"，将柱温升到 300℃，让 GC 运行 1h。

(8) 将进样器温度、柱温和检测器温度都降到 30℃后，点击左侧面板上的"关闭系统"，然后点击界面上部的"文件"选择"退出"，退出工作站。

(9) 关闭气相色谱仪，最后关闭氮气钢瓶。

4. 应用

气相色谱在多糖结构分析过程中具有十分广泛的应用，例如应用气相色谱检测酵母多糖、天然产物多糖的测定等。一般气相色谱要求试样具有良好的挥发性和热稳定性。因而，可以将大分子多糖降解为结构单糖和寡糖，并且将其衍生成具有易挥发、对热稳定的衍生物，通过对其衍生物的定性和定量测定，即可得出多糖的基本结构和单糖的组成比例等信息。

液相色谱仪

三、液相色谱仪

以高压液体为流动相的液相分析法称为高效液相色谱（high performance liquid chromatography，HPLC），其特点是液体为流动相。高效液相色谱法是20世纪70年代发展起来的色谱技术，具有分离效能高、选择性好、灵敏性高（但低于气相色谱法）、分析速度快、适用范围广等特点。高效液相色谱法适用于分离、分析沸点高、热稳定性差、相对分子质量大（大于400）的气相色谱法不能或不易分析的许多有机物和一些无机物，这些物质占化合物总数的75%～80%。高效液相色谱法广泛应用于蛋白质、氨基酸、核酸、维生素、糖或糖醇类、脂类、类固醇、激素、生物碱、高分子聚物和金属有机物等的分离分析。

1. 高效液相色谱仪的组成

高效液相色谱仪是实现液相色谱分离的仪器设备，其基本单元组成如图2-3所示。高效液相色谱仪至少应包括储液器、泵系统、进样器、分离柱、检测器和记录仪。

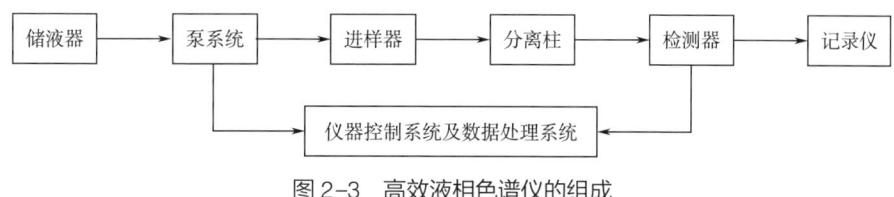

图2-3 高效液相色谱仪的组成

储液器（通常是溶剂瓶）用于盛放溶剂，溶剂被称为流动相。泵系统用于生成具有一定流速的流动相。进样器能够将样品引入连续流动的流动相中，从而将样品带入高效液相色谱柱（分离柱）中。色谱柱含有实现分离所需的色谱填料，该填料被称为固定相。从色谱柱中洗脱出来的分离化合物谱图可通过检测器显示。检测器连接到计算机数据工作站并在显示器上生成色谱图。根据化合物的不同，可选用不同类型的检测器，如紫外检测器、荧光检测器、蒸发光散色检测器等。

2. 工作原理

高效液相色谱是通过泵系统使含有样品混合物的加压液体溶剂（流动相）填充有固体吸附材料（固定相）的色谱柱，样品中各组分与固定相的相互作用都略有不同，不同组分具有不同流速，从而实现分离。高效液相色谱的基本原理和定性定量分析方法与气相色谱基本相同，在气相色谱中表达分离过程的基本关系式绝大多数适用于高效液相色谱。组分分子在固定相和流动相之间达到平衡需要进行分析的吸附、脱附、溶解、扩散等传质过程，阻碍这种过程的因素称为阻抗。在理想状态下，色谱的传质阻抗为零，则组分分子流动相和固定相之间会迅速达到平衡。在实际体系中传质阻抗不为零，导致色谱峰展变宽，柱效下降。影响分离的因素主要有色谱柱填充性能、流动相及流动相的极性、流速、进样量等。高效液相色谱的Van Deemter方程如式（2-2）。

$$H = A + B/u + Cu \tag{2-2}$$

式中 H——塔板数；

A——涡流扩散系数；

B——纵向扩散系数；

C——传质阻抗系数；

u——流动相流速。

3. 操作步骤

（1）仪器组成及开机 仪器组成由分离单元、二极管阵列检测器、蒸发光散射检测器、示差折光检测器、色谱管理工作站和打印机组成。分离单元包括四元梯度洗脱的溶剂输送系统、四通道在线真空脱气机（或氦气脱气机）、可容纳 100 个以上样品瓶的自动进样系统、柱温箱、内置的柱塞杆密封垫清洗系统、溶剂瓶托盘、液晶显示器、键盘用户界面及软盘驱动器。开机依次接通分离单元、检测器、计算机和打印机的电源。接通分离单元后，仪器开始自检，显示主屏幕，此时继续各部件的初始化，仪器进入待命状态。

（2）溶剂管理系统的准备　流动相脱气确认所有溶剂管路都充满溶剂，启动溶剂管理系统。干启动是溶剂管路是干的或是需要更换溶剂时所选择的启动方式；湿启动是在承接上次操作或较短时间内重复进行检测实验所选择的启动方式，要求管路中必须充满溶剂。排除管路和检测器气泡后，连接色谱柱，打开检测器，设定流动相，平衡色谱柱。

（3）样品管理系统的准备　冲洗自动进样器以排除气泡，将编号的样品装入样品托盘中。

（4）编辑分析方法及执行样品分析表　建立新的分析方法，按实验要求编辑各项参数，如流动相梯度、色谱柱温度和检测器种类等，并保存至方法组。编辑执行样品分析表，包括样品编号、输入进样量、进样时间、方法组、起始记录时间等参数，确认无误后保存。

（5）运行样品　待基线稳定后，开始检测样品。

（6）输出样品检测报告。

（7）关机　使用完毕，按规定用适当的溶剂冲洗色谱柱、系统管路、自动进样器、进样针和柱塞杆密封垫，确保分离单元已彻底冲洗干净后，关闭电源开关。数据采集完毕后，关闭检测器电源开关。处理数据并打印报告后，关闭计算机和打印机电源开关，并做使用登记。

4. 应用

液相色谱仪可应用于发酵液中的有机酸测定，例如对发酵酸乳中柠檬酸、丙酮酸、乳酸和甲酸的测定，有助于人们对酸乳生产过程和产品品质进行控制；还可以监测乳酸菌的有机酸代谢，有利于筛选和选育优良的发酵菌种。液相色谱仪还可应用于多肽物质的分析和纯化，因其分离效果好、速率快、样品容量大、回收率高，已成为生物多肽的主要纯化方法之一。

四、气相色谱-质谱联用仪

气相色谱-质谱联用仪（gas chromatography-mass spectrometry，简称气质联用仪，GC-MS）是分析设备中较早实现联用技术的仪器之一。自 1957 年 J. C. 霍姆斯（J. C. Holmes）和 E. A. 莫雷尔（E. A. Morrell）首次实现气相色谱和质谱联用之后，这一技术便得到快速发展。目前，气相色谱-质谱联用仪已成为有机物分析的主要定性、定量检测手段之一。现行的有机质

气质联用仪

谱仪，包括磁质谱、四级杆质谱、离子阱质谱、飞行时间质谱（TOF）、傅里叶变换质谱（FTMS），均能和气相色谱联用。

1. 工作原理

气相色谱法是一种物理分离方法。利用被测物质各组分在不同两相间分配系数（溶解度）的微小差异，当两相作相对运动时，这些物质在两相间进行反复多次的分配，从而使不同组分得到分离。质谱作为气相色谱的检测器，利用电离源将各种成分分子电离成质谱碎片。通过相应的谱库检索碎片信息，给出此信息与某化学物质匹配度，从而达到对物质进行定性的目的。气相色谱-质谱联用仪灵敏度远高于气相色谱通用检测器中的任何一种，气相色谱通用检测器主要有热导检测器（TCD）和火焰离子化检测器（FID），其余都是选择性检测器，检测器的选

择与检测样品中的元素或官能团有关。气相色谱-质谱联用仪系统一般由图2-4所示的部分组成。

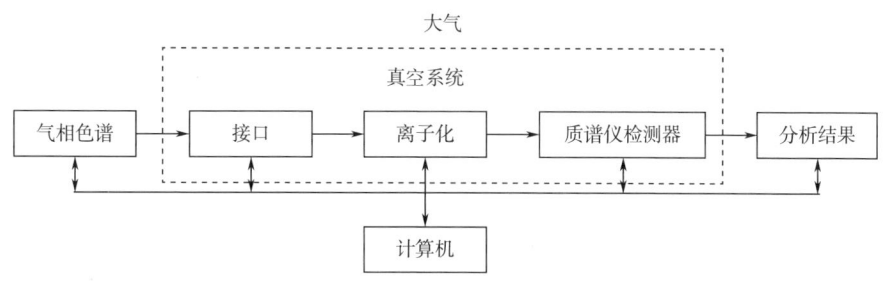

图2-4 气相色谱-质谱联用仪系统组成

2. 操作步骤

气相色谱-质谱联用仪使用前须对色谱仪进行安装调试，此步骤一般在首次使用前完成。后续实验需要进行以下步骤。

（1）气相色谱实验条件的选择

①色谱柱的选择：色谱柱主要选择固定相和柱长。固定相的选择根据"相似相溶"原理，即非极性物质选择非极性固定液，沸点越低的组分出峰越早；极性物质选择极性固定液，极性越小的组分出峰越早；极性与非极性混合物，选择极性固定液，极性越小的组分出峰越早；易形成氢键的物质，选择极性或氢键型固定液，不易形成氢键的组分先出峰。此外，还须考虑色谱柱的最高使用温度等因素。高沸点样品宜选用表面积小的柱载体、低固定液配比［1%～3%（质量分数）］，以防保留时间延长，峰扩张严重；选用低固定液配比时使用较低柱温。低沸点样品宜使用高固定液配比［5%～25%（质量分数）］，可增大柱的容量因子，以达到最佳分离效果。难分离的样品一般选择毛细管柱，原因是柱长的加长相当于增加理论塔板数，提高分离度；但柱长过长，纵向扩散增加，峰变宽，并不利于分离。在不改变塔板高度（H）的条件下，分离度与柱长关系如式（2-3）。

$$(R_1/R_2)^2 = L_1/L_2 \tag{2-3}$$

式中　R_1——已知柱长为L_1（m）时某物质对的分离度；

　　　L_2——将同一物质对分离到需要达到的分离度为R_2时所需的柱长，m。

②柱温的选择：柱温是气相色谱条件选择的关键。选择的基本原则为：最难分离的组分在符合要求分离度的前提下，尽可能采用较低柱温，但要防止峰型拖尾。分离沸点较高的样品（300～400℃）时，柱温可比沸点100～150℃。分离沸点低于300℃的样品时，柱温可以在比平均沸点低50℃至平均沸点温度范围内。对于宽沸点的混合物，可以采用程序升温的方法。

③载气的选择：载气的选择应从峰扩张、柱压降和检测器灵敏度三个方面考虑。载气采用低线速时，宜选用氮气；载气采用高线速时，宜选用氢气（黏度小）。色谱柱较长时，采用低黏度的氢气更适宜。

④其他条件的选择：根据样品的性质，合理选择检测室温度，防止色谱柱流出组分在检测器处冷凝而污染检测器。

（2）色谱柱安装与进样（以毛细管柱为例）　截取一段毛细管柱，根据流体流动方向，定向安装在进样口与检测器之间,并检查气密性和柱压是否正常。通入载气,排出色谱柱残留的空气。设置正确的进样器温度,待进样系统和检测体系稳定后,查看基线是否稳定,待基线稳定后进行进样分析。分析结束后,降温冷却系统,待柱温降至30℃以下,关闭相应载气。最后,根据色谱图中组分的质谱信息,与数据库匹配系统比较分析被测组分。

3. 应用

气相色谱-质谱联用分析检测技术日益完善,已广泛应用于复杂样品的研究,例如香精、香料、脂质等天然产物的分析,发酵过程中挥发性风味物质的检测,挥发油、脂肪酸、脂溶性成分等中药有效成分分析等。将气相色谱高效的在线分离能力与质谱高选择性、高灵敏度的检测能力相结合,可以作为复杂体系分离分析的有效研究手段,是挥发性成分分析的首选方法。

五、液相色谱-质谱联用仪

液相色谱-质谱联用(liquid chromatography-mass spectrometry, LC-MS)开发始于20世纪70年代,与液相色谱-质谱联用相比,经历了更长的实践和研究过程。这些过程主要解决了一系列技术难题,包括色谱仪与质谱仪的压力匹配、流量匹配和液体样品气化问题。液相色谱和质谱联用须在两仪器间接入一个关键连接装置——接口,液相色谱-质谱联用的发展在很大程度上就是接口技术的发展。扩大液相色谱-质谱联用应用范围可以使稳定性差和强极性化合物在不用衍生化的条件下得以被直接分析。将质谱分析用于生物大分子是液相色谱-质谱联用接口技术的主要发展方向。

液质联用仪

1. 工作原理

根据接口技术研究的发展,液相色谱-质谱联用主要的接口技术包括直接液体导入接口、移动带技术、热喷雾接口、粒子束接口、快原子轰击、激光解析离子化和基质辅助激光解析离子化和电喷雾电离。每种接口技术都是由前一种发展而来,在此主要介绍电喷雾电离技术原理。

电喷雾电离技术配套的电喷雾电离(ESI)接口主要由两个功能部分组成:接口本身以及由气体加热、真空度指示、附加机械泵开关组成的控制单元。ESI接口部分如图2-5所示。

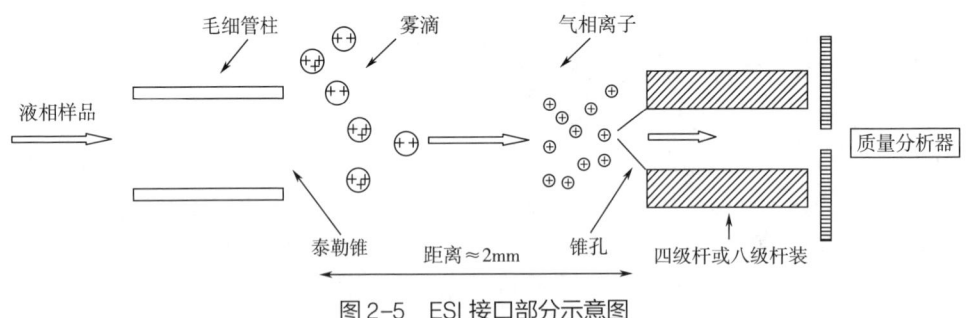

图2-5 ESI接口部分示意图

在几千伏高压电压作用下,液体溶液从喷口喷出并雾化。由于电场作用,雾化的液体带电,这种带电液滴在飞行过程中,在干燥气体的作用下,溶液不断蒸发,液滴体积不断减小,电荷数量不变。当液滴体积缩小到一定程度,电荷密度过大,静电排斥力大于表面张力,液滴发生爆炸。这个过程持续进行,最终解析出离子进入质谱的真空区。整个过程持续的时间只有几微秒。ESI是一种"软"电离技术。传统的方法是用高能电子或原子直接轰击分子的"硬"

电离，分析的是分子碎片，并不是进样的原物质。从 ESI 的原理可知，液滴里有样品和电荷，当溶剂挥发后，剩下带电物质即为待测分子。ESI"软"电离可以保证要测的样品是什么，测出来就是什么。此外，ESI 另一个优势是可以产生多电荷，拓宽了质谱仪可测定的分子质量范围，可测的样品相对分子质量最多可达几亿道尔顿（1Da＝1u），尤其适用于生物大分子，如蛋白质、多糖等的测定。

2. 操作步骤

各种液相色谱-质谱联用仪的结构、配置以及操作软件各不相同，因此仪器操作将遵循共同的原则和普遍的适用方法。以下操作以超高效液相色谱-四级杆飞行时间质谱联用仪为例。

(1) 仪器启动　当实验室的温度和湿度符合开机条件时，仪器进行冷启动或热启动。冷启动仪器的顺序为：①核对仪器的初始状态，按照操作规程检查气源、管路、电路的初始状态；②打开液相色谱仪总电源开关，进行仪器自检；③打开质谱仪开关，启动真空系统程序，抽真空；④达到高真空后，打开系统软件，进行质谱仪自检，确保软件将液相色谱和质谱连接完整。热启动指的是在仪器处于开机闲置状态下，迅速进行启动的情况。在热启动前后，质谱仪的真空系统要始终保持在运行状态，并用指定清洗液对液相色谱的管路和进样系统进行清洗。

(2) 液相色谱操作过程　液相色谱操作过程包括色谱柱选用、液相检测方法建立和流动相配制、液路系统脱气、更换色谱柱、色谱柱基线的平衡等，在本章第三节已有描述。

(3) 质谱仪操作　待质谱仪高真空系统达到要求值并处于稳定状态后，打开仪器各电器部件，进行调谐操作。将液相色谱出口与质谱仪相连，达到柱平衡后，观察液相色谱基线是否存在漂移、杂质峰等背景干扰，必要时应排除这些干扰。设置质谱数据采集方法文件，选择合适的质谱实验条件，包括离子化模式、正负粒子选择、起始和结束质量数、扫描速率、特征粒子或离子对、停留时间、质谱峰采样时间等。

(4) 实验文件设置、调用和样品分析　实验文件包括调谐文件（内含离子源、分析室、检测器的电参数等）、液相色谱方法文件、质谱方法文件。上述各种文件应填写在样品分析序列表内，同时确定或建立存储数据的通道。启动液相色谱-质谱联用分析，观察样品运行，分析总离子流图及其对应质谱图。

(5) 完成检测任务后，断开液相色谱和质谱之间的连接管线，并降温，清洗完管路和色谱柱后分别关闭质谱仪涡轮泵和主机电源，关闭气路。等待一定时间后，待质谱仪抽气空间充满 N_2 或空气后关闭机械泵和质谱仪总电源。在确认液相色谱清洗完毕之后，关闭进样器电源和液相泵，再关闭液相总电源。上述操作也可根据仪器厂家提供的对应操作手册要求进行。

3. 应用

目前，液相色谱-质谱联用由于 ESI 接口、碰撞诱导解离（collision-induced dissociation，CID）技术和串联质谱的使用，已经在生物工程中有广泛应用。例如，蛋白质的一级测定中需要对分子质量进行准确测定和对质谱开裂产物进行解析以获得大量一级结构信息。在质谱过程中，肽类或蛋白质主链在低能量碰撞时会由一级开裂产物脱去水分子或胺分子产生二级离子。如果发生高能碰撞，则会发生侧链断裂，有可能用于区分异构体，如亮氨酸和异亮氨酸等，这些都是一级结构测定的应用依据。在液相色谱-质谱联用数据分析过程中，往往要用到多学科知识，且分析过程繁杂，因此要养成追求真理、精益求精的钻研精神。

第二节　生物制品制备相关设备

国际经济合作及发展组织（OECD）于 1982 年提出广泛的生物技术定义，即生物技术是应用自然科学及工程学原理，依靠生物作用剂的作用将物料进行加工以提供产品为社会服务的技术。由此可见，生物技术的最终目的是生产能为人类所利用的各类产品，创造经济和社会效益。将原料通过生物技术手段转化为产品，需要经历一系列生物反应过程、化学反应过程和物理操作过程，这些反应需要在不同的反应设备和操作设备中进行。生物工程设备的发展伴随着生物技术发展，经历了自然发酵阶段、纯种培养技术阶段、通气搅拌好氧培养技术阶段、代谢控制发酵技术阶段、基因重组技术发展阶段、合成生物学阶段，形成了原料处理设备、反应设备、产物分离设备及其过程配套设备。设备须为实现特定的生物工艺过程服务，学习设备的操作要具有工程学知识和工程理念，这对生物工程相关专业的实验操作具有重要意义。在生物工程实验实践过程中，学者要拓宽学术视野、增强社会责任感，应着重关注相关产业的薄弱环节，在解决"卡脖子"问题上精耕细作，实施好关键核心技术攻关工程。

一、发酵设备

生物工程专业的发酵设备一般指的是发酵罐及其附属设备。发酵罐是一种圆柱体容器，容量从几升到几百万升，罐上除有通气、搅拌、接种、加料、冷却等装置外，还有对温度、pH、通气量与转速等发酵条件进行检测和控制的装置。它的作用是为细胞新陈代谢提供一个优化稳定的物理与化学环境，使细胞能更好、更快地生长，得到目标生物量或目标代谢产物。

发酵设备

发酵罐根据发酵目的的不同可分为种子罐和发酵罐；根据发酵过程是否需要氧气可分为需氧微生物反应器和厌氧微生物反应器；根据发酵罐设备特点可分为机械搅拌通风发酵罐和非机械搅拌通风发酵罐。实验室与工业化发酵设备如图 2-6 所示。实验室使用的发酵罐容积一般在 500L 以下。以下主要介绍实验室规模发酵罐的种类和使用。

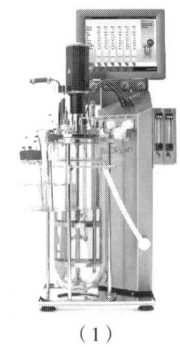

（1）　　　　　　　　　　　　（2）

图 2-6　实验室（1）与工业化（2）发酵设备

1. 发酵罐及其工作原理

(1) 摇瓶　摇瓶在实验室中主要用于最初的菌种筛选、正交实验和种子培养。以微生物细胞作为发酵罐的接种物时，至少有一个阶段会涉及摇瓶中微生物的培养。但是摇瓶具有很多明显的弊端，即其氧气传递速率（OTR）低、无菌取样困难、需较精密的环境条件控制等。摇瓶培养基的体积越小，OTR越高，而摇瓶的体积取决于培养基和微生物的种类。实验中摇瓶的装液量最小时（如在250mL摇瓶中装入25mL培养基），OTR会很高，从而获得较好的发酵结果，但该体系不适用于长期发酵过程。此外，摇床也可以提高OTR，摇床床体设计成可长期运行且不摇晃，床面由电动机驱动产生旋转摇动或往复式摇动。

(2) 搅拌发酵罐　搅拌发酵罐是顶部或底部装有搅拌驱动的圆柱体发酵罐，其设计灵活、易清洁、功能强大，可用高强度玻璃作为罐体，便于观察罐内情况。由于罐体较小，可直接在灭菌锅内灭菌或原位灭菌。在罐内有进样口、叶轮、折流挡板、空气喷射器和取样口等，实验室用容量一般在1~30L，适用于采样量少、采样次数多的发酵过程。单个不锈钢小型发酵罐结构如图2-7所示。

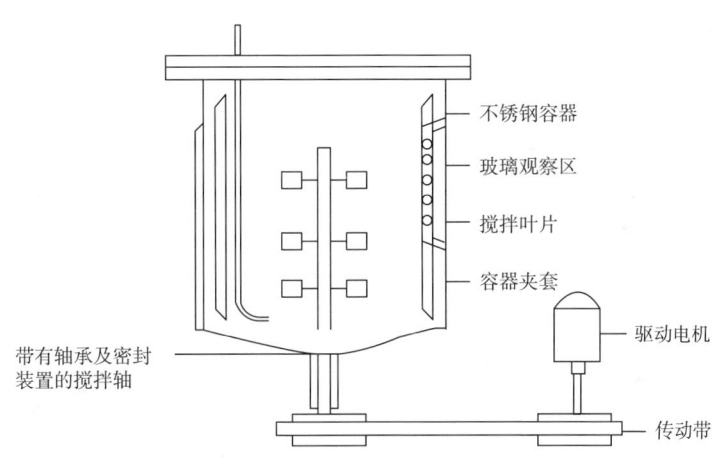

图2-7　单个不锈钢小型发酵罐结构示意图

(3) 气升式发酵罐　气升式发酵罐没有任何机械搅拌系统，仅利用空气在发酵罐内循环以搅拌培养物。气升式发酵罐培养模式比较柔和，适用于植物细胞和动物细胞培养。气升式发酵罐的原理是基于含气量高的培养物和含气量低的培养物之间比重的差异。在发酵罐通气过程中，含气量较低的培养基产生上流的推力，导致培养基循环，循环的类型取决于罐内的装置。两种气升式发酵罐结构如图2-8所示。

(4) 塔式发酵罐　塔式发酵罐经常运用于酵母连续发酵，如啤酒的连续发酵。实验室的塔式发酵罐容积为30~50L，没有复杂的搅拌系统，设计较为简单。

(5) 利用固定化细胞的生物反应器　目前，在实验室规模下开发应用了多种类型的生物反应器，并将固定化细胞应用到反应器中，形成了固定床反应器、流化床反应器和转盘式发酵罐等。

2. 附属设备

发酵过程的附属设备包括高压蒸汽灭菌锅、培养箱、摇床、烘箱、贮罐和气流装置等。

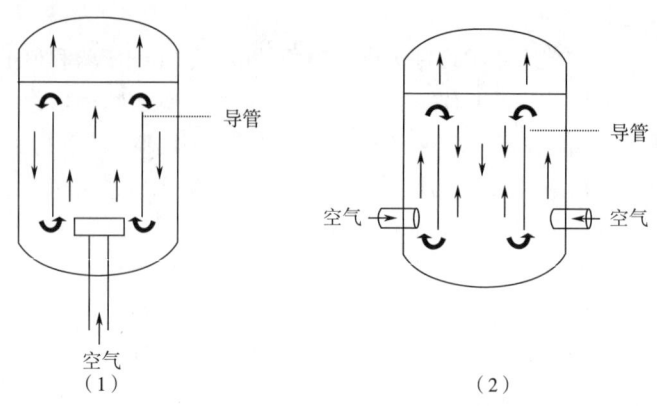

图 2-8　两种类型的气升式发酵罐
（1）底部进气式气升发酵罐　（2）侧向进气式气升发酵罐

在发酵工艺中，需要对发酵设备进行灭菌，在培养箱中实现接种物的培养等。在物质进入发酵罐后，为实现对罐内气体的调节，还需要根据发酵情况在发酵罐周体安装控制及测量气流的装置。

3. 应用

发酵罐可用于制备酸乳制品、饮料、药品、精细化工品等，应用非常广泛。以啤酒为例，酿造啤酒的主要原料是大麦、水、酵母和酒花。在实验室小型发酵罐内，利用固定化酵母可实现啤酒的制备。整个发酵过程可分为酵母恢复阶段、有氧呼吸阶段和无氧呼吸阶段。①酵母恢复阶段：酵母接种后，在麦汁充氧条件下，恢复酵母生理活性，以麦汁中的氨基酸为主要氮源，以可发酵糖为主要碳源，进行呼吸作用，并从中获取能量而繁殖，同时产生一系列的代谢副产物，此后便在无氧条件下进行酒精发酵。②有氧呼吸阶段：此阶段主要是指酵母细胞以可发酵糖为主要能量来源，在氧的作用下进行繁殖。③无氧呼吸阶段：在此发酵阶段，绝大部分可发酵糖被分解成乙醇和二氧化碳。这些糖类被酵母吸收，进行酵解的顺序是葡萄糖、果糖、蔗糖、麦芽糖、麦芽三糖。

二、提取设备

微生物代谢产物大多分泌到细胞外，如大多数小分子代谢物、部分酶蛋白等。但还有些大分子目标产物，如大多数酶蛋白、类脂和部分抗生素存在于细胞内。因此，要分离和提取此类产物就必须用到细胞破碎和料液分离设备、萃取设备等。

提取设备

1. 细胞破碎与料液分离设备

常用的细胞破碎方法可分为机械法和非机械法。以下主要介绍实验室运用机械法进行细胞破碎。主要设备包括：①高速珠磨机，其原理是将进入珠磨机的细胞悬浮液与极细的玻璃珠一起搅拌，由于研磨作用，细胞破碎，释放出内含物；②高速匀浆机，其原理是细胞浆液进入泵内，利用高压使其从排出阀的小孔冲出，并且在撞击环上高速撞击，细胞在一系列的高速运动中经历了剪切、碰撞以及高压到常压的变化，从而使细胞破碎；③超声波振荡器，超声波对细胞的破碎作用与液体中空穴的形成有关，其原理是超声波在液体中传播时，在某一小区域内产生间歇性的巨大压力和拉力,由于拉力的作用,液体被拉伸形成真空空穴,这种空穴受到超声波的冲击会迅速闭合,产生强烈的冲击波压力,由它引起的黏滞性涡旋在悬浮细胞上造成剪切力,促使细胞内液体流动,从而使细胞破碎。

细胞破碎后进行固液分离的方法主要有分离筛分离、重力沉降、浮选分离、离心分离和过滤等。实验室常用的手段是过滤和离心分离。过滤是使液体在加压或不加压的条件下通过过滤介质,将固体截留,从而获得澄清液体的单元操作。主要有常压过滤设备、加压过滤设备和真空过滤设备3种。离心分离是利用惯性离心力、物质沉降系数或浮力密度不同而进行的分离操作,要求被分离对象有显著的密度差异。主要设备分为离心沉降设备和离心过滤设备等。

2. 萃取设备

萃取是利用混合物中各组分在同种溶剂中溶解度的不同,将混合物中组分分离提取的一种方法。主要包括:①液液萃取设备,主要包括混合澄清器和离心萃取机;②固液萃取设备,主要包括单级间歇萃取、多级逆流半连续及连续萃取(多功能提取罐、多级逆流固液萃取罐等)和微分半连续固液萃取设备;③超临界萃取设备,超临界萃取是利用临界或超临界状态的流体,使被萃取的物质在不同蒸气压下具有不同化学亲和力和溶解能力进行分离、纯化的单元操作。在实验室,一般利用小型超临界萃取仪即能实现超临界萃取操作。

3. 应用

提取操作在实验室可用于氨基酸、抗生素、维生素、激素和生物碱等生物小分子的提取。在多肽、蛋白质和核酸等生物大分子分离中也有广泛的应用。超临界萃取技术适用于热敏性物料,如天然产物萃取、细胞代谢活性物提取等。在食品生物技术领域,超临界萃取可应用于浓香型杭白菊速溶粉活性物萃取、啤酒花中活性成分提取、从植物种子中提取油脂和固醇等。

三、纯化设备

分离纯化是生物工程的重要环节。生物代谢产物经提取后,需要进一步分离纯化以达到工业生物制品的要求。实验室常用的纯化技术主要有膜分离、蒸发与结晶和离子交换、吸附和层析分离等。

膜分离

1. 膜分离

膜分离(membrane separation)是利用具有一定选择透过特性的过滤介质进行物质分离的分离纯化过程,是人类较早运用的分离技术之一。膜分离应用于蛋白质的纯化,中草药的分离纯化等。膜的选择透过特性表现为以下功能:①物质的识别与透过,某些物质可以透过膜,而其他物质则被选择性拦截;②相界面,膜依靠界面将透过物和保留液分为互不混合的两相;③反应场,膜表面及孔道内特殊的基团通过物理、生化反应提高膜的选择性和分离性能。膜分离过程如图2-9所示。

生物分离领域应用的膜分离纯化技术包括微滤(MF)、超滤(UF)、反渗透(RO)、透析(DS)、电渗析(ED)和渗透气化(PV)等,各种膜分离方法的原理与应用见表2-1。

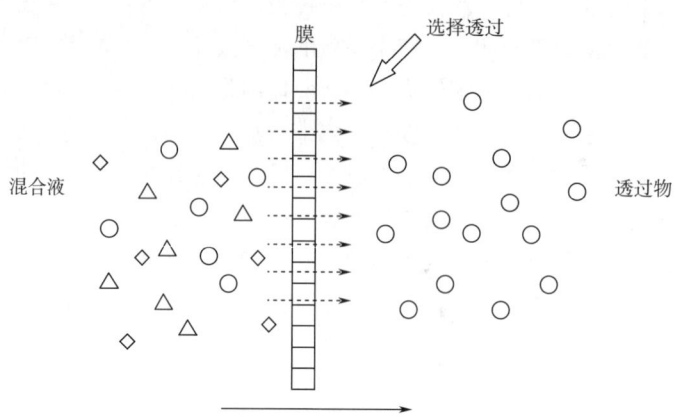

图 2-9 膜分离过程示意图

表 2-1　　　　各种膜分离方法的原理与应用

膜分离方法	传质推动力	分离原理	应用举例
微滤（MF）	压差（0.05~0.5MPa）	筛分	菌体、细胞和病毒的分离
超滤（UF）	压差（0.1~1.0MPa）	筛分	蛋白质、多肽和多糖的回收和浓缩，病毒的分离
反渗透（RO）	压差（1.0~10MPa）	筛分	盐、氨基酸、糖的浓缩、海水淡化
透析（DS）	浓度差	筛分	脱盐，脱除变性剂
电渗析（ED）	电位差	荷电、筛分	脱盐，氨基酸和有机酸的分离
渗透气化（PV）	压差、温差	溶质与膜的亲和作用	有机溶剂与水的分离、共沸物的分离

2. 离子交换、吸附和层析分离

根据吸附材料对混合物组分吸附性能的不同，可用吸附法分离；根据分子电离性质的差异，可采用离子交换法、电泳法和等电聚焦法分离；根据分子形状和分子质量大小的不同，可采用凝胶层析、膜分离等分离；根据配体特异性的不同，可采用亲和层析法分离。以下主要介绍离子交换、吸附和层析。

离子交换、吸附和层析分离设备

（1）离子交换　离子交换是应用合成的离子交换剂作为吸附剂，依靠库仑力将溶液中的物质吸附在交换剂上，再用合适的洗脱剂将吸附物质从交换剂上洗脱下来的分离纯化技术。离子交换设备的核心部件是离子交换剂（膜），按照活性基团的不同可分为阳离子交换树脂和阴离子交换树脂。前者对阳离子具有交换能力，活性基团为酸性；后者对阴离子具有交换能力，活性基团为碱性。根据离子交换设备的工作方式，离子交换设备可分为间歇式离子交换设备和连续式离子交换设备。离子交换设备的操作要选择合适的条件，尤其是控制溶液的 pH，还要选择合适的洗脱剂。

（2）吸附　吸附操作是利用合适的吸附剂，在一定的操作条件下，使混合组分吸附在吸附剂上，达到富集的目的，再用适当的脱附程序将吸附的组分解吸下来，从而达到纯化组分的目的。吸附设备的核心是吸附剂。目前，主要吸附设备有固定床吸附、扩张床吸附、流化床吸附、移动床和模拟移动床吸附。

（3）层析　层析技术是利用混合物中各组分物理化学性质（分子形状和大小、分子极性、吸附力、分子亲和力、分配系数等物性参数）的不同，使各组分以不同程度分别分布在固定相和流动相中。当流动相流过固定相时，各组分以不同的速度移动，从而分离。层析设备主要有凝胶层析设备、亲和层析设备等。通用的液相层析系统如图 2-10 所示。

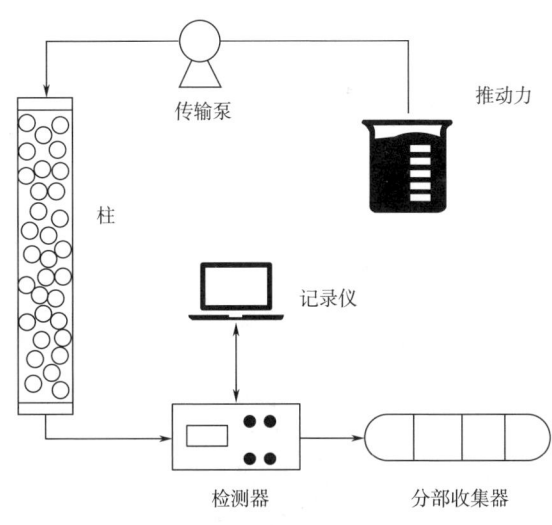

图 2-10　通用的液相层析系统

3. 应用

生物分离和纯化技术广泛应用于生物工程的各个领域，如用于蛋白质、多糖、黄酮、多酚、氨基酸等产品的生产。对于生物制药领域，纯化技术则更为重要。生物或生物活性物成分的纯化过程特性主要体现在生物本身的特殊性，活性物质生产的特殊性、复杂性和对生物产品要求的严格性上，分离纯化的经济成本占整个生物产品制备过程的大部分。例如，大多数工业用酶的分离纯化过程成本约占生产过程成本的 70%，而对纯度要求更高的医用酶如天冬氨酸，分离纯化过程成本占生产过程成本的 85% 以上；基因重组蛋白质药物的分离过程成本一般在 80% 以上。本书第八章"生物分离工程实验"会具体讲述一些生物活性成分的分离纯化，如冬虫夏草菌丝胞内多糖、紫苏总黄酮、大蒜超氧化物歧化酶（SOD）酶等。具体实验操作也在第八章介绍。

四、浓缩和干燥设备

在生物工程实验中，可以通过浓缩和干燥操作将物料除去部分或绝大部分溶剂，起到浓缩或干燥物料的目的。实验室物料浓缩操作主要有蒸发

浓缩和干燥设备

和蒸馏。前者常用于将溶液浓缩至一定浓度，使后续工序更为经济合理。例如将麦芽汁浓缩到规定浓度再进行发酵；将稀酶液浓缩到一定浓度后再进行沉淀或喷雾干燥操作。蒸馏是分离混合物典型的单元操作，是将液体混合物部分汽化，利用各组分挥发度不同的特性实现分离的目的。干燥是除去湿物料的湿分（水或其他溶剂）的加工过程，对产品质量的保证至关重要。

1. 蒸发与蒸馏设备

蒸发的实质是壳侧为蒸气冷凝，管侧为液体沸腾的传热过程。实验室蒸发设备主要有旋转蒸发仪，如图2-11所示。旋转蒸发仪主要用于在减压条件下连续蒸馏大量易挥发性溶剂，例如对萃取液的浓缩，以及色谱分离时接收液的蒸馏。旋转蒸发仪的基本原理是减压蒸馏，具体结构为：蒸馏烧瓶——一个带有标准磨口接口的梨形或圆底烧瓶，通过回流蛇形冷凝管与减压泵相连，回流蛇形冷凝管另一开口与带有磨口的接收烧瓶相连，用于接收被蒸发的有机溶剂。在冷凝管与减压泵之间有三通活塞，当体系与大气相通时，可以将蒸馏烧瓶和接液烧瓶取下，转移溶剂；当体系与减压泵相通时，则体系应处于减压状态。使用时应先减压，再开动电动机转动蒸馏烧瓶，结束时应先停机，再通大气，以防蒸馏烧瓶在转动过程中脱落。蒸馏的热源常配有相应的恒温水槽。

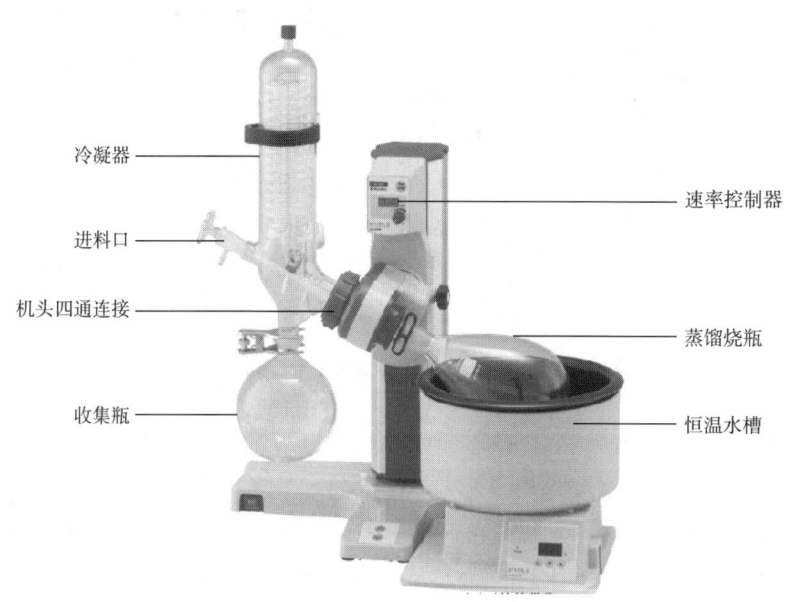

图 2-11　旋转蒸发仪

工业上常用的间接加热蒸发器分为循环式和单程式两大类。循环式蒸发器的混合液在蒸发器中做循环流动，可提高传热效果。主要包括中央循环管式蒸发器、悬框式蒸发器、外加热式蒸发器和列文式蒸发器。

实验室一般无特定的小型蒸馏设备，需要根据实际物料自己搭建蒸馏装置。蒸馏装置一般由加热源、蒸馏瓶、冷凝部分、收集器等部分组成。实验室常规蒸馏装置如图2-12所示。此外，还有分子蒸馏设备、水蒸气蒸馏设备等。

2. 干燥设备

按照热量传递给物料的方式不同，干燥设备可分为直接干燥设备、间接干燥设备和介电干

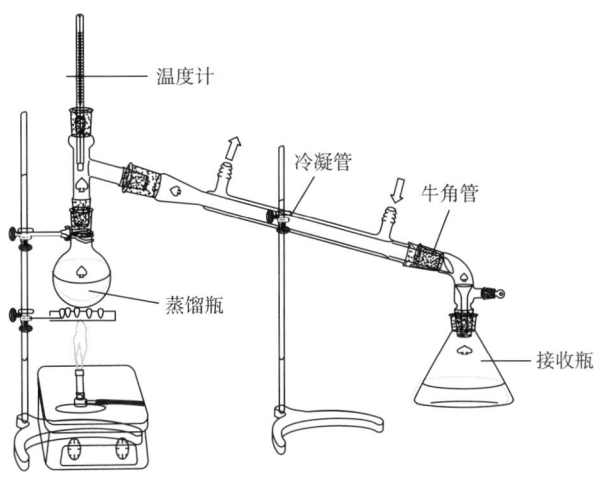

图 2-12 实验室常规蒸馏装置

燥设备。

（1）直接干燥设备　热空气与物料直接接触，物料干燥所需的热量主要依靠物料与热空气的对流传热。这类干燥设备有：表面干燥器、气流干燥器、喷雾干燥器、振动干燥器、沸腾造粒干燥器等。直接干燥法可以使用较高温度的热空气，干燥速率快，但热效率较低。实验室的鼓风干燥箱等干燥设备都属于这一类。

（2）间接干燥设备　物料干燥所需要的热量通过金属等材料直接传递，干燥速率慢，但热效率高。真空干燥箱、冷冻干燥器、红外干燥器和远红外干燥器等都属于这一类干燥器。

（3）介电干燥设备　介电干燥设备利用高频电场、微波等对物料进行加热干燥，主要有高频干燥设备和微波干燥设备等。间歇操作的介电干燥设备适用于小批量、多品种的物料干燥，但不适用于热敏性物料的干燥。连续操作的介电干燥设备适用于工业化连续生产。

3. 应用

干燥操作在生物工程实验中应用较多，应根据不同物理特性合理选择干燥设备。例如，在生物工程领域中，疫苗、菌种的冻干保存需要使用冷冻干燥设备；一些天然产物物料具有热敏性，高温不利于活性组分的保存，通常采用真空冷冻干燥除去水分；油脂的微胶囊体系具有一定的黏度，可采用喷雾干燥设备将液体喷成雾状，提高微滴的传热面积从而促进与热空气的热交换。

第三节　现代生物技术设备

电泳

一、电泳设备

电泳（eletrophoresis，EP）是指带电荷的蛋白质、胶体粒子、小分子等在直流电场中定向迁移的现象。电泳设备简单，操作方便，具有很高的分辨率和选择性，且灵敏度高，广泛应用于生物工程（如分子生物学、细胞工程等）、医学、化工等领域，主要用于分离核酸、嘌呤、嘧啶、蛋白质、氨基酸及其他有机化合物。随着蛋白质化学的发展，科学工作者围绕如何提高电泳技术的分辨率，相继开发了等电聚焦电泳、毛细管电泳、亲和毛细管电泳等。本节主要介绍凝胶电泳、等电聚焦电泳和毛细管电泳。

1. 凝胶电泳

凝胶电泳是通过将带电生物分子（如小分子蛋白质、核酸等）置于稳定的电场中，依靠本身所带的净电荷量、分子大小等不同和构成或形状的差异，实现生物分子的分离。为了降低分子定向移动产生的对流作用，往往在电泳中使用一种无反应活性的惰性支持介质，如琼脂糖凝胶、聚丙烯酰胺胶等。凝胶电泳设备可分为主要设备和辅助系统，主要设备指电泳电源（直流）、电泳槽；辅助系统主要有恒温循环冷却装置和记录仪等。使用聚丙烯酰胺凝胶作为支持介质时可进行蛋白质分离，在电泳过程中，分离不仅取决于蛋白质的电荷密度，还取决于蛋白质的尺寸与形状。在十二烷基硫酸钠（SDS）-聚丙烯酰胺凝胶电泳和连续缓冲系统中，分离主要取决于蛋白质的电荷密度。

2. 等电聚焦电泳

等电聚焦电泳的基本原理是利用蛋白质或其他两性分子的等电点不同，在一个稳定、连续、线性的 pH 梯度中进行蛋白质的分离纯化和分析。在等电聚焦电泳技术中，如将蛋白质 A（净电荷-2）和蛋白质 B（净电荷+2）的混合物放在 pH 3.5~10 的梯度中 pH 6.0 的位置，二者在电场中分别向不同方向迁移，蛋白质 A 向阳极，蛋白质 B 向阴极。当蛋白质 A 达到 pH 5.0（等电点）时，净电荷为 0，即停止迁移。与此同时，蛋白质 B 向阴极迁移，到达 pH 8.0（等电点）时停止迁移，如图 2-13 所示。

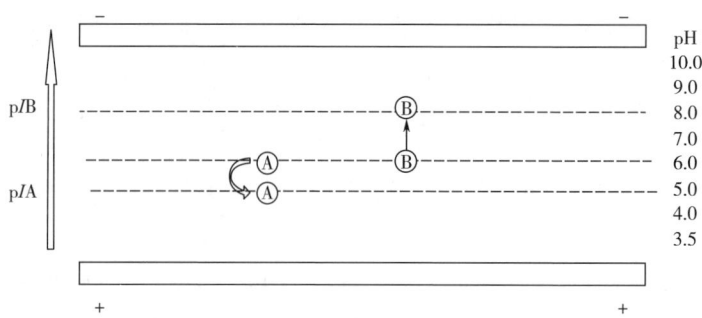

图 2-13　蛋白质在电场中等电聚焦电泳示意图

等电聚焦电泳在蛋白质的分离纯化中应用较多，特别是在蛋白质组学研究中，可用于少量制备纯化蛋白质。此外，等电聚焦还应用于蛋白质等电点的测定。

3. 毛细管电泳

毛细管电泳设备的基本工作原理是溶液中的带电粒子以高压电场为驱动力，沿毛细管通道，以不同速度向其所带电荷相反的电极方向迁移，并依据样品中各组分之间迁移率和分配行为上的差异而实现对生物分子的分离。毛细管电泳设备一般包括电泳电源、毛细管电泳柱、检测器、缓冲溶液和记录仪几部分，其装置如图 2-14 所示。与经典电泳相比，毛细管电泳克服了由焦耳热引起的谱带展宽、柱效低等缺点，改善了分离质量，适用于分离和测定肽类、蛋白质和 DNA 类物质。

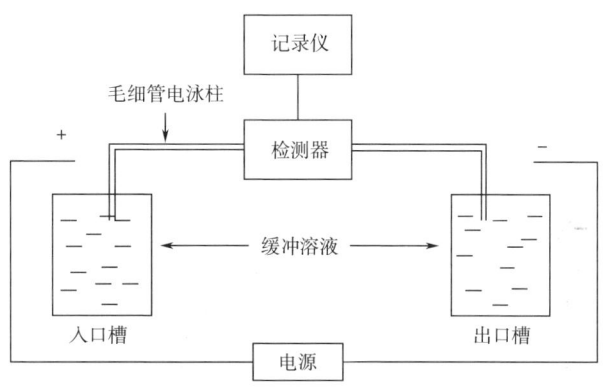

图 2-14 毛细管电泳仪装置示意图

在具体的实验操作过程中,毛细管电泳仪有可能会产生样品识别错误、曲线不稳定等故障。毛细管电泳仪常见故障及其解决方法见表 2-2。

表 2-2　　　　　　　　　　毛细管电泳仪常见故障及其解决方法

故障信息	引起故障的可能原因	解决方法
转盘识别	细微灰尘被吸附在灯上	仪器关机,用洁净棉签擦拭灯上灰尘,仪器开机后再进行测定
样品识别错误	血清分离不佳或者有灰尘吸附	关机状态下拆开仪器内透明有机玻璃,用无水乙醇擦拭加样针外壁后安装好,再用仪器内程序清洗加样针,最后进行加样针加样感应定位
仪器报警出现缺少稀释杯或稀释杯感应错误	仪器稀释杯位置错误	观察稀释杯位置,如没有处于正常位置,可手动将其移动到原来位置,再进行稀释杯感应定标
曲线不理想,显示不稳定	毛细管长期使用时出现不清洁等问题	按毛细管清洗程序进行清洗,再按激活程序进行激活
电泳出现峰丢失	未接入检测器或检测器故障,进样温度过低、柱温箱温度过低或无载气流	检查起始设定值,检查各部分温度,检查压力调节器,验证柱进样流速
运行过程中突然断电	电流量不稳定或仪器内有短路现象	采用稳压措施,咨询厂家更换电路

4. 应用

电泳技术在生物工程领域中有着广泛应用。例如,在蛋白质组学中,电泳技术可将数千种蛋白质同时分离,达到分离单个蛋白质的目的。在分子生物学中,电泳技术可按分子质量大小分离核酸和蛋白质,是 DNA 分型、DNA 序列分析、限制性内切酶片段分析和限制性酶切作图等的技术基础。

二、凝胶成像系统

凝胶成像即对核酸、蛋白质等凝胶电泳不同染色，如溴化乙锭、考马斯亮蓝、银染、绿色荧光染料（SYBR Green）及对微孔板、平皿等非化学发光成像检测分析。凝胶成像系统可应用于分子质量计算、密度扫描、密度定量、聚合酶链反应（PCR）定量等生物工程的研究。凝胶成像系统的基本组成包括电荷耦合器件（CCD）相机、镜头、暗室和分析软件。

凝胶成像系统

1. 凝胶成像分析原理

（1）定性分析　样品在电泳凝胶或其他载体上的迁移率不一样，将标准品或者其他替代标准品相比较，根据未知样品在图谱中的位置对其作定性分析，可以确定未知样品的成分和性质。

凝胶成像仪

（2）定量分析　样品对投射或反射光有部分吸收，通过样品条带的光密度会有差异。光密度与样品浓度或质量成比例线性关系。根据未知样品的光密度，将与已知浓度样品条带的光密度相比较可以得到其浓度或质量。

2. 操作步骤

（1）根据实验需求，将样品放在白色转换屏或黑色化学发光板上，置于紫外灯箱上。

（2）打开系统和电脑开关，进入凝胶成像软件。

（3）选择需要拍摄的应用程序，软件根据应用类型的不同自动切换到不同的光源和滤光片。

（4）选择曝光类型。

（5）点击"capture"按钮成像，图像拍摄完成后，软件自动进入图库界面。

（6）在主界面的应用菜单可以选择用户自设定，选择自己需要的应用程序，选择曝光类型、光源类型和滤光片，保存并命名。

3. 应用

在生物工程实验中，凝胶成像系统可用于蛋白质、核酸、多肽、氨基酸等生物分子的定性定量分析，包括测定分子质量、测定密度和PCR定量。

（1）测定分子质量　利用分子量定量功能，通过对胶上DNA分子标记（DNA Marker）条带的已知分子质量注释，自动生成拟合曲线，并以它衡量得到未知条带的分子质量。通过这种方法所得到的结果较肉眼观察估计要准确得多。

（2）密度定量　一般常用的测定DNA和RNA浓度的方法是紫外吸收法，但该方法只能测定样品中的总核苷酸浓度，不能区分各个长度片段的浓度。利用凝胶成像系统和软件，先将凝胶上某一已知DNA含量的标准条带进行密度标定以后，可以方便地单击其他未知条带，与已知条带的密度做比较，可以得到未知DNA的含量。此方法也适用于对聚丙烯酰胺凝胶电泳（PAGE）蛋白质胶条带的浓度测定。

（3）密度扫描　在分子生物学和生物工程研究中，最常用到的是对蛋白质表达产物占整个菌体蛋白质的百分比计算。传统的方法是利用专用的密度扫描，但利用生物分析软件结合现在实验室常规配备的扫描仪或者直接用白光照射的凝胶成像就能完成此项工作。

三、PCR仪

聚合酶链反应（polymerase chain reaction，PCR）是体外酶促合成特异DNA片段的一种方法。一个典型的 PCR 反应过程包括多个"高温变性-低温退火-室温延伸"循环反应，可以使目的 DNA 片段得以迅速扩增，具有特异性强、灵敏度高和操作简便等特点。

1. PCR 技术原理

PCR 是一种用于放大扩增特定 DNA 片段的分子生物学技术，可看作是生物体外的特殊 DNA 复制。PCR 的最大特点是能将微量的 DNA 数量大幅增加。它是利用 DNA 在体外 95℃高温时会变性成单链，低温（通常是 60℃左右）时引物与单链 DNA 按碱基互补配对的原则结合，再将温度调至 DNA 聚合酶最适反应温度（72℃左右），DNA 聚合酶沿着 $5'\rightarrow 3'$ 的方向合成互补链。PCR 仪实际就是一个温控设备，能在变性温度、复性温度、延伸温度之间精确地进行控制。

2. 常用 PCR 仪

根据 DNA 扩增的目的和检测标准，可以将 PCR 仪分为普通 PCR 仪、梯度 PCR 仪、原位 PCR 仪和实时荧光定量 PCR 仪 4 类。

（1）普通 PCR 仪　一次 PCR 扩增只能运行一个特定退火温度的 PCR 仪，如果要做不同的退火温度需要多次运行。

（2）梯度 PCR 仪　把一次性 PCR 扩增设置一系列不同的退火温度条件（温度梯度），通常有 12 种温度梯度。因为被扩增的不同 DNA 片段其最适退火温度是不同的，设置一系列梯度退火温度进行扩增，可以使一次性 PCR 扩增就可以筛选出表达量高的最适退火温度，进行有效扩增。

（3）原位 PCR 仪　主要用于细胞内靶 DNA 的定位分析，如病源基因在细胞内的位置或目的基因在细胞内的作用位置等。它可以保持细胞或组织的完整性，使 PCR 反应体系渗透到组织和细胞中。在细胞的靶 DNA 所在位置上进行基因扩增，不但可以检测到靶 DNA，还能标出靶序列在细胞内的位置。

（4）实时荧光定量 PCR 仪　在普通 PCR 仪的基础上增加一个荧光信号实时采集系统和计算机分析处理系统，即为实时荧光定量 PCR 仪。实时荧光定量 PCR 扩增时加入的引物是利用同位素、荧光素等进行标记，使用引物和荧光探针同时与模板特异性结合扩增。扩增的结果通过荧光信号采集系统实时采集，信号连接输送到计算机分析处理系统，得到量化的实时结果输出。

3. PCR 仪一般操作步骤及注意事项

PCR 仪的一般操作步骤包括开机自检、程序设置与修改、程序的运行和关机等，不同类型的 PCR 仪操作有所不同。

（1）开机　开机后机器进行自检，自检结束后出现用户主界面。

（2）程序设置与修改　进入编辑窗口输入程序名称，确认后进入程序编辑器，设置热盖参数及 PCR 反应程序（如反应温度、反应时间、循环数等），设置好程序后保存运行，或直接运行已储存的程序。

（3）关机　程序运行结束后，返回至主菜单并关闭仪器。

4. 注意事项

（1）PCR 反应体系中 DNA 样品及各种试剂的用量都极少，必须严格注意吸样量的准确性。

（2）为避免污染，凡是用在 PCR 反应中的吸头、离心管、蒸馏水等都要灭菌。吸取每种试剂时都要更换新的灭菌吸头。

(3) 加试剂时先加消毒三蒸水,最后加 DNA 模板和 Taq DNA 聚合酶。

(4) PCR 仪进行 PCR 反应前,PCR 管要盖紧,否则液体会蒸发,影响 PCR 反应。

(5) 引物设计时要注意以下几个方面:引物与模板的序列要紧密互补,引物与引物之间要避免形成稳定二聚体或发夹结构,引物不能在模板的非目的位点引发 DNA 聚合反应(即错配)。

5. 应用

PCR 技术在微生物学、遗传病学、肿瘤学和法医学等领域具有广泛应用。PCR 技术主要有以下几种应用类型:①不对称 PCR,扩增产生特异长度的单链 DNA,可用于杂交探针或 DNA 测序的模板;②逆转录 PCR,扩增目标 DNA 或 RNA 片段,达到提高检测浓度的目的;③锚定 PCR,在基因未知序列端添加同聚物尾,人为赋予未知基因末端序列信息,再用人工合成的与多聚尾互补的引物作为锚定引物,与基因配对互补结合后进行 PCR 扩增;④随机引物 PCR,利用一系列不同随机排列的寡核苷酸链为引物,对所研究基因组 DNA 进行 PCR 扩增,可用于基因组指纹图谱的构建。

四、免疫印迹

免疫印迹(immunoblotting)又称蛋白质印迹(western blotting),是根据抗原抗体的特异性结合检测复杂样品中某种蛋白质的方法,是在凝胶电泳和固相免疫测定技术基础上发展起来的一种免疫生化技术。由于免疫印迹具有 SDS-PAGE 的高分辨力和固相免疫测定的高特异性和敏感性,现已成为一种常规的蛋白质分析技术。免疫印迹常用于鉴定某种蛋白质,并能

免疫印迹

对蛋白质进行定性和半定量分析。结合化学发光检测,免疫印迹可以同时比较多个样品同种蛋白质的表达量差异,具有分辨率高、试剂用量少、操作简单等优点。

1. 免疫印迹原理

利用单向或双向电泳分离技术将混合抗原样品在凝胶板上进行分离,将分离后的蛋白质样品转移至固相载体(如硝酸纤维素膜)上,固相载体以非共价键的形式吸附蛋白质,并保持电泳分离的蛋白质、多肽类型及其生物活性不变。以固相载体上的蛋白质或多肽为抗原,与对应的抗体起免疫反应,再与酶或同位素标记的第二抗体起反应,通过底物显色或放射自显影检测电泳分离的特异性目的基因表达的蛋白质成分。该法主要用于检测样品中特异性蛋白质存在与否和对特异性蛋白质进行半定量分析。

2. 操作步骤

免疫印迹测定特定蛋白质的基本步骤包括样品的制备、电泳分离、膜转移、抗原印迹、免疫杂交与显色、免疫学检测,其基本操作流程如图 2-15 所示。

3. 注意事项

(1) 注意个人防护。一些蛋白酶抑制剂,如苯甲基磺酰氟(PMSF),会严重损害呼吸道黏膜、眼睛和皮肤,一旦眼睛或皮肤接触到 PMSF,应立即用大量清水冲洗。

(2) 所用离心机须提前预冷。

(3) 为防止蛋白质降解,所有操作应在冰水浴中进行。

(4) 吸取蛋白质上清液时,注意不要把沉淀吸上来。

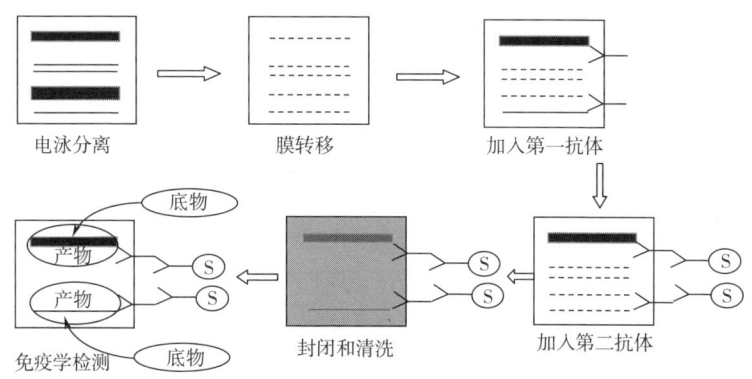

图 2-15 免疫印迹基本操作流程

4. 应用

免疫印迹在生物工程领域中可应用于鉴定蛋白质的性质、结构域分析、蛋白质复性、抗体纯化、氨基酸组成分析和序列分析及蛋白质表达水平的研究。例如，蛋白质印迹中，"探针"是抗体，"显色"用标记的第二抗体，可分离不同分子质量的蛋白质，且活性不变；以固相载体上的蛋白质或多肽作为抗原，与对应的抗体起免疫反应，再与酶或同位素标记的第二抗体起反应，经过底物显色或放射自显影以检测电泳分离的特异性目的基因表达的蛋白质成分。

五、酶标仪

1971 年，人们建立了用酶来标记抗原或抗体的分析技术，使得原来含量极少的抗原或抗体在数分钟后就被识别出来，并进行定量，这种技术被称为酶联免疫吸附试验法（enzyme linked immuno sorbent assay，ELISA）。

酶标仪（1）

1. 工作原理

酶标仪即酶联免疫检测仪，其分析原理与分光光度法一样，服从朗伯-比尔定律。物质的含量与显色液的颜色深浅成正比，而颜色深浅可用吸光度表示，所以物质的含量与吸光度成正比。酶标记抗原或者抗体发生免疫学反应后，与底物的结合物在特定波长下有最大吸收，可通过测定显色液的吸光度对待测物进行定量分析。酶标仪的检测工作原理如图 2-16 所示。

ELISA 法是建立在抗原与抗体免疫学反应的基础上，因而具有特异性。由于测定中需要酶标记抗原或抗体，酶分子与抗原或抗体分子的结合物可以催化底物分子发生反应，产生放大作用，因此该方法具有很高的灵敏性。

2. 操作步骤

（1）准备步骤 ①打开酶标仪开关，等待仪器自检；②自检完成后打开电脑，点击桌面对应图标进入软件界面；③如果初次检测，需新建实验方法，或直接用已建立的方法。

（2）建立方法 ①进入方法设置对话框，在菜单栏中输入方法名称；②在读板菜单下设置合适的读板方法；③根据实验方法在菜单栏中设置对应波长；④根据样品在多孔板中的位置选择读板区域；⑤在读板前通常选

酶标仪（2）

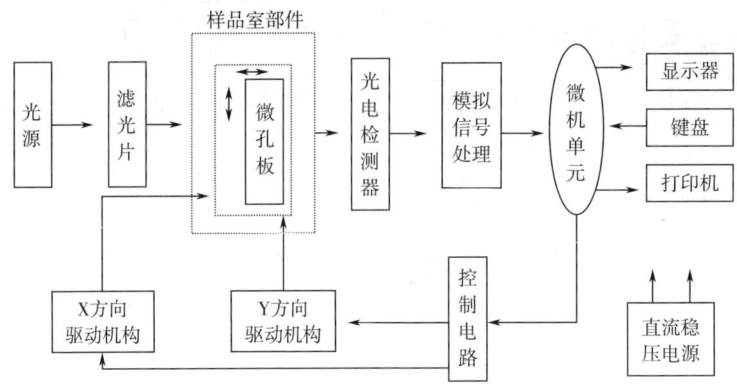

图 2-16　酶标仪的检测工作原理

择振动模式，以使样品分散均匀，减小读数误差，建立方法后点击确定。

(3) 读取数据　将多孔板放入酶标仪，其缺角与托架上的对应；点击读取，多孔板进入仪器开始读取数据。

(4) 数据输出　待酶标仪读取完数据后，多孔板托架自动弹出，在菜单下的结果里导出所测数据并保存，关闭软件，也可将建立的方法保存以便下次使用。

(5) 关机　取下多孔板，将多孔板托架收回仪器中，关闭仪器和电脑，盖好防尘罩。

3. 注意事项

(1) 反复研读试剂盒说明，熟悉操作步骤。

(2) 操作中须注意显色剂和终止的加量准确，最好使用加样枪加液以保证比色时吸光度的准确性。枪头不要混用。

(3) 一般按照说明书要求，至少洗涤 5 次，须把残液甩干。

(4) 观察和判读吸光度结果应在 15min 内完成，否则液体颜色会减退。

(5) 待测生物样品要放在 4℃ 冰水浴中。

(6) 显色液要现用现配，低温避光保存。

4. 应用

酶标仪广泛应用于医学、环境科学、植物学、动物学等学科研究中，在生物工程研究领域中，可用于 DNA 或 RNA 的定量和纯度检测、细胞活性及其毒性检测、细菌生长分析、布拉德福（Broadford）或福林酚（Lowry）实验等。例如，在生物工程专业实验中，酶标仪可用于微生物生长曲线的测定。受试菌数量/浓度与菌悬液的光密度成正比，若采用可见分光光度计测定，需要反复采样，效率低下，且在取样和检测过程中容易感染杂菌。通过酶标仪可快速对菌悬液光密度进行测定，提高了实验效率，极大保证了实验精度。

六、流式细胞仪

流式细胞仪（flow cytometer）是一种能够探测和计数以单细胞液体流形式穿过激光束的细胞检测装置，由于在检测中使用的细胞标志示踪物质为荧光标记物，因此，用来分离、鉴定细胞的流式细胞仪也被称为荧光激活细胞分类仪（fluorescence activating cell sorter, FACS），是分离和鉴定细

流式细胞仪

胞群及亚群的应用工具，主要用于定量分析鉴定活细胞表面表达的特异分子，以及进行特定活细胞群的分离与纯化。

1. 流式细胞仪基本结构

流式细胞仪主要由4部分组成，包括流动室和液流系统、激光源和光学系统、光电管和检测系统、数据分析系统。其基本结构如图2-17所示。

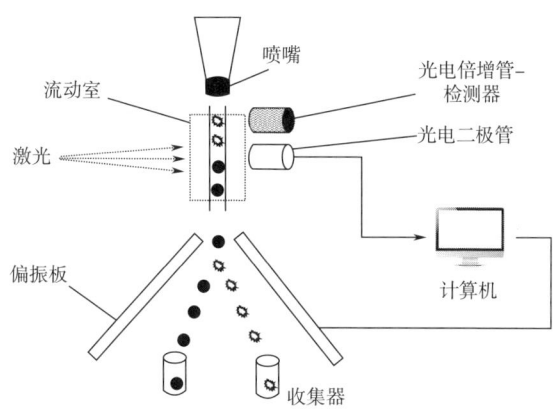

图2-17 流式细胞仪基本结构示意图

2. 工作原理

流式细胞仪的工作原理是在一组混合的细胞群中，加入特异的针对特定靶细胞表面分子的荧光标记单克隆抗体，这种特异单克隆抗体与其对应的抗原靶分子结合，结合后的荧光标记抗体停留在特定细胞的表面，称为荧光抗体标记的靶细胞；将含有被标记细胞的混合细胞群混悬在一定容积的上样缓冲液中，再通过FACS的进样吸管孔，仪器就会将细胞悬液制成以单细胞排列的微细流束。

当每一个细胞通过仪器的激光束照射时，带在细胞上的荧光就会被相应的激光束激活并发出对应的荧光，通过敏感的光电倍增管即可检测到从细胞表面发出的荧光。根据测得的散射光（scattered light）可得到细胞大小及颗粒状态的信息。荧光的发射强度（fluorescence emissions）则提供了结合在细胞上的抗体信息，进而也反映了该细胞表面相应分子的表达情况。

在流式细胞仪分离装置中，返回到计算机的信号可用来产生一种电荷，这种电荷以特定准确的时间通过FACS的吸管孔，在与吸管孔的液体流相遇时，可将液体流打碎成只含一个细胞的微滴。含有电荷的微滴就会从主液体流中偏移，穿过一双极板。带正电荷的微滴被吸引至阴极，而带负电荷的微滴被吸引至阳极。以这种方式，特定的细胞亚群由于标记了不同荧光抗体而带有不同电荷，从而将目的细胞从混合的细胞群中分拣出来。

3. 操作步骤

（1）打开电源，对系统进行预热。

（2）打开气体阀，调节压力，获得适宜的液流速度并开启光源冷却系统。

（3）在样品管中加入去离子水，冲洗液流的喷嘴系统。

（4）利用校准标准样品，调整仪器，调定激光功率、光电倍增管电压、放大器电路增益等参数，并要求变异系数为最小。

(5) 选定流速、测量细胞数、测量参数等，在同样的工作条件下测量样品和对照样品，同时选择计算机屏上数据的显示方式，从而能直观掌握测量进程。

(6) 样品测量完毕后，再用去离子水冲洗液流系统。

(7) 实验数据已存入计算机硬盘，因此可关闭气体、测量装置，单独使用计算机进行数据处理。

(8) 输出实验结果。

4. 注意事项

(1) 光电倍增管要求稳定的工作条件，暴露在较强的光线下以后，需要较长时间的"暗适应"以消除或降低部分暗电流本底才能工作；此外，还要注意磁屏蔽。

(2) 光源不得在短时间内（一般要 1h 以上）关上又打开；使用光须预热并注意冷却系统工作是否正常。

(3) 液流系统必须随时保持液流畅通，避免气泡栓塞，所使用的鞘流液使用前要经过过滤、消毒。

(4) 注意根据测量对象的变换选用合适的滤片系统、放大器的类型等。

(5) 每次测量都需要对照组。

5. 应用

流式细胞仪在生物学领域可用作细胞活力检测、细胞周期分析、细胞凋亡分析、耐药基因研究、细胞内离子的测定及 pH 测定等。例如，在诱导细胞凋亡实验中，流式细胞仪可根据光散射特性观察不同时期的细胞特性，随着细胞凋亡进程的进行，可观察到细胞发生固缩、体积变小、细胞碎片及颗粒增多等现象。

思考题

1. 在生物工程实验中，能够测定吸光度的主要设备有哪些？
2. 对于气相色谱、液相色谱等分离设备，如何通过分离原理选择合适的色谱柱？
3. 液相色谱-质谱联用仪的主要物质电离技术有哪些？
4. 发酵罐是生物发酵的主要设备，根据发酵目的的不同分类，发酵罐的类型有哪些？
5. 以行业的视角分析和讨论目前主要生物制品相关设备的"卡脖子"问题有哪些。

第三章

基因工程实验

CHAPTER 3

[学习目标]

1. 掌握基因工程实验中常用方法的基本原理和操作步骤，包括 PCR 扩增、质粒 DNA 抽提及纯化、DNA 酶切、感受态细胞制备、重组质粒的连接及转化、蛋白质表达、SDS-PAGE 电泳等。

2. 能根据给定的基因，设计合理的克隆和表达方案，并实现外源基因的表达。

基因工程是生物学专业一门重要的课程，又称 DNA 重组技术，是指在分子水平上，提取（或合成）不同生物的遗传物质，在体外切割，再和一定的载体拼接重组，然后把重组的 DNA 分子引入细胞或生物体内，使这种外源 DNA（基因）在受体细胞中进行复制与表达，按人们的需要繁殖扩增基因或生产不同的产物，或定向地创造生物的新性状，并能稳定地遗传给后代。基因工程实验是基因工程的一个重要组成部分，为生命科学的研究提供了有力手段，同时为以基因工程技术为核心的现代生物技术产业的建立奠定了扎实的基础。

基因工程技术建立的标志性实验有两个：第一，1972 年美国斯坦福大学的伯格（P. Berg）等将猿猴病毒 SV40 的 DNA 和大肠杆菌 λ 噬菌体的 DNA 分别进行 *Eco*R I 酶切，然后用 T_4DNA 连接酶将两个酶切片段进行连接，成功构建了人类历史上第一个体外重组的 DNA 分子，因此获得了 1980 年的诺贝尔化学奖；第二，1973 年，美国斯坦福大学的科恩（S. Cohen）等在体外构建了含四环素和链霉素两个抗性基因的重组质粒，并将其导入大肠杆菌中，获得了双抗性的大肠杆菌转化子，成功完成了第一个基因克隆实验。上述两大科研成果标志着基因工程技术的诞生。

典型的基因工程技术包含以下几个步骤：①目的基因和载体 DNA 的获取；②限制性核酸内切酶对目的基因和载体 DNA 的酶切消化；③酶切后的目的基因和载体 DNA 的体外重组连接，以获得重组 DNA 分子；④通过细菌转化等技术，将重组 DNA 分子导入细菌等活细胞；⑤转化细胞的筛选鉴定以及目的基因表达的检测。

其中目的基因、载体、工具酶及宿主细胞缺一不可，被称为基因工程的四大要素。

实验1 PCR 扩增目的基因

PCR 的概述

一、实验目的

（1）了解 PCR 扩增基因的原理。
（2）掌握 PCR 的常规操作方法、PCR 引物和反应参数的设计方法。

二、实验原理

PCR 技术又称聚合酶链反应（polymerase chain reaction，PCR），基本原理类似于模仿细胞内 DNA 的天然复制过程，在体外由耐热性 DNA 聚合酶催化合成特异性 DNA 片段，其特异性依赖于与靶序列两端互补的寡核苷酸引物。这种方法以 DNA 互补链聚合反应为基础，通过 DNA 变性、引物与模板 DNA 一侧的互补序列复性杂交（退火）、耐热性 DNA 聚合酶催化引物延伸等过程的多次循环，最终获得待扩增的特异性 DNA 片段。

1971 年，美国麻省理工学院（MIT）教授科兰纳（Khorana）等最先提出了 PCR 的理论设想，即经过 DNA 变性，与合适引物杂交，用 DNA 聚合酶延伸引物，并不断重复该过程便可克隆转运 RNA（tRNA）基因。但是碍于当时基因序列分析方法不成熟、热稳定 DNA 聚合酶尚未发现以及寡聚核苷酸引物合成技术不成熟等，核酸体外扩增设想未达预期，且当时史密斯（Smith）等已经发现了 DNA 限制性内切酶，使得体外克隆基因成为可能，所以 Khorana 等的 PCR 理论设想便在当时的环境下被忽视了。1985 年，美国希得（Cetus）公司的卡里·穆利斯（Kary Mullis）在高速公路驾驶汽车的启发下，通过不懈努力成功研发出一种体外 PCR 扩增技术，并申请了关于 PCR 的第一个专利，同时在《科学》（*Science*）上成功发表关于 PCR 技术的第一篇学术论文。从此 PCR 技术不再只是一个设想，Kary Mullis 也因此获得 1993 年诺贝尔化学奖。但是，最初的 PCR 技术还是不太成熟，在当时 PCR 仍是一种操作复杂、成本高昂、"中看不中用"的实验室技术。1988 年初，Keohanog 通过对所使用的酶进行改进，提高了扩增的保真度。而后，斋祀（Saiki）等又在美国黄石公园从生活在温泉中的水生栖热杆菌（*Thermus aquaticus*）内提取到一种耐热 DNA 聚合酶，使得 PCR 技术的扩增效率极大提高。该酶的发现对于 PCR 应用具有里程碑意义，使得 PCR 技术得到广泛的应用，成为遗传与分子生物学分析的根本基石。

（一）PCR 扩增的反应过程

PCR 扩增的一般反应过程如下。

1. 模板靶 DNA 的变性

模板靶 DNA 经加热至 90~95℃一定时间后，使模板靶 DNA 双链或经 PCR 扩增获得的双链 DNA 解离，变成两条单链 DNA，为下一轮互补链聚合反应做准备。一般变性条件为 94℃、0.5~1min，对高鸟嘌呤、胞嘧啶（GC）含量的模板靶 DNA 可以提高变性的温度，如果变性不充分，会影响 PCR 产物量；反之，如果变性过度（变性温度过高、变性时间过长），会加快 DNA 聚合酶的失

PCR 扩增的步骤：变性、退火和延伸

效。目前PCR反应都会在开始前加入一个94℃、5min的预变性过程。

2. 模板DNA与引物的退火（复性）

模板DNA经加热变性成单链后，温度降至合适的退火温度，引物与模板DNA单链的互补序列配对结合。退火温度取决于引物的长度、GC含量及在反应体系中的浓度。退火温度必须要合适，温度太低会造成非特异性结合增多，温度太高则会造成退火效率降低。两个引物的熔化温度T_m有差别时，则根据T_m低的那条引物设定退火温度。通常退火温度和时间为40~70℃，0.5~2min。

3. 引物的延伸

DNA模板与引物结合物，在耐热性DNA聚合酶的作用下，温度升高至72℃左右，以4种脱氧核苷三磷酸混合物（dNTPs）为反应原料，靶DNA序列为模板，按照碱基配对与半保留复制原理，合成一条新的模板DNA链，延伸时间与DNA聚合酶的效率以及PCR获得基因的长短有关，由目的基因序列的长度、浓度和延伸温度决定，目的基因序列越长、浓度越高、延伸温度越低，则需要的延伸时间越长，反之则延伸时间越短。延伸时间过长会导致产物非特异性增加，时间过短则获得的产物不完整。目前PCR反应都会在最后扩增完成后加入一个较长时间（5~10min）的延伸反应，以获得尽可能完整的产物。

重复以上过程，经过多次循环，就能出现待扩增的特异性目的基因片段。由于上一轮循环合成的两条互补链可作为下一次循环的模板DNA链，所以每循环一次，底物DNA的拷贝数增加一倍。常规的PCR一般为30（25~35）个循环。如果循环次数过多（超过40个循环），会增加非特异性产物的量及其复杂度，循环次数过少（少于20个循环）则PCR产物的浓度会较低。

（二）PCR扩增的反应体系

PCR扩增的反应体系也是非常重要的部分，参加PCR反应的物质主要有6种，分别是引物、DNA聚合酶、底物dNTPs、模板、Mg^{2+}和反应缓冲液（反应缓冲液分为含Mg^{2+}和不含Mg^{2+}两种，不含Mg^{2+}的反应缓冲液需要在PCR反应体系中另外添加Mg^{2+}）。

PCR扩增的反应体系

1. 引物

设计和选择高效且特异性强的引物是PCR成败的关键因素之一。引物是指两段与待扩增目的基因DNA序列具有互补碱基特异性的寡聚核苷酸，产物的特异性取决于引物与模板DNA互补的程度。理论上只要知道任何一段模板DNA序列，就能按其设计互补的寡聚核苷酸做引物，利用PCR就可将模板DNA在体外大量扩增。

设计引物须遵循以下原则。

（1）引物长度合适　一般引物的长度为16~30个碱基（base pair, bp），常用的在20bp左右。引物太短会产生非特异性结合，太长则会浪费。如果是长片段目的基因PCR，引物长度可适当增加到30~40bp。

（2）GC含量恰当　引物碱基腺嘌呤、胸腺嘧啶、鸟嘌呤、胞嘧啶（ATGC）尽可能选择随机分布的序列，避免具有多聚嘌呤、多聚嘧啶或其他异常序列。GC含量控制在40%~60%为宜，GC含量太低则扩增效果不佳，GC含量太高则容易出现非特异性条带。含有50%GC含量的20个碱基的引物T_m为56~62℃，这可以为有效退火提供足够的热度。一对引物的GC含量和T_m应该协调。协调性差的引物对的PCR效率和特异性都较差，一般一对引物的T_m相差尽量不超过2~3℃。

(3) 引物自身及引物之间无互补序列　每条引物内部应避免出现二级结构（发夹结构）引起引物自身复性，这种二级结构会因空间位阻而影响引物与模板的复性组合。所以引物自身不能有连续 4 个碱基的互补。除了自身，2 条引物之间也不应具有互补性，尤其应注意在引物的 3′端的互补碱基，不能多于 5 个，防止引物之间形成"引物二聚体"。一旦形成引物二聚体，则引物不能高效地与模板结合，从而妨碍 PCR 反应的正常进行。

(4) 引物 3′末端严格配对　引物 3′端碱基的保守性极其重要，特别是最末端及倒数第二个碱基，应严格要求配对，3′端是引发延伸的点，所以引物 3′端的末端碱基对 Taq 酶的 DNA 合成效率有较大影响，末端碱基的不配对很可能导致 PCR 失败，且末端碱基为 A 的错配概率最高，所以应当避免在引物的 3′端使用碱基 A。

(5) 引物 5′末端按需设计　根据实验的需要，可以在引物的 5′端加上合适的限制性酶切位点和启动子序列，这有利于 PCR 产物的酶切分析或分子克隆。酶切位点都有特定的识别序列，在加酶切位点时要确保目的基因中没有该特定的识别序列，否则酶切的时候会将目的基因切断。同时，实验证明，大多数限制性内切酶对裸露的酶切位点无法切开，所以必须在酶切位点的边上加上若干保护碱基，这样才能使限制性内切酶对其进行有效切割，一般在限制性酶切位点的 5′端加 2~4 个保护碱基。

2. DNA 聚合酶

在 PCR 反应中，DNA 聚合酶是 PCR 最关键的因素之一。1956 年，阿瑟·科恩伯格（Authur Kornberg）首先发现了大肠杆菌 DNA 聚合酶 I，又称 Kornberg 酶。1970 年，汉斯·克莱诺（Hans Klenow）用枯草芽孢杆菌蛋白酶处理大肠杆菌 DNA 聚合酶 I 时，得到两个片段中分子质量较大的一个，称为 Klenow 酶，这是早期 PCR 反应时主要使用的 DNA 聚合酶，此外还有 T_4 DNA 聚合酶和 T_7 DNA 聚合酶，但是两者热稳定性差，制约了其在 PCR 中的广泛应用。1988 年，Saiki 等在美国黄石公园从生活在温泉中的水生栖热菌内提取到一种耐热的 DNA 聚合酶-Taq DNA 聚合酶，此酶的发现才使得 PCR 技术得到了迅速发展和广泛应用。各种耐热性 DNA 聚合酶均具有 5′-3′聚合酶活性，但不一定具有 3′-5′和 5′-3′的外切酶活性。而 3′-5′外切酶活性可以消除错配，切平末端；5′-3′外切酶活性可以消除合成障碍。耐热性 DNA 聚合酶主要有以下几种。

(1) Taq DNA 聚合酶　Saiki 等于 1988 年在美国黄石公园从一种生活在温度高达 75℃温泉中的水生栖热菌 yT1 内分离提取到一种耐热性 DNA 聚合酶，在 75~80℃时具有最高的聚合酶活性，半衰期一般为 92.5℃、130min，95℃、40min，97℃、5min。具有 5′-3′外切酶活性，但是不具有 3′-5′外切酶活性，没有校对功能，因此在 PCR 反应中容易产生错配，错配率为 0.2%~0.5%。

(2) Tth DNA 聚合酶　从嗜热栖热菌（*Thermus thermophilus*）HB8 内分离提取到的一种耐热性 DNA 聚合酶，在 74℃时可以进行 DNA 复制扩增，在 95℃半衰期为 20min，具有反转录酶活性，可用于 PCR、反转录-PCR（RT-PCR）、逆转录和较高温度条件下的引物延伸反应。此外，该酶与 Taq DNA 聚合酶一样，不具有 3′-5′外切酶活性，没有校对功能，错配率约为 0.2%。

(3) Vent DNA 聚合酶　从极端嗜热细菌——嗜热高温球菌（*Thermococcus litoralis*）中分离提取到的一种耐热性 DNA 聚合酶，该酶在 100℃时半衰期达 95min，97.5℃时半衰期达 130min，其扩增产物的长度可达 10~13kb，更适合长链 PCR 反应。该酶不具有 5′-3′外切酶活性，但具有 3′-5′外切酶活性，具有校对功能，可去除错配的碱基，从而使延伸反应顺利进行下去，保真性比 Taq DNA 聚合酶提高了 5~10 倍。

(4) *Pfu* DNA 聚合酶 从激烈热球菌（*Pyrococcus furiosis*）中分离提取到的一种耐热性 DNA 聚合酶，该酶的热稳定性极好，在 97.5℃时半衰期大于 3h，该酶不具有 5′-3′外切酶活性，但具有 3′-5′外切酶活性，具有校对功能，可去除错配的碱基，从而使延伸反应顺利进行下去，保真性比 *Taq* DNA 聚合酶提高了 12 倍，是目前为止发现的错配率最低的聚合酶。

3. 底物 dNTPs

底物 dNTPs 是 4 种脱氧核苷三磷酸 dATP、dGTP、dTTP 和 dCTP 的混合物，为 PCR 反应时提供合成的原料和能量。dNTPs 溶于 pH 为 7.0 的 NaOH 贮存液中，一般可稀释成 10mmol/L 的溶液，分装后存放在-20℃冰箱中。一般 PCR 反应体系中 dNTPs 使用浓度为 20~200μmol/L。在 PCR 反应中，使用低 dNTP 浓度可减少非靶位置启动和延伸时的核苷酸错误掺入，一般可根据靶序列的长度和组成来决定最低 dNTPs 浓度。理论上，在 100μL 的反应体系中，4 种 dNTPs 的浓度各 20μmol/L，可合成 2.6μg DNA。此外，4 种 dNTPs 必须等浓度配合以降低延伸过程中的错配率。

4. 模板

PCR 反应必须以靶 DNA 为模板进行扩增，模板靶 DNA 单双链分子均可。模板靶 DNA 的数量和纯度是 PCR 成败与否的关键环节之一。一般 100μL 的反应体系中，模板靶 DNA 的含量为 0.1~2μg，模板量过多则可能增加非特异性 PCR 产物。

5. Mg^{2+}

Mg^{2+}浓度对 PCR 扩增的特异性和产量有显著影响，主要是因为 Mg^{2+}对 *Taq* DNA 聚合酶有很大影响，可以影响酶的活性和真实性，同时也会影响退火温度和解链温度。在一般的 PCR 反应中，各种 dNTP 浓度为 200μmol/L 时，Mg^{2+}浓度以 1.5~2mmol/L 为宜。Mg^{2+}浓度过高，反应特异性降低，出现非特异性扩增；Mg^{2+}浓度过低会降低 *Taq* DNA 聚合酶的活性，使反应产物减少。

6. 反应缓冲液

反应缓冲液一般含有适当浓度的 Tris-HCl（pH8.2~9.0）、KCl、$(NH_4)_2SO_4$ 和 Mg^{2+}等，另外也可加入二硫苏糖醇（DTT）或牛血清白蛋白（BSA）等，稳定酶活性。各种 DNA 聚合酶商品都有自己特定的一些缓冲液，一般商家提供的都是 10 倍浓度的缓冲液，在使用时需要将其稀释 10 倍。

三、实验材料与设备

1. 材料

模板靶 DNA、PCR 引物、耐热性 DNA 聚合酶、底物 dNTPs、PCR 反应缓冲液、去离子水、DNA 分子量标准、琼脂糖、溴化乙锭（EB）。

2. 设备

冰箱、制冰机、冰盒、离心机、PCR 扩增仪、涡旋混匀器、微波炉、电泳槽、电泳仪、紫外凝胶成像仪、移液枪等。

四、实验方法与步骤

1. 试剂配制

50×TAE 溶液 [2mol/L Tris 碱、1mol/L 乙酸、50mmol/L 乙二胺四乙酸（EDTA），pH8.0，

4℃保存，用时稀释至 50 倍]、6×上样缓冲液（2.5g/L 溴酚蓝、400g/L 蔗糖、10mmol/L EDTA，pH8.0，同时稀释 6 倍），TE 缓冲液（10mmol/L Tris-Cl、1mmol/L EDTA，pH8.0），酚/氯仿/异戊醇（25：24：1）等。

2. 加样

按表 3-1 顺序依次将各成分加入 0.2mL 已灭菌的 PCR 管中混匀，PCR 扩增反应体系的总体积可根据需要增减。混匀后稍微离心一下，让管壁残留的液体流下来，设置不加模板 DNA 的对照组。

表 3-1　　　　　　　　　　　PCR 扩增反应体系

试剂	加样量	试剂	加样量
ddH_2O	80μL	上游引物（10μmol/L）	2μL
10×反应缓冲液（含 Mg^{2+}）	10μL	下游引物（10μmol/L）	2μL
模板靶 DNA	2μL	*Taq* 酶	2μL
dNTPs（10mmol/L）	2μL	总体积	100μL

注：ddH_2O：双重去离子水。

3. PCR 反应及程序设计

将上述加样的 PCR 管放入 PCR 仪中，按设定好的程序进行 PCR 扩增。反应程序可根据 DNA 片段长短、引物 T_m、DNA 聚合酶活性等设置，可参考图 3-1 所示的反应程序。

```
开始在94℃条件下预变性5min

变性    94℃    30s  ┐
退火    55℃    30s  ├ 30 个循环
延伸    72℃    2min ┘

最后在72℃条件下延伸10min
```

图 3-1　PCR 扩增反应程序

4. 琼脂糖凝胶电泳

取 0.3g 琼脂糖于三角瓶中，加入 30mL 1×TAE 溶液，在微波炉中加热，使琼脂糖熔化，等凝胶冷却至 55℃以下（手持瓶子不烫手）时，加入 2μL 0.5mg/mL 溴化乙锭，摇晃混匀后，倒入制胶板中，并将梳子垂直插在制胶板上方。待凝胶完全凝固后（约 30min），将梳子轻轻垂直拔出。

将胶移至装有 1×TAE 电泳缓冲液的电泳槽中，使电泳缓冲液没过胶面。取 1μL 6×上样缓冲液于封口膜上，取 5μL PCR 反应液混合均匀后，加入凝胶孔中，样品沉淀于孔底，此外加入合适的 DNA 标准样品。盖好电泳槽盖子，设置电压为 100V，DNA 样品从负极向正极移动（点样端朝向负极）。当前面色素接近胶的先端时（约到达胶的 2/3 处），切断电流，停止电泳，并将凝胶取出，在紫外凝胶成像仪中摄像。观察 PCR 产物是否存在以及其片段大小是否符合目的基因大小。

5. PCR 产物的回收

电泳确认后，将其 PCR 剩余样品转移至新的 1.5mL 艾本德（Eppendorf）管中，加入 200μL TE 缓冲液，加入 300μL 酚/氯仿/异戊醇，上下颠倒混匀，室温条件下 12000r/min 离心 5min。

将上层水液转移到新的 Eppendorf 管中，然后添加 1/10 体积的 3mol/L NaAc（pH5.2）和 2.5 倍体积的预冷无水乙醇。

于-20℃冰箱中放置 30min 以上，4℃、12000r/min 离心 15min。弃上清液，添加 1mL 冷的 70%（体积分数）乙醇，上下颠倒混匀，4℃、12000r/min 离心 5min。弃上清液，将 Eppendorf 管倒置于吸水纸上，室温干燥 5~10min。

用 30μL TE 缓冲液溶解沉淀，重复进行上述琼脂糖凝胶电泳，确认回收到 PCR 产物后，置于-20℃冰箱中保存。至此，通过 PCR 扩增并纯化获得目的基因片段。

五、实验结果

通过 PCR 扩增反应和电泳分析，观察是否成功获得目的基因的扩增产物，记录条带大小，撰写实验报告。

六、注意事项

（1）引物一般通过委托基因公司合成，合成后拿到的引物一般是干粉状态，遇水即溶。注意加 ddH$_2$O 之前，先将引物的离心管稍微离心一下，以免打开离心管盖的时候引物粉末飞扬而损失。通常稀释到 10μmol/L 的浓度置于-20℃冰箱中备用。

（2）*Taq* 酶在使用的过程中，应放置在冰盒上，以免损失酶活。

（3）在加每一样原料之前，应确保枪头是新的，避免交叉污染。

（4）反应体系中应先加 ddH$_2$O，再加反应缓冲液，最后加酶，避免将酶直接加入 10 倍的反应缓冲液中，造成酶的严重失活。

（5）dNTPs 最好分装成小管保存，避免每次 PCR 都要重新冻融，反复冻融会引起 dNTPs 的降解，从而引起 PCR 反应过程中原料和能量的不足。

（6）不同的目的基因片段大小，对应的引物长度、延伸时间等都是不同的，需要具体问题具体分析。

思考题

1. PCR 未获得目的基因条带的原因可能有哪些？
2. PCR 出现非特异性条带的影响因素可能有哪些？
3. PCR 循环数是否越多越好？延伸时间是否越长越好？
4. PCR 反应体系中主要有哪些物质？它们的作用分别是什么？
5. PCR 的反应过程有哪些？
6. PCR 过程中变性的目的是什么？
7. 引物设计过程中需要注意哪些问题？

实验 2　质粒 DNA 的提取、分离纯化和酶切鉴定

一、实验目的

（1）了解质粒的基本性质和主要用途。
（2）掌握质粒的提取、分离纯化和酶切鉴定方法。

二、实验原理

（一）质粒

1. 概述

质粒（plasmid）是一种独立于染色体外的稳定遗传因子，大小为 1~200kb，是具有双链闭合环状结构的 DNA 分子。质粒主要发现于细菌（含放线菌）和真菌细胞中，是基因工程技术中最常见的载体。质粒具有自主复制和转录能力，能在子代细胞中保持恒定的拷贝数，并表达所携带的遗传信息。质粒分子本身是含有复制功能的遗传结构，质粒的复制和转录依赖于宿主细胞编码的某些酶和蛋白质，如离开宿主细胞则不能复制。质粒还带有某些遗传信息，所以会赋予宿主细胞一些遗传性状。其自我复制能力及所携带的遗传信息在重组 DNA 操作，如扩增、筛选过程中都极为有用。

2. 质粒复制控制类型

质粒在细胞内的复制一般具有两种类型，分别是紧密控制型（stringent control）和松弛控制型（relaxed control）。紧密控制型只在细胞周期的一定阶段进行复制，当染色体不复制时，它也不能复制，通常每个细胞内只含有一个或几个质粒分子，如 F 因子。松弛控制型的质粒在整个细胞周期中随时可以复制，在每个细胞中有许多拷贝，一般在 20 个以上，如 Col E1 质粒。在使用蛋白质合成抑制剂氯霉素时，细胞内蛋白质合成、染色体 DNA 复制和细胞分裂均受到抑制，紧密型质粒复制停止，而松弛型质粒继续复制，质粒拷贝数可由原来 20 多个扩增至 1000~3000 个，此时质粒 DNA 占总 DNA 含量可由原来的 2%增加至 40%~50%。

3. 质粒的不相容性

质粒具有不相容性或不亲和性，即利用同一复制系统的不同质粒不能在同一宿主细胞中稳定地共同存在，当两种质粒同时导入同一细胞时，它们在复制及随后分配到子细胞的过程中出现彼此竞争。当细胞生长几代后，占少数的质粒将会丢失，因而在细胞后代中只有两种质粒的一种，这种现象称为质粒的不相容性（incompatibility）。而利用不同复制系统的质粒可以稳定地共存于同一宿主细胞中。

4. 质粒的基本特征

质粒载体是在天然质粒的基础上为适应实验室操作而进行人工构建的。与天然质粒相比，质粒载体通常带有一个或一个以上的选择性标记基因（如抗生素抗性基因）和一个人工合成的含有多个限制性内切酶识别位点的多克隆位点序列，并去掉了大部分非必需序列，使分子质量尽可能减少，以便于基因工程操作。大多质粒载体带有一些多用途的辅助序列，这些用途包括

通过组织化学方法肉眼鉴定重组克隆、产生用于序列测定的单链 DNA、体外转录外源 DNA 序列、鉴定片段的插入方向、外源基因的大量表达等。一个理想的克隆载体应有下列特性：①分子质量小、多拷贝、松弛控制型；②具有多种常用限制性内切酶的单切点；③插入较大的外源 DNA 片段；④具有两个以上的遗传标记物，便于鉴定和筛选；⑤对宿主细胞无害。

常用的质粒载体大小一般为 1~10kb，如 pBR322、pUC 系列、pGEM 系列、pET 系列和 pBluescript（简称 pBS）等。

（二）限制性核酸内切酶

1. 限制性核酸内切酶的类型

限制性核酸内切酶是一种工具酶，这类酶的特点是具有能够识别双链 DNA 分子上特异核苷酸序列的能力，能在这个特异性核苷酸序列内切断 DNA 的双链，形成一定长度的序列 DNA 片段。根据限制酶的结构、辅因子的需求切位与作用方式，可将限制酶分为 3 种类型，分别是：Ⅰ型（Type Ⅰ）、Ⅱ型（Type Ⅱ）及Ⅲ型（Type Ⅲ）。Ⅰ型限制性核酸内切酶既能催化宿主 DNA 的甲基化，又能催化非甲基化 DNA 的水解；而Ⅱ型限制性核酸内切酶只催化非甲基化 DNA 的水解；Ⅲ型限制性核酸内切酶同时具有修饰及认知切割的作用。限制性核酸内切酶的分布极广，几乎在所有细菌的属、种中都发现了至少一种限制性核酸内切酶，多者在一属中存在几十种，例如在嗜血杆菌属（*Haemophilus*）中现已发现的限制性核酸内切酶就达到 22 种。有的菌株酶含量极低，很难分离定性；然而在有的菌株中，酶含量极高，如大肠杆菌（*Escherichia coli*）和埃及嗜血杆菌（*Haemophilus aegyptius*）分别是 *Eco*R Ⅰ酶和 *Hal* Ⅲ酶的高产酶菌株。据报道，从 10g 埃及嗜血杆菌的细胞中，能分离提纯出可消化 10g λ 噬菌体 DNA 的酶量。目前为止，细菌是限制性核酸内切酶，尤其是特异性非常强的Ⅰ型限制性核酸内切酶的主要来源。

2. 限制性核酸内切酶的命名

一般限制性核酸内切酶的命名是以微生物属名的第一个字母和种名的前两个字母组成，第四个字母表示菌株（品系）。例如，从解淀粉芽孢杆菌 H（*Bacillus amyloliquefaciens* H）中提取的限制性核酸内切酶称为 *Bam* H，在同一品系细菌中得到的识别不同碱基序列几种不同特异性的酶，可以编成不同的号，如 *Dpn* Ⅰ、*Dpn* Ⅱ，*Hind* Ⅱ、*Hind* Ⅲ，*Sca* Ⅰ、*Sca* Ⅱ等。

3. 限制性核酸内切酶的识别与切割

在已发现的限制性核酸内切酶中，近百种酶的识别序列已被测定。如 *Nde* Ⅰ、*Xba* Ⅰ和 *Xho* Ⅰ的识别序列和切口分别为：*Nde* Ⅰ，CA↓TATG；*Xba* Ⅰ，T↓CTAGA；*Xho* Ⅰ，C↓TCGAG。

A、T、G、C 等核苷酸表示酶的识别序列，箭头表示酶切口。

有很多来源不同的酶有相同的碱基识别序列，这种酶称为"异源同工酶"（isoschizomer）或同切限制内切酶、同裂酶。应注意的是，这些酶虽然有相同的识别序列，但它们的切点并不完全一样。例如 *Xma* Ⅰ和 *Sma* Ⅰ都识别六核苷酸 CCCGGG，但 *Xma* Ⅰ的切点在 C↓CCGGG，而 *Sma* Ⅰ的切点则在 CCC↓GGG，前者切割 DNA 分子，形成带有 CCGG 黏性末端的 DNA 片段，而后者并不形成黏性末端（而叫平末端）。当然，也有识别序列和切点都相同的酶，如 *Cfr*9 Ⅰ和 *Xma* Ⅰ，都在识别序列 C↓CCGGG 内有一相同的切点，*Hae* Ⅲ 和 *Bsu* R Ⅰ同样在识别序列 GG↓CC 内有一相同的切点。

与同裂酶相对应的还有同尾酶（isocaudamer），这些酶虽然来源不同，识别序列也各不一样，但是切割以后却能产生相同的黏性末端。例如，*Nco* Ⅰ的切点在 C↓CATGG，*Bsp* H Ⅰ的切点在 T↓CATGA，*Pci* Ⅰ的切点在 A↓CATGT，这 3 个酶是一组同尾酶，切割以后都形成由 CATG 4

个核苷酸组成的黏性末端，又如 Xma I 的切点在 C↓CCGGG，Age I 的切点在 A↓CCGGT，Bsa W I 的切点在 W↓CCGGW，Bsp E I 的切点在 T↓CCGGA，Bsr F I 的切点在 R↓CCGGY，这 5 个酶也是一组同尾酶，切割以后都形成由 CCGG 4 个核苷酸组成的黏性末端。但两种同尾酶切割形成的 DNA 片段连接后所形成的重组序列，不再被原来的限制酶所识别和切割。

（三）质粒 DNA 分离

从细胞中分离并鉴定质粒 DNA 的方法包括 3 个基本步骤：培养细菌使质粒扩增；收集细胞并分离纯化质粒 DNA；使用限制性核酸内切酶进行酶切鉴定。采用溶菌酶可以破坏菌体细胞壁，SDS 和 Triton X-100（聚乙二醇辛基苯基醚）可使细胞膜裂解，处理后细菌染色体 DNA 会缠绕附着在细胞碎片上，同时由于细菌染色体 DNA 比质粒大得多，易受机械力和核酸酶等的作用而被切断成不同大小的线性片段。当用强热或酸、碱处理时，细菌的线性染色体 DNA 变性，而共价闭合环状 DNA（covalently closed circular DNA，cccDNA）的双链不会相互分开。当外界条件恢复正常时，线性染色体 DNA 片段难以复性，与变性的蛋白质和细胞碎片缠绕在一起，而质粒 DNA 双链又恢复原状，重新形成天然的超螺旋分子，并以溶解状态存在于液相中，实现线性染色体 DNA 和质粒 DNA 的分离。限制性核酸内切酶对环状质粒 DNA 有多少切口，就能产生多少酶切片段，因此鉴定酶切后的片段在电泳凝胶的区带数，就可以推断酶切口的数目，从片段的迁移率可以大致判断酶切片段大小的差别。将已知分子质量的线性 DNA 作为对照，通过电泳迁移率的比较，可以粗略推测分子形状相同的未知 DNA 的分子质量。

质粒 DNA 分离

三、实验材料与设备

1. 菌种

大肠杆菌菌株（如 pET22b/DH5α）。

2. 材料

溶液 I（50mmol/L 葡萄糖、25mmol/L Tris-HCl、10mmol/L EDTA，pH8.0）、溶液 II（0.2mmol/L NaOH、10g/L SDS）、溶液 III（3mol/L 醋酸钠，用醋酸调至 pH4.8）、饱和酚/氯仿/异戊醇（25∶24∶1）、TE 缓冲液（10mmol/L Tris-HCl、1mmol/L EDTA，pH8.0）、核糖核酸酶 A（RNase A）、氨苄青霉素（ampicillin，Amp）、ddH$_2$O、15mL 试管、Eppendorf 管、牙签等。

3. 设备

高压蒸汽灭菌锅、培养箱、冰箱、烘箱、超净工作台、摇床、高速离心机、紫外凝胶成像系统、电泳仪、微波炉、电泳槽、水浴锅、振荡器、移液枪等。

四、实验方法与步骤

1. 试剂配制

LB 固体培养基（10g/L 胰蛋白胨、5g/L 酵母提取物、10g/L NaCl、15g/L 琼脂粉）、LB 液体培养基（10g/L 胰蛋白胨、5g/L 酵母提取物、10g/L NaCl）。

2. 细菌培养

将含有质粒 pET22b 的 DH5α 菌株在 LB 固体培养基（含 50μg/mL Amp）中划线，37℃培养 12~24h。用无菌牙签挑取单菌落接种到 5mL LB 液体培养基（含 50μg/mL Amp）中，37℃振荡培养 8~12h 至对数生长后期。

3. 质粒 DNA 的少量快速提取（碱裂解法）

将 1.5mL 培养液倒入 1.5mL Eppendorf 管中，4℃下 12000r/min 离心 30s。弃上清液，将管倒置于卫生纸上数秒钟，使残余液体流尽。将沉淀重悬浮于 100μL 溶液 I 中（激烈振荡，充分混匀），室温下放置 5~10min。加入新配制的溶液 II 200μL，盖紧管口，并倒置离心管，温和颠倒 Eppendorf 管数次，混匀内容物（切忌振荡），冰浴 5min。加入 150μL 预冷的溶液 III，盖紧管口，并倒置离心管，温和颠倒 Eppendorf 管数次，以混匀内容物，冰浴 5~10min。4℃下 12000r/min 离心 5~10min。

将上述上清液移入干净 Eppendorf 管中，加入等体积的酚/氯仿（1:1），振荡混匀，4℃下 12000r/min 离心 5min。水相移入干净 Eppendorf 管中，加入 2 倍体积的无水乙醇，振荡混匀后置于 -20℃ 冰箱中 20min。然后于 4℃ 12000r/min 离心 10min，弃上清，将管口敞开并倒置于卫生纸上，使残余液体流尽。加入 1mL 70%（体积分数）乙醇洗涤沉淀。4℃下 12000r/min 离心 5~10min；弃上清，将管倒置于卫生纸上，使残余液体流尽，室温干燥或真空干燥 10min。将沉淀溶于 20μL TE 缓冲液（pH8.0，含 20μg/mL RNase A）中，取 5μL 进行琼脂糖电泳胶检测，剩余的样品置于 -20℃ 冰箱保存备用。

4. 质粒 DNA 的酶切鉴定

用移液枪在清洁干燥并经灭菌的 Eppendorf 管中分别加入抽提的质粒、酶切通用缓冲液和相应的限制性核酸内切酶，用手指轻弹管壁使溶液混匀，离心使溶液集中于管底。质粒 DNA 酶切反应体系如表 3-2 所示，实际酶切体系和用量可根据实验需求及限制性核酸内切酶的活性调整。

表 3-2　　　　　　　　　　质粒 DNA 酶切反应体系

试剂	加样量	试剂	加样量
抽提的质粒	16μL	Hind III	1μL
10×通用缓冲液	2μL	总体积	20μL
EcoR I	1μL		

加样完成后混匀，于 37℃ 水浴保温 2~3h，使酶切完全。酶切结束后，将酶切产物进行琼脂糖凝胶电泳检测（具体见实验 1）。

五、实验结果

记录并分析质粒提取及分离纯化的效果，撰写实验报告。

六、注意事项

（1）细菌培养过程中给予含有质粒的宿主细胞一定的压力，避免菌体污染和质粒丢失。

（2）提取过程每一步都要保证尽可能充分分离，需要沉淀时液体尽可能沥干，需要上清液时尽可能不要将沉淀吸入，同时提取过程尽量保持低温。

（3）添加溶液 II 和溶液 III 后一定要轻柔地上下颠倒混匀，不能剧烈摇晃。

（4）避免变性和复性超出规定时间，从而对分离纯化的质粒质量带来不好的效果。

(5) 酚、氯仿混合物除去蛋白质较单独使用效果好，尽量将蛋白质去除干净。

(6) 每次吸取不同溶液时注意更换枪头，以免相互污染。

(7) 酶切要注意控制时间，酶切时间太短可能没切完全，酶切时间太长可能会引起片段降解。

(8) 酶切反应体系加样时，注意最后加入限制性核酸内切酶，以免酶直接加入高浓度的缓冲液造成失活。

> **思考题**
>
> 1. 质粒有哪些用途？质粒载体与天然质粒有什么区别？
> 2. 质粒提取过程应该注意哪些事项？
> 3. DNA 酶解液电泳后发现 DNA 没有被切开，其可能的原因是什么？
> 4. 溶液 Ⅱ 和溶液 Ⅲ 的作用分别是什么？
> 5. 细菌培养的过程中加入氨苄青霉素的原因是什么？
> 6. 限制性核酸内切酶的作用是什么？
> 7. 限制性核酸内切酶的种类有几种，分别有什么作用和不同？
> 8. 酶切不完全的原因可能有哪些？

实验3　感受态细胞的制备

一、实验目的

掌握制备大肠杆菌感受态细胞的方法。

二、实验原理

感受态的制备和转化

1. 转化

重组 DNA 分子体外构建完成后，必须导入特定的宿主（受体）细胞，使之无性繁殖并高效表达外源基因或直接改变其遗传性状，这个导入过程及操作统称为重组 DNA 分子的转化。在原核生物中，转化是一个很普遍的现象，在细胞间转化是否能够完成主要取决于两个方面：一方面是供体菌与受体菌两者在进化过程中的亲缘关系，另一方面还与受体菌是否处于感受态有很大关系。

2. 感受态

感受态是指受体细胞处于容易吸收外源 DNA 的一种生理状态，它是由宿主菌的遗传性决定，同时也受菌龄、外界环境因子等的影响，环磷酸腺苷（cAMP）可以使感受态水平提高 10000 倍，而 Ca^{2+} 也可以显著促进转化效率。感受态可以通过物理与化学方法诱导形成，也可以自然形成，在基因工程技术中通常采用诱导的方法。用于转化的受体菌细胞一般是限制-修饰系统（restriction-modification，R-M）缺陷的变异株，以防止对导入的外源 DNA 切割。受体细胞经过一些特殊方法（如电击法、冷 $CaCl_2$ 法）处理后，使细胞膜的通透性发生变化，成为能容许外源 DNA 分子通过的感受态细胞。进入细胞的 DNA 分子通过复制、表达实现遗传信息的转移，使受体细胞出现新的遗传性状。

3. 感受态细胞制备方法

有些种类的细菌在其生长的任一阶段都处于感受态，而另一些细菌（如大肠杆菌）只有在某个生长时期才会处于感受态。大肠杆菌的转化最常用的是化学法（$CaCl_2$ 法），原理是细菌处于 0℃ 的 $CaCl_2$ 低渗溶液中，会膨胀成球体，细胞膜的通透性发生变化，转化混合物中的质粒 DNA 形成抗 dNase 的羟基-钙磷酸复合物黏附于细胞表面，经过 42℃ 短时间的热激处理，促进细胞吸收 DNA 复合物，在丰富的培养基上生长数小时后，球状细胞复原并分裂增殖，在选择培养基上可获得所需的转化子。Ca^{2+} 处理的感受态细胞，其转化率一般能达到（$5×10^6$）~（$6×10^7$）转化子/μg 质粒 DNA，联合其他二价金属离子（如 Mn^{2+}、Co^{2+}）、二甲基亚砜（DMSO）或还原剂等物质处理细菌，则可使转化率提高 100~1000 倍。化学法简单、快速、稳定、重复性好，菌株适用范围广，感受态细菌可以在 -70℃ 保存，因此被广泛应用。

除化学法转化外，还有一种电击方法，通过瞬间的高压电流，在细胞上形成孔洞，使外源 DNA 进入胞内，从而实现细胞的转化。电击转化的效率往往比化学法高 1~2 个数量级，达到 10^8 ~ 10^9 转化子/μg 质粒 DNA，所以常用于文库构建时的转化或遗传筛选。

三、实验材料与设备

1. 菌种

大肠杆菌 DH5α 菌株。

2. 材料

LB 液体培养基、$CaCl_2$、甘油、Eppendorf 管、聚丙烯管等。

3. 设备

培养箱、冰箱、烘箱、超净工作台、高压蒸汽灭菌锅、摇床、冷冻高速离心机、紫外分光光度计、移液枪等。

四、实验方法与步骤

1. 菌株培养

从 37℃ 培养 16~20h 的平板中挑取一个单菌落（直径 2~3mm），转到一个含有 5mL LB 液体培养基的 15mL 试管中，37℃、200r/min 培养过夜。将隔夜培养的细菌以 1:100 的比例转接到一个含有 100mL LB 液体培养基的 1L 锥形瓶中，于 37℃ 摇床中 200r/min 振荡培养 2~3h，至细胞 OD_{600} 于 0.4~0.6（为保证细菌培养物的生长密度不致过高，每隔 15~20min 监测 OD_{600}）。

2. 感受态细胞制备

将上述培养物转移到一个无菌、用冰预冷的 50mL 聚丙烯管中，在冰上放置 10min，使培养物冷却至 0℃。在 4℃ 下，以 4000r/min 离心 10min 收集细胞。弃上清液，将聚丙烯管倒置 1min 使残余培养液尽量完全流尽。

每 50mL 初始培养液用 30mL 预冷的 0.1mol/L $CaCl_2$ 溶液重悬细胞沉淀。在 4℃ 条件下，以 4000r/min 离心 10min 收集细胞。弃上清液，将聚丙烯管倒置 1min 以使残余培养液尽量完全流尽。重复用上述 0.1mol/L $CaCl_2$ 溶液重悬细胞、离心并弃上清液。

每50mL初始培养液用1.7mL预冷的0.1mol/L $CaCl_2$ 溶液和0.3mL预冷的80%（质量分数）甘油重悬细胞沉淀。分装到新的灭菌Eppendorf管中，每管80~100μL，于-70℃可长期保存。

五、实验结果

记录并分析制备感受态的转化效率，撰写实验报告。

六、注意事项

（1）本实验的所有操作都必须在无菌条件下进行。
（2）本实验的所有操作尽量保持在低温条件下进行。
（3）控制好菌体的 OD_{600}，处于生长对数时期的大肠杆菌细胞才能为感受态。

思考题

1. 什么是感受态细胞？制备感受态细胞的理论依据是什么？
2. $CaCl_2$ 溶液在制备感受态细胞的过程中起什么作用？

实验4 重组质粒的连接、转化及筛选

一、实验目的

（1）了解重组质粒的连接和转化方法。
（2）掌握重组质粒的筛选和鉴定方法。

二、实验原理

如果克隆较小的DNA片段（<10kb），质粒优于其他任何载体。在质粒载体上进行克隆，其基本过程是：先用限制性核酸内切酶切割质粒DNA和目的DNA片段，然后在体外使两者相连接，再用所得到的重组质粒转化细菌，并筛选重组子，即可完成。

（一）外源DNA片段和质粒载体的连接反应策略

1. 有非互补突出端的片段

用两种不同的限制性核酸内切酶进行消化可产生有非互补的黏性末端，这也是最容易克隆的DNA片段。一般情况下，在DNA片段两端人为加上不同酶切位点以便与载体相连。

2. 有相同黏性末端的片段

用相同的酶或同尾酶处理DNA后，可得到有相同黏性末端的片段。由于质粒载体也必须用同一种酶消化，得到同样的两个相同黏性末端，因此在连接反应中外源片段和质粒载体DNA均可能产生自身环化或几个分子串连形成寡聚物，而且正反两种连接方向都有可能有。所以，必须仔细调整连接反应中两种DNA的浓度，以便使正确的连接产物数量达到最高水平。还可以通过将载体DNA的5'端去磷酸化，最大限度地抑制质粒DNA的自身环化。

3. 有平末端的片段

有平末端的片段是由产生平末端的限制性内切酶或核酸外切酶消化产生，或由 DNA 聚合酶补平所产生。由于平末端的连接效率比黏性末端要低得多，故在其连接反应中，T_4 DNA 连接酶的浓度和外源 DNA 及载体 DNA 浓度均要求较高。通常还需加入低浓度的聚乙二醇（PEG 8000），以促进 DNA 分子凝聚成聚集体物质而提高转化效率。

（二）重组 DNA 的转化原理

转化（transformation）是指一段同源或异源的 DNA 转入受体细胞并得到表达的水平基因转移过程，是现代分子生物学研究和基因工程不可缺少的重要技术。目前常用的转化方法有化学转化法和电转化法。

1. 化学转化法

化学转化法是利用 $CaCl_2$ 处理感受态宿主细胞，然后置于 42℃高温热激 60~90s 进行热休克处理。热休克后，需要使宿主细胞在不含有抗生素的培养液中生长至少 0.5h，使其表达足够的蛋白质，以便能在含有抗生素的平板上生长菌落。化学转化法的转化效率可达（$5×10^6$）~（$2×10^7$）个转化子/μg 超螺旋质粒 DNA。此外利用 PEG 也能促使转化。

2. 电击法

电击法是一种电场介导的细胞膜可渗透化处理技术，对预先制备好的感受态细胞施加短暂、高压的电脉冲，在宿主细胞质膜上形成纳米级大小的微孔通道，使外源 DNA 能直接通过微孔，或作为微孔闭合时所伴随发生的膜组分重新分布而进入细胞质中。对于大肠杆菌，50~100μL 的细菌与 DNA 样品混合，置于装有电极的电转杯内，选用大约 25μF、2.5kV 和 200Ω 的电场强度处理 4.6ms，即可获得理想的转化效率。电击转化法操作简单，而且几乎对所有含细胞壁结构的宿主细胞均有效，转化率可达 10^9~10^{10} 转化子/μg DNA，但转化效率差别很大。

（三）pBS 重组质粒的筛选原理

因 pBS 带有 Amp^r 基因，而外源片段上不带该基因，故转化受体菌后只有带有 pBS DNA 的转化子才能在含有 Amp 的 LB 平板上存活下来；而只带有自身环化的外源片段转化子则不能存活。此为初步的抗性筛选。

pBS 上带有 β-半乳糖苷酶基因（lacZ）的调控序列和 β-半乳糖苷酶 N 端 146 个氨基酸的编码序列。这个编码区中插入了一个多克隆位点，但并没有破坏 lacZ 的阅读框架，不影响其正常功能，E. coli DH 5α 菌株带有 β-半乳糖苷酶 C 端部分序列的编码信息。在各自独立的情况下，pBS 和 DH5α 融为一体的 β-半乳糖苷酶的片段都没有酶活性。但在 pBS 和 DH5α 融为一体时可形成具有酶活性的蛋白质。这种 lacZ 基因上缺失近操纵基因区段的突变体与带有完整的近操纵基因区段的 β-半乳糖苷酶阴性突变体之间可以实现互补的现象称为 α-互补。由 α-互补产生的 Lac^+ 细菌较易识别，它在生色底物 5-溴-4-氯-3-吲哚基-β-D-半乳糖苷（X-gal）的存在下被异丙基硫代-β-D-半乳糖苷（IPTG）诱导形成蓝色菌落。当外源片段插入到 pBS 质粒的多克隆位点上后会导致阅读框架改变，表达蛋白质失活，产生的氨基酸片段失去 α-互补能力，因此在同样条件下含重组质粒的转化子在生色诱导培养基上只能形成白色菌落，该筛选方法称为蓝白斑筛选或 α-互补现象筛选。在麦康凯培养基上，α-互补产生的 Lac^+ 细菌由于含 β-半乳糖苷酶，能分解麦康凯培养基中的乳糖，产生乳酸，使 pH 下降，因而产生红色菌落，而当外源片段插入后，失去 α-互补能力，因而不产生 β-半乳糖苷酶，无法分解培养基中的乳糖，菌落呈白色，因此可将重组质粒与自身环化的载体 DNA 区分开。

三、实验材料与设备

1. 菌种/质粒

大肠杆菌 DH5α 具有互补能力的菌株、pBS 质粒、pUCm-T 质粒。

2. 材料

酶切且纯化后的目的基因 DNA 片段、载体 DNA 片段、LB 液体培养基、PCR 产物、T_4 连接酶及 T_4 DNA 连接酶缓冲液、5-溴-4-氯-3-吲哚基-β-D-半乳糖苷（X-gal）、IPTG 等。

3. 设备

培养箱、冰箱、烘箱、超净工作台、高压蒸汽灭菌锅、摇床、高速离心机、PCR 扩增仪、凝胶成像系统、琼脂糖凝胶电泳装置、电泳仪、微波炉、电泳槽、水浴锅、振荡器等。

四、实验方法与步骤

1. 连接反应

取新的经灭菌处理的 0.5mL Eppendorf 管，编号后，分别加入 PCR 产物、酶切质粒、10×T_4 DNA 连接酶缓冲液、T_4 DNA 连接酶，具体的反应体系参考表 3-3。

表 3-3　　　　　　　　　　连接反应体系

试剂	加样量	试剂	加样量
PCR 产物	6μL	T_4 DNA 连接酶	1μL
酶切质粒	2μL	总体积	10μL
10×T_4 DNA 连接酶缓冲液	1μL		

加样完成后混匀，用离心机将液体全部甩到管底，于 16℃ 保温 8~24h，具体酶切时间根据酶活性和用量决定。此外需要同时做两组对照反应，其中一组只有质粒载体无外源 DNA 片段；另一组只有外源 DNA 片段无质粒载体。

2. 转化

取一管 100μL 的大肠杆菌感受态细胞 DH5α（如果是冷冻保存的则需要在冰上化冻后使用），加入上述连接产物 8μL（不超过 10μL），轻轻用移液枪吹打混匀（不可用涡旋振荡器）。

另作两组对照，一组是宿主阴性对照，即 100μL 的感受态细胞，加入 2μL 的无菌水；另一组是质粒 DNA 的阳性对照，即 100μL 的感受态细胞，加入 2μL 的空载质粒，混匀。

将上述 DNA 与感受态细胞的混合液冰浴 30min，42℃ 保温 90s（或 37℃ 保温 5min），热击后迅速放入冰中，冰浴 3min。

添加 1mL 的 LB 液体培养基，混匀后，37℃ 振荡培养 1h（160~225r/min），使细胞恢复正常生长状态，并表达质粒编码的抗生素抗性基因 Amp。

将上述菌液摇匀后取 100μL 涂布于含 Amp 抗生素的 LB 培养基平板上，另添加 40μL 20g/L X-gal 和 20μL 100mmol/L IPTG，均匀涂布。

37℃下培养 0.5h 以上，直至液体被完全吸收后，倒置平板于 37℃继续培养 12~16h，待出现明显而未相互重叠的单菌落时取出平板，于 4℃放置 3~4h，使显色充分。

3. 重组子的筛选和鉴定

转化后的细胞在含 Amp 的 LB 平板上培养过夜后，在平板上会长出许多抗性菌落（转化子），其中有白色菌落（重组子）和蓝色菌落（非重组子）。

挑取白色单菌落接入 5mL LB 液体培养基中，加入 Amp 贮存液至终浓度 100μg/mL，37℃振荡培养 12h。

取 1.5~3mL 菌液抽提质粒，另取 0.5mL 菌液至一新的 Eppendorf 管中，4℃保存备用。

以空载体质粒为对照，取 2~5μL 抽提的质粒样品直接进行电泳，从质粒大小上初步确定是否有外源基因进入载体，有插入片段的重组质粒电泳时迁移率较空载体慢。

对初步确定有外源基因进入的质粒用限制性核酸内切酶进行双酶切，利用空载体片段与目的基因片段作为对照，从电泳结果中酶切片段的数目及大小进行确认。此外还可以用 PCR 检测法进行鉴定。

五、实验结果

记录并分析双酶切和 PCR 检测的结果，分析外源基是否插入，撰写实验报告。

六、注意事项

（1）连接时外源基因量要多些，载体的量要少些，这样碰撞的机会就多些，否则载体自身环化就会严重，一般载体 DNA 与目的基因连接采用 1：(1~3) 的物质的量的比。DNA 连接酶用量不要过多，其用量与 DNA 片段的性质有关，连接平末端一般是黏性末端酶量的 10~100 倍。

（2）进行转化时，加入的外源 DNA 量过多或体积过大时，转化效率会降低。一般情况下，进行转化时的质粒 DNA 溶液体积不应超过感受态细胞体积的 10%。

（3）IPTG 需用二甲基甲酰胺（DMF）或二甲基亚砜（DMSO）配制，且需用锡纸封裹以防受光照而被破坏，并应存放于-20℃。

（4）42℃热处理时间很关键，转移速度要快，温度要准确。且后续的 37℃振荡培养时间切勿过长，否则会有很多的卫星菌落和轻微的菌膜干扰。

（5）转化后的大肠杆菌必须在含有适当抗生素（如氨苄青霉素）的 LB 培养基中进行培养，然后抽提质粒，挑取的菌落必须是单菌落。

（6）在含有 X-gal 和 IPTG 的筛选培养基上，携带载体 DNA 的转化子为蓝色菌落，而携带插入片段的重组质粒转化子为白色菌落，平板如在 37℃培养后放于冰箱 3~4h 可使显色反应充分，蓝色菌落明显。

> 思考题
>
> 1. 如何防止线性质粒的自身环化？
> 2. 质粒载体进行外源 DNA 连接应该注意哪些问题？
> 3. 如果 DNA 转化后，没有得到转化子或者转化子很少，则可能有哪些原因？

4. 假设转化后，在含抗生素的平板上长出一片小菌落或菌苔，请分析其中的原因，并设计实验进行排查。

5. 利用互补进行筛选带有外源基因片段的重组克隆的具体原理是什么？

6. 质粒转化后，如何进行阳性克隆的筛选？

7. 蓝白斑筛选中，最可能含有重组子的是蓝色菌落还是白色菌落？为什么？

实验5 目的基因原核表达质粒的构建

一、实验目的

（1）了解目的基因获得的方法。

（2）了解作为表达质粒所需要的一些调控元件，并选择合适的表达质粒。

（3）了解原核表达质粒构建的方法。

二、实验原理

（一）表达载体概述

表达载体（expression vector）是指具有宿主细胞基因表达所需的调节控制序列，能使克隆的基因在宿主细胞内转录与翻译的载体。克隆载体（cloning vector）只是携带外源基因，使其在宿主细胞内扩增，其通常都带一个松弛型复制子（relaxed replicon）、一个多克隆位点（multiple cloning site，MCS）和一个筛选标记（selection marker），以便被克隆和筛选的序列能大量增殖。而表达载体（expression vector）不仅使外源基因扩增，还要使其表达。一种典型的大肠杆菌表达型质粒载体除了要具有克隆载体的特点外，还需要有一个强启动子（promoter）及操纵基因（operator）位点序列、转录起始信号（transcription initiation signal）、转录终止信号（transcription termination signal）、核糖体结合位点（ribosome binding site，RBS）、翻译起始密码子（initiation codon）和终止密码子（termination codon）等一系列调控序列。目的基因编码序列被克隆在紧邻启动子下游的位点上，且必须以其编码蛋白质的氨基酸末端插入靠近启动子一端。

（二）启动子

启动子是DNA链上一段能与RNA聚合酶结合并起始RNA合成的序列，它是基因表达不可缺少的重要调控序列。基因在缺失启动子的情况下无法转录。由于细菌RNA聚合酶不能识别真核基因的启动子，因此原核表达载体所用的启动子必须是原核启动子。原核启动子由两段彼此分开且又高度保守的核苷酸序列组成，对mRNA的合成极为重要。在转录起始点上游5~10bp处，有一段由6~8个碱基组成、富含A和T的区域，称为Pribnow盒，又名TATA盒或-10区。来源不同的启动子，其Pribnow盒的碱基顺序稍有变化。在距转录起始位点上游35bp处，有一段由10bp组成的区域，称为-35区。转录时大肠杆菌RNA聚合酶识别并结合启动子。原核表达系统中通常使用的可调控的启动子有Lac（乳糖启动子）、Trp（色氨酸启动子）、Tac（乳糖和色氨酸的杂合启动子)、IPL（噬菌体的左向启动子）、T_7噬菌体启动子等。

（三）核糖体结合位点

在原核生物中，有两个核糖体的结合位点也调节着 mRNA 的翻译，一个是起始密码子（AUG 或 GUG、UUG），另一个位于起始密码子上游 3~10bp 处的由 3~9bp 组成的序列。这段序列富含嘌呤核苷酸，为 J. 夏因（J. Shine）和 L. 达尔加诺（L. Dalgarno）于 1974 年发现，故称为 SD 序列。它与起始密码子之间的距离是影响 mRNA 转录、翻译成蛋白质的重要因素之一。此外，真核基因的第二个密码子必须紧接在 ATG 之后，才能产生一个完整的蛋白质。

（四）终止子

在一个基因的 3′末端或是一个操纵子的 3′末端往往有特定的核苷酸序列，且具有终止转录功能，这一序列称为转录终止子，简称终止子（terminator）。转录终止过程包括：RNA 聚合酶停止在 DNA 模板上不再前进，RNA 的延伸也停止在终止信号上，完成转录的 RNA 从 RNA 聚合酶上释放出来。对 RNA 聚合酶起强终止作用的终止子在结构上有一些共同特点，即一段富含 A/T 的区域和一段富含 G/C 的区域，G/C 富含区域又具有回文对称结构。这段终止子转录后形成的 RNA 具有茎环结构，并且有与 A/T 富含区对应的一串 U。在构建表达载体时，为了稳定载体系统，防止克隆的外源基因表达干扰载体的稳定性，一般都在多克隆位点的下游插入一段很强的核糖体 RNA 的转录终止子。否则合成的 mRNA 过长，不仅消耗细胞内的底物和能量，而且容易使 mRNA 形成妨碍翻译的二级结构。

（五）常用的原核表达载体

根据需求的不同，现已构建多种在原核细胞中高效表达的载体，如常用的 pET 系列质粒，它具有强启动子、核糖体结合位点、融合标签（如 T_7·Tag、His·Tag 等）。以 pET-22b（+）载体为例，其质粒图谱如图 3-2 所示：全长 5493bp；复制子来源于 pBR322 质粒，其复制起始点（ori）位于 3277 处；具有氨苄青霉素抗性；有来自 f1 噬菌体的复制序列 f1 origin，可引导单链 DNA 复制；利用 T_7 噬菌体 RNA 聚合酶系统识别强启动子 T7 promoter，诱导外源蛋白质高效表达；由 *lac I* 编码的阻遏蛋白可与乳糖操纵序列 lac operator 结合，阻遏外源基因表达，当外界有 IPTG 等乳糖类似物诱导时，可解除阻遏，启动基因表达；核糖体结合位点（RBS）位于起始密码子 ATG 上游；含有分泌表达信号肽 pelB leader，能将表达的目的蛋白分泌到细胞周质空间；具有 *Nde* Ⅰ、*Bam*H Ⅰ、*Eco*R Ⅰ、*Sca* Ⅰ、*Sal* Ⅰ、*Hind* Ⅲ、*Not* Ⅰ、*Xho* Ⅰ等多个外源基因插入的酶切位点，可切除信号肽的肽酶 signal peptidase，可用蛋白纯化的组氨酸标签 His·tag，T_7 噬菌体 RNA 聚合酶转录终止信号 T7 terminator。T7 启动子区引物 T7 promoter primer 和 T7 终止子区引物 T7 terminator primer 可用于目的基因序列测定。进行外源基因的大量表达需要选择一个合适的表达系统，即除了表达载体之外，还应该有一个合适的表达宿主。pET 系列质粒的常见宿主细胞是大肠杆菌 BL21（DE3）细胞，它是一株带有 *lacUV*5 启动子控制的 T_7 噬菌体 RNA 聚合酶基因的溶源菌。

三、实验材料与设备

1. 菌种/质粒

大肠杆菌 BL21（DE3）菌株、pET226（+）。

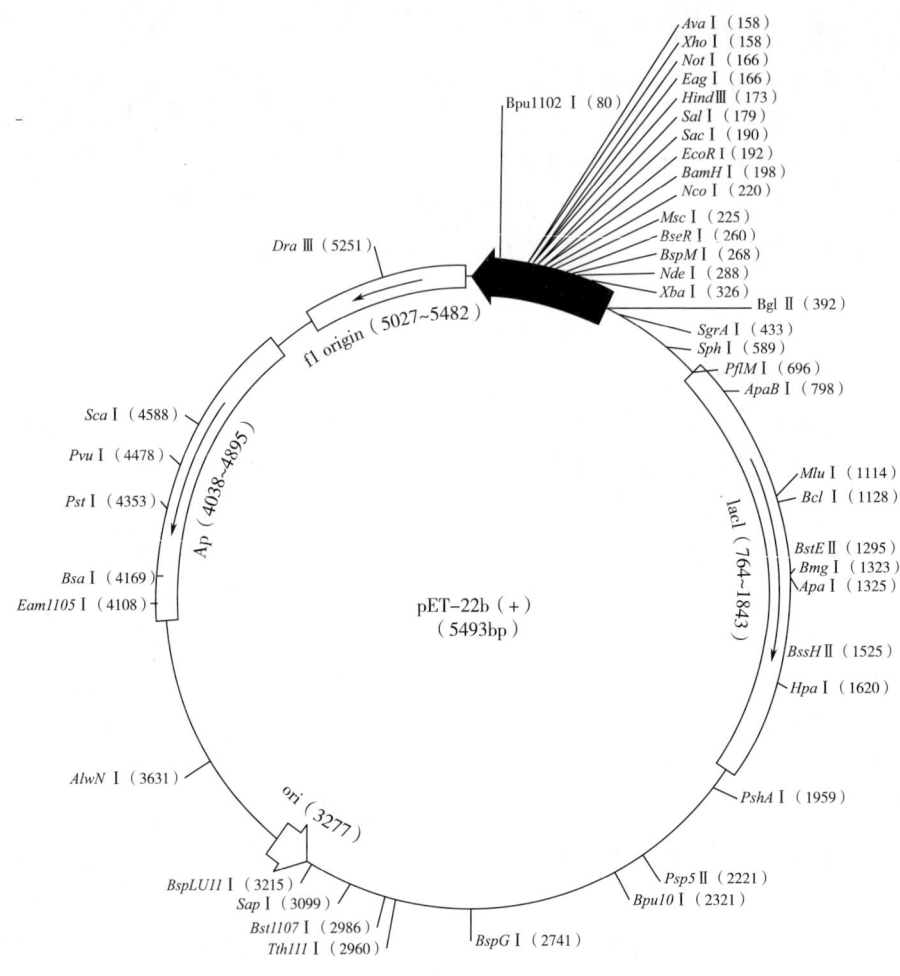

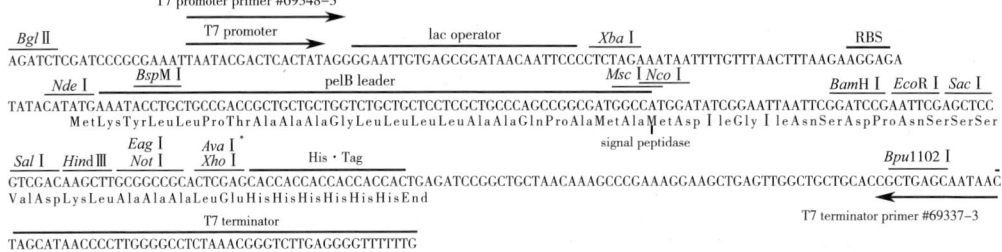

图 3-2　pET-22b（+）质粒图谱

2. 材料

扩增质粒或 PCR 产物、限制性核酸内切酶及其缓冲液、氨苄青霉素、LB 液体培养基、溴酚蓝、蔗糖、EDTA、琼脂糖、质粒抽提试剂。

3. 设备

培养箱、冰箱、烘箱、超净工作台、摇床、高速离心机、PCR 扩增仪、凝胶成像系统、电泳仪、微波炉、电泳槽、水浴锅、振荡器等。

四、实验方法与步骤

1. 试剂配制

6×DNA 上样缓冲液：2.5g/L 溴酚蓝、400g/L 蔗糖、10mmol/L EDTA，pH80。

利用重组克隆载体或 PCR 产物，在充分考虑上述各种因素的基础上，进行表达质粒的构建，具体操作方法基本与扩增质粒的构建相似。

2. 选择适当的限制性核酸内切酶切割表达载体和克隆质粒或 PCR 产物

利用构建好的重组克隆载体或是带有合适酶切位点的目的基因 PCR 产物，选择适当的限制性核酸内切酶切割，获得目的基因片段，具体克隆质粒或 PCR 产物的酶切反应体系如表 3-4 所示。

表 3-4　　　　　　　　克隆质粒或 PCR 产物的酶切反应体系

试剂	加样量	试剂	加样量
ddH$_2$O	4μL	*Eco*R I（根据实际情况选择）	1μL
已构建的重组克隆质粒或 PCR 产物	30μL（5~10μg）	*Hind* III（根据实际情况选择）	1μL
10×通用缓冲液	4μL	总体积	40μL

选择适当的限制性核酸内切酶切割表达载体，以 pET22b（+）为例，获得载体片段，具体表达载体 pET22b（+）的酶切反应体系如表 3-5 所示。

表 3-5　　　　　　　　表达载体 pET22b（+）的酶切反应体系

试剂	加样量	试剂	加样量
ddH$_2$O	4μL	*Eco*R I（根据实际情况选择）	1μL
pET22b（+）	30μL（5μg）	*Hind* III（根据实际情况选择）	1μL
10×通用缓冲液	4μL	总体积	40μL

将上述两个反应体系在 37℃ 条件下反应 2~4h，取 3~5μL，按照实验 1 的方法进行凝胶电泳预检测。然后分别分离纯化扩增质粒中的目的基因以及 pET22b（+）酶切片段。

3. 利用连接酶进行体外连接

将上述酶切纯化后的片段，按照表 3-6 的目的基因和载体连接反应体系进行连接，于 16℃ 条件下连接过夜。

表 3-6　　　　　　　　目的基因和载体连接反应体系

试剂	加样量	试剂	加样量
目的基因	6μL	T$_4$ DNA 连接酶	1μL
pET22b（+）酶切质粒	2μL	总体积	10μL
10×连接缓冲液	1μL		

4. 连接产物转化大肠杆菌感受态细胞及重组质粒鉴定

大肠杆菌 BL21（DE3）感受态细胞制备和连接产物转化的过程见实验 3 和实验 4。在转化平板上挑取单菌落于 LB 液体培养基中振荡培养，吸取 3mL 菌液抽取质粒（见实验 2），另取 0.5mL 菌液至一新的 Eppendorf 管，于 4℃保存备用。

以空载体质粒为对照，取 3~5μL 抽提的质粒样品直接进行电泳，从质粒大小上初步确定是否有外源基因进入载体。可进一步利用酶切、PCR、琼脂糖凝胶电泳等对初筛菌种进行鉴定。若采用酶切法进行鉴定，可采用表 3-7 的酶切反应体系，37℃保温 1~2h。

表 3-7 重组载体的酶切鉴定反应体系

试剂	加样量	试剂	加样量
重组质粒 DNA	16μL	Hind Ⅲ	1μL
10×通用缓冲液	2μL	总体积	20μL
EcoR Ⅰ	1μL		

酶切产物经琼脂糖凝胶电泳后，利用空载体片段与目的基因片段作为对照，对酶切后的抽提重组质粒的片段进行对比，从酶切后的片段的数目及大小上进行确认。

五、实验结果

分析是否得到含目的基因的重组质粒，撰写实验报告。

六、注意事项

（1）外源基因与载体 DNA 的起始密码子应相吻合，使其处于正确的阅读框架之中。

（2）T_7 噬菌体启动子只能由 T_7 噬菌体的 RNA 聚合酶识别并启动转录，而大肠杆菌的 RNA 聚合酶不能作用于 T_7 噬菌体启动子。BL21（DE3）菌株含有噬菌体 T_7 RNA 聚合酶，此酶位于 λ 噬菌体 DE3 区，该区整合于 BL21 的染色体上，所以 pET 系列的表达载体与目的基因在体外重组完成后，必须导入特定的宿主细胞 BL21（DE3），使之扩增和表达目的蛋白。

（3）不同菌株有时已携带某个质粒或者已经具有某种抗生素抗性，要注意选择的表达质粒是否能与之相容。例如 Rosetta™ 已经携带有氯霉素抗性质粒 pRARE，不能再用氯霉素筛选等。

🔍 思考题

1. 利用 pET 系列质粒转化 BL21（DE3）菌株能否进行蓝白斑筛选？为什么？
2. 在基因工程中，克隆载体与表达载体各起什么作用？各需要具备哪些基本遗传元件？
3. 表达载体和克隆载体有什么不同？表达载体的选择依据是什么？

实验6 外源基因在大肠杆菌中的诱导表达

一、实验目的

(1) 了解诱导外源基因表达的基本原理。
(2) 学习和掌握诱导外源基因表达的常用方法，诱导外源基因在宿主菌中高效表达。

二、实验原理

基因工程的最终目的是在一个合适的系统中，使外源基因高效表达，从而生产有重要价值的蛋白质产品。外源基因在宿主菌中的表达就是使克隆的外源基因在宿主菌中以发酵的方式快速、高效地合成基因产物。

基因工程的表达系统有原核表达系统和真核表达系统两大类。外源基因在原核生物中高效表达，除了有合适的表达载体外，还必须有合适的宿主菌以及一定的诱导因素。

（一）宿主菌的选择

宿主菌的选择对外源基因的表达至关重要，因为外源基因（特别是真核基因）在细菌中的表达往往不够稳定，通常被细菌中的蛋白酶降解。因此有必要对细菌菌株进行改造，使其蛋白质酶的合成受阻，从而使表达的蛋白质得到保护。实验中常用的宿主菌是经过改造的 JM109、BL21、BL21（DE3）、Rosetta™、Tuner™ 等大肠杆菌菌株。BL21（DE3）菌株是使用最广泛的基因表达宿主。

通常表达质粒不应使外源基因始终处于转录和翻译之中，因为某些有价值的外源蛋白质可能对宿主细胞产生毒性，外源蛋白质的过量表达必将影响宿主细胞的生长。为此，宿主细胞的生长和外源基因的表达应分成两个阶段进行，第一阶段是含有外源基因的宿主细胞迅速生长，以获得足量的细胞；第二阶段是启动调节开关，使所有细胞的外源基因同时高效表达，产生大量有价值的基因表达产物。

（二）基因表达调控方法

在原核基因表达调控中，阻遏蛋白与操纵基因系统起着重要的开关调节作用，当阻遏蛋白与操纵基因结合时，阻止基因的转录。加入诱导物后，其与阻遏蛋白结合，解除阻遏，从而启动基因转录。

根据表达载体与宿主的不同，外源基因表达常采用化学诱导与温度诱导两种方法。

1. 化学诱导

pET 系列载体由于带有来自大肠杆菌的乳糖操纵子，它由启动基因、分解产物基因活化蛋白（catabolite gene activation protein，CAP）结合位点、操纵基因及部分半乳糖苷酶结构基因组成，受分解代谢系统的正调控和阻遏物的负调控。正调控是通过 CAP 因子和 cAMP 来激活启动子，促使转录；负调控则是由调节基因（*lacI*）产生 lac 阻遏蛋白与操纵子结合，阻遏外源基因的转录和表达，乳糖的存在可解除这种阻遏。异丙基硫代半乳糖苷（IPTG）是 β-半乳糖苷酶底物类似物，具有很强的诱导能力，能与阻遏蛋白结合，使操纵子游离，诱导 *lacZ* 启动子转录，因此外源基因被诱导而高效转录和表达。

2. 温度诱导

pBV 系列表达载体，重组插入 $P_{L,R}$ 启动子下游的目的基因直接表达受温度变化调控，以非融合蛋白的形式进行表达，该系统尤其适合表达对细胞有毒害的蛋白质。当用 $P_{L,R}$ 启动子构建表达质粒时，$P_{L,R}$ 启动子受 λ 噬菌体 cI 基因的负调控，cI 基因产生的阻遏蛋白结合在操纵基因上，阻止转录的进行。目前利用 cI 的温度敏感突变基因（cIts 857）调节这种阻遏。当在 28~30℃ 培养时，该突变体产生有活性的阻遏蛋白，阻遏 $P_{L,R}$ 转录，细菌大量生长繁殖。在获得足量菌体后，使温度上升至 42℃，造成阻遏蛋白失活，$P_{L,R}$ 解除阻遏，启动外源基因的高效转录和表达，从而合成大量有价值的外源蛋白。

（三）蛋白质表达的空间定位

革兰阴性的大肠杆菌，被内膜和外膜隔开形成 3 个区域：胞内、周质和胞外。相应地在大肠杆菌中表达的外源重组蛋白也可定位于胞内、周质空间或胞外培养基。

1. 胞内表达

在强启动子作用下，外源蛋白质在细胞内表达，其表达量一般是细菌可溶性总蛋白质的 10%~70%。而胞内表达的最大问题是常形成不溶性包涵体，需要采用强变性剂才能溶解，溶解后还要复性才能形成有正确折叠的重组蛋白质。但复性过程体积大，不易处理，复性效率低。

2. 周质空间表达

周质空间表达是在其 N 端融合一些信号肽，引导融合蛋白质跨过内膜转运到达周质空间。这种表达方式可以提高重组蛋白质的稳定性，但其表达量低，一般仅占细菌总蛋白质的 0.3%~0.4%。

3. 胞外表达

胞外表达是一种将蛋白质运送到胞外的表达方式，与前两者相比，具有以下优点：表达产物积累于胞外，不会产生反馈抑制，有利于宿主菌的生长和表达产量的提高，并简化下游的纯化工艺。

三、实验材料与设备

1. 菌种/质粒

重组表达质粒转化子。

2. 材料

氨苄青霉素、IPTG、磷酸缓冲液（pH7.4）、SDS、溴酚蓝、甘油、二硫苏糖醇（DTT）。

3. 设备

培养箱、冰箱、烘箱、超净工作台、摇床、高速离心机、分光光度计、超声破碎仪、水浴锅等。

四、实验方法与步骤

1. 试剂配制

4×上样缓冲液：200mmol/L Tris-HCl pH6.8、80g/L SDS、0.4g/L 溴酚蓝、40%（质量分数）甘油、400mmol/L DTT。

2. IPTG 诱导 pET 重组子的表达（针对非分泌表达蛋白）

将含有 pET22b（+）重组子的 BL21（DE3）菌株接种于 5mL 含氨苄青霉素（50μg/mL）的 LB 液体培养基中，37℃振荡培养过夜。

取 1mL 培养液（2%~3%接种量）于 50mL 含氨苄青霉素（50μg/mL）的 LB 液体培养基中，37℃、200r/min 振荡培养 2~3h，至 OD_{600} 达 0.4~0.6，取 1mL 样品作为 IPTG 诱导前的样品，-20℃保存。

在剩余发酵液中添加 0.1mol/L IPTG 至终浓度为 0.3~1mmol/L，继续培养 3~5h。分别在诱导培养 1h、2h、3h、4h、5h 后取 1mL 样品作为诱导后的样品，-20℃保存。

将 IPTG 诱导前样品与诱导后的样品 5000r/min 离心 5min（或 12000r/min 离心 1min），分别回收菌体沉淀。菌体沉淀中加入 30μL pH7.4 磷酸缓冲液和 10μL 4×上样缓冲液，在涡旋混合器上剧烈振荡 1min，使菌体完全溶菌。

将剩余发酵结束样品于 4℃、4000r/min 离心 10min 收集菌体，弃上清液，用 5mL pH7.4 磷酸缓冲液悬浮，在-20℃冻存过夜后，在冰浴条件下，超声破碎，每次 5s，间断 5s，超声总时长 30min，功率 200~300W。4℃、9000r/min 离心 20min，回收上清液作为粗酶液。取 30μL 粗酶液，加 10μL 4×上样缓冲液，混匀，作为超声破碎的上清液。另将沉淀用 5mL pH7.4 磷酸缓冲液悬浮，取 30μL，加 10μL 4×上样缓冲液，混匀，作为超声破碎的沉淀。

将诱导前、诱导后以及超声破碎的上清液和沉淀样品分别在沸水浴中保持 5min，立即冰浴冷却，并于 12000r/min 离心 2min，取上清液至新的离心管中。分别取 10~20μL 样品，直接进行 SDS-PAGE 分析（见实验 7）。

3. 温控表达

取含 pBV221 重组子的 JM109 菌株的单菌落，接种于 5mL 含氨苄青霉素（50μg/mL）的 LB 液体培养基中，37℃振荡培养过夜。另取不含重组子的 JM109 菌株的单菌落作为对照组。

取 1mL 培养液（2%~3%接种量）于 50mL 含氨苄青霉素（50μg/mL）的 LB 液体培养基中，37℃ 200r/min 振荡培养 2~3h。当培养液 OD_{600} 达到 0.4~0.6 时，将培养温度上调至 42℃恒温培养 3h。

取上述培养液 1mL，5000r/min 离心 5min 后，回收上清液与菌体沉淀。

取上清液 30μL，加入 10μL 4×上样缓冲液，混匀。

菌体沉淀中加入 200μL pH7.4 磷酸缓冲液洗涤，5000r/min 离心 5min，弃上清液，加入 30μL pH7.4 磷酸缓冲液和 10μL 4×上样缓冲液，在涡旋混合器上剧烈振荡，使菌体完全溶菌。

将上清液和沉淀样品分别在沸水浴中保持 5min，立即冰浴冷却，并于 12000r/min 离心 2min，取上清液至新的离心管中。

分别取 10~20μL 样品，直接进行 SDS-PAGE 分析（见实验 7）。

五、实验结果

记录并分析目的基因是否表达，撰写实验报告。

六、注意事项

（1）在进行诱导实验中要注意应以含有空载体 pET22b（+）的 BL21（DE3）菌株以及 IPTG 诱导前的含有 pET22b（+）重组子的 BL21（DE3）菌株做对照。

(2) IPTG 诱导的最终浓度为 0.3~1mmol/L。

(3) 诱导后的培养时间通常不超过 3h。

(4) 部分工程菌在 IPTG 诱导后，其发酵温度降低为 30℃甚至 25℃才可产生诱导蛋白。

> **思考题**
>
> 1. 诱导外源基因表达的基本原理是什么？
> 2. 如何确保外源基因在宿主细胞中正常表达？

实验 7 表达蛋白的 SDS-PAGE 分析

一、实验目的

(1) 了解 SDS-PAGE 电泳的基本原理。

(2) 掌握 SDS-PAGE 电泳技术检测表达蛋白的方法，确定蛋白质的相对分子质量及表达水平。

二、实验原理

（一）影响电泳速度的因素

电泳是带电颗粒在电场作用下，向着与其电荷相反的电极移动的现象，影响泳动速度的因素主要有颗粒的性质、电场强度和溶液的性质等。颗粒直径、形状以及所带的静电荷量对泳动速度都有较大影响。一般来说，颗粒带净电荷量越大，或其粒径越小，或其形状越接近球形，在电场中的泳动速度就越快，反之则越慢。电场强度对泳动速度具有十分重要的影响。电场强度越高，带电颗粒的泳动速度就越快，反之则越慢。溶液性质主要是指电极溶液和蛋白质样品溶液的 pH、离子强度和黏度等。溶液的 pH 决定带电颗粒的解离程度，也决定其净电荷的量。对于蛋白质而言，溶液的 pH 离其等电点越远，则其带净电荷量就越大，从而泳动速度就越快，反之则越慢。一般溶液的离子强度在 0.02~0.2 时，电泳较合适。若离子强度过高，则会降低颗粒的泳动速度。其原因是，带电颗粒能把溶液中与其电荷相反的离子吸引在自己周围形成离子扩散层，这种静电引力作用导致颗粒泳动速度降低，若离子强度过低，则缓冲能力差，往往会因溶液 pH 变化而影响泳动速度。溶液黏度与泳动速度成反比关系。溶液的性质还通过影响带电颗粒的空间构象而影响其电泳行为。

（二）聚丙烯酰胺凝胶

聚丙烯酰胺凝胶（PAGE）是由单体丙烯酰胺（acrylamide）和交联共聚单位（双体）N,N-甲叉双丙烯酰胺（N,N-methylene-bis-acrylamide）为材料，在引发剂过硫酸铵（APS）和增速剂 N,N,N',N'-四甲基乙二胺（N,N,N',N'-tetramethylene diamine，TEMED）的作用下聚合交联形成含酰胺基侧链的脂肪族长链，在相邻长链之间通过甲叉桥连接而形成的三维网状结构物质。聚丙烯酰胺凝胶孔径的大小与链长度和交联度有关，无论丙烯酰胺的量达到多少，当

N,N-甲叉双丙烯酰胺的质量为总丙烯酰胺的 5% 时,其平均孔径最小,因此一般将 N,N-甲叉双丙烯酰胺的含量固定于总量的 5%,然后通过改变丙烯酰胺的总量来调节孔径的大小,即有效孔径随着丙烯酰胺总量的增加而减少。

聚丙烯酰胺凝胶的强度好,有弹性,透明,化学性质稳定,在不同 pH 和温度下变化较小,在很多溶剂中不溶,为非离子型,没有吸附和电渗作用,是一种极好的电泳介质。聚丙烯酰胺凝胶电泳具有分辨率高、上样量大、回收的样品较纯等特点,但操作复杂,且不能分离较大的分子,通常被用作蛋白质的分析以及小于 1kb 的 DNA 或 RNA 片段的分析和制备。丙烯酰胺是一种潜在的神经毒素,其作用效应能积累,操作时应戴手套。

(三) SDS-PAGE

十二烷基硫酸钠-聚丙烯酰胺凝胶电泳(sodium dodecyl sulfate polyacrylamide gel electrophoresis,SDS-PAGE)主要用于分离蛋白质和测定蛋白质亚基相对分子质量。SDS 是一种阴离子去污剂,作为变性剂和助溶剂,它能断裂分子内和分子间的氢键和疏水键,使分子去折叠,破坏蛋白质分子的二级和三级结构;一些强还原剂,如巯基乙醇和二硫苏糖醇能使半胱氨酸残基之间的二硫键断裂。在样品和凝胶中加入 SDS 和还原剂后,蛋白质分子被解聚成单个亚基。解聚后的氨基酸侧链与 SDS 充分结合形成带有负电荷的蛋白质-SDS 胶束。所带的负电荷极大超过了蛋白质分子原有的电荷量,导致消除了不同分子之间原有的电荷差异,使蛋白质分子的电泳迁移率不再受蛋白质原有电荷和形状的影响,而主要取决于蛋白质或亚基相对分子质量的大小。

1. 影响蛋白质和 SDS 结合的因素

SDS-PAGE 电泳成功的关键之一是在电泳过程中,特别是样品制备过程中蛋白质和 SDS 的结合程度。影响其结合的因素主要有 3 个。

(1) 溶液中 SDS 单体的浓度　SDS 在水溶液中是以单体和 SDS-多肽胶束(SDS-polypeptide micelles)的混合形式存在的,能与蛋白质分子结合的是单体。单体的浓度与 SDS 总浓度、温度和离子强度有关。由于 SDS 与蛋白质按质量成比例结合,即在一定温度和离子强度下,当 SDS 总浓度增加到某一定值时,溶液中 SDS 浓度不再随 SDS 总浓度的增加而升高。当 SDS 单体浓度大于 1mmol/L 时,大多数蛋白质与 SDS 结合的质量比为 1:1.4;当 SDS 单体浓度降到 0.5 mmol/L 以下时,二者的结合比仅为 1:0.4。这样就无法消除蛋白质原有的电荷差别,也就无法进行相对分子质量测定。为了保证蛋白质与 SDS 的充分结合,两者的质量比应为 1:4 或 1:3。高温有利于 SDS 与蛋白质的结合,样品处理时常在沸水浴中保温。

(2) 样品缓冲液的离子强度　由于 SDS 结合到蛋白质分子上的量仅取决于平衡时 SDS 的单体浓度,而非总浓度,只在低离子强度的溶液中 SDS 单体才具有较高的平衡浓度,所以 SDS 电泳的样品缓冲液离子强度较低,常为 10~100 mmol/L。

(3) 二硫键是否完全被还原　只有二硫键被彻底还原后,蛋白质分子才能被解聚,SDS 才能定量地结合到亚基上而给出相对迁移率和相对分子质量对数的线性关系。因此电泳时蛋白质分子的迁移速度仅取决于分子的大小。根据不同大小的蛋白质分子在聚丙烯酰胺凝胶中电泳速度不同即可分离蛋白质,并测出它们的相对分子质量。当蛋白质相对分子质量在 $(12 \sim 165) \times 10^3$ 时,蛋白质分子的迁移率与相对分子质量的对数呈线性关系,符合式(3-1)。

$$\lg M_r = K - bx \tag{3-1}$$

式中　M_r——相对分子质量;

x——迁移率；

K、b——常数。

2. SDS-PAGE 分离蛋白质原理

SDS-PAGE 分离蛋白质主要依据以下 3 个效应。

(1) 浓缩效应　在不连续缓冲系统中，样品在进入分离胶以前，先经过大孔径浓缩胶的迁移作用而被浓缩至一极窄的区带。其作用原理是在缓冲系统中的弱酸，如甘氨酸，在接近其 pK_a 的 pH 时，任何时候都只有一部分分子带负电。如样品和浓缩胶均用 pH6.7 的 Tris-HCl 缓冲液，电极液用 Tris-甘氨酸缓冲液。此时，甘氨酸很少解离，其有效泳动率很低，而氯离子却有很高的泳动率，蛋白质分子的泳动率介于氯离子和甘氨酸之间。一旦加上电压，作为先导离子的氯离子和作为尾随离子的甘氨酸离子分离开来，并在其后面留下一个导电性较低的区带。由于导电性和电场强度成反比，这一区带便获得较高的电压梯度，并加速甘氨酸的泳动，使其赶上氯离子，建立起甘氨酸和氯离子的电压梯度和泳动率乘积相等的稳定态，使这些带电颗粒以相同速度泳动，两种离子之间具有明显的边界。当甘氨酸、氯离子界面通过样品进入浓缩胶时，在移动界面前有一低电压梯度，在移动界面后有一高电压梯度。由于在移动界面前的蛋白质泳动速度比氯离子低，因此氯离子能迅速通过。移动界面后的蛋白质处于较高的电压梯度中，其泳动速度比甘氨酸快。因此，移动界面将蛋白质分子堆积到一起，浓缩为一狭窄的区带。蛋白质在移动界面中的浓缩作用仅取决于样品和浓缩胶中的 Tris-HCl 浓度，而与样品中蛋白质的最初浓度无关。由于浓缩胶为大孔凝胶，故对样品没有分子筛效应。

(2) 分子筛效应　当夹在快离子和慢离子中间的蛋白质由浓缩胶进入分离胶时，pH 和凝胶孔径突然改变。分离胶选用 pH8.9 的 Tris-HCl 缓冲液，与甘氨酸的 pK_a 接近，导致甘氨酸的大量解离，此时甘氨酸的有效泳动率增加，使它越过蛋白质并直接在氯离子后移动，随之高电场强度消失。同时由于凝胶孔径变小，蛋白质分子的迁移率减小。于是，蛋白质样品在均一的电场强度和 pH 条件下通过一定孔径的分离胶。当蛋白质的相对分子质量或构型不同时，通过分离胶所受到的摩擦力和阻滞程度就不同，最终表现出的泳动率也不相同，也就是出现分子筛效应。即使蛋白质的净电荷相似，也会因分子筛效应在分离胶中被分开。

(3) 电荷效应　由于每种蛋白质分子所带的有效电荷不同，故泳动率不同，所以样品经过分离胶电泳后就以带状按电荷顺序排列起来。

3. SDS-PAGE 缓冲系统和凝胶浓度的选择

(1) SDS-PAGE 缓冲系统的选择　由于 SDS 对蛋白质的溶解性能以及负电荷的包裹作用，在选择 SDS 电流缓冲系统时要比常规聚丙烯酰胺凝胶电泳简单得多。一般来说，在被分析的蛋白质稳定的 pH 范围内，凡不与 SDS 发生相互作用的缓冲液都可以使用，但缓冲液的选择对蛋白质的分离和电泳的速度非常关键。含有 SDS 的不连续缓冲系统现在被广泛地用于蛋白质亚基相对分子质量以及纯度的测定。其中目前使用最多的缓冲系统是 Tris-甘氨酸系统。在 SDS 不连续电泳中，样品缓冲液和凝胶缓冲液常采用同一种系统，仅 pH 和离子强度不同。

(2) SDS-PAGE 凝胶浓度的选择　由于 SDS 电泳分离并不取决于蛋白质的电荷密度，只取决于分子解聚后 SDS-蛋白质胶束的大小，因此凝胶浓度的正确选择尤为重要。如果凝胶浓度太大，孔径太小，电泳时样品分子不能进入凝胶。如果凝胶浓度太小，孔径太大，则样品中各种蛋白质分子均随着缓冲液流向前推而不能得以很好地分离。不同相对分子质量的蛋白质应选用不同的凝胶浓度（表 3-8）。

表 3-8　　　　　　　丙烯酰胺浓度与被分离蛋白质相对分子质量的关系

丙烯酰胺/g/L	蛋白质相对分子质量	丙烯酰胺/g/L	蛋白质相对分子质量
20~50	>500×10^3	150~200	(10~40)×10^3
50~100	(100~500)×10^3	200~300	<10^4
100~150	(40~100)×10^3		

三、实验材料与设备

1. 材料

蛋白质标准样品、过硫酸铵、TEMED、DTT、甘氨酸、SDS、丙烯酰胺、亚甲基双丙烯酰胺（BIS）、考马斯亮蓝 R-250、乙醇、冰醋酸、甲醇等。

2. 设备

冰箱、蛋白质电泳槽、电泳仪、电炉、离心机、涡旋振荡器、脱色摇床等。

四、实验方法与步骤

1. 试剂配制

10×电泳缓冲液：6g Tris、28.8g 甘氨酸、10g SDS、pH 调至 8.3，定容至 1L；30% Acr-Bis：29%丙烯酰胺、1%亚甲基双丙烯酰胺，4℃保存；分离胶缓冲液：3.0mol/L Tris，pH 8.8；浓缩胶缓冲液：1.0mol/L Tris，pH 6.8；考马斯亮蓝染色液：1.0g 考马斯亮蓝 R-250、400mL 乙醇、100mL 冰醋酸，定容至 1L；脱色液：100mL 甲醇、75mL 冰醋酸，定容至 1L。

2. 电泳胶的制备

首先安装制胶板，要求密封，以免胶液渗漏。然后配制适量（约 7.5mL）的一定浓度的分离胶（表 3-9），即去离子水、30% Acr-Bis、10% SDS 与分离胶缓冲液在小的三角瓶中混匀，在温和搅拌下加入过硫酸铵（APS）和 TEMED 混匀。

表 3-9　　　　　　　各种浓度（质量分数）的分离胶配制成分

分离胶浓度	6%	8%	10%	12%	15%
去离子水/mL	5.0	4.5	4.0	3.5	2.75
30%（质量分数）Acr-Bis/mL	1.5	2.0	2.5	3	3.75
分离胶缓冲液 pH 8.8/mL	0.9	0.9	0.9	0.9	0.9
10%（质量分数）SDS/μL	75	75	75	75	75
10%（质量分数）APS/μL	60	60	60	60	60
TEMED/μL	5	5	5	5	5

将配制好的分离胶加入制胶槽中，注意应沿着边缘缓慢加入，切忌进气泡。凝胶液加至约

距前玻璃顶端 1.5cm 或距梳子齿 0.5~1cm 处。轻轻在分离胶溶液上覆盖一层双蒸水（或异丙醇）封胶，使凝胶表面变得平整，静置 0.5~1h。凝胶聚合后，在分离胶和水层之间将会出现一个清晰的界面，微微倾斜模具，检测凝胶是否聚合。待凝胶凝固后，除去上面的水层，再用滤纸吸尽残留的液体。

配制 5%（质量分数）的浓缩胶（约 3mL），将去离子水、30%（质量分数）Acr-Bis、10%（质量分数）SDS 与浓缩胶缓冲液在小的三角瓶中混匀，在温和搅拌下加入 10%（质量分数）APS 和 TEMED 混匀（表 3-10）。

表 3-10　　　　　　　　　　　浓缩胶的制备

试剂	加样量	试剂	加样量
去离子水	2.1mL	10%（质量分数）SDS	25μL
30%（质量分数）Acr-Bis	0.5mL	10%（质量分数）APS	25μL
浓缩胶缓冲液 pH6.8	0.37mL	TEMED	5μL

迅速将配制好的浓缩胶添加到分离胶上面，并将梳子插入凝胶内，至梳子齿的底部与前玻璃板的顶端平齐，小心避免混入气泡。将凝胶垂直放置于室温下，约 30min 凝胶聚合。

凝胶聚合后，即可进行电泳。若不立刻使用，可将整个胶片组合用保鲜膜包好，胶面上方加一水层，防止干掉，在 4℃约可保存 1 周。

3. 电泳

将胶板放入电泳槽中，在上下电泳槽中添加 1×电泳缓冲液，使凝胶的上下端均能浸泡在缓冲液中，轻轻拔出梳子，注意不要将样孔撕破。

在电泳槽的泳道中分别添加标准蛋白质与样品，标准蛋白质和样品在加样前应离心 1s，以除去蛋白质碎片。加样时用微量移液器将样品加入孔的底部，避免带入气泡。

接通电源，加样孔端接负极，下槽接正极，起始电流 20mA，一般起始电压 70~80V。待溴酚蓝前沿进入分离胶，电流为 30mA，电压为 100~120V。

电泳需要 1~2h，电泳时间取决于凝胶孔径，特别是缓冲系统和电参数的选择。待溴酚蓝前沿到达电泳槽底部时，切断电源，从电极上拔掉电极插头，取出玻璃板。

4. 染色与脱色

电泳结束后，戴上手套，从电泳槽中取下凝胶板，小心移去两玻璃之间的隔片，利用专用的铲子轻轻撬开玻璃板，小心从制胶板上将凝胶剥下，弃去浓缩胶。在右下角切去小片作为定位标记。

用清水洗胶，将分离胶放入染色液中缓慢摇动（40~60r/min），染色 20~30min，小心不要将胶撕破。由于 SDS 和蛋白质分子竞争染料而干扰考马斯亮蓝染色，所以 SDS 凝胶的染色时间应比常规聚丙烯酰胺凝胶的时间要长，或用多倍体积的染色液染色，以排除 SDS 的影响。从染色液中将胶取出用水漂洗后，将胶放入脱色液中进行扩散脱色，直到背景蓝色褪淡，见到条带。

5. 条带观察

观察脱色胶里的蓝色条带，与对照比较或寻找异常的条带，并比较分子质量大小，判断是不是预期的基因产物，确定外源基因表达的蛋白质是在上清液中，还是在菌体内。

可进行电泳迁移率的计算，迁移率=蛋白质移动距离/脱色后胶长×染色前胶长/指示染料移动距离。以标准蛋白质的迁移率作为横坐标，蛋白质相对分子质量的对数作为纵坐标，可以获得一条蛋白质相对分子质量的标准曲线，并计算出样品蛋白质的相对分子质量。

五、实验结果

记录并分析目的基因表达量及目的蛋白相对分子质量，撰写实验报告。

六、注意事项

在进行 SDS-PAGE 蛋白质电泳时，需注意以下事项。

（1）β-巯基乙醇吞服可致命，吸入或通过皮肤吸收可致伤，高浓度时对黏膜、上呼吸道、皮肤和眼睛有破坏作用，操作时应注意防护。

（2）两种丙烯酰胺单体及溶液是中枢神经毒物且容易吸附于皮肤，作用有累积性，操作时应小心并戴手套。如果皮肤接触了丙烯酰胺的粉末或溶液，应立即用肥皂水冲洗。未聚合的丙烯酰胺应用过量催化剂以固体废物形式处理。

（3）制备浓缩胶中，添加 APS 和 TEMED 前，应均匀地混合，加入 APS 和 TEMED 后，应快速旋转混合加入制胶层，因为浓缩胶很快就会聚合凝固。

（4）将凝胶灌入制备好的平板内，留出灌注浓缩胶所需空间（梳齿的齿长再加 1cm）。且制备浓缩胶前，应先准备好梳子。

（5）上槽中应加入新鲜的电极缓冲液，下槽中可以用旧的电极缓冲液。

（6）如果没有足够数目的样品，应在加样孔中加上样缓冲液，不要留有空孔，以防止电泳时邻近带的扩散。在加入不同的样品之前，一定要用电泳缓冲液或蒸馏水冲洗注射器。

（7）在凝胶与玻璃板之间插入一根长注射针头将水缓缓注入，在注入水的过程中，针头逐渐向前伸入，使凝胶与玻璃板分离，注意不要损伤胶面。

（8）APS 使用时尽量现配现用，4℃保存两周内用完，最多不能超过一个月。ASP 在 -20℃ 下可保存两个月，但一旦解冻后应尽快用完。

> 🔍 思考题
>
> 1. SDS-PAGE 电泳中蛋白质样品上样前，加入上样缓冲液要在沸水浴中保温的原因是什么？
> 2. SDS 在 SDS-PAGE 电泳中的作用是什么？
> 3. 简要说明蛋白质电泳的 3 个效应。
> 4. 蛋白质电泳制胶要注意哪些方面？
> 5. 蛋白质电泳上样缓冲液中各种试剂的作用是什么？

第四章 细胞工程实验

[学习目标]

1. 掌握细胞工程主要实验技能,理解动物、植物、微生物细胞固定化、分离与继代培养、遗传转化与工程应用中的基本细胞学原理。
2. 掌握细胞工程试验规划、设计、管理能力与试验实施技能。

细胞工程是以细胞为对象,应用生命科学理论,借助工程学原理与技术,有目的地利用或改造生物遗传性状,以获得特定细胞、组织产品或新型物种的一门综合性科学技术。细胞工程的研究对象包括动物、植物和微生物。通过细胞工程技术繁殖自然界现有的优良动植物和微生物,以及培育新型优良动植物和微生物组织、器官乃至个体,是细胞工程的重要研究内容。

实验 8 海洋微藻细胞固定化培养技术

一、实验目的

(1) 了解海洋微藻盐生杜氏藻和亚心形扁藻的特征。
(2) 学习掌握海洋微生物细胞包埋法和共价交联法固定化基本理论和操作方法。

二、实验原理

细胞固定化技术是在其他相应技术发展基础上发展起来的一项技术。它是固定化酶技术的发展,但比固定化酶技术简单,因此得到广泛应用。将微生物细胞固定在生存状态下,它可以照常维持该菌体的生化功能。固定化微生物发酵技术与固定化酶技术相比有许多突出优点,如显著增加了细胞浓度,因此提升了发酵浓度,缩短了发酵周期,提高了出品率。由于发酵菌体细胞被固定，细胞可长时间反复使用，为发酵的连续化和管道化提供便利。目前固定化细胞已经在工业、医学、化学分析、环境保护、能源开发等方面得到了广泛应用。

任何限制细胞自由流动的技术都可用于固定化细胞制备。主要的固定化细胞制备方法有：包埋法、吸附法、共价结合法、交联法、多孔物质包络法、超过滤法等。其中包埋法较为常用。

1. 包埋法

（1）凝胶包埋法　通常用丙烯酰胺作为单体，用 N,N'-甲叉双丙烯酰胺作为双功能交联剂。制得的聚丙烯酰胺凝胶具有良好的化学、机械和热稳定性。

（2）海藻酸钙凝胶包埋法　将细胞悬液与一定浓度海藻酸钠溶液混合，再与适当浓度氯化钙溶液相接触，形成海藻酸钙凝胶。此法操作条件温和，对活细胞损伤小，但固定后强度不高，广泛应用于酒精、啤酒、抗生素、酶制剂等各种微生物代谢产物生产的产品中。

（3）琼脂糖胶包埋法　利用琼脂在温度高于50℃时熔化而低于此温度则凝固的特性，将其溶于水后与细胞混合，然后冷却凝固或滴入非水相溶液中，从而制成固定化细胞。该方法没有毒性，具有较大空隙，可允许高分子物质扩散，不需要其他离子，不带电荷，不会和底物或产物形成离子键，不影响细胞生长。

2. 吸附法

细胞具有吸附到固体物质表面或其他细胞表面的能力。可以用吸附法来固定化细胞。吸附法有表面吸附法和细胞凝聚法。

3. 共价结合法

利用细胞表面的反应基团如氨基、羧基、羟基、巯基等，与已活化的无机、有机载体反应，形成共价键而成为固定化细胞。

4. 交联法

利用双功能试剂或多功能试剂，直接与细胞表面反应基团反应使细胞彼此交联，形成网状结构，以固定化细胞。常用的交联剂有戊二醛、甲苯二异氰酸酯、双重氮联苯等。

三、实验材料与设备

1. 藻种

盐生杜氏藻（*Dunalliena silina*）、亚心形扁藻（*Platymonas cordiformis*）。

2. 材料

海藻酸钠、氯化钙、戊二醛、磷酸二氢钠、磷酸氢二钠、柠檬酸三钠、柠檬酸铁、EDTA、明胶、硝酸钠、氯化钠、卢戈氏剂、无水乙醇等。

3. 设备

藻类光照培养箱、恒温振荡摇床、高压蒸汽灭菌锅、高速离心机、粒径测量仪、低温冰箱、显微镜、磁力搅拌器等。

四、实验方法与步骤

1. 藻体培养

（1）扁藻　过滤海水培养基，121℃高压蒸汽灭菌30min，接种量10%，25℃光下培养，每天振荡3次，48h后取用。藻细胞浓度为 $10^6 \sim 10^7$ 个/mL。

（2）盐藻　海水加5%（质量分数）氯化钠过滤，121℃高压蒸汽灭菌30min，接种量10%，

25℃光下培养，每天振荡 3 次，4~5d 后取用。藻细胞浓度为 10^6~10^7 个/mL。

2. 包埋法固定化载体的制备

海洋微藻培养后，取 15mL 海藻培养液 500~1000r/min，离心 10min，取藻泥以一定比例与 20mL 20~30g/L 海藻酸钠液混合均匀，用注射器滴入 40g/L 氯化钙液中，制成直径 3mm 球状颗粒，浸泡 4h，滤出固定化颗粒，用生理盐水洗涤 3 遍。

3. 固定化活细胞的增殖

将固定化细胞粒子用无菌水浸洗数次，加入相同体积的增殖培养基，于 25℃光照培养 18h。

4. 交联法固定化载体的制备

海洋微藻培养后，取 15mL 海藻培养液 500~1000r/min，离心 10min，取藻泥以一定比例与 20mL 30~40g/L 明胶溶液混合均匀后，倾入无菌平皿中，加入 30g/L 戊二醛于 3℃低温下交联固化 3~4h，于无菌条件下将交联体切为 3mm×3mm×3mm 小块备用。

5. 对照游离细胞的制备

将两种海洋微藻培养后，分别取 15mL 藻种子培养液 500~1000r/min 离心 10min，取藻泥转接于培养基中 30℃光照培养 18h。

6. 固定化与游离细胞的培养

将已制备并活化的固定化与游离细胞分别转接到培养基中进行培养 3d 后，取固定化细胞粒子进行切片，显微镜下观察，采用包埋法、共交联法固定化游离细胞并测量藻细胞。

7. 固定化细胞重复培养实验

将采用两种固定化方法固定的盐生杜氏藻和亚心形扁藻分别转入新培养基中进行重复培养实验 3d 后，取固定化细胞粒子进行切片，显微镜下观察采用包埋法、交联法的游离细胞形态、测量藻细胞大小、数量及微藻在载体内的分布情况。

五、实验结果

记录并分析盐生杜氏藻和亚心形扁藻采用包埋法、交联法处理后与游离细胞形态与大小的差别；分析采用包埋法、交联法处理的游离细胞在载体内分布情况的差异，撰写实验报告。

六、注意事项

（1）在采用海藻酸钠进行细胞包埋时，要注意胶体的浓度。

（2）藻泥与海藻酸钠液混合均匀，用注射器滴入氯化钙溶液中，制成直径 3mm 的球状凝胶粒子时，滴速不可过快。

（3）交联法固定化载体的制备中 30~40g/L 明胶溶液混合均匀后，倾入无菌培养皿中，加入戊二醛进行低温交联固化时间不可少于 3h。

思考题

1. 盐生杜氏藻和亚心形扁藻都是属于绿藻门的微藻，它们之间有什么区别？
2. 采用海藻酸钠包埋法固定化时，为什么要将凝胶珠滴入 40g/L 氯化钙液中？
3. 两种细胞固定化方法中，海藻酸钠和明胶的浓度对细胞固定化效果有什么影响？

实验 9 绿色荧光蛋白的异源表达

一、实验目的

(1) 学习在大肠杆菌中异源表达绿色荧光蛋白基因的过程。
(2) 掌握基因克隆与表达载体构建技术,对异源基因表达所需表达元件、转化方法、诱导表达方法等具有初步的认知和掌握。

二、实验原理

荧光蛋白是海洋生物体内的一类发光蛋白,分为绿色荧光蛋白、蓝色荧光蛋白、黄色荧光蛋白和红色荧光蛋白。绿色荧光蛋白是最常用标记基因之一,由 238 个氨基酸组成,相对分子质量 27ku。荧光蛋白作为报告基因,具有优越性,如:①不具有种属依赖性,在多种原核和真核生物细胞中都表达;②荧光强度高,稳定性好;③不需要反应底物或其他辅助因子,受蓝光激发产生绿色荧光,特别适用于活体内的即时检测;④分子质量小,易于融合,对被标记基因功能影响小;⑤对受体无毒害,安全可靠。2008 年,诺贝尔化学奖授予了绿色荧光蛋白的发现者和推广者——日本科学家下村修、美国科学家马丁·查尔菲和钱永健。

大肠杆菌是首个被用于重组蛋白生产的受体菌,大肠杆菌表达系统是目前最常用的外源蛋白质表达系统之一。大肠杆菌遗传背景清楚、易于培养、遗传操作简单、克隆或表达载体种类和功能丰富、重组蛋白表达量高,因此大肠杆菌表达系统成为首选表达系统。大肠杆菌表达系统可分为组成型表达系统和诱导型表达系统两类,其中乳糖操纵子调控的诱导型表达系统是最常用的表达系统。

构建绿色荧光蛋白表达菌株主要包括:基因克隆、表达载体构建、表达载体转化大肠杆菌、转化子筛选鉴定、绿色荧光蛋白基因诱导表达 5 个步骤。基因克隆通过聚合酶链反应(PCR)扩增,或通过对大肠杆菌中大量复制克隆载体的抽提、酶切和目的片段回收实现;表达载体构建主要通过限制性酶切连接反应;表达载体转化可通过热激法或电激转化法;转化子筛选鉴定主要通过抗生素平板筛选抗性克隆,通过 PCR 鉴定、质粒酶切鉴定及基因测序法进行转化子鉴定;绿色荧光蛋白表达诱导物主要是乳糖或异丙基-β-D-硫代半乳糖苷(IPTG)。

三、实验材料与设备

1. 菌种/质粒

大肠杆菌 DH5α、大肠杆菌 BL-21-DE3、质粒 pET-28a 和 pEGFP-N3。

2. 材料

*Bam*H I、*Not* I、氯化钠、酵母抽提物、胰蛋白胨、琼脂、卡那霉素、IPTG、氯化钙、葡萄糖、十二烷基硫酸钠、乙酸钠、冰醋酸、异丙醇、无水乙醇、Tris-碱、EDTA、乙酸钾、Tris 饱和酚(pH 8.0)、氯仿、盐酸、NaOH、溴酚蓝、蔗糖、ddH_2O、DNA 分子质量标准物、溴化乙锭、琼脂糖、RNase A、Taq DNA 聚合酶等。

3. 设备

PCR 仪、恒温水浴锅、恒温振荡摇床、生化培养箱、高压蒸汽灭菌锅、台式离心机、磁力搅拌器、荧光显微镜、制冰机、电泳仪、水平电泳槽、电子天平、pH 计、冰箱、超净工作台、凝胶成像分析系统等。

四、实验方法与步骤

(一) 试剂及溶液配制

按以下各项配制实验所需试剂盒溶液。

(1) 50×TAE 电泳缓冲母液（50mL） Tris-碱 12.1g、冰醋酸 2.85mL、0.5mol/L EDTA（pH 8.0）5mL，定容到 50mL。

(2) 6×DNA 上样缓冲液（10mL） 溴酚蓝 0.025g、蔗糖 4g、10mmol/L EDTA，定容到 10mL，pH8.0。

(3) 液体 LB 培养基（1L） 酵母抽提物 5.0g、胰蛋白胨 10g、氯化钠 10g，调节 pH 到 7.0，定容到 1000mL，121℃高压蒸汽灭菌 30min 备用〔在此配方中添加 1%（质量分数）琼脂粉即为固体 LB 培养基〕。

(4) 溶液 Ⅰ（50mL） 葡萄糖 50mmol/L、Tris-Cl（pH 8.0）25mmol/L、EDTA（pH 8.0）10mmol/L，121℃高压蒸汽灭菌 30min 后，置于 0~4℃贮存备用。

(5) 溶液 Ⅱ（10mL） 2mol/L NaOH 1.0mL、100g/L SDS 1.0mL、ddH_2O 8.0mL，现配现用。

(6) 溶液 Ⅲ（100mL） 5mol/L 醋酸钾 60mL、冰乙酸 11.5mL、ddH_2O 28.5mL，121℃高压蒸汽灭菌 30min 后，置于 0~4℃贮存备用。

(7) 酚-氯仿-异戊醇溶液 Tris 饱和酚（pH 8.0）、氯仿和异戊醇按体积比 25∶24∶1 混合均匀，4℃静置过夜即可使用。

(8) 0.1mol/L $CaCl_2$（100mL） 无水 $CaCl_2$ 11.1g、ddH_2O 溶解定容到 100mL，过滤除菌。

(9) 溴乙锭（EB）储液（10.0mg/mL） 溴化乙锭 200mg、ddH_2O 20mL，搅拌溶解至澄清红色，分装后于 4℃储存备用。

(10) 卡那霉素储液（100mg/mL） 硫酸卡那霉素 1.0g，溶解定容到 10mL，过滤除菌，-20℃储存备用。

(11) LB 固体培养基（含卡那霉素 50μg/mL） LB 固体培养基 100mL，溶解降温到 60℃，加入卡那霉素储液 50μL，混合均匀倒平板，凝固后即可使用。

(12) IPTG（400mmol/L） IPTG 23.8g，溶解定容到 25mL，过滤除菌，-20℃储存备用。

(13) 70%（体积分数）乙醇 用新开装的无水乙醇和灭菌 ddH_2O 按体积比 7∶3 混合配成，室温储存备用。

(14) RNase A 母液 将 RNase 溶于 10mmol/L Tris·HCl（pH 7.5）、15mmol/L NaCl 配成的试剂中，配成 10mg/mL 的溶液，在 100℃加热 15min，使可能溶有的脱氧核糖核酸酶（DNase）失活，然后缓慢冷却至室温，分装成小份保存于-20℃。

(二) 实验方法

1. 重组质粒的构建

(1) 用无菌牙签，从 LB 平板上挑取携带 pEGFP-N3 质粒的大肠杆菌和携带 pET-28a 质粒的大肠杆菌单克隆，分别接种到装有 10mL LB 液体培养基（含 50μg/mL 卡那霉素）的试管中。

(2) 37℃摇床 250r/min 振荡培养 12~14h。

(3) 吸取 1mL 左右菌液至 1.5mL 离心管中，于 4℃、10000×g 离心 2min，收集菌体。

(4) 加入 200μL 溶液 I，在涡旋器上使菌体充分重悬。

(5) 加入 100μL 溶液 II，立即将离心管缓缓颠倒数次直至溶液变清亮，冰浴 3~5min。

(6) 加 150μL 溶液 III，颠倒至沉淀充分形成，冰浴 5min，然后于 4℃、12000×g 离心 10min。

(7) 吸取上清液，加入 2 倍体积的无水乙醇沉淀质粒，冰浴沉淀 30min。

(8) 4℃、12000×g 离心 10min，去除上清液，沉淀用冰冷的 70%（体积分数）乙醇洗 1 次。

(9) 室温下超净工作台吹干沉淀，用 50μL ddH$_2$O 溶解沉淀，-20℃ 保存。

2. 琼脂糖凝胶电泳检测提取质粒

(1) 称取 0.8g 琼脂糖，放入锥形瓶中，加入 100mL 1×TAE 缓冲液，置于微波炉或水浴加热至完全融化，冷却至 60℃ 左右。

(2) 将制胶板放入制胶盒中，并放置好梳子。将琼脂糖溶液缓慢倒入制胶板中，用移液枪头赶走梳子附近的气泡，于室温下静置冷却 30min 以上，至琼脂糖凝固完全。

(3) 轻轻拔除梳子，取出制胶板，并按上样孔对阴极（黑色插电孔）的方向，将制胶板放入电泳槽中，添加 1×TAE 缓冲液，使缓冲液的液面没过胶面 1~1.5mm。

(4) 吸取 2.0μL 质粒溶液与 3.0μL TE 缓冲液和 1.0μL 上样缓冲液混匀，吸取混合液加入加样孔。

(5) 接通电泳槽与电泳仪的电源，设置电泳数据电压 120V（20cm 电泳槽）恒压电泳，电流在 110mA 左右。

(6) 当溴酚蓝染料移动到距凝胶前沿 1~2cm 处，停止电泳。

(7) 取出凝胶在含有溴化乙锭的 1×TAE 缓冲液（溴化乙锭浓度为 0.5μg/mL）中染色 15min，并用无溴化乙锭 1×TAE 缓冲液漂洗 1 次后进行紫外观察。

(8) 在凝胶成像分析系统中观察质粒电泳结果并拍照。

3. 质粒酶切

配制酶切反应混合物（表4-1），于 37℃ 下保温 5h 完成酶切。

表4-1　　　　　　　　　酶切反应混合物成分

成分	体积	成分	体积
10×反应缓冲液	2.0μL	ddH$_2$O	15.0μL
*Bam*H I（5U/μL）	0.5μL	质粒	2.0μL
Not I（5U/μL）	0.5μL	总体积	20.0μL

4. PCR 产物回收及纯化

PCR 产物进行常规琼脂糖凝胶 [1.0%（质量分数）] 电泳和紫外（320nm）观察，用凝胶回收试剂盒回收从琼脂糖凝胶中割取的 DNA 条带。

5. 连接反应

采用 T₄ 连接酶进行连接反应,4℃过夜。反应体系如表 4-2。

表 4-2　　　　　　　　　　　　　　连接反应体系

成分	体积	成分	体积
2×连接缓冲液	5.0μL	*gfp* 片段	1.5μL
T₄ 连接酶（5U/μL）	1.0μL	总体积	10.0μL
pET-28a 载体片段	1.5μL		

6. DH5α 和 BL-21DE3 感受态细胞的制备

(1) 将 0~4℃保存的 DH-5α 和 BL-21DE3 菌种分别接种在 LB 液体培养基中 37℃下 250r/min 培养 16h。

(2) 分别接种过夜菌　按 1∶50 比例接种于 2mL 的 LB 液体培养基中,37℃活化培养 2~3h 至 OD_{320} 为 0.3~0.5。

(3) 取 1.5mL 菌液转入 EP 管中,置于冰上 10min,然后于 4℃下 5000r/min 离心 5min。弃上清液,沉淀加入 0.1mL 预冷的 0.1mol/L $CaCl_2$ 缓和悬菌。冰上放置 15~30min 后,4℃下 5000r/min 离心 10min。

(4) 弃上清液,沉淀用 0.1mL 预冷的 0.1mol/L $CaCl_2$［含 15%（质量分数）甘油］缓和悬菌,放在-80℃冰箱内保存。

7. 感受态细胞的转化

(1) 取制备好的感受态细胞 100μL,冰上解冻,均匀悬浮。加入 5.0μL 酶连产物,轻轻混匀,冰上静置 10~30min。

(2) 42℃水浴中热激 90s 后,冰上放置 2min。加入 200μL LB 液体培养基,37℃、50~100r/min 振荡培养 1h。

(3) 取 200μL 悬浮细胞涂布在含合适抗生素的 LB 固体培养基上,用涂布器均匀涂布,平皿正放静置 1~2h 后,封口膜封好平皿,37℃倒置培养 12~16h。

8. 拟转化子质粒的碱裂解法提取

(1) 感受态细胞经转化培养后,平皿内有单菌落长出,用灭菌吸头挑取单菌落,浸没于 2mL 含有抗生素的 LB 液体培养基中,37℃、180r/min 振荡培养过夜。

(2) 1.5mL 培养物倒入微量离心管中,用微量离心机于 4℃、11000r/min 离心 1min,吸弃上清液,向离心管中加入 150μL 用冰预冷的溶液 I,用微量移液器吹打重悬沉淀。

(3) 加入 200μL 新配制的溶液 II,盖紧管口,快速颠倒离心管 5 次,冰上放置 5min。

(4) 加入 150μL 用冰预冷的溶液 III,轻轻混匀,冰上放置 3~5min。用微量离心机于 4℃、11000r/min 离心 5min,吸取上清液转移到另一离心管。

(5) 加等体积氯仿 400μL 抽提,振荡混匀,用微量离心机于 4℃、11000r/min 离心 2min,将上清液转移到另一离心管中。

(6) 吸取上清液 300μL,向上清液中加入 2 倍体积的无水乙醇,混匀后,于室温放置 2min;用微量离心机于 4℃、11000r/min 离心 5min,弃上清液。

（7）用70%（体积分数）乙醇洗涤2次，再次4℃、11000r/min 离心5min，沉淀于空气中干燥。向已干燥的离心管内加20μL超纯水溶解质粒DNA，加入2μL 10mg/mL RNA酶，37℃处理1h后于-20℃贮存。

9. 拟转化子质粒酶切鉴定

（1）取提取的质粒8μL于另一微量离心管中，加入2μL *Bam*H I 和 *Not* I 的酶切混合液，轻弹管外混匀反应物。

（2）离心使溶液聚集在管底部。

（3）37℃，酶切1h。

（4）琼脂糖凝胶电泳检测酶切结果，获得重组质粒pET-28a-GFP。

10. pET-28a-GFP 重组质粒转化到表达菌 BL-21DE3

（1）取100μL感受态BL-21DE3，冰上慢速解冻，均匀悬浮。加入2μL经过酶切鉴定成功的提取重组质粒pET-28a-GFP，轻轻混匀，冰上静置10~30min。

（2）42℃水浴热激70s，冰上放置2min。

（3）加入200μL含抗生素的LB液体培养基，37℃、60r/min 振荡培养30min。4支Eppendorf管中加入0.5μL的100mmol/L的IPTG诱导，其他Eppendorf管中不加入IPTG诱导。

（4）吸取200μL菌液涂布于含抗生素的LB平板上，用涂布器均匀涂布，平皿正放静置1~2h后，封口膜封好平皿，37℃培养倒置12~16h。

11. 重组绿色荧光蛋白（GFP）的诱导表达

（1）取GFP重组菌接种于2mL LB培养液（含卡那霉素100mg/L）中，37℃、150~220r/min 过夜培养。

（2）将20μL菌液按1:（50~100）接种于2mL LB培养液（含卡那霉素100mg/L）中，37℃、200r/min 培养2h。

（3）按 IPTG：LB 培养基=1:1000 比例加入2μL的IPTG诱导表达，继续培养，对照组不加入IPTG诱导。

（4）荧光显微镜下，观察菌体绿色荧光，保存照片。

五、实验结果

（1）结合琼脂糖凝胶电泳图片，分析提取质粒、酶切产物、PCR产物电泳结果，并对比DNA分子质量标准物进行结果描述。

（2）在荧光显微镜下观察细胞绿色荧光蛋白表达情况，对比分析IPTG诱导前后，以及紫外光、蓝光、绿光激发下细胞颜色差异。

（3）统计转化子数量，分析转化效率和统计假阳性率。

（4）撰写实验报告。

六、注意事项

（1）DNA琼脂糖电泳染色染料溴化乙锭（EB）是中等毒性致癌物，凝胶染色观察时，需戴一次性聚乙烯（PE）手套操作。

（2）荧光显微镜下，使用紫外光观察时，需用遮光板，避免紫外灼伤。

（3）DNA琼脂糖凝胶电泳时，DNA从阴极（黑色插电孔）向阳极（红色插电孔）迁移，方向切勿放反。

(4) 使用离心机时，对称位置离心管需质量一致，做好平衡，且等待离心机达到设定转速且无异常，方可离开。

(5) 大肠杆菌感受态制备、转化和培养等工作需在超净工作台内无菌操作完成。

> **思考题**
>
> 1. 实验采用的 pET-28a 是大肠杆菌表达载体，为什么不能在大肠杆菌 DH5α 中直接进行 GFP 表达，而是需要转入 BL21-DE3 菌株中？
> 2. 本实验进行的限制性酶切连接是经典的载体构建方法，除此之外，还有何种载体构建方法？相比较而言，构建效率如何？
> 3. 基因异源表达实验中，应该如何设置空白对照？在本实验中，空白对照应该是什么？
> 4. 在构建 pET-28a-GFP 表达载体时，连接产物为何要先转化 DH5α 菌株获得克隆菌株？如果直接转化 BL21-DE3 是否可以一步获得？

实验10 红曲霉原生质体的制备与显微摄影

一、实验目的

(1) 学习和掌握红曲霉原生质体制备、再生及显微摄影方法。
(2) 理解原生质体形成率计算方法。

二、实验原理

原生质体是指植物细胞或微生物细胞在一定酶的作用下，脱去细胞壁后剩下细胞膜包围的原生质部分，由于原生质体失去细胞壁保护而呈球体，只能在高渗透压环境中存活，并在合适的培养基中恢复细胞壁而再生，对环境、诱变剂等更为敏感，因此利用原生质体作为诱变材料，诱变效果较传统方法更为理想。此外，原生质体也是细胞育种的常用材料。红曲霉广泛应用于食品、酶制剂、饲料、化工、环境等领域，是工业中最常用的菌种之一。

显微摄影是通过显微镜拍摄的摄影方法，是在微生物、动植物细胞科学研究、经验交流、仲裁谈判中不可缺少的手段之一。显微摄影时可以用带镜头的照相机，也可以将摄影目镜装在镜筒上面，后者更为普遍。

将斜面活化好的红曲霉制成孢子悬浮液，转接到带有玻璃纸的平板上进行培养，取其菌丝作为原生质体制备材料，利用蜗牛酶、纤维素酶等酶制剂分解红曲霉细胞壁，菌丝过滤后，制备纯原生质体，并对纯化的原生质体进行再生。

三、实验材料与设备

1. 菌种

红曲霉。

2. 材料

酵母抽提物、麦芽抽提物、葡萄糖、琼脂、$MgSO_4$、ddH_2O、蜗牛酶、纤维素酶、注射器、细菌过滤器等。

3. 设备

恒温培养箱、摇床、灭菌设备、显微摄影设备、离心机、超净工作台、恒温水浴锅、电子分析天平等。

四、实验方法与步骤

1. 试剂配制

（1）酵母麦芽汁培养基（YMG）1L　酵母抽提物4g、麦芽抽提物10g、葡萄糖4g，pH 7.0、121℃高温高压灭菌30min。在此基础上添加琼脂20g，同样条件灭菌处理即为YMG固体培养基。

（2）再生培养基　YMG+0.6mol/L $MgSO_4$，用作双层平板下层的再生培养基琼脂含量为2.0%（质量分数），上层的琼脂含量为0.8%（质量分数）。

（3）混合酶液　蜗牛酶2%（质量分数），纤维素酶2%（质量分数），以体积比7:3混合。

红曲霉原生质体的制备与显微摄影实验流程如图4-1所示。

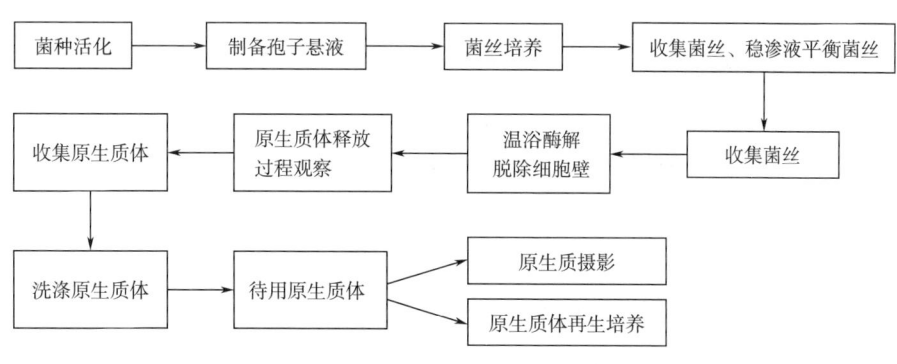

图4-1　实验流程图

2. 菌种活化

在超净工作台上，将斜面冰箱保存菌种用接种环挑取一环斜面孢子移接到新鲜麦芽汁斜面培养基中，恒温培养箱中30℃培养5~6d。

3. 菌丝培养

（1）孢子悬浮液制备　将斜面活化菌种用10mL无菌水洗入带有玻璃珠的试管中，振荡使孢子分散均匀，备用。

（2）菌丝培养　将制好的孢子悬浮液0.1mL涂布到带有玻璃纸的已灭菌麦芽汁平板上，涂布均匀，30℃培养48h。

(3) 菌丝收集、洗涤　取菌丝 0.3g 在无菌生理盐水中洗涤,再用渗透压稳定液 (0.6mol/L $MgSO_4$) 浸泡平衡渗透压,备用。

4. 原生质体制备

在上述洗涤的菌丝中,加入 3mL 由渗稳液配制并经微孔滤膜（0.2μm）过滤除菌的混合酶液,置于 30℃下恒温酶解 3~4h,定时振荡,使菌体悬浮,充分酶解,每隔 0.5h 计算原生质体形成数一次,酶解完成后,终止水浴,计算原生质体形成数。用四层擦镜纸过滤除去残存的菌丝碎片,滤液离心,洗涤后弃去上清液,沉淀悬液于 2mL 渗透压稳定剂,即得纯化的原生质体。

5. 原生质体释放形态观察

取少量洗涤过的菌丝,放入凹玻片中央,加入少量混合酶液,置于 30℃温箱中酶解,定时取出观察。

6. 原生质体形成数计算方法

用无菌吸管,小心地将菌丝酶解液吹吸几次,促使原生质体从残余菌丝上释放。取洁净的血球计数板,将盖玻片放在计数室上,吸取少量酶解液于盖玻片边缘,使其自行渗入（多余菌液滤纸吸去）,静止 5min 后,将血球计数板放在载物台上,低倍镜下找计数室,于高倍镜下找到清晰计数室线条。如果血球计数板为 25 中方格则取 5 个中方格中的原生质体数（即取 4 角 4 个中方格和中央 1 个中方格的原生质体数）,如为 16 中方格则取 4 个中方格中的原生质体数（即取 4 角 4 个中方格的原生质体数）。

计算公式如式 (4-1)、式 (4-2)、式 (4-3)。

① 25 中方格计数公式：

$$1\text{mL 酶解液中原生质体的总数} = (X_1 + X_2 + X_3 + X_4 + X_5)/5 \times 25 \times 10 \times 1000 \times Y \quad (4\text{-}1)$$

式中　$X_1 \sim X_5$——每个中方格中的原生质体数；
　　　Y——稀释倍数。

② 16 中方格计数公式：

$$1\text{mL 酶解液中原生质体的总数} = (X_1 + X_2 + X_3 + X_4)/4 \times 16 \times 10 \times 1000 \times Y \quad (4\text{-}2)$$

式中　$X_1 \sim X_4$——每个中方格中的原生质体数；
　　　Y——稀释倍数。

③ 换算成小方格计算方法：

$$1\text{mL 酶解液中原生质体的总数} = A \times 4000 \times 1000 \times Y \quad (4\text{-}3)$$

式中　A——每个小方格中的原生质体数；
　　　Y——稀释倍数（每个小方格对应的体积为 $1/4000\text{mm}^3$）。

操作注意：位于方格边线上的,只计算上方边线和右边线上的原生质体；计数一个样品要从两个计数室中计得的值来取平均值；用较大水流冲洗血球计数板（均匀刷洗）,自行晾干。

7. 原生质体及分生孢子显微摄影

取洁净的载玻片,在载玻片中片滴 1 滴纯化好的原生质体,在液滴上方加盖盖玻片,置于数码生物显微镜下进行摄影。

操作过程：将光路切换杆插入,先用低倍镜找好视野,再用高倍镜分别找到原生质体与分生孢子（操作方法同普通生物显微镜）,选好需要拍摄的视野,将光路切换杆拔出,在数码相机的液晶屏上查看要拍摄的画面,按下快门,将照片上传至计算机并打印。

8. 原生质体再生

将纯化的原生质体用高渗液稀释至 10^2 个/mL 后,用无菌液管取 1mL 置于倒有下层培养基的再生平板上,下层培养基应表面干燥,再倒入上层再生培养基,混合均匀,30℃培养 4~5d。观察原生质体的再生过程。

五、实验结果

(1) 比较不同酶解时间原生质体形成数的大小,并以时间为横坐标、原生质体形成数为纵坐标作图,分析不同时间原生质体形成数变化趋势。
(2) 比较分析原生质体与分生孢子的形态差异。
(3) 分析原生质体释放过程。
(4) 撰写实验报告。

六、注意事项

(1) 实验操作过程均需无菌操作。
(2) 血球计数板要洗净,切勿磨损计数格。
(3) 再生培养基中,下层培养基应事先干燥,切勿在表面带有冷凝水。

> **思考题**
>
> 1. 原生质体为什么会呈球体?
> 2. 如何设计原生质体再生方案?
> 3. 影响原生质体形成与再生的因素有哪些?
> 4. 为什么原生质体再生时,下层培养基表面需预先干燥?

实验 11 酿酒酵母的培养与转化

一、实验目的

学习掌握酿酒酵母(*Saccharomyces cerevisiae*)感受态制备和 PEG/LiAC 介导的遗传转化方法,获得酿酒酵母转基因菌株。

二、实验原理

PEG 是一种高分子聚合物,只有相对分子质量达到 3000 左右的 PEG 才能发挥最大的促转化作用。本实验使用的 PEG 相对分子质量为 3350,促转化作用可以达到 $10^3 \sim 10^5$ CFU/μg。PEG 在酵母转化中起到保护细胞膜,减少醋酸锂对细胞膜结构过度损伤的作用,同时促进质粒与细胞膜接触更紧密。PEG 浓度务必适宜,这一点很重要。

醋酸锂(LiAc)可使酵母细胞产生一种短暂的感受态,此时它们能够摄取外源性 DNA。鲑鱼精 DNA 为短线形单链 DNA，在转化实验中主要是保护质粒免于被 DNA 酶降解，此外还可能在酵母细胞摄取外源性环状质粒 DNA 中发挥协助作用。鲑鱼精 DNA 在每次使用前务必进行热变性，使可能结合的双链 DNA 打开，保证鲑鱼精 DNA 在转化实验体系中以单链形式存在。

三、实验材料与设备

1. 菌种/质粒

酿酒酵母 BY4743 菌株和 YCplac195 质粒。

2. 材料

PEG3350、LiAc、鲑鱼精 DNA、DMSO、无氨基酵母氮源（YNB）、硫酸铵、酵母抽提物、胰蛋白胨、葡萄糖、琼脂、琼脂糖、腺嘌呤、氯化钠、SDS、乙酸钠（NaAc）、冰醋酸（HAc）、无水乙醇、Tris-碱、EDTA、乙酸钾（KAc）、Tris 饱和酚（pH 8.0）、氯仿、盐酸、NaOH、溴酚蓝、蔗糖、ddH_2O、DNA 分子质量标准物、溴化乙锭、RNase A、Taq DNA 聚合酶等。

3. 设备

高压蒸汽灭菌锅、水浴锅、霉菌培养箱、恒温振荡摇床、台式离心机、磁力搅拌器、制冰机、电泳仪、水平电泳槽、电子天平、pH 计、冰箱、超净工作台、凝胶成像分析系统、涡旋混匀器。

四、实验方法与步骤

1. 试剂配制

（1）10×dropout solution 配制（100mL）　腺嘌呤（半硫酸盐）0.02g、L-缬氨酸 0.15g、L-异亮氨酸 0.03g、L-精氨酸（盐酸盐）0.02g、L-组氨酸（一水合盐酸盐）0.02g、L-亮氨酸 0.1g、L-赖氨酸 0.03g、L-甲硫氨酸 0.02g、L-苯丙氨酸 0.05g、L-苏氨酸 0.2g、L-色氨酸 0.02g、L-酪氨酸 0.03g、L-天冬氨酸 0.01g、L-丝氨酸 0.04g、L-谷氨酸 0.01g。其中，L-苏氨酸和 L-天冬氨酸单独配制，过滤灭菌，其他营养成分高压蒸汽灭菌后加入，可在 4℃保存使用 1 年。

（2）鲑鱼精 DNA 溶液（2mg/mL）　称取 20mg 鲑鱼精 DNA，溶解于 10mL 无菌 ddH_2O 中，即得双链鲑鱼精 DNA 溶液，用前需 100℃加热变性，并于冰浴中快速冷却形成单链 DNA。

（3）YPDA 培养基（1L）　胰蛋白胨 20g、酵母抽提物 10g、腺嘌呤 15mL［0.2%（质量分数）腺嘌呤水溶液］，调节 pH=7.0，121℃高压蒸汽灭菌 15min。对于固体 YPDA 培养基，添加琼脂粉 20g/L，同样高压蒸汽灭菌即可。

（4）DMSO　从试剂瓶中分装到 1.5mL 离心管中，每管 500μL，室温保存。

（5）PEG 3350 溶液（500g/L）　称取 50g PEG3350，溶解于已灭菌的 ddH_2O，定容到 100mL，水浴加热到 50℃过滤除菌，并按 1.0mL/管分装到 1.5mL 无菌离心管中，冻存于-20℃下备用。

（6）醋酸锂溶液（1mol/L）　称取 6.6g，溶解于 100mL ddH_2O 中，用醋酸调节 pH=7.5，121℃高压蒸汽灭菌 30min。

（7）10×无氨基酵母氮源溶液（100mL）　无氨基酵母氮源（YNB，不含硫酸铵）1.6g、硫酸铵 5g，溶解于 ddH_2O 中，定容到 100mL，121℃高压蒸汽灭菌 30min。

（8）葡糖糖溶液（400g/L）　称取 40g 葡萄糖，于 ddH_2O 中溶解，定容到 100mL，121℃高压蒸汽灭菌 30min，常温储存备用。

（9）硫酸亚铁铵［$Fe(NH_4)_2(SO_4)_2$，1μmol/L］　称取 $Fe(NH_4)_2(SO_4)_2 \cdot 12H_2O$（相对分

子质量 482.19) 48.2mg 溶解于 100mL ddH$_2$O 中。然后取 100μL 加入 100mL ddH$_2$O 中，混合均匀即为终浓度 1μmol/L 的硫酸亚铁铵溶液，121℃高压蒸汽灭菌 30min，于室温下储存备用。

（10）SC-Ura-培养基的配制（无尿嘧啶 SC 培养基，100mL） 10×无氨基酵母氮源溶液 10mL、琼脂粉 2g、ddH$_2$O 70mL，调 pH 至 5.8，定容至 84mL，121℃高压蒸汽灭菌 30min。待温度降至 55℃时，加入 10mL 无菌的 10×dropout solution（不含尿嘧啶，Uracil）、5mL 预热的无菌 400g/L 葡萄糖贮液、1mL Fe（NH$_4$）$_2$（SO$_4$）$_2$ 溶液。温和颠倒混匀后，倒平板，凝固后保持培养皿敞开，无菌风吹干 1h 左右，至培养基表面无水渍且呈现轻微皱褶状。

（11）LB 培养基（1000mL） 酵母抽提物 5.0g、胰蛋白胨 10.0g、氯化钠 10.0g，pH 7.0，121℃高压蒸汽灭菌 20min。添加 10g 琼脂粉后高压蒸汽灭菌，即为 LB 固体培养基。

（12）氨苄青霉素储液（100mg/mL） 称取 1g 氨苄青霉素，溶解于 10mL ddH$_2$O 中，过滤除菌，分装于 1.5mL 无菌离心管中，-20℃储存备用。

（13）LB 抗生素培养基（含氨苄青霉素 50μg/mL） 向 100mL LB 培养基中加入氨苄青霉素储液 50μL，混合均匀即为含氨苄青霉素 LB 培养基。如需制备的是固体培养基，需先将 LB 固体培养基加热融化，待降温到 60℃后，按同样比例加入氨苄青霉素储液，混合均匀倒平板，即可获得含氨苄青霉素的 LB 固体平板。

（14）10×TE（pH7.5，100mL） Tris-HCl 1.21g、EDTA 0.37g，调节至 pH7.5，121℃高压蒸汽灭菌 30min，常温储存备用。

2. YCplac195 质粒提取和检测

（1）用无菌牙签，从 LB 平板上挑取携带 pCPlac195 质粒的大肠杆菌单克隆，接种到装有 10mL LB 液体培养基（含有 50μg/mL 的氨苄青霉素）的试管中。

（2）37℃，250r/min 振荡培养 12~14h。

（3）吸取 1mL 菌液至 1.5mL 离心管中，4℃、10000×g 离心 2min，收集菌体。

（4）加入 200μL 溶液 I，在涡旋混匀器上使菌体充分重悬。

（5）加入 100μL 溶液 II，立即将离心管缓慢颠倒数次直到溶液变清亮，冰浴 3~5min。

（6）加入 150μL 溶液 III，颠倒至沉淀充分形成，冰浴 5min，然后于 4℃、12000×g 离心 10min。

（7）吸取上清液，加入 2 倍体积的无水乙醇沉淀质粒，冰浴沉淀 30min。

（8）4℃、12000×g 离心 10min，去除上清液，沉淀用冰冷的 70%（体积分数）乙醇洗 1 次。

（9）室温下超净工作台吹干沉淀，用 50μL ddH$_2$O 溶解沉淀，-20℃保存备用。

3. 琼脂糖凝胶电泳检测提取质粒

（1）称取 0.8g 琼脂糖，放入锥形瓶中，加入 100mL 1×TAE 缓冲液，置于微波炉中或水浴加热至完全融化，冷却至 60℃左右。

（2）将制胶板放入制胶盒中，并放置好梳子。将琼脂糖溶液缓慢倒入制胶板中，用移液枪头赶走梳子附近的气泡，室温下静置冷却 30min 以上，至琼脂糖完全凝固。

（3）轻轻拔除梳子，取出制胶板，并按上样孔对阴极（黑色插电孔）方向，将制胶板放入电泳槽中，添加 1×TAE 缓冲液，使缓冲液液面没过胶面 1~1.5mm。

（4）吸取 2.0μL 质粒溶液，与 3.0μL TE 缓冲液和 1.0μL 上样缓冲液混匀，吸取混合液加入加样孔。

（5）接通电泳槽与电泳仪的电源，设置电泳数据电压 120V（20cm 电泳槽）恒压电泳，电流在110mA左右。

(6) 当溴酚蓝染料移动到距凝胶前沿1~2cm处,停止电泳。

(7) 取出凝胶在含有溴化乙锭的1×TAE缓冲液(溴化乙锭浓度为0.5μg/mL)中染色15min,并用无溴化乙锭1×TAE缓冲液漂洗1次后进行紫外观察。

(8) 在凝胶成像分析系统中观察质粒电泳结果并拍照。

4. 酿酒酵母培养与感受态制备

(1) 从平板上或保种管中,挑少许酵母,在YPDA的平板上划单克隆,30℃培养3d左右。

(2) 从平板上分别挑取单克隆(直径2~3mm)到含有3mL YPDA的玻璃试管中(平行做3管),30℃、250r/min,培养过夜。

(3) 取200μL菌液,稀释5倍后,测OD_{600}。

(4) 选取OD_{600}最大的一个试管,吸取0.1mL接种到5mL新鲜YPDA培养基中(培养基装在250mL三角瓶中)。

(5) 30℃、230r/min振荡培养4h。

(6) 将培养好的菌液于室温下,3000×g离心3min,实现菌体和培养基的分离。

(7) 弃去离心管中的上清液,并用5mL无菌水重悬管底的菌体。

(8) 室温下,3000×g离心3min再次收集菌体。

(9) 弃上清液,并以5mL浓度为0.1mol/L醋酸锂溶液重悬洗涤细胞。

(10) 再次室温下,3000×g离心3min,弃尽上清液,即获得感受态酿酒酵母细胞。

(11) 将弃尽上清液的带菌离心管置于冰上暂时储存,等待转化使用。

5. PEG/LiAc介导的酿酒酵母遗传转化

(1) 将鲑鱼精DNA溶液(2mg/mL)置于100℃水浴中孵育10min,孵育结束后取出快速放置到冰浴中,静置2min以上。

(2) 配制转化混合溶液(360μL),即在无菌1.5mL离心管中,依次加入并混匀以下组分:500g/L PEG 3350溶液240μL、1mol/L醋酸锂36μL、步骤(1)冰浴中的鲑鱼精DNA 20μL、YCplac195质粒14μL、ddH_2O 50μL。

(3) 将步骤(2)中混匀转化溶液加入到步骤(1)制备的冰上待用感受态细胞中,并立即用1.0mL移液器吹打混匀,然后在涡旋混匀器上,1200r/min进一步混合30s,至目测无块状菌体。

(4) 将步骤(3)混合物于30℃下静置孵育30min。

(5) 加入DMSO 30μL,并立刻混合均匀。

(6) 将步骤(5)混合物置于42℃水浴中,孵育13min。

(7) 室温,3000×g下离心30s收集细胞。

(8) 弃上清液,加入0.2mL无菌ddH_2O重悬细胞。

(9) 将重悬细胞涂布到SC-ura-固体平板上。

(10) 将平板于30℃下,倒置培养2~3d,平板上再生菌落即为拟转化子。

6. 酿酒酵母转化子鉴定

(1) 酿酒酵母核外独立复制质粒提取

①挑取拟转化子单克隆接种于盛有3mL液体SC-ura-培养基的试管中,于30℃、200r/min振荡培养过夜。

②吸取过夜培养的酵母菌液1mL,室温下,3000×g离心2min,弃上清液。

③将离心沉淀物用 50μL TE 缓冲液充分重悬。

④向重悬菌液中加入裂解液（Lyticase 5U/μL）10μL，涡旋混匀，于 37℃、200r/min 振荡孵育 60min。

⑤每管加 20%（质量分数）SDS 10μL，涡混 1min。

⑥将样品管于 -20℃ 下冷冻 1h，于室温下溶解并涡旋混匀。

⑦向离心管中补加 TE 缓冲液 130μL，至总体积 200μL。

⑧加入酚-氯仿-异戊醇溶液 200μL，颠倒混匀并涡旋混匀 30s，4℃、12000×g 离心 5min。

⑨取上清液到干净的 1.5mL 无菌离心管中，加入等体积的氯仿涡混 30s。

⑩混合物于 4℃下，12000×g 离心 5min。

⑪取上清液至干净 1.5mL 无菌离心管中，加入 10mol/L NH_4Ac 8μL、无水乙醇 500μL，混合均匀。

⑫将离心管置于 -20℃ 下，孵育 1h。

⑬取出 -20℃ 处理样品、4℃、12000×g 离心 10min。

⑭弃上清，以 500μL 70%（体积分数）乙醇洗涤沉淀 1 次，4℃、12000×g 离心 5min，弃上清乙醇溶液。

⑮将沉淀置于超净工作台内，空气干燥。

⑯加入 10μL 无菌 1×TE 溶液溶解沉淀，并于 -20℃ 下冻存备用。

(2) 提取质粒转化大肠杆菌

①制备大肠杆菌 DH5α 菌株感受态细胞。

②冰上融化感受态细胞 100μL，加入提取质粒 1μL，冰上孵育 30min。

③于 42℃ 水浴中，热激 90s。

④热激结束后立刻取出，冰浴中孵育 2min，然后加入 37℃ 预热无抗生素 LB 液体培养基 500μL。

⑤37℃、200r/min 振荡培养 1h。

⑥吸取 100μL 菌液，涂布到含氨苄青霉素的 LB 固体平板上，于 37℃ 倒置培养 24h。

⑦挑取克隆转化子，于含氨苄青霉素的 LB 液体培养基中培养过夜，采用常规碱裂解法提质粒进行琼脂糖凝胶电泳鉴定。

五、实验结果

记录并分析转化子数量和转化率，撰写实验报告。

六、注意事项

(1) 完成热激处理后，以 ddH_2O 重悬细胞时，需用移液器轻柔吹打，不可剧烈涡旋混匀，否则转化效率将大幅降低。

(2) 鲑鱼精 DNA 必须加热变性形成单链结构才可使用，可重复使用 3~5 次，但当其降解后，转化效率会大幅下降。

(3) 氨苄青霉素是 YCplac195 质粒在大肠杆菌中的筛选标记，在酿酒酵母中不工作。YCplac195 携带两个营养恢复型基因——*ura*3 和 *leu*2，转化酿酒酵母 BY4743 后，分别恢复其尿嘧啶和亮氨酸合成能力，最终在缺乏尿嘧啶和亮氨酸的培养基上筛选出转化子。

> 🔍 **思考题**
>
> 1. 酿酒酵母和毕赤酵母均有商业化的表达系统，转化方法较多，比较不同转化方法间的异同以及各自的优势和劣势。
> 2. 本次实验采用的质粒为酵母核外独立复制质粒，该质粒能够在酿酒酵母细胞核外独立复制的原因是什么？
> 3. 相比酿酒酵母细胞核外独立复制质粒，整合型质粒的结构特征是什么？
> 4. 酿酒酵母表达系统与毕赤酵母表达系统之间的主要差异有哪些？

实验 12 植物（胡萝卜）的组织培养

一、实验目的

（1）建立胡萝卜组织培养体系，包括外植体获得、愈伤组织培养和器官分化等。
（2）学习掌握植物组织培养基本操作技术，以及生长素和细胞分裂素配合使用的基本原理。
（3）掌握植物组织培养常用培养基和激素溶液配制方法。
（4）掌握植物组织培养无菌操作技巧。

二、实验原理

（1）**细胞全能性是植物组织培养的理论基础** 植物组织培养基本理论基础是细胞全能性。细胞全能性是指细胞经分裂和分化后仍具有形成完整有机体的潜能或特性。动物细胞、植物细胞和微生物细胞均具有全能性。通常微生物细胞全能性高于植物细胞，植物细胞全能性高于动物细胞。植物细胞全能性特指植物每个细胞都包含着该物种的全部遗传信息，从而具备发育成完整植株的遗传能力。通常生殖细胞全能性高于体细胞，幼嫩细胞全能性高于衰老细胞，分裂能力强的细胞全能性高于分裂能力弱的细胞。植物细胞全能性典型应用之一是植物组织培养。植物组织培养定义可分为广义和狭义两种。广义植物组织培养又叫离体培养，指从植物体分离出符合需要的组织、器官或细胞、原生质体等，通过无菌操作，接种在含有各种营养物质及植物激素的培养基上进行培养，以获得再生的完整植株或生产具有经济价值的其他产品的技术。狭义植物组织培养是指用植物各部分组织，如形成层、薄壁组织、叶肉组织、胚乳等进行培养获得再生植株，也指在培养过程中从各器官上产生愈伤组织的培养，愈伤组织经过再分化形成再生植物。

（2）**植物激素的调控作用是植物组织分化和脱分化的关键推动力** 生长素和细胞分裂素是植物五大激素中具有调节植物细胞分化和脱分化功能的主要激素。在植物组织培养实践中，通过两种激素浓度和比例变化，尤其是比例变化，可调控植物细胞脱分化形成愈伤组织或者再分化形成根、茎、叶等器官甚至完整胚胎，最后形成完整植株。

（3）**胡萝卜是植物组织培养的模式植物** 胡萝卜是第一个实现植物组织培养形成完整植株

的物种,是证明植物细胞全能性的最早实验材料。通过氯化汞、次氯酸钠或酒精消毒处理,获得胡萝卜无菌外植体,并在人工配制培养基上进行无菌扩繁是胡萝卜组织培养的基本思路。在此过程中,生长素起到诱导已分化组织和细胞脱分化形成愈伤组织(脱分化状态的植物组织)的作用,细胞分裂素则起到诱导愈伤组织再分化产生茎芽的作用,基础培养基则提供细胞和组织生长所需基本矿质元素和部分有机营养元素。

(4) 不同植物物种和同一物种的不同组织上,进行组织培养的难易存在差异　有的物种和组织易于进行组织培养,有的则难以进行组织培养,这种差异产生与物种间或组织间生理特性差异有关。针对一个新的从未被培养过的物种或组织,要建立组织培养体系,需对培养基配方和激素组合进行筛选优化,找到适合的培养条件。本实验以体系成熟的胡萝卜组织培体系为例。

三、实验材料与设备

1. 材料

新鲜胡萝卜、蒸馏水、HCl、NaOH、95%(体积分数)乙醇、氯化汞、生长素 2,4-二氯苯氧乙酸(2,4-D)、细胞分裂素 KT 和 6-苄基嘌呤(6-BA)、KNO_3、NH_4NO_3、$MgSO_4 \cdot 7H_2O$、KH_2PO_4、$CaCl_2 \cdot 2H_2O$、$MnSO_4 \cdot 4H_2O$、$ZnSO_4 \cdot 7H_2O$、$CuSO_4 \cdot 5H_2O$、H_3BO_3、$Na_2MoO_4 \cdot 2H_2O$、KI、$CoCl \cdot 6H_2O$、$FeSO_4 \cdot 7H_2O$、Na_2-EDTA、甘氨酸、盐酸硫胺素、盐酸吡哆醇、烟酸、肌醇、枪式镊子、解剖刀、酒精灯、酒精缸、玻璃记号笔、脱脂棉、火柴、加盖小烧杯、废液杯、刀片等。

2. 设备

分析天平、冰箱、超净工作台等。

四、实验方法与步骤

1. 试剂配制

(1) MS 培养基母液配制

① 无机大量元素母液(母液 I)的配制:按培养基配方的需要量,将各种化合物称量扩大 10 倍,用粗天平称取,并分别用 200mL 蒸馏水溶解于 400mL 烧杯中,如果溶解速率慢,可稍加热。在 1000mL 烧杯中,按表 4-3 顺序依次混合已溶化合物溶液并搅拌,以免产生沉淀,定容至 1000mL,倒入试剂瓶中并贴好标签,保存于冰箱冷藏室待用。

表 4-3　　　　　　　　　　MS 培养基无机大量元素母液配制

试剂	培养基配方用量/(mg/L)	扩大 10 倍称量/(mg/L)	备注
KNO_3	1900	19000	
NH_4NO_3	1650	16500	
$MgSO_4 \cdot 7H_2O$	370	3700	定容至 100mL,每升培养基取用 10mL
KH_2PO_4	170	1700	
$CaCl_2 \cdot 2H_2O$	440	4400	

② 无机微量元素母液(母液 II)的配制:按表 4-4 配制无机微量元素母液,按 10 倍量依

次称取各种化合物,并分别用 50mL 烧杯和 20mL 蒸馏水溶解,在 100mL 烧杯中将上述溶液依次混合,用 100mL 容量瓶定容得到 100 倍有机母液,倒入试剂瓶中并贴好标签,保存于冰箱中。

表 4-4   MS 培养基无机微量元素母液配制

试剂	培养基配方用量/(mg/L)	扩大 10 倍称量/(mg/L)	备注
$MnSO_4 \cdot 4H_2O$	22.3	223	
$ZnSO_4 \cdot 7H_2O$	8.6	86	
$CuSO_4 \cdot 5H_2O$	0.025	0.25	
H_3BO_3	6.2	62	定容至 100mL,每升培养基取用 10mL
$Na_2MoO_4 \cdot 2H_2O$	0.25	2.5	
KI	0.83	8.3	
$CoCl \cdot 6H_2O$	0.025	0.25	

③铁盐母液(母液Ⅲ)的配制:按表 4-5 配方配制铁盐母液。两种化合物称量扩大 10 倍,用电子天平称取,分别在 50mL 烧杯中溶解后,在 100mL 烧杯中混合,定容至 100mL(化合物已浓缩 100 倍),倒入棕色试剂瓶中,贴上标签,置于冰箱中保存。

表 4-5   铁盐母液配制

试剂	培养基配方用量/(mg/L)	扩大 10 倍称量/(mg/L)	备注
$FeSO_4 \cdot 7H_2O$	27.8	278	定容至 100mL,每升培养基取用 10mL
Na_2-EDTA	37.3	373	

④有机母液(母液Ⅳ)的配制:按表 4-6 配制有机母液。各种化合物用量扩大 10 倍,用电子天平称取,分别用 50mL 烧杯和 20mL 蒸馏水溶解,在 100mL 烧杯中依次混合,用 100mL 量筒定容(化合物已浓缩 100 倍),倒入试剂瓶中,贴上标签,置于冰箱中冷藏备用。

表 4-6   有机母液配制

试剂	培养基配方用量/(mg/L)	扩大 10 倍称量/(mg/L)	备注
甘氨酸	2.0	20	
盐酸硫胺素	0.4	4	
盐酸吡哆醇	0.5	4	定容至 100mL,每升培养基取用 10mL
烟酸	0.5	5	
肌醇	100	1000	

⑤激素母液的配制:各类激素用量较小,为了方便和准确,也配制成母液。母液浓度可依需要和习惯灵活确定。但注意各激素均不能直接用蒸馏水溶解,而需要用各种不同溶剂先溶解再用蒸馏水定容。各种激素母液在冰箱中保存时间均不宜过长,保存中如发现母液出现沉淀或

霉团，应弃之。2,4-D 母液配制：称取 40mg 2,4-D，用少量 95%（体积分数）酒精或 1mol/L NaOH 溶解后，再用蒸馏水定容至 200mL，此时，该激素母液浓度为 0.2mg/mL。一般地，萘乙酸（NAA）、吲哚乙酸（IAA）、吲哚丁酸（IBA）等生长素是醇溶性的，均可用少量 95%（体积分数）酒精先溶解再蒸馏水定容，冰箱保存。呋喃氨基嘌呤（KT）、6-苄氨基嘌呤（6-BA）、玉米素（ZT）等细胞分裂素可先用少量 1mol/L HCl 或 NaOH 溶解后再用蒸馏水定容，于冰箱中保存。

(2) MS 培养基配制

① 量取蒸馏水 700mL，依次加入母液 I、Ⅱ、Ⅲ、Ⅳ各 10mL。蔗糖 300g，混匀并定容到 1L。

② 称取 60g 卡拉胶加入培养基，并加热使卡拉胶充分溶解。

③ 加入所需的生长调节剂（植物激素），胡萝卜愈伤组织诱导培养基为 MS+2,4-D 2mg/L+KT 0.2mg/L，胡萝卜胚胎发生培养基为 MS 无激素培养基，对照培养基为 MS+2,4-D 5mg/L。

④ 用滴管吸取 1mol/L NaOH 溶液，逐滴滴入溶化的培养基中，边滴边搅拌，并随时用精密 pH 试纸（5.4~7.0）测培养基的 pH，直至培养基 pH 为 5.8。

⑤ 将培养基分装到所选用的组培瓶中，约 30mL/瓶。

⑥ 盖住瓶口，121℃灭菌 20min。灭菌后取出锥形瓶，让其中的培养基自然冷却凝固。放置 1d 后再使用效果更佳。

2. 无菌外植体制备

(1) 实验前准备　用肥皂洗手（穿实验服，戴口罩和实验帽），然后用 70%（体积分数）酒精棉球擦手表面消毒。胡萝卜愈伤组织诱导培养基为 MS+2,4-D 2mg/L+KT 0.2mg/L。

(2) 外植体消毒　选取新鲜、健康无病的胡萝卜，用刀片刮去皮切成小块放入小烧杯中，倒入氯化汞并以无菌培养皿覆盖烧杯口，浸泡杀菌（具体时间依材料而定），期间稍加摇晃以充分灭菌。也可在此之前先用 70%（体积分数）酒精浸泡 30s 或 1min，表面消毒后，再用氯化汞灭菌。10min 后，倒去氯化汞溶液，用无菌水反复冲洗材料 3 遍以上，将氯化汞溶液及废水倒入废液杯中。

(3) 将超净台上组培瓶的瓶盖拧松，整齐排列在接种台左侧。

(4) 点燃酒精灯，将所用镊子、刀在酒精缸内沾 70%（体积分数）酒精后，在酒精灯火焰上灼烧灭菌，灼烧灭菌后放在支架上以防再污染。在整个接种过程中，应每隔一段时间便将刀、镊子沾酒精灼烧一下灭菌，冷却后再用。

(5) 用镊子打开无菌纸包装，夹出几张无菌纸置于超净台上无菌培养皿中央。

(6) 用无菌镊子取出外植体，置于纸上吸水并进行切割。

(7) 将胡萝卜块用解剖刀切成一系列 1mm 左右厚的薄片，并进一步切成边长约 5mm 的外植体小块，且保证每块外植体都包含韧皮部、形成层和木质部三部分。外植体小块的大小及厚度尽量一致。

(8) 在酒精灯上方，左手握住组培瓶，单手拧开瓶盖，打开组培瓶，瓶口侧放于酒精灯火焰上方。右手用镊子将胡萝卜薄片平摆放于培养基表面，轻轻按住外植体使其接触培养基。注意接种材料要摆放均匀且保持一定密度，完毕后将组培瓶瓶口在酒精灯火焰上灼烧一下，然后拧紧瓶盖封口，并用玻璃记号笔在瓶下方注明材料代号、培养基代号、接种日期及姓名等。

(9) 将接种好的组培瓶放入培养室指定培养架上培养。

(10) 接种后 1 周内，如有污染情况即可观察到，真菌污染菌丝清晰可见，呈黑、白各色。

如细菌污染，为粉红、白色或黄色黏稠菌斑，发现污染应及时转移未污染材料或处理掉。未污染培养 2~4 周后，可在外植体或其切口处观察到已长出的疏松呈颗粒状愈伤组织。

3. 胡萝卜愈伤组织诱导与扩繁

（1）如前所述进行接种前消毒处理，愈伤组织扩繁培养基与愈伤组织诱导培养基配方相同，即 MS+2,4-D 2mg/L+KT 0.2mg/L。

（2）将胡萝卜根外植体产生的愈伤组织从组培瓶中取出，于超净台内滤纸上进行无菌切割，取切成小块的愈伤组织分别接种于愈伤组织诱导培养基上，即 MS+2,4-D 2mg/L+KT 0.2mg/L。

（3）将接种好组培瓶放入培养室指定培养架上培养。

（4）每天观察胚胎生成情况并统计污染率。

4. 胡萝卜胚胎诱导

（1）如前所述进行接种前消毒处理，培养基分别为无激素 MS 培养基和含生长素 2,4-D（5mg/L）的 MS 培养基。

（2）将胡萝卜根外植体产生的愈伤组织从组培瓶中取出，于超净台内滤纸上进行无菌切割，取切成小块愈伤组织分别接种于无激素和含激素 2,4-D 培养基上。

（3）将接种好的组培瓶放入培养室指定培养架上培养。

（4）每天观察胚胎生成情况并统计污染率。

5. 组培胡萝卜苗出瓶移栽

（1）移栽前炼苗　将带有完整胡萝卜苗的组培瓶由培养室转移到半遮阴的自然光下，在自然光和昼夜温差下刺激 3~5d。然后打开瓶盖，自然状态放置 5~10d，期间注意喷水保湿。使组培苗周围的环境逐步与自然环境相似，恢复植物体内叶绿体的光合作用能力。

（2）移栽基质预处理　将蛭石和珍珠岩以清水洗涤 3 次，并采用 121℃ 高温高压灭菌 30min，冷却后备用。

（3）育苗盘准备　将蛭石和珍珠岩按 1∶1 比例混合，倒入育苗盘中，刮平后浸入 1~2cm 深的清水盆中，使水分浸透基质，然后取出备用。

（4）试管脱瓶处理　用镊子将试管苗轻轻取出，在水盆中洗去根部琼脂，捞出后放入干净盆中待用。

（5）移栽管理　用镊子或竹签在育苗基质上打孔，并将胡萝卜幼苗轻柔放入孔中，覆以育苗基质并压实。带育苗盘种满后，用喷雾器喷水浇平。最后转入大棚或驯化室正常管理。

（6）每隔 3d 观察统计胡萝卜苗生长情况，进行死亡率统计。

五、实验结果

（1）记录外植体污染情况并分析污染率。

（2）记录愈伤组织生长情况和接种污染情况，记录愈伤组织大小变化情况。

（3）统计记录胡萝卜胚胎形成数量并分析接种情况。

（4）记录并分析胡萝卜苗出瓶移栽成活率。

（5）撰写实验报告。

六、注意事项

（1）注意在超净工作台上接种时，应尽量避免说笑、打喷嚏。打开组培瓶时，注意不要污染瓶口，并进行瓶口灭菌。

（2）手臂切勿从培养基、无菌材料、切割用的无菌纸、接种器械上方经过，避免再度污染。

（3）切割所用的手术刀需冷却彻底后方可进行组织切割，过热手术刀具直接切割会造成组织烫伤。

（4）需严格调控培养基pH，并在加入植物生长调节剂等后进行pH调节。培养基pH过低会导致灭菌后培养基不凝固。

（5）愈伤组织诱导和直接分化胚胎的方式产生的植株中，突变体发生概率相对较高，对于以快速繁殖为目标的组织培养，更适宜采用诱导侧芽萌发的方式。

> **思考题**
>
> 1. 本实验采用了胚胎诱导法形成胡萝卜完整植株，如采用先分化茎叶，再分化生根的思路进行育苗，应该如何处理？
> 2. 组织培养是进行种苗快速繁殖的常用手段，在兰花、香蕉、竹子等植物上进行快速繁殖一般采用何种增殖方式？
> 3. 马铃薯和切花月季经常采用组织培养的方式获得脱毒苗（即脱除病毒植株），培养时常采用生长点（多为茎尖生长点）作为外植体，原因是什么？

实验13　小鼠肝细胞原代培养

一、实验目的

学习并掌握原代细胞分离培养技术，分离小鼠肝细胞，建立原代培养细胞系。

二、实验原理

肝细胞分离方法有多种：机械分离法、螯合法和酶消化法等。最初机械分离法始于1956年，索伦蒂诺（Sorrentino）第一次用机械方法把新鲜肝组织制成匀浆，并在体外进行药物解毒试验，证实了它有代谢水杨酸、巴比妥钠、酮体的能力，同时还证实了它能够利用氨合成尿素。但机械分离法获得的肝细胞数量少、活性差，逐渐被弃用。1967年，霍华德（Howard）创建了胶原酶灌流法，后经贝里（Berry）和弗兰德（Friend）等改良，采用无钙平衡盐、胶原酶和透明质酸酶配制成的消化液进行灌流，获得的肝细胞数量和活性均优于机械分离法。1972年，赛格伦（Seglen）进一步将这种方法发展为两步灌流法，即首先灌注预热的无钙平衡盐溶液，以去除肝血窦内血细胞及部分非实质细胞，然后再灌注含有胶原酶的平衡盐溶液，进行体外消化后，分离提纯而获得肝细胞。此法获得的肝细胞、细胞数量和活性都得到了提高，而且减少了肝细胞悬液中的杂质。肝细胞的二步灌流法也成为目前实验室的常用方法。两步灌流法适合中小型动物如小鼠、大鼠、兔及犬等动物的肝脏分离。大型动物如人或猪的肝脏因体积较大，或胶原及纤维组织多等原因，用二步灌流法分离效果不佳。有文献报道采用四步灌流法能够从猪等较大动物的脏器和人的肝脏分离到高质量肝细胞。

三、实验材料与设备

1. 材料

6~8 周龄大小鼠、DMEM 培养基（含血清）、无血清 DMEM 培养基、无血清 EMEM 培养基、Ⅳ型胶原酶、DNase Ⅰ、PBS、戊巴比妥钠、肝素、氯化钠、氯化钾、羟乙基哌嗪乙硫磺酸（HEPES）、EDTA、氢氧化钠、氯化钙、盐酸、$NaH_2PO_4 \cdot 2H_2O$、$Na_2HPO_4 \cdot 12H_2O$、$NaHCO_3$、葡萄糖、ddH_2O、纱布、小剪子、小镊子、大镊子、大烧杯、平皿、研磨玻片、滤网、离心管、培养板、吸管、移液管、手套、微量加样器、注射器等。

2. 设备

倒置相差显微镜、二氧化碳培养箱、超纯水仪、制冰机、低温离心机、蠕动泵、液氮储存罐、酸度计、电子天平、蒸汽消毒锅、电热恒温水浴箱、磁力加热搅拌器、80 目和 150 目不锈钢网筛。

四、实验方法与步骤

1. 试剂配制

（1）前灌流液 T1 配制　氯化钠 8.0g/L、$NaH_2PO_4 \cdot 2H_2O$ 0.078g/L、氯化钾 0.40g/L、$Na_2HPO_4 \cdot 12H_2O$ 0.151g/L、$NaHCO_3$ 0.35g/L、EDTA 0.190g/L、HEPES 2.380g/L、葡萄糖 0.90g/L，磁力搅拌使固体成分充分溶解，用 1mol/L HCL 或 NaOH 调节 pH 7.2~7.4，使用孔径 0.45μm 及 0.22μm 双层滤膜负压过滤除菌，4℃保存，使用时液体温度维持在 37℃。

（2）后灌流液 T2 配制　氯化钠 8.0g/L、氯化钾 0.4g/L、氯化钙 0.56g/L、$NaH_2PO_4 \cdot 2H_2O$ 0.078g/L、$Na_2HPO_4 \cdot 12H_2O$ 0.15g/L、HEPES 2.38g/L、$NaHCO_3$ 0.35g/L、胶原酶 0.50g/L，磁力搅拌使固体成分充分溶解，4℃冰箱过夜。用 1mol/L 盐酸或氢氧化钠调节 pH 7.2~7.4，使用孔径 0.45μm 及 0.22μm 双层滤膜负压过滤除菌，4℃保存，使用时液体温度维持在 37℃。

（3）Hanks 液配制　Hanks 液是生物医学实验中最常用的无机盐溶液和平衡盐溶液，主要用于配制培养液、稀释剂和细胞清洗液，不能单独作为细胞组织培养液。Hanks 液配由储液Ⅰ、储液Ⅱ和 ddH_2O 按比例混合而成，配方如下。

储液Ⅰ（1L）：NaCl 160g、$MgSO_4 \cdot 7H_2O$ 2g、KCl 8g、$MgCl_2 \cdot 6H_2O$ 2g、$CaCl_2$ 2.8g，溶于 1000mL ddH_2O。

储液Ⅱ（1L）：①A 液，$Na_2HPO_4 \cdot 12H_2O$ 3.04g、KH_2PO_4 1.2g、葡萄糖 20.0g，溶于 800mL ddH_2O；②B 液（4g/L 酚红溶液），取酚红 0.4g，置于玻璃研钵中，逐滴加入 0.1mol/L NaOH 并研磨，直至完全溶解，加入 0.1mol/L NaOH 10mL。将溶解的酚红吸入 100mL 量瓶中，用 ddH_2O 洗下研钵中残留的酚红液，并入量瓶中，最后补 ddH_2O 至 100mL，将 A 液和 B 液混合，补加 ddH_2O 至 1000mL，即为储液Ⅱ；③Hanks 工作液，储液Ⅰ 10mL、储液Ⅱ 10mL、ddH_2O

180mL，混合后，装于 200mL 蓝盖瓶中，121℃ 高压蒸汽灭菌 15min，临用前用无菌的 56g/L NaHCO₃ 调 pH 至 7.2~7.6。

(4) 台盼蓝溶液 20g/L 配制　称取 2g 台盼蓝，加少量超纯水研磨粉碎后，加水至 50mL，离心后取上清液，加入 18g/L NaCl 溶液至 100mL，即成工作液。

2. 实验步骤

(1) 鼠尾胶原制备　取实验小鼠 1 只，剪断鼠尾，置于 75%（体积分数）乙醇中浸泡 30min，于无菌条件下将鼠尾切成 1.5cm 左右小段，剥去皮毛，抽出尾腱置于平皿中，剪碎以后浸入 150mL 0.1%（质量分数）醋酸溶液中，4℃ 冰箱中放置 48h，不时振荡。4000r/min 离心 30min，吸取上清液，经 10kPa（115.0℃）高压灭菌 10min 后分装，-20℃ 保存备用。

(2) 培养板包被　取少许胶原加到培养板中，不宜太厚，放入高压灭菌过的铝盒中，通入氨气作用 15min，取出培养板，用无菌生理盐水冲洗，置于紫外灯下过夜。

(3) 酒精擦拭台面，开紫外线灯照 30min 后鼓风机吹至实验结束。

(4) 用戊巴比妥钠麻醉小鼠，待其进入深度麻醉状态后迅速将其固定于解剖板上，于超净台中解剖，暴露肝脏。

(5) 沿肝门静脉插管固定，灌流前灌流液 T1（37℃ 下预热），流速 5mL/min，待肝脏膨胀后迅速剪断下腔静脉，灌流 15min，此时肝脏呈现灰白色。

(6) 前灌流液灌流完后，立即灌流后灌流液 T2（37℃ 下预热），流速 3mL/min，5~10min。

(7) 取下肝脏，置于平皿中，冰上剪碎肝组织，用 200 目滤网过滤，用无血清 EMEM 培养基清洗网上组织。

(8) 收集滤液，600r/min，离心 2min，重复一次。

(9) 弃上清液，往沉淀中加入 2mL 无血清 DMEM 培养基，重悬细胞。

(10) 600r/min，离心 2min，再离心一次，弃上清液，加入含血清的 DMEM 培养液 2mL（可视细胞量酌情增减）。

(11) 细胞计数　将 1 滴细胞悬液与 2 滴台盼蓝液混合后，滴入细胞计数板。2min 后，在显微镜下计数至少 200 个细胞。未着色的为活细胞，着蓝色的为死细胞，计算活细胞占比。

(12) 将细胞浓度调整到 5×10^5 个/mL 左右。

(13) 将细胞接种至鼠尾胶原包被的 25cm² 培养瓶中，37℃ 下，于 5% CO_2 培养箱中培养观察。

(14) 倒置显微镜观察细胞贴壁生长情况。

五、实验结果

(1) 分析分离肝细胞浓度和活细胞占比。
(2) 分析分离肝细胞增殖情况和细胞长满时间。
(3) 分析细胞贴壁情况和增殖情况。
(4) 撰写实验报告。

六、注意事项

(1) 供体肝脏的游离　选择 Mercedes 手术切口，即人字型切口，进入腹腔，暴露肝脏，分离肝脏镰状韧带，左、右三角韧带（为了便于手术，可以用生理盐水纱布将肝脏轻柔地向下牵引,并向两侧移动,显露膈下空间),解剖肝十二指肠韧带,确认胆总管,应尽可能靠近远心端结扎(从十二指肠后面进行)。分离肝动脉,确认胃十二指肠动脉,并将其仔细结扎,但勿影响肝动脉腔。追踪肝总动脉的行程,直至脾动脉、胃左动脉显露,结扎离断脾动脉、胃左动脉,显露腹腔动脉干。轻轻抬起肝脏,显露其下的门静脉,将其从周围的淋巴组织中分离出来,注射肝素100U。缝扎胃左静脉以及来自胰腺的第一分支,以获取足够长度的门静脉。在胰腺颈部分别用力行两道结扎,并于结扎线间将其离断,这样就可显露脾静脉与肠系膜上静脉的会合处。将灌注导管插入门静脉,并结扎牢靠,在远心端离断肝上下腔静脉,准备肝脏灌注。迅速切除肝脏,术中连同肝上下腔静脉周围膈肌组织缘一并切除以移动肝脏,最终将肝脏在腹膜后切除,获取肝脏。

(2) 两步灌流法 经典的分离肝细胞两步灌流法在其应用中是一个不太容易掌握的方法,灌流液的pH、温度、O_2/CO_2 分压及渗透压、灌流时间、灌流速率等诸多因素均对分离肝细胞的数量和活力有较大影响。尤其在实验过程中,超净台内操作容易污染,灌流过程中速率难以控制,太快则对细胞损害大,太慢则细胞容易缺氧死亡。

> 🔍 思考题
>
> 1. 为什么前灌流液中有氯化钙,而后灌流液中没有?EDTA和HEPES的作用各是什么?
> 2. 胶原酶的作用是什么?
> 3. 灌流法较机械法分离肝细胞相比,有何优缺点?

实验14 细胞传代培养

一、实验目的

(1) 完成培养细胞系传代培养。
(2) 学习和掌握细胞传代培养操作要领,实现细胞系良好增殖与保藏。

二、实验原理

体外培养细胞在生长、繁殖一定时间后,由于空间不足或细胞密度过大导致营养枯竭,会影响细胞生长,因此需要进行扩大培养,即传代或称为传代培养。细胞"一代"指从细胞接种到分离再培养的一段期间,与细胞世代或倍增不同。原代细胞或细胞株要在体外持续地培养就必须传代,以便获得稳定细胞株或得到大量同种细胞,并维持细胞种延续。悬浮型细胞可以直接分瓶,而贴壁细胞需经消化后才能分瓶。

在一代中,细胞倍增3~6次。细胞传代后,一般经过5个阶段:游离期、吸附期、潜伏期、对数生长期和停止期。各时期特征如下。

(1) 游离期 悬浮,胞质回缩,全部细胞变为圆球形。

(2) 吸附期　贴附底物，一般24h内贴壁。

(3) 潜伏期　此时细胞有生长活动，基本无增殖。细胞株潜伏期一般为6~24h。

(4) 对数生长期　细胞数随时间变化成倍增长，活力最佳，最适合进行实验研究。

(5) 停止期（平台期）　细胞长满瓶壁后，细胞虽有活力但不再分裂。

常用细胞分裂指数表示细胞增殖的旺盛程度，即细胞群分裂相数/100个细胞。一般细胞分裂指数介于0.2%~0.5%，肿瘤细胞可达3%~5%。细胞接种2~3d时分裂增殖旺盛，是活力最好的时期，称对数生长期（指数增生期），适宜进行各种实验。

三、实验材料与设备

1. 材料

含血清 DMEM 培养基、PBS、Hanks 缓冲液、胰蛋白酶、吸管、离心管、培养瓶等。

2. 设备

酒精灯、超净工作台、二氧化碳培养箱、倒置显微镜等。

四、实验方法与步骤

(1) 进入无菌室前用肥皂洗手，用75%（体积分数）酒精擦拭消毒双手。

(2) 倒置显微镜下观察细胞形态，确定细胞是否需要传代及需要稀释的倍数。将培养用液置于37℃下预热。

(3) 超净台台面应整洁，用0.1%（质量分数）新洁尔灭溶液擦净。

(4) 打开超净台的紫外灯照射台面20min左右，关闭超净台的紫外灯，打开抽风机清洁空气，除去臭氧。

(5) 点燃酒精灯，取出无菌试管、巴斯德吸管和刻度吸管，安上橡皮头，过酒精灯火焰略烧后插在无菌试管内。

(6) 将培养用液瓶口用75%（体积分数）酒精消毒，过酒精灯火焰后斜置于酒精灯旁架子上。

(7) 倒掉培养细胞的旧培养基。可酌情用2~3mL Hanks 缓冲液洗去残留的旧培养基，或用少量胰酶涮洗。

(8) 每个大培养瓶加入1mL胰酶，小瓶用量酌减，盖好瓶盖后在倒置显微镜下观察，当细胞收回突起变圆时立即翻转培养瓶，使细胞脱离胰酶，然后将胰酶倒掉。注意勿使细胞提早脱落入消化液中。

(9) 加入少量含血清的新鲜培养基，反复吹打消化好的细胞使其脱壁并分散，再根据分传瓶数补加一定量的含血清的新鲜培养基（7~10mL/大瓶、3~5mL/小瓶）制成细胞悬液，然后分装到新培养瓶中。盖上瓶盖，适度拧紧后再稍回转，以利于CO_2气体进入。将培养瓶放回CO_2培养箱。

(10) 每24h观察一次，记录污染情况和细胞生长情况。

五、实验结果

(1) 分析传代培养污染率和污染物。

(2) 分析传代细胞生长情况。

（3）分析细胞贴壁生长情况。
（4）撰写实验报告。

六、注意事项

（1）接种数量　一般为（$5×10^4$）~（$8×10^5$）个/mL。
（2）接种密度　传代密度太低，细胞容易死亡，表现为细胞增长前有较长的滞留期。
（3）培养基颜色变化　培养液由于pH下降而呈现黄色，表明细胞已经达到最大密度，需要换液或进行传代培养。
（4）传代时间　如果是单层贴壁的细胞，等长满培养瓶表面，即可进行传代。
（5）细胞污染的种类　细菌、酵母菌、霉菌和病毒。
（6）污染源　无菌操作技术不当，操作室环境不佳，血清携带污染物，细胞携带污染物。

> 思考题
> 1. 胰蛋白酶溶液的作用是什么？使用上需要注意哪些问题？
> 2. 正常生长的细胞，培养后期培养液颜色变成黄色的主要原因是pH下降，为什么pH会下降？

第五章

酶工程实验

[学习目标]

1. 掌握酶工程的基本知识和基本技能，能够熟练掌握酶的发酵生产技术、固定化技术、分离纯化技术和酶活力的测定方法。
2. 加深对酶学特性、酶的应用的具体认识。

酶工程研究酶生产和应用的技术，是生物工程的重要内容之一，是酶学和工程学相互渗透、相互结合发展而形成的一门新的技术科学，是酶学、微生物学的基本原理与化学工程等有机结合而产生的交叉学科。酶作为生物催化剂具有催化专一性好、效率高、作用条件温和等优点，已广泛应用于医药、食品、轻工、化工、能源、环保、检测、生物技术等领域，深刻影响着许多重要的科学和实践领域。

实验15 产酶菌株的快速分离筛选——以纤维素酶产生菌为例

一、实验目的

（1）熟悉产酶菌株的筛选步骤。
（2）掌握产纤维素酶菌株的快速筛选方法。

二、实验原理

酶的发酵生产必须依靠高产稳定的优良菌株，一般从自然界筛选符合要求的高产菌株，再经过各种方法选育获得。产酶菌株的筛选应采用快速简便的初筛方法，通过测定酶活力进行复筛，最后获得高产菌株。不同产酶菌株的筛选原理各有不同，但基本都是根据其底物或产物特性，设计在初筛平板上形成透明圈或变色圈的方法来进行。

纤维素酶产生菌的筛选：根据产酶菌株的营养特性，以羧甲基纤维素为唯一碳源，只有能分解利用纤维素的微生物才能在该培养基上良好生长。产酶菌分泌的纤维素酶将菌体周围的羧甲基纤维素分解，形成围绕菌落的透明圈，透明圈的大小与产酶量及酶活力呈正相关。

三、实验材料与设备

1. 材料

羧甲基纤维素钠、$(NH_4)_2SO_4$、KH_2PO_4、$MgSO_4 \cdot 7H_2O$、蛋白胨、琼脂、刚果红染液、离心管、三角瓶、培养皿等。

2. 设备

高压蒸汽灭菌锅、培养箱、离心机、天平等。

四、实验方法与步骤

（1）从富含纤维素的堆肥、林间环境采集离土壤表层 5~15cm 的土样，分别用纸袋包装并做好标记带回实验室风干研细备用。

（2）按照培养基配方配制培养基，高压蒸汽灭菌 20min，按照每 200mL 培养基加入 1mL 的比例加入单独灭菌的刚果红溶液，混匀后倒平板。

（3）将 5g 土样加入 10mL 无菌水中，充分搅拌使其均匀混悬，4000r/min 离心 5min，取上清液，梯度稀释为 10^{-2}、10^{-3}、10^{-4}、10^{-5}，备用。

（4）取 0.1mL 不同稀释度的样品溶液分别加入到配制好的培养基平板上，用无菌涂布棒涂布均匀，倒置放入 28℃ 恒温培养箱中培养，每个样品做 3 个平行。

（5）每天观察平板上的菌落生长情况，将有明显透明圈的菌落挑出。

（6）将挑出的菌落悬浮在 1mL 无菌水中，按 10 倍梯度稀释方法将其稀释为 10^{-2}、10^{-3}、10^{-4}、10^{-5}，按照步骤 4 的方法重新涂布于选择性平板上进行筛选。

（7）每天观察平板上的菌落生长情况，测定透明圈的大小，透明圈大的菌落即为潜在的纤维素酶高产菌株，可挑取保藏以供后面的摇瓶发酵筛选。

五、实验结果

拍照并分析筛选结果，撰写实验报告。

六、注意事项

（1）实验室操作需遵守相关安全规定，如佩戴防护用品、使用消毒工具等。

（2）避免菌株交叉污染，在培养过程中需严格遵守无菌操作规范。

（3）处理好实验废弃物和废液，避免对环境造成污染。

🔍 思考题

1. 本筛选方法有什么优点和缺点？有无其他改进或替代的方法？
2. 本实验所用的培养基能够起到选择性筛选产纤维素酶菌株的基本原理是什么？

实验16　糖化酶的发酵、提取与酶活力测定

一、实验目的

(1) 掌握糖化酶液体发酵的方法。
(2) 掌握糖化酶盐析沉淀法提取的原理和方法。

二、实验原理

糖化酶是葡萄糖淀粉酶（glucoamylase，GA）的简称，学名为 α-1,4-葡萄糖水解酶。糖化酶是一种外切型糖苷酶，从淀粉的非还原性末端依次水解 α-1,4 糖苷键，依次得到一个葡萄糖单元，工业上用于将淀粉转化为葡萄糖，因而广泛地用于制药、制酒及氨基酸、有机酸行业，是最重要的工业酶制剂之一。

糖化酶在微生物中分布广泛，其生产菌主要是霉菌，我国多用红曲霉、黑曲霉以及根霉。根霉以固体发酵为主，红曲霉和黑曲霉多以深层液体发酵生产。不同来源的淀粉糖化酶结构和功能存在一定差异，对生淀粉水解作用的活力也不同，真菌产生的葡萄糖淀粉酶对生淀粉具有较好的分解作用。本实验采用黑曲霉作为糖化酶发酵菌种。

酶的提纯方法很多，但基本原则是在提高酶比活力的同时，尽量获得高回收率。工业生产中酶的提取多数采用盐析沉淀法，即通过加入不同的金属盐破坏酶的水化层，同时中和酶的表面电荷，使酶快速形成沉淀。黑曲霉糖化酶是一种胞外酶，因此，首先采用过滤法将菌体等杂质除去，继而对滤液进行浓缩，最后将酶沉淀出来，对沉淀物进行干燥，加工成成品。本实验通过向黑曲霉发酵液中加入适量的硫酸铵，对发酵液中的糖化酶进行提取。

糖化酶的活力采用碘量法进行测定。其原理是淀粉经糖化酶水解为葡萄糖，葡萄糖的醛基能被弱氧化剂次碘酸钠所氧化，用硫代硫酸钠滴定过量的碘可计算出葡萄糖的生成量。糖化酶活力定义为：1g 固体酶粉（或 1mL 液体酶），于 40℃、pH 4.6 条件下，1h 水解可溶性淀粉产生 1mg 葡萄糖，即为一个酶活力单位，以 U/g 或 U/mL 表示。

三、实验材料与设备

1. 菌种

黑曲霉（*Aspergillus niger*）。

2. 材料

乙酸-乙酸钠缓冲溶液、硫代硫酸钠标准溶液、碘溶液、NaOH 溶液、硫酸溶液、可溶性淀粉溶液、淀粉指示液、玉米粉、豆饼粉、麸皮等。

3. 设备

恒温摇床、发酵罐、旋转蒸发器、干燥箱、培养箱、恒温水浴锅等。

四、实验方法与步骤

1. 培养基配制

液体种子培养基：玉米粉 30g/L、豆饼粉 10g/L、麸皮 5g/L、蒸馏水 1000mL，pH 自然；发酵培养基：玉米粉 60g/L、豆饼粉 20g/L、麸皮 10g/L。

2. 种子培养

取 5 只 500mL 三角烧瓶，按照液体种子培养基的配方配制培养基，每瓶装 100mL。用八层纱布包扎瓶口，再加牛皮纸包扎。121℃高压蒸汽灭菌 30min。取 10mL 无菌水注入培养成熟的 PDA 菌种斜面，充分振荡制成孢子悬浮液。每只三角瓶接入 2mL 孢子悬浮液，置于恒温摇床中，200r/min、30℃培养 36h。

3. 发酵培养

按照 10%的接种量将培养好的种子液接入 5L 发酵罐中，发酵罐装液 3L。控制发酵罐搅拌转速 300r/min、通风量 1m³/(m³·min)，30℃发酵 96h。发酵过程中每隔 12h 取样一次，测定发酵液 pH 和酶活力。

4. 过滤

取发酵液 200mL，在布氏漏斗中用滤布过滤除去菌体。菌体用 100mL 蒸馏水洗涤，抽滤。合并滤液，记录总体积，测定酶活力。

5. 浓缩和沉淀

将总滤液放入旋转蒸发器重浓缩到 1/5~1/3 体积，测定酶活力。将浓缩液按 550g/L 的量加入硫酸铵，静置盐析 1h。沉淀物用布氏漏斗抽滤。称酶泥的质量，测定酶活力。

6. 干燥与加工

将得到的酶泥放入干燥箱，40℃以下烘干，磨粉，即得成品。将成品称重并测定酶活力。

7. 酶活力测定

（1）待测酶液制备　发酵液过滤除去菌体，吸取滤液 5mL 为原酶液，定容至 250mL，为稀释酶液，待用。

（2）反应　吸取 25mL 20g/L 可溶性淀粉溶液，置入 50mL 比色管中，加入 5mL pH 4.6 的乙酸-乙酸钠缓冲液，分别加入稀释酶液 2mL 于 40℃水浴中保温糖化 1h。反应结束，准确加入 15mL 0.1mol/L NaOH 溶液终止酶解反应，冷却后用去离子水定容至 50mL，摇匀。此为待检测糖化酶液。另取一支 50mL 比色管，吸取 25mL 20g/L 可溶性淀粉溶液，放入比色管中，先加入 15mL 0.1mol/L NaOH 溶液，然后加入 2mL 稀释酶液，用水定容至 50mL，摇匀，作为空白对照。

（3）检测　吸取 10mL 0.1mol/L 碘溶液，置入 250mL 碘量瓶中，加入 15mL 0.1mol/L NaOH 溶液，准确加入 5mL 糖化液，摇匀，于暗处反应 15min。

加入 10mL 2mol/L H_2SO_4 溶液，50mL 去离子水，摇匀，立即用溶液滴定至浅灰色，用吸管加入约 1mL 5g/L 淀粉指示剂，继续滴定至蓝灰色消失。空白试验：吸取 5mL 空白液代替酶糖化液，同上操作。

（4）结果计算　糖化酶活力即 1g 固体酶粉（或 1mL 液体酶），于 40℃、pH4.6 条件下，1h 水解可溶性淀粉产生葡萄糖的质量（mg），如式（5-1）。

$$糖化酶活力(mg/mL 或 mg/g) = (V_0 - V) \times N \times 90.05 \times 50/5 \times 1/2 \times n \tag{5-1}$$

式中　V_0——空白试验消耗 0.1mol/L $Na_2S_2O_3$ 溶液的体积，mL；

V——试样消耗 0.1mol/L $Na_2S_2O_3$ 溶液的体积，mL；

N——$Na_2S_2O_3$ 溶液的浓度，0.1mol/L；

90.05——1mg 当量 $Na_2S_2O_3$ 溶液，相当于葡萄糖的质量（mg），即葡萄糖的毫克当量，mg；

5——5mL 酶糖化液；

50——酶糖化液的总体积，mL；

2——2mL 稀释溶液；

n——稀释倍数，50 倍。

五、实验结果

记录并分析发酵过程中注意的酶活力、发酵液 pH 的变化；记录并分析糖化酶提取过程中，发酵液、过滤液、浓缩液、湿酶泥、干酶粉活力及回收率的变化，撰写实验报告。

六、注意事项

（1）黑曲霉发酵过程中注意控制 pH、温度等，发酵液中溶氧量要高。

（2）在提取过程中还要注意控制好温度、pH 等提取条件。

思考题

1. 影响盐析沉淀的因素有哪些？
2. 生产糖化酶的黑曲霉发酵培养基需要哪些成分？影响糖化酶生成的因素有哪些？

实验17　果胶酶的发酵、提取与酶活力测定

一、实验目的

（1）掌握固体发酵法生产果胶酶的方法。

（2）掌握果胶酶的测定方法。

二、实验原理

果胶酶是能分解果胶质的多种酶的总称，主要包括果胶酯酶（PE）、多聚半乳糖醛酸酶（PG）和果胶裂解酶（PL）等。主要是用于果胶的分解，在水果加工、葡萄酒生产、麻类脱胶和饲料加工等方面有着广泛应用。

果胶酶广泛存在于高等动植物和微生物中，但动植物来源的果胶酶产量低，难以大规模提取制备，微生物是生产果胶酶的良好来源。许多微生物都具有产生果胶酶的能力，目前研究和应用较多的是真菌中的曲霉，其中黑曲霉是最常用的果胶酶生产菌。

果胶酶的发酵生产工艺有固态发酵和液态发酵两种类型。液态发酵所采用的果胶质底物大都来源于不同的果胶产品，而固态发酵可以采用农业废弃物或农产品加工副产物作为碳源和果胶酶诱导物。因固态发酵的原料成本优势明显，目前在国内，固体发酵产果胶酶的生产方式仍处于主导地位。

果胶酶的酶活力测定方法有很多，如黏度下降法、苹果汁脱胶分析（apple juice depectinization assay，AJDA）法、还原糖测定法（DNS）等。还原糖测定法根据果胶酶水解果胶生成半乳糖醛酸，后者是一种还原糖，与3,5-二硝基水杨酸共热后被还原成棕红色的氨基化合物，在一定范围内，还原糖的量和反应液的颜色呈比例关系，可利用比色法在540nm处测定吸光度来确定还原糖的含量。

本实验以黑曲霉固态发酵法进行果胶酶的发酵生产，并以还原糖法进行果胶酶活力测定。

三、实验材料与设备

1. 菌种

黑曲霉。

2. 材料

菠萝皮渣（菠萝皮经压榨取渣，60℃烘干）或者其他果渣、果胶、D-半乳糖醛酸、苯酚、酒石酸钾钠、3,5-二硝基水杨酸、无水硫酸钠、柠檬酸、柠檬酸钠、葡萄糖、马铃薯、琼脂、NaOH、HCl、麸皮、烧杯、三角瓶、试管、移液管、洗耳球、量筒、容量瓶、试剂瓶等。

3. 设备

天平、高压蒸汽灭菌锅、超净工作台、培养箱、电炉、恒温水浴锅、计时器、分光光度计等。

四、实验方法与步骤

1. 试剂配制

（1）柠檬酸-柠檬酸钠缓冲液　称取柠檬酸15.652g、柠檬酸钠7.5g，溶解定容至1000mL，用0.1mol/L NaOH或0.1mol/L HCl调节pH至3.5。

（2）10g/L果胶溶液　称取1.0g果胶，用上述缓冲液溶解，在电炉上加热至完全溶解，用缓冲液定容至100mL，储存于4℃，7d内有效。

（3）DNS试剂　称取酒石酸钾钠182.0g，溶解于500mL水中，加热（不超过50℃），于热溶液中依次加入3,5-二硝基水杨酸6.3g、氢氧化钠21.0g、苯酚5.0g、无水硫酸钠5.0g，搅拌均匀直至完全溶解，冷却后定容至1000mL，储存于棕色瓶中，室温保存，7~10d后过滤使用。

（4）固体发酵培养基　麦麸5.0g、果皮渣粉5.0g、葡萄糖或蔗糖5.0g，含水量60%，pH自然。

2. 果皮粉制备

取60℃烘干的果皮，用粉碎机粉碎，过40目筛，所得粉末备用。

3. 斜面培养与孢子悬液制备

挑斜面保藏菌种一环，接于PDA斜面培养基，接种后置于30℃培养3~5d，用无菌水洗下斜面上的黑曲霉孢子，转入装有玻璃珠的无菌水中，振荡，计数，使含黑曲霉孢子浓度为10^6~10^7CFU/mL。

4. 固体发酵方法

按照固体培养基配方配制固体发酵培养基，于121℃灭菌30min，灭菌后趁热将培养基摇松散。培养基冷却后，每瓶接入2mL孢子悬液，振荡均匀，30℃培养72h，每隔24h扣瓶一次。

5. 粗酶液提取

固态发酵结束后，在三角瓶中加入料液比1∶10（g∶mL）的含0.01%（质量分数）吐温-80的蒸馏水，在30℃条件下浸提50min。抽滤，4000r/min离心15min，上清液即为粗酶液，用于测定果胶酶活力。必要时对酶液进行稀释测定。

6. 果胶酶活力检测

采用3,5-二硝基水杨酸法（DNS法）。果胶酶活力定义为：在50℃、pH 3.5的条件下反应1h，将果胶酶降解果胶底物产生1mg还原糖类定义为1个酶活力单位（U/g）。

（1）半乳糖醛酸标准曲线的制作　精确配制1mg/mL的半乳糖醛酸溶液，按照表5-1所示取7支试管分别加入0.0、0.2、0.4、0.6、0.8、1.0、1.2mL的半乳糖醛酸溶液，对应加入2.0、1.8、1.4、1.2、1.0、0.8mL的柠檬酸-柠檬酸钠缓冲液，充分混匀。各管中分别加入3mL DNS试剂，混匀，沸水浴反应10min，冷却后用蒸馏水定容至15mL，摇匀。用分光光度计测定波长540nm处的吸光度。以半乳糖醛酸质量为横坐标、吸光度为纵坐标作标准曲线。

表5-1　　　　　　　　　　　　半乳糖醛酸标准曲线的制作

半乳糖醛酸溶液/mL	缓冲液/mL	DNS/mL	定容总体积/mL	OD_{540}
0.0	2.0	3	20	
0.2	1.8	3	20	
0.4	1.6	3	20	
0.6	1.4	3	20	
0.8	1.2	3	20	
1.0	1.0	3	20	
1.2	0.8	3	20	

（2）酶活力的测定　按照表5-2进行空白管和样品管的反应。反应液用分光光度计测量波长540nm处的吸光度，对照标准曲线，可求得对应的还原糖含量。

表5-2　　　　　　　　　　　　果胶酶活力的测定

操作步骤	空白管	样品管
1	吸取1.8mL果胶底物溶液	吸取1.8mL果胶底物溶液
2	50℃水浴保温5min	50℃水浴保温5min
3	—	加入待测酶液0.2mL
4	37℃精确保温30min	37℃精确保温30min
5	加入3mL DNS试剂	加入3mL DNS试剂
6	混合均匀	混合均匀

续表

操作步骤	空白管	样品管
7	加入 0.2mL 待测酶液,沸水浴煮沸 10min	沸水浴煮沸 10min
8	流水冷却	流水冷却
9	加蒸馏水定容至 15mL	加蒸馏水定容至 15mL
10	OD_{540} 比色	OD_{540} 比色

五、实验结果

记录并分析半乳糖醛酸含量和酶活力,撰写实验报告。

六、注意事项

(1) 在检测酶活力时应尽量使用相同的体系。
(2) 在使用 96 孔板进行测量时,应设置空白对照以及测量空白板的数据进行校正。
(3) 在使用比色皿,用分光光度计进行测量时,注意空白对照组应与测量组使用相同的比色皿以减小误差。

思考题

1. 固体发酵培养基中加入一定量的果皮渣有什么作用?
2. 用 DNS 法测定果胶酶活力时,可否用葡萄糖代替半乳糖醛酸进行标准曲线的测定?

实验 18　利用亲和层析法从鸡蛋清中分离溶菌酶

一、实验目的

(1) 理解亲和层析法的基本原理,通过实验能初步掌握制备一种亲和吸附剂的操作方法。
(2) 理解和掌握亲和层析实验操作技术。
(3) 学会一种测定溶菌酶活力的方法。

二、实验原理

亲和层析(affinity chromatography)是指在一种特制的具有专一吸附能力的吸附剂上进行层析,又称功能层析(function chromatography)、选择层析(selective chromatography)和生物专一吸附(biospecific absorption)。生物大分子具有与其相适应的专一分子可逆结合的特性,如酶与底物、酶与竞争性抑制剂、酶与辅酶、抗原与抗体、RNA 与其互补的 DNA、激素与受体,并且结合后可在不丧失生物活性的情况下用物理或化学的方法解离,这种生物大分子和配基之间形成专一、可解离的络合物的能力称为亲和力。亲和层析首先是层析柱的制备,如将酶的底物或抑制剂(称为配体)与固体支持物(称为载体),通过化学方法连接,制成专一吸附剂,然后将其装入柱中,再将含酶的样品溶液通入该层析柱,在合适的条件下该酶便被吸附在层析柱上,而其他蛋白质则不被吸附,全部通过层析柱流出。再用合适的缓冲液洗脱,该酶被解离而洗脱下来,收集流出液便可得到酶的纯品。

亲和层析的吸附剂制备应注意以下问题:①选择合适的配基,这是实验成败的关键;②载体的选择,目前有琼脂糖凝胶、交联琼脂糖凝胶、聚丙烯酰胺凝胶、葡聚糖凝胶、聚丙烯酰胺-琼脂糖凝胶、纤维素和多孔玻璃等,其中较为理想且广泛使用的是珠状琼脂糖凝胶;③将载体活化;④配基和活化载体进行偶联形成共价键,从而将配基连接到载体上。由于载体的性质不同,活化和偶联的方法也不同。多糖类载体亲和吸附剂的制备方法有:溴化氢活化及偶联法、双环氧活化及偶联法和高碘酸盐活化及偶联法。聚丙烯酰胺载体的酰胺键活化方法会合成羧基衍生物和氨乙基衍生物,再连接配基。

亲和层析的主要影响因素有样品的体积、柱流速和温度。亲和层析应用的范围很广,如酶和抑制剂的纯化、抗原和抗体的纯化、结合蛋白的纯化、激素受体的纯化以及分离纯化细胞等。

溶菌酶(EC.3.2.1.17)是糖苷水解酶,由129个氨基酸残基组成,在鸡蛋清中含量丰富。从一个鸡蛋中可获得20mg左右的冻干溶菌酶,是商品溶菌酶的主要来源。鸡蛋清中除溶菌酶以外,还存在许多其他蛋白质,但溶菌酶有两个显著特点:一是具有很高的等电点,pI=11.0;二是相对分子质量低,M_r=14.6×10^3。溶菌酶能够溶解革兰阳性菌,而对革兰阴性菌不起作用。溶菌酶之所以溶菌,是因为它能催化革兰阳性细菌的细胞壁肽聚糖水解。溶菌酶催化水解细菌细胞壁的 N-乙酰胞壁酸和 N-乙酰葡萄糖胺之间的 $β$-1,4糖苷键,溶菌酶也能水解甲壳素的 N-乙酰葡萄糖胺之间的 $β$-1,4糖苷键,因此可以利用溶菌酶与甲壳素的亲和性来提纯溶菌酶。

测定酶活力时,可用某些细菌细胞壁作为底物,以单位时间内被其水解的细胞壁的量表示酶活力的大小。

三、实验材料与设备

1. 菌种

溶壁微球菌(*Micrococcus lysodeiktcus*)。

2. 材料

鸡蛋清、壳聚糖、乙酸溶液、甲醇、乙酸酐、NaOH 溶液、$NaNO_2$ 溶液、$NaHCO_3$ 溶液、磷酸缓冲液(pH 6.2)、考马斯亮蓝等。

3. 设备

捣碎机、层析柱、蠕动泵、核酸蛋白质检测仪、自动部分收集器、紫外可见分光光度计、恒温水浴锅等。

四、实验方法与步骤

1. 试剂配制

(1) 6%(体积分数)乙酸溶液 取60mL冰乙酸加入940mL水中。

(2) 100g/L NaOH 溶液 取10g NaOH 溶于80mL水中,定容至100mL。

(3) 20g/L NaNO₂ 溶液　取 1g NaNO₂ 溶于 40mL 水中，定容至 50mL。

(4) 5mmol/L NaHCO₃ 溶液（含 0.2mol/L NaCl 溶液）　取 0.4g NaHCO₃、11.69g NaCl 溶于 900mL 水中，定容至 1000mL。

(5) 0.1mol/L 磷酸缓冲液（pH 6.2）　取 13.6g KH₂PO₄ 溶于 800mL 水中，加入 0.1mol/L NaOH 溶液 162mL，定容至 1000mL。

2. 亲和层析柱的制备

(1) 称取乙酰甲壳素（壳聚糖）5g，用 300mL 6%（体积分数）乙酸溶液溶解，不断搅拌，至呈胶状。

(2) 加入甲醇稀释后，搅拌均匀，边搅拌边加入乙酸酐，形成透明胶状甲壳素。

(3) 将胶状甲壳素用捣碎机打碎成细颗粒，倒入烧杯内，加入少量 100g/L NaOH 溶液于 60℃ 水浴中保温 3h，用真空泵抽滤，水洗至中性，倒入烧杯中。

(4) 向甲壳素中加入 6%（体积分数）乙酸溶液，搅拌均匀后，边搅拌边加入 20g/L NaNO₂ 溶液进行脱氨反应，再用 HAc 溶液调 pH 至中性，用真空泵抽滤，反复洗涤，脱去甲壳素分子上的游离氨基，即制得甲壳素凝胶。

3. 鸡蛋清溶菌酶的亲和层析

鸡蛋清溶菌酶的亲和层析装置如图 5-1 所示。

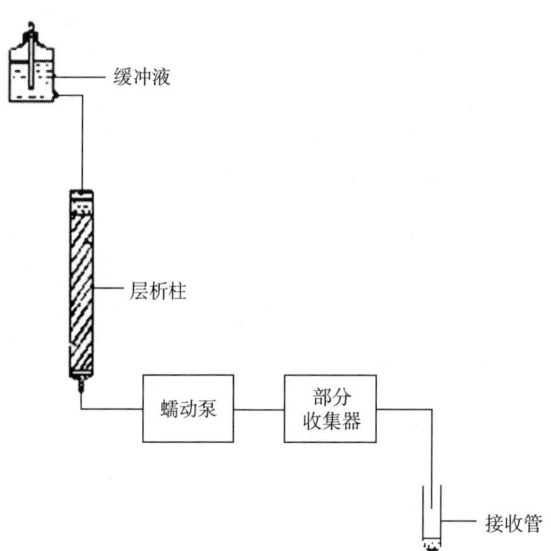

图 5-1　鸡蛋清溶菌酶的亲和层析装置示意图

层析步骤如下。

(1) 平衡　将上述凝胶倒入 5mmol/L NaHCO₃ 溶液（含 0.2mol/L NaCl）中，搅拌 10min，抽滤，重复操作 1 次，进行平衡。

(2) 上柱　取新鲜鸡蛋清 20mL，用 5mmol/L NaHCO₃ 溶液（含 0.2mol/L NaCl）稀释至 200mL，作为粗酶液，测定其蛋白质含量和酶活性。取 1mL 原酶液加入上述平衡过的甲壳素凝胶中，充分搅拌 1h，装入层析柱。

(3) 将层析柱出口与蠕动泵入口连接，蠕动泵出口连接到部分收集器。

(4) 洗脱　5mmol/L NaHCO₃ 溶液（含 0.2mol/L NaCl）洗脱，当洗出液的 A_{280} 小于 0.1

时，改用6%（体积分数）乙酸溶液洗脱，控制流速为1mL/min，每管收集4mL。

（5）检测　测定有蛋白吸收峰的管的酶活力，收集合并酶活力较高的管内溶液，该液即为纯化酶液，量其体积，测定溶菌酶的酶活力及蛋白质含量。

4. 溶菌酶活力的测定

（1）称取溶壁微球菌15mg，加入0.1mol/L磷酸缓冲液（pH 6.2）2mL，研磨成匀浆，用同一缓冲液定容至100mL，配成A_{450}为0.6~0.7的悬浮液，于30℃温浴中保存。

（2）取上述悬浮液2.5mL，加入0.1mL酶液，测定2min内A_{450}的变化（用0.1mol/L磷酸缓冲液调零点），每30s记录一次。

5. 蛋白质含量的测定

将酶液稀释至一定程度，参照蛋白质含量的测定（考马斯亮蓝法）进行测定。

6. 蛋白质含量的测定

将酶液稀释至一定程度，参照蛋白质含量测定（考马斯亮蓝法）进行测定。

（1）计算蛋白质含量　根据所测酶液的吸光度，在标准曲线上查得相应的蛋白质含量（μg），计算蛋清中酶蛋白的含量。

（2）计算酶活力　在本实验条件下，将每分钟吸光度下降0.001所需的酶量定义为1个酶活力单位（U），如式（5-2）。

$$酶活力(U/mL) = \Delta A_{450}/(2min \times 0.001 \times 0.1mL) \times 稀释倍数 \quad (5-2)$$

式中　ΔA_{450}——2min内吸光度的差。

（3）酶比活力的计算　酶比活力的计算如式（5-3）。

$$酶比活力(U/mg 蛋白质) = 酶活力/酶蛋白质含量 \quad (5-3)$$

（4）酶纯化过程中回收率的计算　酶纯化过程中回收率的计算如式（5-4）。

$$回收率(\%) = \frac{纯化酶总活力}{粗酶液总活力} \times 100 = \frac{纯化酶活力 \times 纯化酶液体积}{粗酶活力 \times 粗酶体积} \times 100 \quad (5-4)$$

（5）酶纯化倍数的计算　酶纯化倍数的计算如式（5-5）。

$$酶纯化倍数 = 纯化酶比活力/粗酶比活力 \quad (5-5)$$

五、实验结果

记录并分析蛋白质含量、酶活力、酶比活力、回收率、纯化倍数，撰写实验报告。

六、注意事项

（1）慎重选择合适的培基、缓冲液和pH范围。

（2）确定样品体积和控制流速。

（3）严格控制实验温度。

（4）清洗杂蛋白应彻底，只有当$A_{280} \leq 0.1$时才能进行亲和洗脱。

🔍 思考题

1. 亲和层析的基本原理是什么？
2. 蛋白质含量测定的方法还有哪些？各自有什么特点？

实验19 α-淀粉酶的固定化和酶活力测定

一、实验目的

（1）掌握α-淀粉酶的固定化技术，了解固定化过程中酶与载体的相互作用机制。

（2）通过测定固定化酶的酶活力，评估固定化对酶活力的影响，验证固定化酶在实际应用中的可行性和优越性。

二、实验原理

淀粉酶（amylase）是能够分解淀粉糖苷键的一类酶的总称，根据其催化特点的不同，可分为α-淀粉酶、β-淀粉酶、葡萄糖淀粉酶和异淀粉酶。α-淀粉酶作用于淀粉时可从分子内部随机切开淀粉链的α-1,4糖苷键，生成糊精和还原糖，产物的末端残基碳原子构型为α-构型，故称α-淀粉酶。因α-淀粉酶作用于淀粉时可使淀粉浆的黏度下降，因此又被称为液化酶。β-淀粉酶从淀粉的非还原端切下一分子麦芽糖。葡萄糖淀粉酶则从淀粉的非还原端切下一分子葡萄糖。异淀粉酶只水解糖原或支链淀粉分支点的α-1,6糖苷链，切下整个侧枝，形成长短不一的直链淀粉。

α-淀粉酶来源广泛，从微生物到高等动植物均可分离到，主要存在于发芽谷物的糊粉细胞中，是一种重要的淀粉水解酶，也是工业生产中应用最为广泛的酶制剂之一。它可以由微生物发酵制备，也可以从动植物中提取。不同来源的α-淀粉酶性质有一定的区别，工业中主要应用的是真菌和细菌α-淀粉酶。目前，α-淀粉酶已广泛应用于变性淀粉及淀粉糖、焙烤工业、啤酒酿造、酒精工业、发酵以及纺织等许多行业，是一种重要的工业用酶。

固定化酶是酶工程化应用的主要形式，将水溶性酶采用物理或化学的方法固定在某种介质上，使之成为不溶于水而又具有酶活性的制剂。具有稳定性高、可重复多次使用、易与反应物分离的优点，有利于控制反应过程，且避免热处理使酶失活，从而降低酶的使用成本，提高生产效率。酶的固定化方法主要可分为四类：吸附法、共价偶联法、交联法和包埋法，吸附法和共价偶联法又被统称为载体结合法。

淀粉酶活力的测定原理：淀粉酶产生的还原糖能使3,5-二硝基水杨酸还原，生成棕红色的3-氨基-5-硝基水杨酸。淀粉酶活力的大小与产生的还原糖的量成正比。可以用麦芽糖制作标准曲线，用比色法测定淀粉生成的还原糖的量，以单位质量样品在一定时间内生成的还原糖的量表示酶活力。α-淀粉酶和β-淀粉酶特性不同，α-淀粉酶不耐酸，在pH3.6以下迅速钝化。β-淀粉酶不耐热，在70℃、15min钝化。根据它们的这种特性，在测定酶活力时钝化其中一种酶，就可以测出另一种淀粉酶的酶活力。

三、实验材料与设备

1. 材料

戊二醛、甘氨酸、磷酸缓冲液（pH 7.0）、葡萄糖标准液、DNS 溶液（棕色瓶储藏）、ReliZyme HFA403/M 固定化载体、α-淀粉酶、药匙、广泛 pH 试纸、玻璃棒、不锈钢烧杯、三角瓶、电磁炉、带塞比色管等。

2. 设备

天平、恒温摇床、振荡培养箱、分光光度计、水浴锅等。

四、实验方法与步骤

1. 淀粉酶固定化

（1）载体预处理　称取 1g 经过适当预处理的 ReliZyme HFA403/M（HFA）载体，确保其干燥并无杂质。

（2）酶液配制　以磷酸缓冲液（50mmol/L，pH 7.0）作为溶剂，配制酶液，确保 α-淀粉酶的浓度为 0.5mg/mL。

（3）固定化过程　将配好的 α-淀粉酶液与载体混合，在 20℃、100r/min 的恒温摇床中进行固定化。固定化时间设置为 20h，确保酶与载体充分结合。

（4）交联处理　固定化完成后，立即向混合物中加入终浓度为 0.01%（质量分数）的戊二醛溶液作为交联剂。在 20℃、100r/min 的条件下，继续恒温摇床交联 1h，期间维持溶液 pH 为 7.0。

（5）清洗与封闭　交联完成后，取出混合物，去除上清液。使用与酶液相同的缓冲液清洗固定化酶，去除未结合的酶和其他杂质。随后立即向清洗后的固定化酶中加入 4mL 的 3mol/L 甘氨酸溶液，用于封闭未反应的醛基。

（6）封闭后处理　在 20℃、100r/min 的恒温摇床中反应 16h，期间控制溶液 pH 为 7.0，以确保甘氨酸与未反应的醛基充分结合。去除上清液，并再次使用上述磷酸缓冲液清洗固定化酶。清洗后的固定化酶在 4℃下低温保藏，以备后续使用。

2. 酶活力的测定

（1）麦芽糖标准曲线的绘制　取 7 支干净的具塞刻度试管，编号，按表 5-3 依次加入试剂，摇匀，置沸水浴 5min，冷却，向各试管中加入蒸馏水 8mL。以 0 号管作为空白调零点，在 540nm 波长处测吸光度。以麦芽糖含量为横坐标，吸光度为纵坐标，绘制标准曲线。

表 5-3　麦芽糖标准曲线的绘制

试剂	试管编号						
	0	1	2	3	4	5	6
麦芽糖标准溶液/mL	0	0.1	0.2	0.3	0.4	0.5	0.6
蒸馏水/mL	1.0	0.9	0.8	0.7	0.6	0.5	0.4
DNS 试剂/mL	1.0	1.0	1.0	1.0	1.0	1.0	1.0
麦芽糖含量/mg	0	0.1	0.2	0.3	0.4	0.5	0.6

（2）淀粉酶活力的测定　取 4 支干净的具塞刻度试管，编号，按表 5-4 依次加入下列试剂。

表 5-4　　　　　　　　　　　　淀粉酶活力的测定

试剂	试管编号			
	0（对照）	1	2	3
10g/L 淀粉溶液/mL	1.0	1.0	1.0	1.0
淀粉酶液/mL	1.0	0.5	0.5	0.5

取适量的固定化淀粉酶颗粒和淀粉溶液分别预先在 40℃保温 10min，按照表 5-2 加入混匀，40℃保温反应 10min，加入 DNS 试剂 1.5mL，摇匀后水浴煮沸 5min。取出试管迅速冷却，样品管加入蒸馏水 7mL，对照管加入蒸馏水 7.5mL 摇匀。以对照作为空白调零，测定吸光度。

（3）酶活力计算　从麦芽糖标准曲线中查出麦芽糖含量，计算酶活力。α-淀粉酶活力定义为：在标准条件下，淀粉酶每分钟水解淀粉底物产生 1mg 还原糖所需的量为 1 个酶活力单位（U/mL）。

五、实验结果

记录并分析麦芽糖含量和固定化 α-淀粉酶的酶活力变化情况，撰写实验报告。

六、注意事项

（1）戊二醛溶液具有刺激性气味，配制溶液时应在通风良好的实验室进行，避免吸入和接触皮肤。

（2）在交联处理过程中，应保持样品完全浸泡在戊二醛溶液中，避免出现局部交联不均匀的情况。

（3）测定酶活力时要严格控制水浴保温的时间一致，控制变量，减少实验误差。

（4）每次使用比色皿测吸光度时要保证比色皿充分洗干净，最好在乙醇溶液中浸泡一下。

思考题

1. 固定化酶相较于游离酶有哪些优势？在实验中，是如何通过操作和条件控制来实现这些优势的？

2. 在绘制麦芽糖标准曲线时，为什么要选择 540nm 处进行吸光度测定？如果更换其他波长，会对实验结果产生怎样的影响？

实验 20　红曲霉酯酶同工酶鉴定技术

一、实验目的

（1）学习和掌握红曲霉酯酶同工酶菌种鉴定技术。

（2）理解红曲霉酯酶同工酶谱的意义。

二、实验原理

同工酶是能催化同一种化学反应，但其酶蛋白的化学结构组成、理化性质、免疫性能以及反应机制均有所差异的一类酶的总称。现有的同工酶概念较广泛，主要指在同一种属内由不同基因位点或等位基因编码的单体纯聚体或杂聚体，其理化性质不同而能催化相同反应的酶。同工酶分布广泛，无论动物、植物还是微生物，在同一物种的不同个体、同一个体的不同器官或细胞、同一细胞的不同部位以及生长发育的不同时期和不同代谢条件，都有不同的同工酶分布。同工酶对细胞的发育和调节至关重要，目前50%以上的酶分子都已经发现了其同工酶的存在，可以进行同工酶分析的酶有几百种，主要有酯酶同工酶、过氧化物同工酶等。

同工酶的生物学意义在于，通过对同工酶谱的分析，能够识别基因的存在与表达，因为酶是基因的产物，是基因表达的结果，酶在结构上的差异是由基因的差异引起的，按照中心法则，DNA转录生成mRNA，翻译产生酶蛋白，最后表现为性状和功能的差异，同工酶的电泳表型是基因型的反映，因此它不仅是生理生化指标，而且是可靠的遗传标记，从而使同工酶技术成为分子水平上研究生物现象的重要手段之一。

同工酶作为一级分子标记物，在遗传学、育种学、生理学、分类学等生命科学学科中有着广泛应用。同工酶是基因表达的产物，不同生物的同工酶酶谱差异反映了其在遗传物质上的差异。酶谱不仅表现有差异性，更表现出一定的稳定性，这种稳定性使人们可以利用同工酶确定品系起源，演化并作为分类的特征之一。因而，根据同工酶鉴定品种比依据形态鉴定品种更为准确有效。

三、实验材料与设备

1. 菌种

红曲霉M1（*Monascus rubber* M1）、红曲霉M2（*Monascus rubber* M2）、红曲霉M3（*Monascus rubber* M3）。

2. 材料

丙烯酰胺、甲叉双丙烯酰胺、过硫酸铵、四甲基乙二胺（TEMED）、Tris-HCl、SDS、巯基乙醇、溴酚蓝、蔗糖、石英砂、甘氨酸、α-醋酸萘酯、β-醋酸萘酯等。

3. 设备

恒温培养箱、摇床、灭菌设备、超速冷冻离心机、超净工作台、恒温水浴锅、电子分析天平、垂直板电泳槽、电泳仪、涡旋混匀器、超低温冰箱等。

四、实验方法与步骤

1. 试剂配制

（1）分离胶缓冲液（pH 8.9） 36.6gTris、48mL 1mol/L的HCl、定容至100mL。

（2）浓缩胶缓冲液（pH 6.7） 5.98gTris、48mL 1mol/L的HCl、定容至100mL。

（3）300g/L丙烯酰胺（pH≤7.0） 29g丙烯酰胺和1g甲叉双丙烯酰胺，溶于60mL水中，37℃加热溶解，补水至100mL，用棕色瓶贮存于室温。

（4）100g/L过硫酸铵 1g溶于10mL水中，4℃保存，现用现配。

（5）样品缓冲液 5mL 1mol/L的Tris-HCl（pH 6.7）、2.5g SDS、1mL巯基乙醇、0.05g溴

酚蓝、10g 蔗糖，加水定容至 100mL。

（6）Tris-甘氨酸电泳缓冲液（pH 8.3）　在 900mL 去离子水中溶解 15.1g Tris 碱、94g 甘氨酸，加入 50mL 100g/L 的电泳级 SDS 贮液，用去离子水补至 1000mL 量则成 5×贮液。

（7）酯酶染色液　50mg α-醋酸萘酯和 50mg β-醋酸萘酯溶解于 2mL 丙酮-水溶液（1∶1）中，再加 100mg 坚固蓝。用 0.1mol/L pH 6.5 磷酸盐缓冲液稀释至 150mL。

2. 实验流程

实验流程如图 5-2 所示。

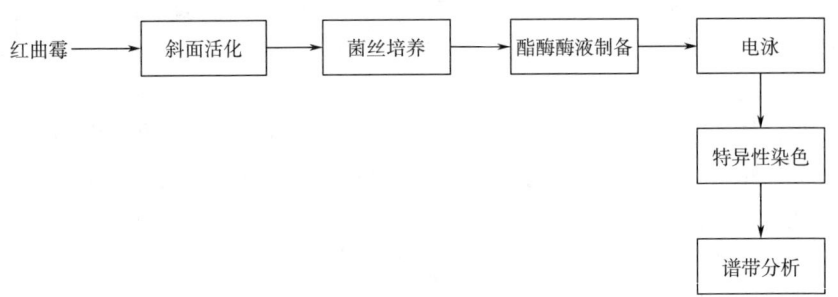

图 5-2　实验流程

3. 实验步骤

（1）菌体活化　将冰箱保存的红曲霉 M1、红曲霉 M2、红曲霉 M3 分别转接至新鲜的麦芽汁斜面，置于恒温培养箱内 30℃，培养 5~6d。

（2）菌丝体制备　用无菌水分别将活化好的 3 种红曲霉斜面孢子洗下，配制成浓度为 10^7 个/mL 的孢子悬浮液，分别取 5mL 接种于 50mL 麦芽汁培养液，30℃、180r/min 摇床培养 4~5d，抽滤收集菌丝，用蒸馏水及 0.05mol/L Tris-HCl 缓冲液（pH7.8）分别洗涤后离心，取 300mg 菌体-20℃冷冻 24h 备用。

（3）酯酶液　菌体加入 1.5mL pH 8.3 样品缓冲液（0.012mol/L，Tris-Citric Acid）、0.5mol/L 蔗糖、100mg 石英砂，冰浴研磨 15min，12000r/min、4℃ 离心 20min，取上清液备用。

（4）凝胶模具组装　先将两块玻璃板洗净干燥，嵌入胶带的凹槽中，装在电极槽上，拧紧螺丝，使其夹紧（不能过紧以防玻璃破裂）。为避免制胶时胶液由狭缝漏掉，灌胶时先在槽底部和两边用溶化琼脂（10~20g/L）封闭，使其液面高度与外挡板高度一致，待琼脂凝固后，用水检查是否密封，再配制聚丙烯酰胺分离胶。

（5）凝胶制备

①分离胶制备（12%）：按 4.9mL 蒸馏水、6.0mL 300g/L 丙烯酰胺、3.8mL 1.5mol/L Tris-HCl、150μL 100g/L 过硫酸铵、6μL 四甲基乙二胺（TEMED），灌至短玻璃板 4cm，用一注射器通过注射针头沿玻璃管内壁缓慢注入 0.5~1cm 高度的蒸馏水（或正丁醇）进行水封。水封的目的是隔绝空气中的氧，并消除凝胶柱表面弯月面，使凝胶柱顶部的表面平坦。水封切忌注入蒸馏水时呈滴状垂直下落，否则会使顶部的凝胶浓度变稀，从而改变预定凝胶孔径，并造成凝胶表面不平坦。水封后，静置凝胶液进行聚合反应，聚合时的温度要与电泳时的温度相同。正常情况下 10min 开始聚合，控制在 40min 左右聚合完成。刚加水时有界面，然后界面逐渐消失，等到再出现界面时，表面凝胶已经聚合，再静置 30min 使聚合完成。将水倒出，并用无毛边的滤纸条吸去残留水液，滤纸尽量不要接触分离胶的胶面。

②浓缩胶 [5%（质量分数）]：按 5.5mL 蒸馏水、1.3mL 300g/L 丙烯酰胺、1.0mL 1.5mol/L Tris-HCl、80μL 100g/L 过硫酸铵、8μL TEMED 配制浓缩胶后混合均匀后，用滴管将凝胶加到分离胶上方，当浓缩胶液面距短玻璃板上缘 0.2cm 时，把梳形样品槽模板轻轻插入胶液顶部。静置聚合，待出现明显界面则聚合完成。插入样品槽模板的目的是使胶液聚合后，在凝胶顶部形成数个相互隔开的凹槽。电泳前，将样品液分别加入这些凹槽中。

③加样：微量进样器分别吸取 3 种红曲霉样品溶液 25μL，缓慢滴入试样槽底部，再小心加入 30μL 400g/L 蔗糖溶液，沿试样槽顶加入几滴 2.5g/L 溴酚蓝做指示剂。不加样槽注入样品缓冲液。

④电泳：电泳槽置于冰箱中（0~4℃），接通电源开始电泳。开始时恒压 150V，待溴酚蓝进入分离胶后升至 200V。整个电泳过程中电压保持恒定。指示剂移至距离凝胶下端 1cm 左右停止电泳。

⑤染色：小心取出凝胶用蒸馏水冲洗后，置于已加入酯酶染色液的染色缸中染色 40~60min，直至区带显出。漂洗干净，拍照并晾干保存。

五、实验结果

(1) 分析比较不同红曲霉的酯酶同工酶酶谱。
(2) 记录并分析各胶柱中的酶带条数、宽度、着色深浅和移动距离。
(3) 撰写实验报告。

六、注意事项

(1) 试剂溶液通常储存于 4℃，在混匀灌胶前无须恢复到室温。
(2) 未聚合的丙烯酰胺是一种皮肤刺激物和神经毒素，操作时必须佩戴手套。
(3) TEMED 应于 4℃ 避光保存。

> 🔍 思考题
>
> 1. 简述聚丙烯酰胺凝胶电泳的原理。
> 2. 简述酯酶同工酶在菌种鉴定中的意义。
> 3. 简述酯酶特异性染色的原理。

第六章 发酵工程实验

[学习目标]

1. 理解并掌握发酵工程的基础概念和核心原理，包括微生物的菌种活化和保藏、生长状态测定、发酵污染检测以及常见的乳酸、丙酮酸和柠檬酸发酵等。
2. 根据本章节的学习，能够根据不同发酵类型对培养条件参数进行设置和优化。熟悉并应用常见的发酵工程实验设备和仪器，如发酵罐及其控制系统和在线监测技术。

发酵工程在当今食品、制药和生物技术等领域扮演着重要角色。利用微生物（如细菌、酵母菌和真菌）进行生化过程，发酵能够产生有用的产物或改变原料的性质。本章详细介绍发酵工程的核心原理，包括微生物的选择和培养条件的优化。探讨了不同类型的发酵过程，如传统批量发酵和连续发酵，并针对其应用领域和特点进行深入讨论。此外，本章介绍常见的发酵工程实验设备和仪器，例如发酵罐、控制系统和在线监测技术，提供详细的操作步骤和安全注意事项，以确保安全、高效地进行实验。

实验 21　发酵菌种的复壮和保藏

一、实验目的

（1）学习菌种衰退的原理机制。
（2）掌握菌种复壮和保藏的方法。

二、实验原理

在菌种的培养和保藏过程中，由于自发突变等原因，菌种会出现劣化现象，如优良生产性状丧失、遗传标记消失等，这一现象称为菌种衰退。菌种衰退是由量变积累逐步引起质变的过程，主要原因在于基因突变、长期传代以及不适宜的培养保藏条件。

菌种复壮是通过特定方法使菌种从低活性状态恢复到正常生长状态的过程；菌种保藏是通过特定方法使菌种在一定时间内维持活性，为后续使用储备菌种资源。为了抑制菌种的衰退，可以采取以下措施进行菌种的复壮和保藏。

（1）纯种分离　如平板划线法、稀释平板法等，分离出仍保持原有典型性状的单个菌落进行扩大培养，以恢复菌株的优良特性。

（2）对一些寄生菌，可以通过寄主体内传代培养来进行复壮。

（3）控制培养条件，如温度、湿度、pH等，保持在菌种生长的最适范围内，以提高菌种活性。

（4）选用适宜的保藏方法，如冷冻保藏、干燥保藏等进行菌种的长期储存，使其处于休眠状态，保存遗传特性。

（5）定期进行传代培养和复壮，以防止菌种在长期传代过程中出现退化。

三、实验材料与设备

1. 菌种

植物乳植杆菌（*Lactobacillus plantarum*）。

2. 材料

蛋白胨、牛肉膏、酵母提取物、葡萄糖、吐温-80、磷酸氢二钾、乙酸钠、柠檬酸三铵、硫酸镁、硫酸锰、琼脂粉、接种环、锥形瓶、烧杯、纱布、报纸等。

3. 设备

高压蒸汽灭菌锅、超净工作台、恒温CO_2培养箱、光学显微镜、超低温冰箱、磁力搅拌器等。

四、实验方法与步骤

1. 培养基配制

（1）称取蛋白胨5.0g、牛肉膏5.0g、酵母提取物2.5g、葡萄糖10.0g、吐温-80 0.5mL、磷酸氢二钾1.0g、乙酸钠2.5g、柠檬酸三铵1.0g、硫酸镁0.1g、硫酸锰0.025g于1000mL烧杯中，加入400mL去离子水在磁力搅拌器中搅拌溶解，调节pH至6.2~6.6。

（2）待完全溶解后转移至500mL容量瓶中，定容至500mL。转移300mL至另一500mL烧杯中，加入4.5g琼脂粉末，同样在磁力搅拌器中搅拌混匀。

（3）将加入琼脂的MRS培养基转移至500mL锥形瓶中，剩余的200mL MRS液体培养基按5mL分装到试管中，每根试管口先用棉花塞紧，然后用报纸包裹。

（4）将上述准备好的培养基置于高压蒸汽灭菌锅中，于115℃下灭菌20min。

（5）灭菌完成后取出，待MRS固体培养基冷却至不烫手时，按每平皿15~20mL培养基倒平板，在超净工作台中紫外线照射20~30min，待培养基完全凝固。

2. 菌种复壮

（1）将-80℃冰箱中保存的甘油菌植物乳植杆菌按图6-1所示的平板Z字划线法在MRS平板上划线，置于恒温CO_2培养箱中37℃培养36~48h。

(2) 挑取形态正常、菌体偏大的单菌落，接种至装有 5mL 的 MRS 液体培养基的试管中，同时接种 3 管，分别标记为#1、#2 和#3。置于恒温 CO_2 培养箱中 37℃ 条件下培养 36~48h。

(3) 定时吸取菌液进行菌体浓度测定和显微镜观察菌体形态大小，判断菌种活化的终点。

3. 菌液浓度测定

(1) 用 200μL 量程的移液枪吸取活化种子液于 1mL 离心管中，从每支试管中取出的菌液在离心管中作对应标号。

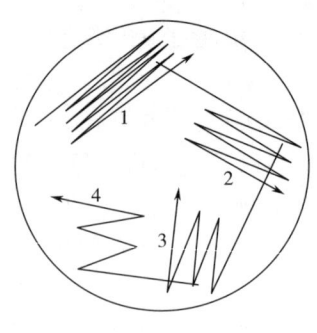

图 6-1　平板 Z 字划线法

(2) 选择 600nm 波长，以未接种剩余的 MRS 培养基作为参比，测定不同时间点样品的 OD。

(3) 若 OD 过高，需要将未接种的剩余 MRS 培养基稀释至合适浓度范围内，使其 OD 在 0.2~0.8，测定后计算出稀释前的实际 OD。

4. 菌体形态观察

(1) 涂片　取一片干净的载玻片，并用酒精灯外焰消毒，等待其冷却。

(2) 干燥　用 10μL 量程的移液枪吸取适量菌液，在载玻片上涂抹成一个薄而均匀的菌液层。

(3) 固定　将涂有菌液的载玻片轻轻接触酒精灯外焰，使菌液干燥。

(4) 初染　吸取适量革兰染色的结晶紫染液覆盖于已干燥的菌液上，使其保持在其中约 1min。

(5) 水洗　斜置载玻片，并用去离子水轻轻冲洗，直至洗下的水呈无色为止。

(6) 媒染　用 1000μL 量程的移液枪吸取适量碘液覆盖于已干燥的菌液上，使其保持在其中约 1min。

(7) 水洗　斜置载玻片，并用去离子水轻轻冲洗，直至洗下的水呈无色为止。

(8) 脱色　斜置载玻片，滴加 95%（体积分数）乙醇脱色，至流出的乙醇不再出现紫色为止，随即用去离子水轻轻冲洗，直至洗下的水呈无色为止。

(9) 复染　用 1000μL 量程的移液枪吸取适量沙黄染液覆盖于已干燥的菌液上，使其保持在其中约 1min。

(10) 水洗　斜置载玻片，并用去离子水轻轻冲洗，直至洗下的水呈无色为止。

(11) 干燥、观察　用吸水纸吸取多余水滴，盖上盖玻片，置显微镜下先用低倍镜观察，发现菌体细胞后滴 1 滴浸油在盖玻片上，用油镜观察菌体的形态及颜色，并作记录。

5. 菌种保藏

(1) 根据菌体浓度和形态观察结果，选取菌体生长状态最佳的菌液作为保存对象。

(2) 用 1000μL 量程的移液枪吸取 250μL 菌液，加入装有 250μL 经灭菌的 50%（质量分数）甘油的离心管中，轻柔混匀，置于-80℃ 冰箱保存。

五、实验结果

分析保藏菌种的活性，用于下次实验使用。撰写实验报告。

六、注意事项

(1) 划线接种时要保证间距适宜，以得到单菌落。
(2) 选取菌落时要选择形态和大小正常的菌落。
(3) 测定 OD 时要设置空白对照，确保准确。
(4) OD 过高时需要将菌液稀释至合适范围。
(5) 培养和测定过程中要保持无菌。

> 🔍 思考题
>
> 1. MRS 的灭菌温度为 115℃ 的原因是什么？
> 2. 菌种复壮时，以何种菌体的生长状态作为培养终点？
> 3. 除了甘油法，是否还有其他保存菌种的方法？

实验 22　大肠杆菌生长曲线的测定

一、实验目的

(1) 了解大肠杆菌的生长特点。
(2) 掌握比浊法测定细菌生长曲线。

二、实验原理

在微生物生长动力学研究中，绘制生长曲线是一项重要实验。该实验首先将少量菌液接种到新鲜培养基中，在适宜条件下培养一定时间，定期检测培养液中的菌量变化。然后以菌量为纵坐标，时间为横坐标绘制曲线，即得生长曲线。

生长曲线反映了单细胞微生物群体在给定环境下的生长规律，通常可分为 4 个阶段：延迟期、对数生长期、稳定期和衰亡期。各阶段时间长短取决于菌种的遗传特性、接种量和培养基营养条件等多种因素。例如，延迟期一般为 1~4h，细菌在此期进行营养摄取，为后续快速增长做准备；对数生长期细菌数量以几何级数快速增长，是细菌生长最活跃的阶段；稳定期细菌增殖趋缓，进入平衡；衰亡期细菌数量急剧下降。测定生长曲线，可以了解菌的生长特性，为科研和生产提供指导。

检测菌量的方法多种多样，比浊法应用广泛，原理是利用分光光度计测定菌液的 OD。由于菌液浓度与其 OD 近似成正比，因此可以快速测定菌量的变化。通过绘制 OD 与培养时间的关系曲线，得到生长曲线，这种方法简单快捷。

三、实验材料与设备

1. 菌种

大肠杆菌（*Escherichia coli*）JM109。

2. 材料

胰蛋白胨、酵母粉、氯化钠、培养基、比色皿、试管、锥形瓶等。

3. 设备

电子分析天平、高压蒸汽灭菌锅、紫外可见分光光度计、恒温摇床、恒温培养箱、超净工作台、磁力搅拌器、培养皿、酒精灯、接种环、移液枪、5mL 离心管、1000mL 烧杯、容量瓶、报纸、纱布、磁力搅拌子等。

四、实验方法与步骤

1. 培养基配制

（1）称取 5g 胰蛋白胨、2.5g 酵母粉、5g 氯化钠于 1000mL 烧杯中，加入 400mL 去离子水在磁力搅拌器中搅拌溶解，调节 pH 至 7.0。

（2）待完全溶解后转移至 500mL 容量瓶中，定容至 500mL。转移 100mL 至另一 500mL 烧杯中，加入 1.5g 琼脂粉末，同样在磁力搅拌器中搅拌混匀。

（3）将加入琼脂的 LB 培养基转移至 500mL 锥形瓶中，其中剩余的 300mL LB 液体培养基按 100mL 分装于 500mL 锥形瓶中。每个锥形瓶口先采用 8 层纱布包裹，然后再用报纸将其包裹。最终剩余的 100mL LB 液体培养基按每根 5mL 分装到试管中，每根试管口先用棉花塞入，然后用报纸包裹。

（4）将上述准备好的培养基置入高压蒸汽灭菌锅中，121℃灭菌 20min。灭菌完成后取出，待 LB 固体培养基冷却至不烫手时，按每平皿 15~20mL 培养基倒平板，在超净工作台中紫外线照射 20~30min，待培养基完全凝固。

2. 菌液制备

（1）将-80℃冰箱中保存的甘油菌 *E. coli* JM109 按 Z 字形划线于 LB 平板，倒置培养于 37℃恒温培养箱 12~14h。

（2）挑取形态正常、大小合适的单菌落，接种至装有 5mL LB 培养基的试管中，于 37℃、250r/min 条件下培养 10~12h，作为一级种子液。

（3）按 1%接种量将上述培养的一级种子液分别接种至 3 个装有 100mL LB 培养基的锥形瓶中，分别记为#1、#2 和#3，在 37℃、250r/min 条件下培养。

3. *OD* 测定

（1）用 1000μL 量程的移液枪吸取发酵液于 5mL 离心管中，从每个锥形瓶中取出的发酵液在离心管中作对应标号。

（2）选择 600nm 波长，以未接种剩余的 LB 培养基作为参比，测定不同时间点样品的 *OD*。

（3）若 *OD* 过高，需要用未接种剩余的 LB 培养基稀释至合适浓度范围内，使其 *OD* 在 0.2~0.8，测定后计算出稀释前的实际 *OD*。

4. 绘图

记录不同时间点的 *OD*，以时间为横坐标，*OD* 为纵坐标绘制生长曲线。

五、实验结果

根据培养时间,记录并分析大肠杆菌的生长情况,撰写实验报告。

六、注意事项

(1) 分装培养基时要保持无菌操作,防止污染。
(2) 接种一级种子液时,单菌落要从新鲜培养基上挑取。
(3) 培养时要定期取出对应编号的样品,不能遗漏时间点。
(4) 测量 OD 时波长要选择合适,稀释次数不宜太多。
(5) 绘图时要标注细节,如时间间隔、稀释倍数等。
(6) 培养结束后要按要求处理废弃物,避免污染。

> 🔍 **思考题**
>
> 1. 为什么要在实验开始时制备菌液,而不是直接从固体培养基上挑取菌落接种?菌液的作用是什么?
> 2. 对数生长期营养物质消耗快速,请分析其对培养基 pH 的影响。
> 3. 测定 OD 时,如果稀释倍数过大会带来什么影响?应如何选择合适的稀释倍数?

实验 23　发酵污染——噬菌体的检测

一、实验目的

(1) 了解噬菌体对发酵工业的危害。
(2) 掌握噬菌体检测的基本原理和效价测定方法。

二、实验原理

1. 噬菌体概述

噬菌体是一类感染细菌(放线菌或螺旋体)、真菌等微生物的病毒总称,因部分能引起宿主细胞裂解而得名。其个体较小,仅在电镜下可见。大多由蛋白质和核酸组成,可长期存活并在宿主内快速增殖,对生态环境的动态平衡起调节作用。噬菌体来源广泛,包括环境、原材料、空气、前体噬菌体和人体等。

作为原核生物病毒,噬菌体体积极小(直径约 $0.1\mu m$),不具有完整细胞结构,仅含单一核酸。其感染能力强,易感染发酵用细菌和放线菌,传播速率快,防治困难,对发酵工业造成重大威胁。噬菌体可通过环境、设备、空气、培养基、操作过程等途径进入发酵系统。

发酵微生物几乎都面临噬菌体污染风险。烈性噬菌体可快速裂解敏感菌,释放大量子代噬菌体继续感染周围细胞,最终导致含敏感菌的液体由浊变清或出现空斑。因此,了解噬菌体特性，并建立快速检查、分离和效价测定方法，对防止噬菌体污染具重要意义。

2. 噬菌体检测方法

（1）显微镜法　定期取样涂片染色，显微镜下检测异常菌体，可快速判断是否遭受噬菌体污染。目前用于噬菌体检测的显微镜有透射电镜、荧光显微镜和原子力显微镜等。

（2）双层琼脂平板法　双层琼脂平板法使用最广泛，通过形成的噬菌斑可检测噬菌体并测定效价。噬菌体效价是指每毫升样品中含有的能感染宿主菌的噬菌体数目。原理是在含特定宿主菌的琼脂平板上，每个噬菌体可形成一个噬菌斑。优点是底层培养基可弥补皿的不平整，上层培养基浓度低，可形成较大噬菌斑，大小一致，边界清晰，便于准确计数。

（3）离心分离加热法　利用感染后的细胞高分子溶出的特点，对发酵液离心上清液加热可快速检测噬菌体。原理是正常发酵液离心后上清液蛋白质含量低，加热后仍清亮；而受感染的发酵液上清液含高分子物质，加热后出现沉淀。

（4）流式细胞法　利用流式细胞仪对流动细胞实时检测，可鉴定是否感染噬菌体，以便及时采取措施。

（5）PCR法　PCR法可快速检测多种噬菌体。考虑到此法耗时，发酵过程中采用实时荧光定量PCR检测特定噬菌体DNA复制情况，可缩短检测时间。

（6）生物传感器法　利用表面等离子共振技术检测噬菌体与宿主交互作用引起的传感器表面质量密度变化，实现噬菌体的定量分析。

三、实验材料与设备

1. 菌种

大肠杆菌（*Escherichia coli*）JM109、大肠杆菌噬菌体（从阴沟或粪池污水中分离）。

2. 材料

胰蛋白胨、酵母粉、氯化钠、培养皿、比色皿、试管、锥形瓶等。

3. 设备

台式高速离心机、电子分析天平、高压蒸汽灭菌锅、紫外可见分光光度计、恒温摇床、恒温培养箱、恒温水浴锅、超净工作台、磁力搅拌器等。

四、实验方法与步骤

1. 培养基配制

LB液体和固体培养基的配制参考实验22，上层半固体LB培养基和下层固体LB培养基分别分装于500mL锥形瓶中进行灭菌。

2. 大肠杆菌菌液制备

大肠杆菌菌液制备参考实验22。

3. 噬菌体检查

（1）将约10mL 45℃左右的融化下层培养基倒入11个无菌培养皿中，平铺后待固化，在皿底标记噬菌体稀释度。

（2）以10倍稀释法制备噬菌体稀释液，取0.5mL大肠杆菌噬菌体接入4.5mL 10g/L蛋白胨水，制成10^{-1}稀释液，进而稀释至10^{-6}。

（3）取11支无菌试管，分别标记10^{-4}、10^{-5}和10^{-6}和对照。从10^{-4}、10^{-5}和10^{-6}稀释液中

各取 0.1mL 接入对应标记试管,每个稀释度做 3 管重复。在另 2 管对照中加入 0.1mL 无菌水。然后每管加入 0.2mL 大肠杆菌对数生长期菌液,混匀后 37℃ 水浴保温 5min,使噬菌体吸附侵入菌体。

(4) 将 11 支约 45℃ 的上层半固体培养基分别加入含有噬菌体和大肠杆菌菌液的混合管中,迅速混匀后倾注对应底层平板,铺展表面。静置凝固后于 37℃ 培养。

(5) 观察并计数 噬菌体效价计算如式 (6-1)。

$$\text{噬菌体效价}(\text{个}/\text{mL}) = \frac{\text{平均噬菌斑数量}(\text{个}) \times \text{稀释倍数}}{\text{样品体积}(\text{mL})} \tag{6-1}$$

五、实验结果

根据噬菌体的检测量,记录并分析发酵过程的污染情况,撰写实验报告。

六、注意事项

(1) 制备双层平板时,上下层培养基的温度需要控制在 45~50℃,避免过热影响噬菌体活性。

(2) 接种上层平板时要迅速操作,避免培养基过凝。

(3) 平板接种后要水平放置,使噬菌体和菌液在上层平板中匀速散布。

(4) 观察结果时,要区分噬菌斑和杂菌污染菌落。判断噬菌体效价时,只统计典型的圆形透明噬菌斑。

> **思考题**
>
> 1. 不同噬菌体对宿主菌的感染和裂解效率可能不同,如何设计实验比较不同噬菌体的效价?
> 2. 噬菌斑的大小与噬菌体类型、宿主菌生长期、培养基成分等有关,这会影响计数结果。如何优化实验条件使计数更准确?
> 3. 重复管数的设置是否合理?重复次数增加可以提高结果可靠性,但也会增加实验量,如何权衡?
> 4. 除效价外,是否可以通过此实验开展噬菌斑范围鉴定、抗噬菌体机制研究等?如何设计实验方案?
> 5. 如何在保证实验结果可靠的前提下,优化流程,避免实验费时费力?

实验 24 *l*-乳酸发酵

一、实验目的

(1) 了解发酵法生产 *l*-乳酸的原理和工艺流程。

(2) 学习 *l*-乳酸、残糖和菌体浓度的测定分析方法。

(3) 掌握发酵罐的结构及其使用方法。

二、实验原理

乳酸（$C_3H_6O_3$）的相对分子质量为90.08，含一个手性碳原子，存在 d-乳酸（右旋）和 l-乳酸（左旋）两种构型，如图6-2所示。当等量 d-乳酸和 l-乳酸混合时，生成消旋 dl-乳酸。

图6-2 乳酸结构式

乳酸的生产方法有化学合成法、酶法和微生物发酵法。微生物发酵法是利用淀粉、葡萄糖等碳源，接种微生物发酵转化生成乳酸。根据产物类型，乳酸发酵可分为同型乳酸发酵、异型乳酸发酵和双歧杆菌发酵。

本实验所用菌株为嗜热乳酸杆菌（*Lactobacillus thermophilus*）T-1，采用同型乳酸发酵途径，机制是葡萄糖通过糖酵解（EMP）通路转化为丙酮酸，丙酮酸在乳酸脱氢酶作用下还原生成乳酸，如图6-3所示。

$$\text{葡萄糖} \xrightarrow[2(ADP+Pi)]{EMP途径} 2\text{丙酮酸} \xrightarrow[NADH+H]{\text{乳酸脱氢酶}} 2\text{乳酸}$$

图6-3 同型乳酸发酵途径
ADP，二磷酸腺苷；NADH，还原型辅酶I。

三、实验材料与设备

1. 菌种

嗜热乳酸杆菌（*Lactobacillus thermophilus*）T-1。

2. 材料

葡萄糖、酵母提取物、蛋白胨、碳酸钙、氢氧化钠溶液、消泡剂、量筒、烧杯、离心管、玻璃棒等。

3. 设备

全自动3.5L发酵罐系统、SBA-40C型生物传感分析仪、高效液相色谱分析仪、紫外可见分光光度计、恒温培养箱、电子分析天平、超净工作台、台式高速离心机、恒温振荡器、量筒、烧杯、离心管、移液枪、玻璃棒等。

四、实验方法与步骤

1. 试剂配制

(1) 种子培养基的制备 30g/L葡萄糖、5g/L酵母提取物、5g/L蛋白胨、10g/L碳酸钙。

(2) 玉米糖化液的制备 ①称取500g玉米粉，置于2000mL烧杯中，加入375mL蒸馏水搅拌溶解。②每 100g 玉米粉加入 1mL α-淀粉酶，置于磁力搅拌器中搅拌均匀。③在水浴上加热到 85~90℃，保温 1h，中途将磁力搅拌器转速调低至轻轻搅拌。④加热至沸腾，待温度再降至 90℃时，加入剩余的 125mL 蒸馏水，轻轻搅拌均匀。⑤降温至 50~60℃，加入 5mL 糖化酶，保温 6~8h，得到玉米粉水解糖液。

2. 种子培养

（1）培养基的配制和菌种划线参考实验 21~23。

（2）从新鲜平板上挑选形态正常、大小合适的单菌落接入 300mL 种子培养基中。

（3）置于恒温摇床，于 50℃、150r/min 条件下培养 16~18h。

3. 3.5 L 发酵罐发酵

（1）空消 对空发酵罐进行彻底清洗，并在 121℃灭菌 20min。

（2）实消 将 2.7L 发酵培养基从进样口移入已灭菌的 3.5L 发酵罐中，盖上发酵罐盖子，用牛皮纸将发酵罐中的空气滤芯包裹，插入 pH 电极和溶氧电极，在 115℃灭菌 30min。

（3）校正 按操作说明校正 pH 电极和溶氧电极。

（4）接种与发酵 在火焰保护下，将 300mL 种子液接入发酵罐，控制温度 50℃，pH 6.0。0~20h 内通气量为 60L/h，搅拌速率 100r/min，在 20~72h 停止通气和搅拌。pH 调节液选用 8mol/L NaOH 溶液。

（5）测量 定时取样，测定菌体浓度、葡萄糖和乳酸浓度。

4. 分析方法

（1）菌体浓度的测定 取 2mL 发酵液，12000×g 离心 10min，弃上清液，用 0.1mol/L 盐酸溶液洗涤菌体沉淀除去残余碳酸钙，10000×g 离心 10min，弃上清液。将菌体沉淀重复洗涤一次，离心弃上清液，最终将菌体重悬于 10mL 去离子水中，在 600nm 下测定 OD。

（2）葡萄糖浓度的测定 取 2mL 发酵液，12000×g 离心 10min，取上清液。使用 SBA-40C 型生物传感分析仪测定稀释后样本中的葡萄糖浓度。酶膜为 D-葡萄糖酶膜，进样量为 25μL。

（3）l-乳酸浓度测定 ①方法一：取 2mL 发酵液，12000×g 离心 10min，取上清液，以 0.22μm 滤膜过滤得到待测样液，采用高效液相色谱法（HPLC）测定 l-乳酸的浓度，使用 Waters e2695 系统进行 HPLC 分析，该系统配备 Waters 2414 示差折光检测器和 Bio-Rad PX-87H 色谱柱（300×7.8mm），进样量为 10μL，采用 5mmol/L 稀硫酸为流动相，在 55℃条件下按流速 0.4mL/min 进行洗脱；②方法二：待测液处理方法不变，使用 Agilent Technologies 1260 Infinity 液相色谱仪；检出器波长 254nm；灵敏度 0.32AUFS；分离柱为 MCI GEL-CRS10W（3u）4.6 ID×50mm；流动相 A 为 2mmol/L 硫酸铜，流动相 B 为蒸馏水+0.1%（质量分数）甲酸；流量 0.5mL/min；进样量为 10μL。

五、实验结果

记录并分析发酵过程中葡萄糖浓度、菌体浓度以及 l-乳酸浓度和糖酸转化率的变化规律，撰写实验报告。

糖酸转化率如式（6-2）。

$$糖酸转化率 = \frac{l-乳酸质量(g)}{葡萄糖质量(g)} \tag{6-2}$$

六、注意事项

(1) 玉米粉需过筛，确保粒度均匀。并且搅拌均匀避免破坏淀粉粒。
(2) 加酶量和添加顺序需要严格控制，否则会影响糖化效率。
(3) 反应 pH 和温度对酶的活性至关重要，需要控制在合适范围内。
(4) 种子液接种量要适中，保持菌种活力。
(5) 发酵前应正确校准传感器。发酵过程中取样要注意无菌操作，避免染菌。
(6) 发酵终点要根据产物浓度确定。

> **思考题**
>
> 1. 是否可以试验其他糖化方法，如酸法糖化？试与酶法糖化进行比较。
> 2. α-淀粉酶和糖化酶的添加量及比例是否可以优化，以提高糖化率？
> 3. 是否可以缩短培养时间，以提高种子液菌量？
> 4. 是否可以通过改变发酵条件，如溶氧浓度、pH，以提高乳酸产量？

实验 25　丙酮酸发酵

一、实验目的

(1) 学习发酵法生产丙酮酸的原理。
(2) 掌握测定丙酮酸含量的方法。

二、实验原理

丙酮酸是三大代谢途径（葡萄糖代谢、脂肪酸代谢和氨基酸代谢）的关键中间产物，通过乙酰辅酶 A（CoA）发挥着连接和调节这三大代谢途径的重要枢纽作用。丙酮酸既处于糖酵解（EMP）途径的末端，又是连接 EMP 途径和三羧酸（TCA）循环的关键产物。丙酮酸的代谢途径如下。

(1) 丙酮酸→$H_2O + CO_2$　丙酮酸在丙酮酸脱氢酶的作用下发生氧化脱羧生成乙酰 CoA，后者与草酰乙酸结合形成柠檬酸进入 TCA 循环。在循环中，乙酰 CoA 被氧化为 H_2O 和 CO_2，并释放出大量能量。

(2) 丙酮酸→乳酸（乳酸发酵）　在无氧条件下，丙酮酸被 NADH 还原为乳酸（图 6-4）。

$$丙酮酸 + NADH \xrightarrow{乳酸脱氢酶} l\text{-乳酸} + NAD^+$$

图 6-4　乳酸发酵

(3) 丙酮酸→乙醇（酒精发酵）　丙酮酸在丙酮酸脱羧酶催化下脱羧生成乙醛，后者继续在醇脱氢酶催化下被 NADH 还原为乙醇。乙醇可以被氧化为乙醛，再转变为乙酰 CoA 进入 TCA 循环（图 6-5）。

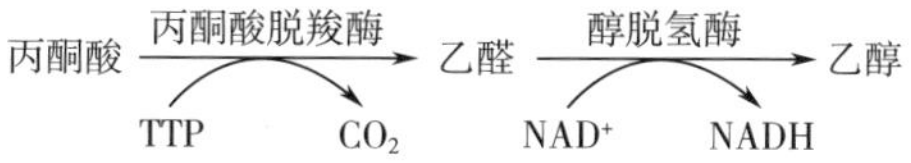

$$\text{丙酮酸} \xrightarrow[\text{TTP} \quad CO_2]{\text{丙酮酸脱羧酶}} \text{乙醛} \xrightarrow[NAD^+ \quad NADH]{\text{醇脱氢酶}} \text{乙醇}$$

图 6-5　酒精发酵

（4）丙酮酸→乙酸　丙酮酸氧化脱羧产生的乙酰 CoA 在磷酸乙酰转移酶催化下与磷酸作用，生成乙酰磷酸，再在乙酸激酶催化下产生乙酸（图 6-6）。

$$\text{丙酮酸} \xrightarrow{\text{丙酮酸脱氢酶}} \text{乙酰CoA} \xrightarrow{\text{磷酸乙酰转移酶}} \text{乙酰磷酸} \xrightarrow[ADP \quad ATP]{\text{乙酸激酶}} \text{乙酸}$$

图 6-6　丙酮酸→乙酸发酵

由于丙酮酸在代谢网络中处于枢纽位置，根据代谢控制原理，要实现丙酮酸在生物体内的高效积累，需要采取以下措施：减弱或切断丙酮酸的后续代谢途径，防止向下游分流；加速丙酮酸的上游合成速率，增加底物输入；去除代谢产物的反馈抑制作用，提高途径流动速率。

三、实验材料与设备

1. 菌种

光滑球拟酵母（*Torulopsis glabrata*）。

2. 材料

葡萄糖、蛋白胨、磷酸二氢钾、硫酸镁、硫酸铵、烟酸、盐酸硫胺素、生物素、盐酸吡哆醇、氯化钙、硫酸亚铁、氯化锌、氯化锰、硫酸铜、盐酸、锥形瓶、烧杯、试管等。

3. 设备

高效液相色谱分析仪、台式高速离心机、高压蒸汽灭菌锅、超净工作台、恒温振荡器、磁力搅拌器、恒温培养箱、紫外分光光度计、3.5L 自动控制发酵罐、SBA-40C 型生物分析传感仪等。

四、实验方法与步骤

1. 培养基配制

（1）种子培养基　30g/L 葡萄糖、10g/L 蛋白胨、1g/L 磷酸二氢钾、0.5g/L 硫酸镁，pH 5.6。

（2）发酵培养基　80g/L 葡萄糖、3g/L 蛋白胨、5.9g/L 硫酸铵、1g/L 磷酸二氢钾、0.5g/L 硫酸镁、8mg/L 烟酸、20μg/L 盐酸硫胺素、10μg/L 生物素、0.5mg/L 盐酸吡哆醇、5mL/L 金属离子母液，pH 5.6。

（3）金属离子母液　2g/L 氯化钙、2g/L 硫酸亚铁、5g/L 氯化锌、0.2g/L 氯化锰、0.5g/L 硫酸铜、2mol/L 盐酸。

2. 种子培养

（1）在新鲜平板上挑取大小合适、形态正常的单菌落接种于 5mL 含种子培养基的试管中，30℃、250r/min 培养 20~24h，作为一级种子液。

（2）按 1%接种量吸取 5mL 一级种子液接种于 50mL 含种子培养基的 500mL 锥形瓶中，30℃、250r/min 培养，定时取样测 OD，待菌体到达对数生长期时取出作为二级种子液待接种。

3. 3.5L 发酵罐分批发酵实验

（1）发酵罐的空消、实消和校正参考实验 24。

（2）接种与发酵 在火焰保护下，将 300mL 种子液接入发酵罐，控制温度为 30℃，pH 6.0。0~12h 通气量为 60L/h，搅拌速率 100r/min，在 20~72h 停止通气和搅拌。自动流加 8mol/L NaOH 溶液控制发酵液 pH 为 5.0±0.05。

（3）测量 定时取样，测定菌体浓度、葡萄糖和丙酮酸浓度，当残糖浓度低于 5g/L 时发酵结束。

4. 分析方法

（1）菌体和葡萄糖浓度的测定参考实验 24 中菌体和葡萄糖浓度的测定方法。

（2）丙酮酸的测定参考实验 24 中 l-乳酸的测定方法。

五、实验结果

记录并分析发酵过程中菌体浓度、葡萄糖浓度、丙酮酸含量的变化情况，撰写实验报告。

六、注意事项

（1）种子培养要选择形态正常、生长状态良好的单克隆菌落接种，避免引入误差。

（2）发酵罐的消毒、校正都要进行，确保设备状态良好。

（3）接种量要适当，避免初期菌体浓度过高或过低。

（4）发酵过程中的温度、pH、溶氧等参数要严格控制，保证在最适范围内。

（5）取样过程确保无菌。

思考题

1. 不同批次种子液质量的差异是否会影响实验结果？如何减少种子液的批次差异？
2. 环境条件（温度、pH 等）波动是否会影响发酵过程？如何优化控制策略？
3. 菌种在传代过程中是否会发生变异？如何监测和评估菌种的稳定性？
4. 产物的定量分析方法是否准确可靠？存在哪些干扰和误差源？
5. 如何评估并确定关键工艺参数对产量的影响程度？
6. 是否有工艺规模放大的可行性研究？规模放大过程中的问题和解决方案有哪些？

实验 26　柠檬酸发酵

一、实验目的

（1）了解并熟悉黑曲霉深层发酵柠檬酸技术。
（2）掌握柠檬酸的发酵生产工艺与发酵分析方法。

二、实验原理

黑曲霉发酵法生产柠檬酸的代谢途径为：黑曲霉生长时会分泌淀粉酶和糖化酶，这些酶可以将淀粉水解为葡萄糖。葡萄糖通过糖酵解（EMP）途径和磷酸戊糖（HMP）途径转化为丙酮酸。丙酮酸一部分氧化脱羧生成乙酰CoA，另一部分经 CO_2 固定生成草酰乙酸，后者与乙酰CoA 缩合生成柠檬酸。当氮源及锰等金属离子受限，而葡萄糖浓度较高时，TCA 循环中的酮戊二酸脱氢酶活性降低，代谢流向柠檬酸聚集，从而大量积累并排出菌体外。柠檬酸生物合成途径见图 6-7。生长期 EMP 与 HMP 途径的比为 2∶1，产酸期该比例升至 4∶1。黑曲霉合成柠檬酸时存在 TCA 循环和乙醛酸循环。以糖为原料发酵时，柠檬酸积累达一定水平后，TCA 循环和

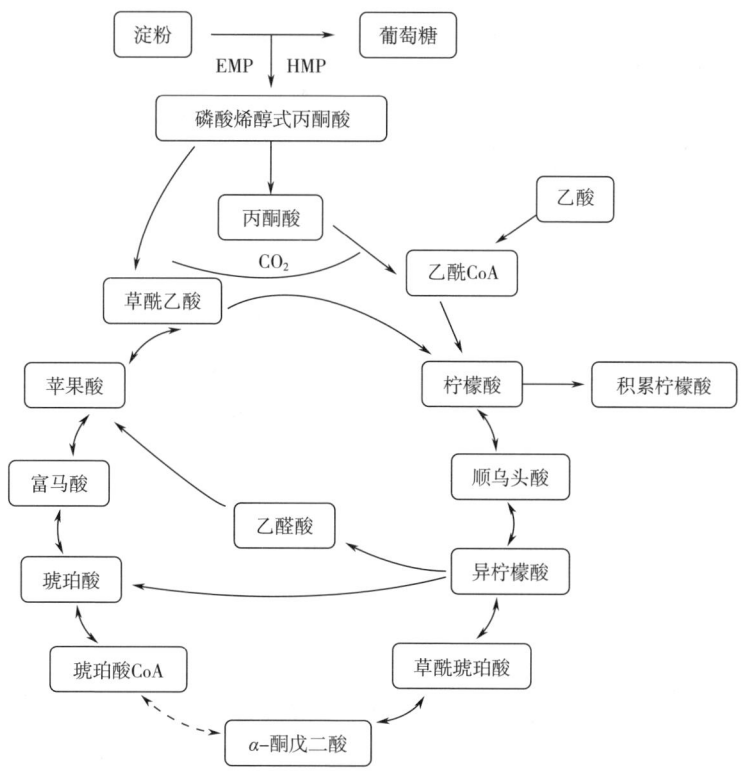

图 6-7　柠檬酸生物合成途径

乙醛酸循环会被抑制。TCA 循环和乙醛酸循环被抑制后，草酰乙酸主要由丙酮酸或磷酸烯醇式丙酮酸羧化生成，即通过丙酮酸羧化酶固定 CO_2 形成草酰乙酸。

柠檬酸生物合成途径通过化学方程式表示如下。

（1）葡萄糖经 EMP 和 HMP 途径生成两分子丙酮酸，如图 6-8 所示。

$$C_6H_{12}O_6 \longrightarrow 2CH_3COCOOH + 2ATP + 2NADH$$

图 6-8　柠檬酸合成途径（1）

（2）丙酮酸在丙酮酸羧化酶的作用下氧化脱掉一个 COOH 生成草酰乙酸，如图 6-9 所示。

$$CH_3COCOOH + CO_2 + ATP \longrightarrow C_4H_4O_5 + ADP + Pi$$

图 6-9　柠檬酸合成途径（2）

（3）丙酮酸在丙酮酸脱氢酶的作用下脱氢生成乙酰 CoA，如图 6-10 所示。

$$CH_3COCOOH + CoA + NAD^+ \longrightarrow CH_3COCoA + NADH^+ + CO_2$$

图 6-10　柠檬酸合成途径（5）

（4）草酰乙酸和乙酰 CoA 缩合为柠檬酸，如图 6-11 所示。

$$C_4H_4O_5 + CH_3COCoA \longrightarrow C_6H_8O_7$$

图 6-11　柠檬酸合成途径（6）

三、实验材料与设备

1. 菌种

黑曲霉。

2. 材料

玉米粉糖化液、NaOH、酚酞试剂、3,5-二硝基水杨酸试剂（DNS 试剂）、葡萄糖、草酸铵结晶紫液、比色皿、容量瓶、纱布、滤纸、布氏漏斗、滴定管、试管、烧杯、锥形瓶等。

3. 设备

高压蒸汽灭菌锅、台面高速离心机、电子分析天平、恒温培养箱、恒温摇瓶柜、超净工作台、紫外分光光度计、磁力搅拌器、旋转蒸发器、恒温水浴锅、pH 计等。

四、实验方法与步骤

1. 培养基制备

（1）马铃薯琼脂培养基　将 200g 去皮马铃薯切成小块，加入约 500mL 蒸馏水，煮沸 30min。用 8 层纱布过滤获得马铃薯提取液滤液。向滤液中加入 20g 蔗糖和 20g 琼脂粉，加热溶解，并定容至 1000mL。分装入试管中，使斜面不超过试管口的 2/3 处，用棉花塞紧试管口，在 121℃条件下高压蒸汽灭菌 20min。

(2) 马铃薯液体培养基 除不添加琼脂外，配置方法参考马铃薯琼脂培养基，吸取 50mL 分装于 500mL 锥形瓶中，在 121℃ 条件下灭菌 20min。

(3) 种子液制备 将黑曲霉菌株接种到马铃薯琼脂斜面培养基上，于 30℃ 下恒温培养 24~48h。在斜面上轻轻挑取菌丝接入 50mL 马铃薯液体培养基，30℃、200r/min 摇瓶培养 24~48h，获得种子液。用显微镜观察菌丝生长状况，最佳生长状态的黑曲霉菌丝球应致密，菌球直径不超过 0.1mm，菌丝短粗、分支少，局部膨大呈瘤状或膨胀，此时可进行接种。

2. 发酵培养

(1) 发酵培养基 玉米粉经由 100 目筛子筛选，称取 200g 已筛玉米粉于 1000mL 烧杯中，加入 800mL 蒸馏水，置于磁力搅拌器加热搅拌至 90℃，加入 1mL 高温淀粉酶，保温 20~30min。用碘液检验是否糖化完全，当碘指示剂不显蓝色时表示糖化完全，得到 200g/L 玉米糖化液。取糖化液各 100mL 装入 3 个 1000mL 锥形瓶，分别用 8 层纱布和报纸封口，于 121℃ 灭菌 20min。

(2) 发酵 待发酵培养基灭菌后冷却至 40℃ 以下时，每瓶按 3% 接种量接入种子液，35℃、250r/min 发酵培养。在发酵期间定时取样，发酵初始样液作为空白对照。

3. 分析方法

(1) 待测液处理 将待测样煮沸 10min，10000×g 离心 10min 取上清液，检测残糖和柠檬酸含量。

(2) 柠檬酸含量检测 一般检测发酵过程中的总酸，采用 0.1429mol/L NaOH 溶液滴定发酵过滤上清液，柠檬酸含量的计算如式（6-3）。

$$柠檬酸含量（mg/mL）= \frac{C_{NaOH} \times V_{NaOH}}{V_{柠檬酸}} \times M_{柠檬酸} \quad (6-3)$$

(3) DNS 法测定总糖及残糖（还原糖） ①葡萄糖标准溶液的配制：称取 20mg 葡萄糖加入 15mL 50mmol/L 磷酸钠缓冲液（pH 7.0）中，搅拌溶解，在容量瓶中定容至 20mL，使终浓度为 1mg/mL。分别设置 0、0.05、0.1、0.15、0.2、0.25、0.3mg 的浓度梯度组，每种组分的添加量见表 6-1。使用移液枪精确吸取表中组分于 10mL 离心管中，加入 1mL DNS 溶液，煮沸 10min，此时反应液变为砖红色。待反应液冷却至室温，加入 2mL 去离子水，轻微振荡混匀，在 540nm 波长处测定反应液的吸光度。以葡萄糖含量为横坐标，OD 为纵坐标绘制标准曲线并求得回归方程。②按表 6-1 葡萄糖标准溶液配制方法进行还原糖含量测定。用空白培养基代替发酵上清液为对照组，并按照上述方法进行操作。每个实验取 3 个平行的平均值。根据测得的吸光度代入标准曲线，计算得到发酵液中还原糖的含量。若 OD 示数超过分光光度计量程范围（0.2~0.8），则用空白培养基将反应上清液进行稀释。

表 6-1　　　　　　　　　　　葡萄糖标准溶液配制表　　　　　　　　　　　单位：mL

试剂	葡萄糖/mg						
	0	0.05	0.1	0.15	0.2	0.25	0.3
葡萄糖（1mg/mL）	0	0.05	0.1	0.15	0.2	0.25	0.3
磷酸（50mmol/L）钠缓冲液（pH 7.0）	0.3	0.25	0.2	0.15	0.1	0.05	0

续表

试剂	葡萄糖/mg						
	0	0.05	0.1	0.15	0.2	0.25	0.3
DNS 试剂①	1	1	1	1	1	1	1
去离子水	2	2	2	2	2	2	2

注：①煮沸 10min，待冷却至室温后加入去离子水。

（4）结果记录　将每个取样点测得的结果记录于表 6-2。

表 6-2　　　　　　　黑曲霉发酵产柠檬酸结果记录表

时刻	时间/h	pH	菌体 OD_{600}	还原糖浓度/(g/L)	柠檬酸浓度/(g/L)

五、实验结果

分析并记录黑曲霉发酵过程中菌体 OD_{600}、还原糖浓度、柠檬酸浓度的变化情况，撰写实验报告。

六、注意事项

（1）筛选玉米粉是为了后续接种时便于吸取菌液。

（2）使用碘液检测淀粉含量时，需待测液冷却至室温后操作，否则结果不准确。

（3）接种培养基量需控制适量，培养基量不应高于容器容积的 1/10，否则培养过程中黑曲霉生长所需氧气不足。

（4）在将种子液接种至发酵培养基前应先用显微镜观察菌落生长状况，如果发现菌丝细长，说明黑曲霉已提前进入柠檬酸发酵阶段，这会导致后期柠檬酸产量降低。

🔍 思考题

1. 种子液制备中，如何判断菌丝生长状态？
2. 发酵培养基准备中，玉米粉的筛选目的是否仅仅是为了方便操作？筛选粒径是否会影响发酵效果？
3. 残糖和柠檬酸的检测方法是否具有足够的灵敏度和特异性，是否存在更好的检测手段？
4. 除残糖和柠檬酸外，是否还有其他指标也需要检测，以监控发酵过程？
5. 如何将实验结果与理论知识结合，以全面分析和理解发酵过程？
6. 根据实验结果，探讨缩短发酵周期，提高发酵效率的方法。

实验 27　枯草芽孢杆菌发酵

一、实验目的

(1) 掌握枯草芽孢杆菌的生长状态。
(2) 了解枯草芽孢杆菌的代谢特点。

二、实验原理

枯草芽孢杆菌（*Bacillus subtilis*）表现出独特的染色特性，缺乏荚膜，并具有用于运动的多毛鞭毛，革兰阳性。其孢子呈椭圆形至杆状，位于细菌细胞的中心或稍微偏移不会引起细胞大小的显著变化。当在普通营养琼脂上培养时，该细菌的圆形菌落形态粗糙、不透明、模糊的白色或带锯齿状边缘的微黄色。目前，细菌的鉴定主要通过常规方法进行，如通过观察菌落特征及形态学和生化测试进行综合判断。

枯草芽孢杆菌被归类为专性需氧菌，利用蛋白质、各种糖和淀粉作为碳源。此外，它可以代谢色氨酸产生吲哚。遗传学研究揭示了这种细菌的嘌呤核苷酸合成途径和调控机制。

枯草芽孢杆菌广泛分布于土壤和腐烂的有机物中，易在枯草浸汁中繁殖，某些菌株可以产生 α-淀粉酶、中性蛋白酶和核苷酸降解酶，为各种生物技术应用提供了广阔的前景。

三、实验材料与设备

1. 菌种

枯草芽孢杆菌（*Bacillus subtilis*）168。

2. 材料

胰蛋白胨、酵母提取物、氯化钠、葡萄糖、磷酸氢二钾、硫酸镁、硫酸锰等。

3. 设备

高压灭菌锅、pH 计、紫外可见分光光度计、恒温培养箱、全温摇瓶柜、超净工作台、电子分析天平、光学显微镜等。

四、实验方法与步骤

1. 试剂配制

(1) 一级种子培养基（LB 培养基）　10g/L 胰蛋白胨、5g/L 酵母提取物、10g/L 氯化钠[固体培养基含有 1.5%（质量分数）琼脂]。

(2) 二级种子培养基　10g/L 葡萄糖、15g/L 胰蛋白胨、20g/L 酵母提取物、8g/L 氯化钠、2g/L 磷酸氢二钾、1g/L 硫酸镁，pH 7.3。

(3) 发酵培养基　15g/L 葡萄糖、10g/L 胰蛋白胨、20g/L 酵母提取物、8g/L 氯化钠、2g/L 磷酸氢二钾、1g/L 硫酸镁、0.008g/L 硫酸锰，pH 7.3。

2. 实验步骤

（1）将-80℃冰箱中保存的甘油菌划线于 LB 平板，倒置培养于 37℃培养箱 12~14h。

（2）挑取形态正常、大小合适的单菌落，接种至装有 5mL LB 培养基的试管中，37℃、250r/min 培养 10~12h，作为一级种子液。

（3）按照 3%的接种量吸取上述一级种子液 0.75mL 接种于两个 25mL 的二级种子培养基（装于 250mL 锥形瓶）中，37℃、250r/min 培养 10h 作为二级种子液。

（4）将上述二级种子液按照 3%的接种量（即 1.5mL）接种于 50mL 的发酵培养基（装于 500mL 锥形瓶）中，每个配方配制两瓶作为对照，分别标号#1、#2，37℃、250r/min 培养。

（5）在发酵培养 2h 后，每隔 2h 取样 1mL 发酵液进行 pH 和 OD 测定。OD 测定以发酵培养基作为空白对照，在 600nm 波长下进行。对于细胞密度大的发酵液用空白发酵培养基适当稀释，使得吸光度落在 0.2~0.8。菌体 pH 和 OD 记录于表 6-3 中，并绘制菌体生长曲线。

（6）枯草芽孢杆菌的发酵以芽孢的形成作为终点，对每次取样后的发酵液进行革兰染色镜检。具体方法参考实验 1 中的菌体形态观察。

表 6-3　　　　　　　枯草芽孢杆菌生长状态记录表

培养时间/h	2	4	6	8	10	12	14	16	18	…
pH										
OD										

五、实验结果

记录并分析培养过程中菌株的生长状态，区分其不同生长期，撰写实验报告。

六、注意事项

（1）菌种的保存要严格无菌，避免杂菌污染。从-80℃冰箱取出菌种时要迅速，避免长时间暴露在室温下导致菌种活性降低。

（2）培养条件要保持一致稳定，温度、转速、时间控制准确，否则不同批次之间的结果无法比较。

（3）各阶段的种子液接种量要严格控制，通常为 3%~5%，不宜过大或过小。

（4）定期检查培养基中是否有杂菌污染。一旦发现，要立即报告并重新开始。

（5）记录数据细致准确，菌体生长曲线绘制过程中要标注具体时间点。

（6）观察时多点取样、重复观察，结果取平均值，避免个体误差。

🔍 思考题

1. 不同菌株之间是否存在生长状态的差异，如果存在，是遗传变异还是培养条件所造成？

2. 调节培养基成分比例是否会影响菌落的生长状态？哪些营养成分最关键？
3. 继续延长培养时间，菌落还会出现哪些新的生长状态？孢子形成后是否还会繁殖？
4. 采用其他分析方法如流式细胞术、显微图像分析等手段检测，是否可以获取更多生长参数？
5. 与模型菌株大肠杆菌等进行比较，两者在生长曲线、代谢产物等方面是否存在差异？原因是什么？
6. 生长状态与产物表达之间存在什么关系？如何优化培养以提高产量？
7. 如何应用获得的生长规律数据建立动力学模型并模拟优化枯草芽孢杆菌的发酵过程？

实验 28　淀粉酶固态发酵

一、实验目的

（1）了解固态发酵的原理。
（2）掌握淀粉酶的酶活测定方法。

二、实验原理

α-淀粉酶（1,4-葡聚糖-4-葡聚糖水解酶，EC 3.2.1.1）水解淀粉分子中的 1,4-葡聚糖键，将淀粉首先降解为低聚糖，然后进一步降解为麦芽糖和葡萄糖。α-淀粉酶广泛存在于动物、植物和微生物中，但与来源于微生物的 α-淀粉酶相比，植物和动物来源的 α-淀粉酶更为稳定，而且获得成本低廉，因此在食品、饮料、纺织、制药和日化等行业中有更广泛的工业应用。

微生物可以通过深层发酵和固态发酵两种方式生产 α-淀粉酶，商业上 α-淀粉酶主要通过深层发酵生产。但固态发酵生产 α-淀粉酶由于其体积产率高、相对产品浓度高、污水少以及设备要求简单等独特优势，也展现出巨大应用前景。在固态发酵过程中，固体基质不仅为菌体提供营养，也可以充当菌体的附着物。越来越多的研究开始利用固态发酵和菌体系统生产酶和代谢产物。

固态发酵生产酶时，基质的选择需要考虑成本、可获得性等因素。农业和农产工业残渣通常被认为是固态发酵和酶生产的最佳基质之一。榛子饼是一种相对便宜的基质，含有丰富的蛋白质、维生素和矿物质，可作为固态发酵基质生产 α-淀粉酶。

淀粉酶催化淀粉分子中的葡萄糖苷键发生水解，产生葡萄糖、麦芽糖等。实验中可根据反应后淀粉与碘液的颜色变化来判断未被水解的淀粉量，推算出淀粉酶的酶活力。

三、实验材料与设备

1. 菌种

解淀粉芽孢杆菌（*Bacillus amyloliquefaciens*）。

2. 材料

胰蛋白胨、酵母提取物、氯化钠、葡萄糖、磷酸二氢钾、硫酸镁、氯化钙、榛子饼、硫酸铵等。

3. 设备

高压蒸汽灭菌锅、电子pH计、紫外可见分光光度计、恒温培养箱、全温摇瓶柜、超净工作台、电子分析天平、恒温水浴锅、台式高速离心机等。

四、实验方法与步骤

1. 培养基制备

（1）一级种子培养基（LB培养基）　10g/L胰蛋白胨、5g/L酵母提取物、10g/L氯化钠［固体培养基含有1.5%（质量分数）琼脂］。

（2）二级种子培养基　10g/L葡萄糖、2.5g/L胰蛋白胨、2g/L酵母提取物、1.5g/L氯化钠、0.5g/L磷酸二氢钾、0.5g/L硫酸镁、0.1g/L氯化钙、pH 7.0。

（3）发酵培养基　20g/L榛子饼、5g/L胰蛋白胨、2.5g/L酵母提取物、5g/L硫酸铵、pH 7.0。

2. 发酵

（1）将-80℃冰箱中保存的甘油菌划线于LB平板，倒置培养于37℃培养箱24~48h。

（2）挑取形态正常、大小合适的单菌落，接种至装有5mL LB培养基的试管中，37℃、250r/min培养24~36h，作为一级种子液。

（3）按照4%的接种量取上述一级种子液0.75mL接种于两个25mL的二级种子培养基（装于250mL锥形瓶）中，37℃、250r/min培养8~16h作为二级种子液。

（4）将上述二级种子液按照4%的接种量（即1.5mL）接种于50mL的发酵培养基（装于500mL锥形瓶）中，37℃、250r/min培养，定时取样。

3. 分析方法

（1）淀粉溶液标准曲线的测定

①5g/L碘液：称取20.0g碘化钾，加100mL蒸馏水溶解，再迅速称取5.0g结晶碘，置于烧杯中，将溶解的碘化钾溶液倒入其中，用玻璃棒搅拌直至碘完全溶解后，加入蒸馏水至1000mL，混匀，贮于磨口试剂瓶。

②100μg/mL淀粉标准液：准确称取100mg可溶性淀粉，置于小烧杯中，加入少量蒸馏水，调成糊状，加60~70mL热蒸馏水，放入沸水浴中煮沸30min，取出冷却后转移到100mL容量瓶中，加蒸馏水稀释至刻度，即1mg/mL淀粉溶液；吸取10mL上述溶液，转移到100mL容量瓶中，加蒸馏水稀释至刻度，即为100μg/mL的淀粉标准液。

③标准曲线的制作：取若干支具塞刻度试管，编号。按表6-4加入淀粉标准溶液、蒸馏水和碘液。摇匀，待蓝色溶液稳定10min后，在波长660nm处测定吸光度。以吸光度为纵坐标，淀粉的含量为横坐标，绘制标准曲线并求得回归方程。

表 6-4　　　　　　　　　　　　　淀粉标准溶液配制表　　　　　　　　　　单位：mL

试剂	淀粉/mg					
	0	0.1	0.2	0.3	0.4	0.5
淀粉标准液	0	1.0	2.0	3.0	4.0	5.0
蒸馏水	9.8	8.8	7.8	6.8	5.8	4.8
碘液	0.2	0.2	0.2	0.2	0.2	0.2

（2）淀粉酶活力测定　取 2mL 发酵液于 12000×g 离心 10min，取上清液，在 40℃水浴中保温 10min。同时取 5mL 淀粉溶液于试管中，在 40℃水浴中保温 10min。在淀粉溶液中加入 0.5mL 发酵上清液，准确保温 5min 后，吸取 0.5mL 酶反应液，并向其中加入 4.5mL 0.1mol/L H_2SO_4 终止反应。将终止反应液于 12000×g 离心 10min，取上清液，按表 6-4 标准曲线测定方法进行淀粉含量测定。用蒸馏水代替酶反应上清液为对照组，并按照上述方法进行操作。每个实验取 3 个平行的平均值。根据测得的吸光度代入标准曲线，计算得到被水解淀粉的含量。

淀粉酶酶活力（U）的定义：在标准条件下，每分钟水解 1μg 淀粉所需的酶量。计算公式如式（6-4）。

$$U = \frac{X \times 10}{T \times V} \tag{6-4}$$

式中　X——被水解的淀粉的质量，μg；
　　　T——酶活力测定的反应时间，min；
　　　V——加酶量，mL。

五、实验结果

记录并分析不同发酵时间淀粉酶含量的变化情况，撰写实验报告。

六、注意事项

（1）种子液的培养要严格控制时间和条件。
（2）标准曲线要绘制准确，需要多个标准点。
（3）重复测定酶活力，取平均值，确保结果可靠。
（4）酶活力测定时，若淀粉浓度过高导致与碘液显色过深，超过分光光度计的测定量程，则需要将酶反应液稀释到合适倍数再进行测定。

🔍 思考题

1. 固态发酵相相比液态发酵有哪些显著优势？
2. 在固态发酵中，基质的选择应考虑哪些因素？
3. 淀粉酶的反应底物和反应产物分别是什么？
4. 如何根据淀粉和碘液的颜色变化推算出淀粉酶活力单位？说明原理。
5. 固态发酵产酶的工业应用有哪些？

实验 29　小型连续发酵

一、实验目的

（1）掌握摇床发酵法制备糖化酶的工艺流程及操作方法。
（2）了解利用黑曲霉菌菌种发酵时的生长条件及注意事项。

二、实验原理

实验室常用的通风发酵方法是摇瓶发酵。通过将装有液体发酵培养基的摇瓶放置在摇床上来振荡培养，以满足微生物的生长、繁殖和产生各种代谢产物所需的氧气。这一方法被广泛应用于筛选好气性菌株，以及用于探索种子培养工艺和发酵工艺。

黑曲霉是一种常见的丝状真菌，已被美国食品药品监督管理局确定为公认安全（GRAS），其特点是生长茂盛、发酵周期短且缺乏毒素，通常用作食品工业中的发酵菌株。与大肠杆菌和毕赤酵母表达系统相比，黑曲霉表达系统表现出更有效的蛋白质表达和分泌以及更好的修饰能力，并且重组体具有较高的遗传稳定性。

葡萄糖淀粉酶（EC 3.2.1.3）又称为淀粉 α-1,4-葡聚糖葡萄糖水解酶，俗称糖化酶。该酶催化淀粉水解，从非还原性末端开始切割 α-1,4 糖苷键，同时也切割 α-1,3 糖苷键和 α-1,6 糖苷键，从而生成葡萄糖。从淀粉中生产葡萄糖是一个多阶段过程，涉及连续的酶促步骤中的不同微生物酶。两种关键酶是热稳定的细菌淀粉酶和真菌葡糖淀粉酶。在第一个液化步骤中，淀粉浆被热稳定的淀粉酶糊化和液化。随后，在糖化步骤中，液化的麦芽糊精通过真菌葡糖淀粉酶进一步转化为葡萄糖。

葡萄糖分子中含有醛基，在碱性条件下，与 DNS 试剂发生氧化还原反应，生成 3-氨基-5-硝基水杨酸，该产物在煮沸条件下显棕红色，且在一定浓度范围内颜色深浅与还原糖含量成比例，采用比色法测定葡萄糖的含量并计算酶活力。

三、实验材料与设备

1. 菌种

黑曲霉。

2. 材料

可溶性淀粉、玉米粉、豆饼粉、麸皮、磷酸钠缓冲液（pH 7.0）、DNS 溶液、纱布、报纸、离心管等。

3. 设备

桌面台式高速离心机、紫外分光光度计、恒温水浴锅、电子分析天平、pH 计等。

四、实验方法与步骤

1. 培养基配制

（1）种子培养基　首先，将马铃薯去皮并切成块状。然后称取 200~300g 马铃薯块放入一个 500mL 的烧杯中，并加入适量的水。将烧杯放置在电炉上，煮沸直到马铃薯块完全熟透。接着，使用 8 层纱布过滤马铃薯汁，将滤渣用一定量的水清洗并进行两次过滤。将各次过滤得到的滤液合并，并加水定容至 1000mL 即可得到马铃薯汁。

在一定体积的马铃薯汁中加入 50g/L 蔗糖，充分溶解和摇匀，将 pH 调整至 5.5，即得种子培养基。将适量的种子培养基倒入 250mL 锥形瓶中，使用 8 层纱布包裹好瓶口，并用牛皮纸包扎好。将锥形瓶放入灭菌锅中，在 121℃ 条件下灭菌 20min。完成灭菌后，将瓶子冷却后取出即可。

（2）发酵培养基　按 100mL、200mL 和 300mL 的液体容量配制培养基（玉米粉 60g/L、豆饼粉 20g/L、麸皮 10g/L），分别加入容量为 1L、2L 和 3L 的锥形瓶中，使用 8 层纱布包裹好瓶口，并用牛皮纸包扎好。将锥形瓶放入灭菌锅中，在 121℃ 条件下灭菌 20min。

2. 发酵培养基接种

在无菌条件下吸取已经培养好的种子液，按 10%（体积分数）接种量接种到发酵培养基中。

3. 发酵培养基发酵

将锥形瓶固定在摇床上，培养温度设置为 31℃，转速为 120r/min，培养时间为 96h。使用显微镜观察菌丝的形态，使用 pH 计测量发酵液的 pH，以及测定酶活力。

4. 糖化酶活力测定

（1）酶活力测定　于 10mL 离心管中，加入底物 20g/L 可溶性淀粉溶液 2.5mL、50mmol/L 磷酸钠缓冲液（pH 7.0）2mL，摇匀后于 40℃ 恒温水浴中预热 5min。同时将粗酶液于 40℃ 恒温水浴中预热 5min。

使用移液枪精确吸取粗酶液 0.5mL 加入待测底物中，立刻吹吸混匀，并在 40℃ 反应 30min，待反应完成后立刻煮沸 10min，冷却至室温，于 10000×g 离心 10min 取上清液。

空白对照组加入不含粗酶液的磷酸缓冲液 0.5mL，其余步骤均与实验组相同。每个组分别设计 3 个平行。

（2）DNS 法测定葡萄糖含量　测定方法参考实验 26 中 DNS 法测定还原糖的含量。

（3）酶活力计算　糖化酶活力（U）的定义：在标准条件下，每分钟生成 1μmol 葡萄糖所需的酶量，计算公式如式（6-5）。

$$U = \frac{X}{M \times T \times V} \tag{6-5}$$

式中　X——葡萄糖的质量，mg；

　　　M——葡萄糖的相对分子质量；

　　　T——酶活力测定的反应时间，min；

　　　V——加酶量，mL。

五、实验结果

记录并分析摇床发酵法制备糖化酶的工艺流程和黑曲霉发酵时的生长情况，撰写实验报告。

六、注意事项

（1）接种量要控制在 10% 内，接种要快速完成，避免长时间暴露。
（2）DNS 试剂配制要在通风橱中进行，避免皮肤和眼睛接触，配制好后要标记明确。
（3）标准曲线至少设置 5 个标准浓度，范围要覆盖样本测定值。
（4）确保底物浓度充足，反应时间控制在 30min。避免不饱和或不充分反应。
（5）每个样本重复测定 3 次，取平均值，相对标准差控制在 5% 以内。
（6）稀释倍数要合理设置，确保吸光度读数在 0.2~0.8。

🔍 思考题

1. 如何判断取样时间点是否覆盖发酵高峰期？
2. 是否存在 DNS 法以外的还原糖测定方法？与 DNS 法对比，该方法有哪些优缺点？
3. 重复实验误差来源有哪些？如何减小误差提高重复性？
4. 除酶活力外还可以设计分析哪些过程指标？

第七章 食品生物技术实验

CHAPTER 7

[学习目标]

1. 掌握葡萄酒、啤酒、酱油、米醋、酸乳等常见食品的酿造技术。
2. 通过对食品酿造技术的学习，掌握食品微生物实验的基本原理和操作技能。

民以食为天，食品工业是国民经济的主要组成部分。随着经济的发展和人们生活水平的不断提高，人们对食品的色、香、味、体、营养、保健及安全等方面提出了更高的要求，传统的食品加工技术已越来越难满足人们对高品质食品的追求。现代生物技术作为21世纪最具有发展潜力的科技，在解决食品工业发展中的问题方面发挥着越来越大的作用，已被广泛应用于食品工业中，加速了食品工业的现代化进程。从食品原料与添加剂的生产与改造到食品加工过程、食品保鲜与储藏、食品快检等方方面面都离不开生物技术成果的应用。本章精选干红葡萄酒酿造技术、酱油酿造技术、米醋酿造技术、啤酒发酵技术、乳酸菌的分离纯化以及凝固型酸乳的发酵技术、超临界萃取法制备浓香型杭白菊速溶粉、特色食药用真菌菌种生产技术、纳豆制作及其抗菌技术8个生物技术在食品生产加工中的代表性实验进行介绍。

实验30 甜酒酿发酵

一、实验目的

（1）探究淀粉在糖化菌和酵母菌发酵作用下制成甜酒酿的过程。
（2）熟练掌握甜酒酿的制作工艺流程。

二、实验原理

将蒸熟的米饭接种酒酿菌种后,在适宜条件下发酵培养,根霉菌萌发长出菌丝,大量繁殖。其间经历两个主要反应过程:第一,在糖化酶作用下,淀粉水解为葡萄糖;第二,在酵母菌酶作用下,葡萄糖发酵产生酒精和二氧化碳。发酵过程可以概括为:根霉经过迟滞期、指数期后进入稳定期,大量繁殖并分泌糖化酶;添加酵母的情况下,酵母也会大量繁殖。根霉和酵母分泌的淀粉酶水解淀粉生成葡萄糖,形成米酒的甜味。随着氧气减少和葡萄糖增加,根霉进入衰退期并死亡。酵母作为兼性厌氧菌,在缺氧条件下利用葡萄糖进行糖酵解,生成酒精形成酒味。同时,根霉本身也可产生发酵酒精的酶,由此形成葡萄糖的甜味和酒精的酒香(图7-1)。

$$(C_6H_{10}O_5)_n + nH_2O \longrightarrow nC_6H_{12}O_6$$
$$C_6H_{12}O_6 \longrightarrow 2CH_3CH_2OH + 2CO_2$$

图7-1 甜酒酿发酵原理

三、实验材料与设备

1. 菌种

酿酒酵母。

2. 材料

糯米、凉开水、保鲜膜等。

3. 设备

恒温培养箱、电子分析天平、高压蒸汽灭菌锅、口缸、保鲜膜等。

四、实验方法与步骤

1. 蒸饭

用8层纱布将滤干水分的糯米扎紧,于121℃下高压蒸汽灭菌20min,此时糯米熟透。

2. 淋饭

用少量凉开水边淋洗边搅拌熟糯米饭,使其迅速冷却至约35℃。

3. 拌酒药(接种)

按干糯米质量的0.35%接种酒药,均匀撒在冷却后的熟糯米饭上,搅拌均匀。

4. 搭窝

将搅拌好的熟糯米饭装入容器中,表面形成中心下陷的凹窝;在饭面和凹窝内均匀撒上少量酒药,注入适量冷开水,用保鲜膜包裹。

5. 保温培养

置于28℃条件下发酵培养24~48h,直至凹窝内有少量液体渗出。

五、实验结果

记录并分析甜酒酿颜色、口感、香味等,撰写实验报告。

六、注意事项

(1) 糯米的选择要新鲜干燥，确保原料品质。
(2) 灭菌温度和时间的控制，不能过度糊化糯米饭。
(3) 冷却温度不能过低，否则酒药无法活化生长。
(4) 精确计量接种量，酒药与糯米应均匀混合。
(5) 发酵结束后及时停止发酵，避免酸败。

> **思考题**
>
> 1. 不同品种糯米的特性如何影响发酵效果和酒酿品质？
> 2. 灭菌温度和时间的优化是否存在更佳方案？
> 3. 冷却温度和速率对酒药活性的影响机制是什么？
> 4. 接种量的选择依据是什么，是否存在最佳接种量？
> 5. 发酵温度的选择原则是什么，如何平衡酶活力和污染风险？
> 6. 发酵结束的最佳时间点判断标准是什么？
> 7. 如何建立量化或半量化的酒酿质量评价体系？

实验 31 干红葡萄酒酿造

葡萄酒是以新鲜的葡萄果实或葡萄汁为主要原料，经完全或部分酒精发酵后酿制而成的酒精饮料。葡萄酒富含醇类、多糖、多酚、酯类、醛酮类、有机酸、氨基酸、维生素及多种微量元素等多种复杂化学成分。现代医学表明，适度饮用葡萄酒不仅可以促进血液循环、缓解疲劳、帮助消化、预防心脏和肝脏损伤、抗血栓、提升免疫系统活性，同时还具有增进食欲和美容的功效。葡萄酒由于具有深厚的文化底蕴，且风味鲜美、营养价值高，深受人们的喜爱。

葡萄酒品种分类较多，根据颜色可分为红葡萄酒、白葡萄酒和桃红葡萄酒等；根据酿造的葡萄品种可分为赤霞珠、梅辘辄、品丽珠、蛇龙珠、西拉、贵人香、雷司令、霞多丽等；根据含糖量多少可分为干型葡萄酒、半干型葡萄酒、半甜型葡萄酒，甜葡萄酒 4 种，其中每升糖度小于 4g 的为干型，4~12g 为半干型，12~50g 为半甜型，50g 以上的为甜型；根据是 CO_2 含量可分为静酒、起泡酒、汽酒 3 种；根据酿造方法可分为天然葡萄酒、加强葡萄酒、加香葡萄酒、葡萄蒸馏酒 4 种；根据酒精度来分，葡萄酒的酒精度一般为 8%~14%（体积分数），加强型葡萄酒的酒精度为 15%~22%。

一、实验目的

(1) 学习和了解葡萄酒酿造工艺及原理。
(2) 理解葡萄酒酿造工艺参数及其对葡萄酒品质的影响。

(3) 理解葡萄酒的理化分析和感官鉴定方法。
(4) 掌握葡萄酒酿造工艺操作技术。

二、实验原理

葡萄由葡萄梗、葡萄籽、葡萄肉、葡萄皮构成。葡萄梗部分主要成分为水、矿物质、有机酸及单宁等；葡萄籽部分主要成分为儿茶素类和原花青素等多酚类成分、油脂类成分及单宁；葡萄肉果汁中主要含有糖、氨基酸和维生素等非特异成分；葡萄皮中含有丰富的色素及原花青素等成分。葡萄酒的风味是由葡萄中所含的成分决定的。葡萄中的糖能发酵成酒精，其他成分，如有机酸、单宁及色素等形成了葡萄酒特有的风味和色泽。

（一）糖在葡萄酒中的作用

糖是酒精发酵的原料。经酵母菌的作用，17g 糖在 1L 葡萄汁中经发酵后可以增加 1%（体积分数）的酒精含量。葡萄中可溶性小分子糖越多，所酿成的酒中酒精含量就越高，因此葡萄果实中糖含量多少是制约发酵后葡萄酒酒精度的要素。

（二）有机酸在葡萄酒中的作用

在口感上，有机酸是平衡酒精、甜度、水果风味的关键。酒中残余的糖分越多、酒中含有的果味越浓，就需要越多的有机酸来平衡。若酸度不足，葡萄酒会有甜腻感；若酸度过大，则刺激感强，口感差。有机酸除了平衡口感外，还会给葡萄酒带来清新爽口的味觉，以保持葡萄酒的鲜美。此外有机酸还具有抗氧化的功能，可减缓葡萄酒的氧化速率，使葡萄酒能保存更长时间。但葡萄果实中的有机酸会随着葡萄的成熟而降低。因此，确定采摘葡萄的时间还要考虑糖量与酸度之间的协调。

（三）单宁和色素在葡萄酒中的作用

单宁和色素在葡萄中所占的比例非常小，但这两类物质构成了红葡萄酒的特色和风味。单宁具有明显的涩味和收敛感，但同时又是极好的抗氧化物质，使葡萄酒能被长久保存。随着时间的增加，单宁也会因凝聚而沉淀在酒中，因此，酒中单宁的涩味和收敛感会被逐渐柔和、弱化，使酒变得醇和。红葡萄酒的颜色完全来自葡萄中的红色素。随着时间增加，色素也会因凝聚而沉淀在酒中，因此红葡萄酒的颜色会越放越浅。

葡萄酒酿造过程包括两个阶段：第一阶段为物理化学阶段，即在酿造红葡萄酒时，葡萄浆果及果皮中的固体成分通过浸渍进入葡萄汁，在酿造白葡萄酒时，采用去皮发酵，通过压榨获得葡萄汁；第二阶段为生物学阶段，即酒精发酵和苹果酸-乳酸发酵。酒精发酵是指通过酵母菌发酵把葡萄的糖转化成酒精。酒精发酵后将葡萄渣和酒液分离得到粗酒，粗酒都比较酸，这时的酸主要是酒石酸和苹果酸，其中苹果酸是一种带有生青味的酸，需要经过二次发酵，即苹果酸-乳酸发酵（ML 发酵或 MLF），把苹果酸转化成乳酸，改善口感，去除苹果酸的味道，同时降低总酸、产生副产物，以改善酒质、提高酒的稳定性。

三、实验材料与设备

1. 菌种

酿酒酵母（*Saccharomyces cerevisiae*）、酒明串珠菌（*Leuconostoc oenos*）。

2. 材料

含糖量较高、色泽紫红的新鲜葡萄，果胶酶，亚硫酸（或偏重亚硫酸钾），白砂糖，酒石酸，柠檬酸，滤纸，过滤棉，酒精，硅藻土，鸡蛋，发酵瓶，滴定管等。

3. 设备

分光光度计、酸度计、比重计、酒度计、温度计、恒温培养箱、恒温振荡培养箱、高压蒸汽灭菌锅、压榨机、板框过滤机、水循环式真空抽滤装置、酒精蒸馏装置、超净工作台、低温冰箱、磁力搅拌器、恒温水浴锅、电子分析天平等。

四、实验方法与步骤

（一）实验流程

干红葡萄酒发酵工艺流程见图7-2。

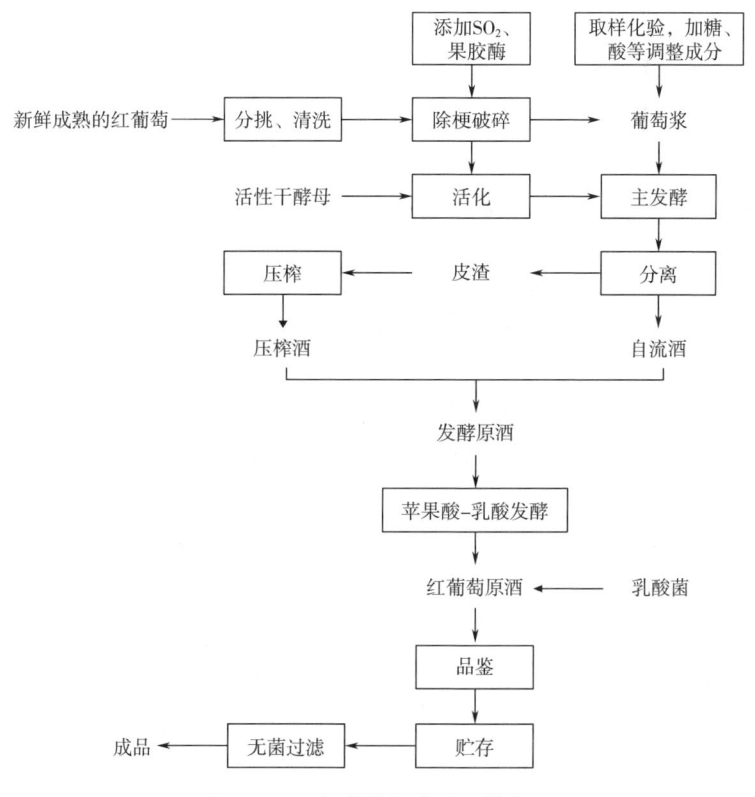

图7-2 干红葡萄酒发酵工艺流程

（二）实验步骤

1. 器皿准备

破碎葡萄之前，先将器皿洗刷干净，发酵及储酒容器用2%（质量分数）的亚硫酸溶液或75%（体积分数）的酒精冲洗消毒。所用器皿应选择玻璃瓶、塑料盆、搪瓷盆及橡木桶等，不能使用铁制或铜制器皿，以免影响葡萄酒品质。

2. 分挑与清洗

选择新鲜成熟、紫红色葡萄，除去干瘪、腐败的颗粒及未成熟的青果，用清水冲洗干净，再用一定浓度的食盐水将表面污垢清洗干净，然后用流动水将表面的盐分冲洗干净，直到从葡萄上流下的水没有咸味为止。最后将葡萄捞出放在干净的纱布上自然晾干。

3. 除梗、破碎

将分挑与清洗好的葡萄放在搪瓷盆中，除去果梗，用手将葡萄挤破或用破碎机破碎。

4. 加入 SO_2 及果胶酶

在葡萄浆中加入 SO_2 有多种作用，例如：杀菌和抑菌作用，使酿酒酵母能正常发酵；澄清作用，使葡萄汁中的杂质有时间沉降下来并除去；溶解作用，有利于果皮中色素、酒石酸、无机盐等成分的溶解，可增加浸出物的含量和酒的色度；抗氧化作用，SO_2 能防止酒的氧化，特别是阻碍和破坏葡萄中的多酚氧化酶，减少单宁和色素氧化，阻止氧化浑浊、颜色退化，并能防止葡萄汁过早褐变。SO_2 的添加量直接影响葡萄酒的发酵及品质。一般添加 40~80mg/L［相当于6%（质量分数）SO_2 含量的亚硫酸 0.8~1.5mL/L 或偏重亚硫酸钾 2.50mg/L］。在室温下，静置24h。将澄清后的葡萄浆加入发酵瓶，加入溶好的果胶酶商品酶制剂（添加量一般为 0.02~0.05g/L，10倍水溶解）。控制温度15℃，澄清8~12h。

5. 调整葡萄浆

检测葡萄浆的糖度和酸度，如果葡萄浆中含酸或含糖不足，需要补加蔗糖或酒石酸，补加量按式（7-1）计算。

（1）糖度调整　葡萄汁含糖量低则酿造出的葡萄酒酒度低，难以保存；如果葡萄浆糖度太高则糖发酵不完全，易酿出甜葡萄酒。所以，适当调整发酵葡萄浆的含糖量，可以提高葡萄原酒酒精含量，避免发生酒病，适于保存。但也不宜将葡萄浆含糖量调整过高，以避免酿出高甜葡萄酒。

白砂糖的加糖量与酒精生成量可按式（7-1）计算。

$$M = \frac{V \times 1000(w_a \times 17 - w_b)}{1000 - w_a \times 17 \times 0.625} \tag{7-1}$$

式中　M——加糖量，g/L；

0.625——1g 糖溶解后的体积，mL；

V——葡萄浆体积，L；

w_a——需要达到的酒精含量，g/L；

w_b——葡萄浆的含糖量，g/L。

考虑到高浓度的糖分会抑制酵母菌的生长，糖的加入可分两次进行（一次在发酵前加入，一次在接种发酵后3~5d加入），糖可以用葡萄浆溶解后加入发酵瓶中，并用力摇动发酵瓶，使之溶解。

（2）酸度调整　葡萄酒一般要求葡萄浆含酸量为 8~12g/L，有利于酵母的繁殖和发酵。适宜的酸度有利于酒形成良好的风味和色泽。如果酸度偏低，酒的口味淡薄，酒体瘦弱，不耐贮存。如果含酸量低于 8.5g/L，需要加入酒石酸调整葡萄汁的含酸量，使总含酸量达到 8.5g/L。可以用葡萄浆溶解酒石酸，随葡萄浆分次加入。

6. 活性干酵母活化

取100g葡萄酒活性干酵母加入1L水和葡萄汁混合液中（温度为38~40℃，比例为1:1），使之溶解。5min后摇动一次，使酵母处于悬浮状态。30min后搅拌均匀，酵母添加量一般为 0.1~0.2g/L（具体用量可以参考购置的葡萄酒活性干酵母说明书）。

7. 主发酵

经前处理并调整成分后的葡萄汁加入洁净的发酵瓶中,整个发酵液体积应当占容器容积的70%~80%,不要超过80%,因为发酵时泡盖会升起,泡沫溢出会造成损失和杂菌污染。盖紧坛口或广口瓶盖子(注意盖子和瓶口要有对应的直径0.2mm穿孔便于呼吸产生的气体排出,同时防止果蝇等小虫进入),接入活化好的活性干酵母。同时取样测量葡萄汁的温度、含糖量、含酸量,pH等参数。发酵过程温度控制在25~30℃,每天用木棍搅拌2~3次,将酒帽(果皮、果柄等浮在表面在缸中央形成的一种盖状物)压下,使葡萄皮上的色素充分溶出。每隔2d测量残糖、生物量、酸度、pH、酒精含量、总干物质量,记录并绘制发酵曲线,并观察发酵过程中发酵液色度的变化。当发酵液总糖≤4.0g/L时,主发酵基本结束。

8. 发酵原酒分离

主发酵结束后,先用虹吸方式将葡萄汁发酵液分离,然后将葡萄皮渣装入纱布袋中用力挤压榨取汁液,分别得到自流酒和压榨酒,合并后装入经洗净消毒的储酒瓶中。

9. 苹果酸-乳酸发酵

葡萄酒的苹果酸-乳酸发酵是苹果酸在酒明串珠菌的作用下转换变为乳酸的过程,简称为苹-乳发酵。苹果酸-乳酸发酵可以降低葡萄酒的酸度,改善口感,增加香气,是酿造优质红葡萄酒的重要措施。大多数红葡萄酒需要进行苹果酸-乳酸发酵以获得风味、香气和口感方面的提高。

(1)酒明串珠菌准备 冷冻干燥菌种要先放入25~30℃的蒸馏水中进行15min的复水,其间轻轻搅动,然后加入25mL灭菌后的苹果汁,排除气体,密封。在25℃条件下放置2~4d后备用。

(2)苹果酸-乳酸发酵 在发酵原酒中加入准备好的酒明串珠菌。发酵条件为:接种量为1%~2%,温度保持在21~24℃,SO_2含量小于40mg/L;pH在3.1~3.5;酒精度为12%~14%。苹果酸耗尽以后,苹果酸-乳酸发酵会自然停止。通常在苹果酸-乳酸发酵停止后要进行检测,通过苹果酸纸层析法可检测和确定发酵是否完成。

10. 澄清

红葡萄酒除应具有色、香、味品质外,还必须澄清、透明。自然澄清需要很长时间,人工澄清可采用加胶的方法。下胶的材料可用鸡蛋清,具体方法为:每100L酒中加2~3个蛋清,加蛋清前,要将蛋清打成沫状,加少量酒搅匀,再加入酒中,充分搅拌均匀,静置8~10d后,采用虹吸法将酒抽入另一容器中,最后用干净的纱布将酒帽中的酒榨出并采用滤纸加过滤棉过滤。经下胶、澄清、过滤获得的清酒为干红原酒。

11. 品鉴与理化分析

经发酵后的干红葡萄酒原酒澄清,有光泽,色泽呈紫红或深红色,具有纯正、优雅、和谐的果香与酒香,酒体丰满、醇厚。理化指标为:酒精度10%~12%、还原糖≤4.0g/L、挥发酸<1.2g/L(以乙酸计)、干浸出物>18g/L,热稳定性试验合格。

12. 储存与无菌过滤

澄清后的葡萄酒原酒可进行满罐贮存,贮存期间注意贮酒液面应保持在瓶(罐)脖的1/3~1/2处,并随季节的变化而添加或取出酒液,确保满瓶(罐)贮存。在灌装成品之前,应进行速冻处理并过滤除去酒石,还需要采用超滤膜进行无菌过滤。

五、实验结果

记录并分析葡萄汁调配前酸度与糖度以及葡萄汁发酵过程中各参数情况,品鉴干红葡萄酒原酒,撰写实验报告。

六、注意事项

(1) 注意检测发酵过程的温度应不高于28℃,否则易产生醋酸发酵。

(2) 各类容器一定要洗净并消毒,葡萄在酿制过程中不能碰到油污,不能使用铁、铜、锡等制的容器。

(3) SO_2 添加量不可过量,否则会造成产品中的 SO_2 过量,带来严重的酸腐味,影响葡萄酒风味。

> **思考题**
> 1. 葡萄的品质对葡萄酒发酵及其品质有何影响?
> 2. 葡萄酒发酵过程中如何防止酸败?
> 3. 苹果酸-乳酸发酵对葡萄酒品质有什么影响?
> 4. 如何在干红葡萄酒的酿造工艺基础上设计干白葡萄酒的酿造工艺?

实验32 酱油酿造

酿造酱油是指以大豆或脱脂大豆(豆粕或豆饼)、小麦和(或)麸皮为原料,经微生物发酵制成的具有特殊色、香、味的液体调味品。近代研究表明,酱油中不仅含有丰富的营养物质,而且含有许多生理活性物质,具有抗氧化、抗菌、降血压、促进胃液分泌、增强食欲及其他多种保健作用。在我国被誉为"开门七件事"之一,是日常生活中深受欢迎的调味品,在人们的生活及国民经济中占有重要的地位。我国是酱油的起源地,早在几千年前的周代就有酱油的记载。目前我国酱油年产已达500万t以上,居世界第一,酱油酿造厂也遍布全国各市县。

我国酱油生产的方法有很多,主要有:

(1) 天然晒露法 该法生产的酱油俗称老法酱油,是传统的老法酱油生产方法,制曲原料采用大豆和面粉。天然晒露法制曲不用种曲,主要依靠空气中自然存在的米曲霉等霉菌,制成黄子需7d以上时间,加之受季节的限制,因此不能全年生产;制曲所用的设备,过去是曲室及竹匾,现在生产时稍有改变,制曲时添加曲种,并采用厚层通风制曲的方法,后期发酵是将酱醅置于室外缸内或池内,经过日晒夜露的自然发酵酿制酱油。

(2) 高盐稀醪发酵法 一般是指在成曲中加入较多的盐水,使用酱醪呈流动状态而进行发酵的一种生产方法,通常有常温发酵法和保温发酵法两种,常温发酵法发酵时间较长,最快也要6个月以上;保温发酵法由于提高了发酵温度,分解和成熟较快,只需2个月左右的时间;因酱醪稀薄,所以便于保温、搅拌及输送等,适用于大规模的机械化生产,但发酵时间较长。

(3) 分酿固稀发酵法 是利用不同的温度、盐度及固稀发酵的条件，同时控制糖分对蛋白酶的影响，使各种酶充分发挥作用；具体做法为豆麦分开制曲，豆饼曲用高温低盐度制醪，麦子曲用低温制醪，水解完成后混合在一起发酵。

(4) 低盐固态发酵酱油 是以大豆（或脱脂大豆）及麦麸为原料，经蒸煮、曲霉菌制曲后与盐水混合成固态酱醪，再经微生物发酵制成酱油；其优点为酱油色泽较深，滋味鲜美，后味浓厚，生产不需要特殊的设备；操作简便，技术不复杂，管理方便；提取酱油简单；蛋白质利用率、氨基酸生成率较高，出品率稳定；成本较低。但其缺点是发酵周期比无盐固态发酵周期长，酱油香气较高盐稀醪发酵法等其他工艺差。

一、实验目的

(1) 学习和了解酱油酿造的历史及市场概况。
(2) 理解酱油质量分类标准及检测方法。
(3) 掌握酱油酿造的微生物特征、基本原理及基本工艺流程。

二、实验原理

酱油制曲过程中，由于微生物生长会在曲料中积累蛋白酶、淀粉酶、纤维素酶、酯化酶等多种酶系，原料在不同酶系作用下，发生复杂的酶促生物化学反应，生成酱油色、香、味、体的多种成分。其中原料大豆（或脱脂大豆）含有大量的蛋白质，在蛋白酶和肽酶相继作用下，经一系列水解过程，生成不同分子质量的肽，最终形成构成植物蛋白质的 18 种 L-氨基酸。不同的氨基酸能呈现不同的风味，其中谷氨酸与天冬氨酸是酱油鲜味的主要来源，在成品酱油中氨基酸态氮约占总氮量的 50% 以上。原料中淀粉在淀粉酶系的作用下水解成小分子糊精、麦芽糖、葡萄糖等糖类物质，在耐盐乳酸菌、酵母菌等微生物的作用下，将葡萄糖转化成乙醇、甲醇、丙醇、丁醇、戊醇、己醇等醇类及乳酸、乙酸、柠檬酸、琥珀酸、丙酸、苹果酸等有机酸。有机酸与醇经酯化反应可以形成各种酯化物，构成酱油香气的主要来源。原料中的纤维素、半纤维素、果胶质、脂肪等大分子也在酶促作用下发生变化，形成各自的分解产物。此外，酱油色泽主要来源于葡萄糖类物质与氨基酸经美拉德反应生成的类黑素，以及在酚羟基酶和多酚氧化酶催化下，酪氨酸氧化生成的棕色黑色素。

三、实验材料与设备

1. 菌种

米曲霉（*Aspergillus oryzae*）沪酿 3.042、黑曲霉（*Aspergillus niger*）AS3.350。

2. 材料

麸皮、豆粕、大豆、小麦、面粉、马铃薯、葡萄糖、可溶性淀粉、酪蛋白、三角烧瓶、烧杯、滴定管等。

3. 设备

分光光度计、酸度计、恒温培养箱、恒温振荡培养箱、高压蒸汽灭菌锅、低温冰箱、磁力搅拌器、超净工作台、恒温水浴锅、电子分析天平、电炉等。

四、实验方法与步骤

1. 培养基配制

（1）马铃薯汁培养基（PDA）　马铃薯去皮，切成块加水，煮沸30min（注意火力控制，可适当补水），用纱布过滤，滤液加糖，补足水至1000mL，装入三角瓶，121℃高压蒸汽灭菌20min。

（2）种曲培养基　麸皮：面粉8：2的比例，在250mL三角瓶中加入20g过10目筛的干料，并加入干料质量75%的水，拌匀，121℃高压蒸汽灭菌30min。

2. 低盐固态酱油酿造工艺

低盐固态酱油酿造工艺流程如图7-3所示。

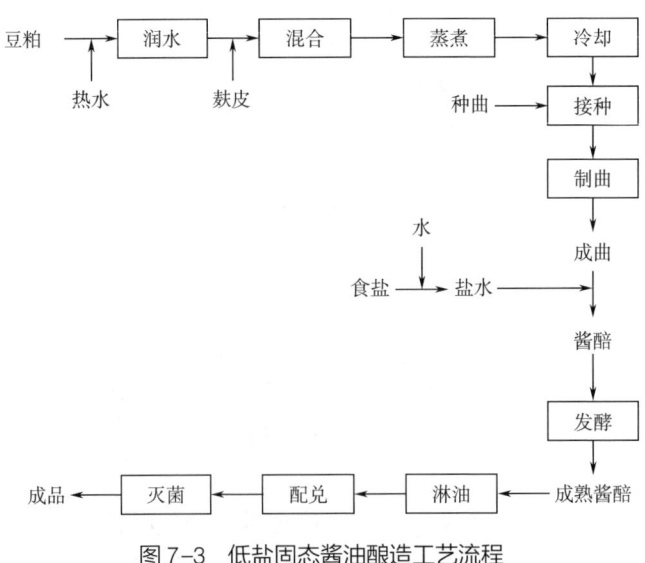

图7-3　低盐固态酱油酿造工艺流程

3. 实验步骤

（1）三角瓶种曲的制备及保存　在超净工作台中，将冰箱低温保藏的米曲霉（沪酿3.042）斜面菌种用接种环取少量的孢子转接新鲜的PDA斜面，30℃培养2~3d，待孢子成熟后备用。

按比例配制好种曲培养基，拌匀并搓碎结块，分装到250mL三角瓶中，装料厚度为1cm，121℃灭菌30min后，趁热把结块的熟料摇松。待冷却后，放进超净工作台中，用接种环挑取试管斜面上的孢子1~2环放入三角瓶，迅速塞上棉塞，全部接种后，充分摇匀。在30℃恒温培养箱内培养约18h左右，菌丝布满并有结块时，摇瓶一次将瓶中的结块摇散，培养箱温度调整至25~28℃，培养4~5h后结块，再轻轻摇散。继续培养到42h左右曲料有孢子出现结块，进行扣瓶（将三角瓶轻轻地倒置过来）。再在28℃的温度下培养1d，米曲霉孢子种曲培养完成，共计72h。

种曲质量要求：孢子呈新鲜黄绿色，无杂菌生长的异色，用手捏碎种曲有孢子飞扬，内部无硬心，手感疏松。具有种曲特有的曲香，无酸气、氨气等不良气体。计算每克曲料中的孢子数。如暂时不用可放在4℃冰箱中保存。

孢子数的测定：精确称取种曲 1g（称准至 0.002g），倒入盛有玻璃珠的 250mL 锥形瓶内，加入 95%（体积分数）酒精 5mL、无菌水 20mL、稀硫酸 10mL，充分振摇使孢子分散，然后用多层纱布过滤、冲洗，务使滤渣不含孢子，稀释至 500mL。

制片：取稀释液 1 滴，滴于血球计数板的计算格上，然后将盖片轻轻由一边向另一边压下，使盖片与计数板完全密合，液中无气泡，用滤纸吸干多余的溢出悬浮孢子液，静置数分钟，待孢子沉降。用低倍镜头或高倍镜头观察并计数。

黑曲霉三角瓶种曲制作过程同米曲霉。

（2）曲料配制　称取 500g 豆粕，加入水温 75~80℃ 的热水，加水量为豆粕质量的 100%~120%。搅拌润水 30min，再加入 350g 麸皮，充分混匀后，分装入 500mL 三角瓶中，装料厚度约为 3cm，并称重瓶内曲料的质量，八层纱布封口，再用牛皮纸包扎瓶口，放入灭菌锅中，121℃ 灭菌 30min。灭菌完成后，趁热摇散。另取少量曲料测定水分含量。

（3）接种制曲　待曲料冷却至 40℃ 以下，接入曲料质量 0.3% 的米曲霉及 0.03% 的黑曲霉，或加入适量的无菌水至种曲培养基中，充分振荡后制成孢子悬液，每克干曲料接入米曲霉 10^7 个孢子及黑曲霉 10^6 个孢子。摇匀后置于 32℃ 恒温箱中培养，培养 12h 后，菌丝大量繁殖，曲料结块，摇瓶使曲料疏松，继续培养 5~8h 再摇瓶一次，培养至 40h 左右，能观察到有黄绿色孢子开始着生，制曲完成。此时曲料手感酥松柔软，具有弹性；外观菌丝丰满粗壮，无夹心；具有曲香气，无霉臭及其他异味；水分含量在 30% 左右。制曲过程中每隔 10h 取样一次，测定曲料中性蛋白酶、酸性蛋白酶、糖化酶酶活力。成曲要求中性蛋白酶酶活力在 1000U/g 以上。

（4）制醅及发酵　将食盐加入 55℃ 水中溶解后，以波美计测定其浓度，制醅盐水的浓度一般要求在 12~13 °Bé（按 20℃ 计），氯化钠为 13%~14%（质量分数）为宜。盐水浓度过高会抑制酶的作用，影响发酵速率，盐水浓度过低，有可能引起杂菌污染而酸败变质。将盐水加入成曲中制成发酵酱醅，水分含量应达到 52%~55%，盐水加入量可以按式（7-2）计算。

$$盐水加入量 = \frac{曲重 \times (酱醅要求水分含量 - 曲的水分含量)}{[1 - 氯化钠(质量分数)] - 酱醅要求水分含量} \tag{7-2}$$

酱醅制成后倒入 10L 的广口玻璃罐中，在酱醅表面加上一层塑料薄膜，再在薄膜摊上一层食盐，以防杂菌及果蝇进入，注意盐与醅应隔开，以防过多的盐溶入酱醅中，再将玻璃罐置于 42℃ 左右的恒温箱中进行保温发酵，14d 后，翻动酱醅，温度调整到 35℃，再继续发酵 14d 完成发酵过程。此时酱醅为红褐色，有光泽，不发乌，醅层颜色一致，无硬心，有酱香，味鲜、酸度适中，无苦涩异味及不良气味。

在发酵过程中每隔 2d 定期测定酱醅的中性蛋白酶、酸性蛋白酶、淀粉酶活力以及氨基酸态氮含量。

（5）淋油及配兑　酱醅成熟后，加入 80℃ 左右 2 倍质量的热水浸泡 20h 左右，过滤得到头油，头油制成后，再将 80℃ 左右的热水油加入头渣内。第二次浸泡 10h 后滤取二油。将滤出的头油补加食盐达到规定的氯化钠含量，一般控制在 15%（质量分数）左右得到生酱油，测定生酱油中氨基酸态氮、全氮、盐分、总酸、无盐固形物含量。再根据统一的质量标准进行配兑，使产品达到生产成品的感官特性以及理化指标要求，见表 7-1 及表 7-2。

表7-1　　　　　　　　　低盐固态发酵酱油的感官特性要求

指标	等级			
	特级	一级	二级	三级
色泽	具有鲜艳的深红褐色	具有鲜艳的红褐色或棕褐色	具有鲜艳的浅红褐色或棕褐色	具有鲜艳的红褐色
香气	酱香浓郁，无不良气味	酱香较浓，无不良气味	有酱香，无不良气味	微有酱香，无不良气味
滋味	味鲜美，醇厚，咸淡适中，无异味	味鲜美，纯正，咸淡适中，无异味	味鲜美，纯正，咸淡适中，无异味	味正，咸淡适中，无异味
体态	澄清，浓度高	澄清，浓度较高	澄清，浓度较高	澄清，浓度较高

表7-2　　　　　　低盐固态发酵酱油的理化指标　　　　　　单位：g/L

指标	等级			
	特级	一级	二级	三级
可溶性固形物 ≥	20.00	18.00	15.00	10.00
全氮（以氮计） ≥	1.60	1.40	1.20	0.80
氨基氮（以氮计） ≥	0.80	0.70	0.60	0.40

（6）灭菌　灭菌除能杀灭杂菌外，还可使生酱油中的酶失活，防止酱油变质；并能形成酱油特有的香气，增加色泽；加热还可使酱油中大分子蛋白质形成沉淀物质，沉降、澄清处理后得到色泽鲜亮、澄清的酱油。将酱油的温度控制在85℃保温30min进行灭菌后，迅速冷却至室温得到熟酱油，熟酱油在贮罐内澄清7d，排去残渣，澄清液即为成品酱油。

4. 高盐稀态酱油酿造工艺

高盐稀态酱油酿造工艺流程见图7-4。

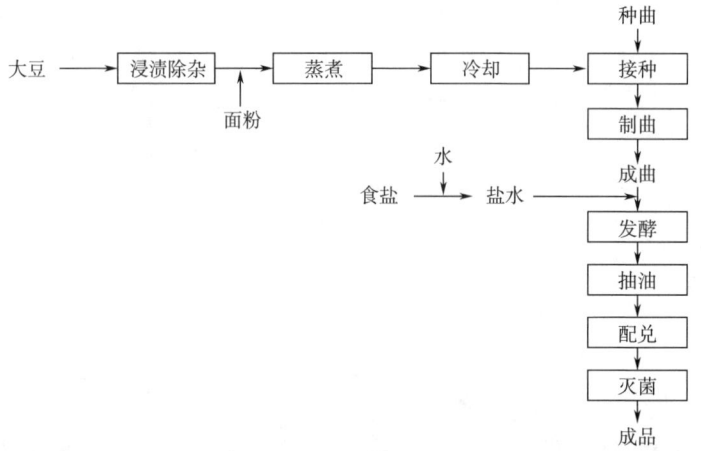

图7-4　高盐稀态酱油酿造工艺流程

5. 实验步骤

(1) 米曲霉种曲制备　米曲霉种曲制备工艺同低盐固态工艺。

(2) 浸豆　大豆经筛选除去其中的沙石、残粒、荚壳、桔梗等杂质。准确称取5000g已除杂的大豆放入不锈钢桶中，先以清水漂洗大豆，直至溢水清澈。按3倍的加水量进行常温浸泡，浸至豆粒膨胀无皱纹带弹性，以两指挤捏使皮肉分开，将豆粒切开不发现干心时为宜。浸泡时间为4~7h。浸渍充分的大豆，沥干浮水。

(3) 蒸料　将大豆分装至1000mL大三角瓶中，大豆堆积厚度为4cm左右，放置入高压蒸汽灭菌锅中121℃灭菌30min后，冷却至35℃以下备用。蒸熟后感官为：外观呈黄褐色，有香气及弹性，无夹心，无黏性及其他不良气味。

(4) 接种制曲　称取与大豆质量相等的面粉，同时拌入等同面粉质量的米曲霉种曲0.3%~0.4%，混合均匀，拌入大豆中，再混合均匀，摇动三角瓶使料层平整疏松。放入恒温培养箱中，初始温度控制为32℃，静置培养10~14h后，曲料出现结块、发白现象，摇散曲料，保持疏松平整，且无块状，以利于通气与散热。再经过8h后进行第二次摇散。当培养时间达40h左右，曲料呈淡黄绿色，即可完成制曲。成曲质量标准为：菌丝致密无夹心，呈嫩黄绿色，具有浓郁曲香，无其他异味；中性蛋白酶活力≥1000U/g（干基，福林法）；培养后成曲水分含量为28%~32%。

(5) 拌盐水　配制食盐含量230g/L（19°Bé）左右的食盐水，盐水用量为总原料质量的2.5倍，拌好后装入10L的大广口瓶中。

(6) 发酵　采用低温制醪，适温发酵工艺。制醪温度15℃；前期发酵温度15℃，发酵时间20~30d；中期发酵温度28~30℃，发酵时间90~120d；后期常温发酵，发酵时间30~60d。用压缩空气进行搅拌。开始每天搅拌一次，每次3~4min。发酵数天后，酱醪表面有醪盖形成，改为3~5d搅拌一次，搅拌至醪盖消失。发酵旺盛时，增加搅拌次数。

(7) 提取与配兑　成熟酱醪用泵输送至板框过滤机进行压滤，压滤分离出生酱油。生酱油通过配兑达到标准等级，保持规格一致性。根据需要准确计量使用必要的食品添加剂，保证混合均匀。

测定生酱油中氨基酸态氮、全氮、盐分、总酸、无盐固形物含量。再根据统一的质量标准进行配兑，使产品达到生产成品的感官特性要求以及理化指标，见表7-3及表7-4。

表7-3　　　　　　　　　高盐稀醪酱油感官特性要求

指标	等级		
	一级	二级	三级
色泽	红褐色或浅红褐色，色泽鲜艳	红褐色或浅红褐色	红褐色或浅红褐色
香气	具有较浓的酱香及酯香	具有酱香及酯香	具有酱香
滋味	滋味鲜美、醇厚、咸甜适口	味鲜、咸甜适口	鲜咸适口
体态	澄清	澄清	澄清

表 7-4 固态低盐发酵酱油的理化指标 单位：g/L

指标	等级		
	一级	二级	三级
可溶性固形物 ≥	13	10	8
全氮（以氮计）≥	1.3	1.0	0.7
氨基氮（以氮计）≥	0.7	0.55	0.4

（8）灭菌　灭菌温度控制在 85℃ 保温 30min 后，迅速冷却至室温得到熟酱油，熟酱油在贮罐内澄清 7d，排去残渣，澄清液即为成品酱油。

五、实验结果

记录并分析低盐固态、高盐稀态、低盐固态制曲工艺过程中中性、酸性蛋白酶、糖化酶活力、氨基酸态氮变化情况，撰写实验报告。

六、注意事项

（1）在制曲过程中，曲料堆积厚度不能太厚，过厚会影响曲料的通气及热量散出，易引起烧曲现象。

（2）在制曲过程中，应注意无菌操作，以免被其他杂菌污染。

（3）低盐固态发酵应在表面加一层盐，以免杂菌或果蝇等进入，但注意盐封应与曲料隔开，以免食盐溶入酱醪中。

> 🔍 思考题
>
> 1. 目前制备酱油的工艺有哪些，各有什么特点？
> 2. 什么是熟料消化率，如何测定，对酱油制曲有什么影响？
> 3. 全氮、氨基酸态氮对酱油品质有什么影响？
> 4. 酱油制曲可采用什么菌种，其选择的原理是什么？
> 5. 为什么制曲过程中蛋白酶活力是非常重要的指标，其对酱油制备有什么影响？

实验 33　米醋酿造

我国食醋的酿造按文字记载已有 2000 多年的历史。历代对醋的记载不少，如《论语》在《公冶长》篇中有："孰谓微生高直，或乞醯焉，乞诸其邻而与之。"北魏贾思勰所著的《齐民要术》在《作酢法第七十一》篇中详尽叙述 323 种制醋技术。近代以来，醋已经成为人们日常生活中不可或缺的重要调味品。食醋的成分较为复杂，营养成分丰富。除了含有乙酸、乳酸、琥珀酸、酒石酸、苹果酸、柠檬酸、甲酸、酮戊二酸、焦谷氨酸等有机酸外，还含有谷氨酸、精氨酸等 18 种游离氨基酸。此外还含有葡萄糖、果糖、甘露糖、阿拉伯糖、核糖、木糖、棉籽糖等小分子糖类以及酯、醛、酚和双乙酰等呈味物质。因此，食醋不仅是一种能增强食欲的酸性调味品，而且对人体具有多种营养保健功能。现代医学进一步证实，食醋具有辅助抗菌消炎、防治感冒、软化血管、降低血压、血脂，促进新陈代谢、分解乳酸、消除疲劳、开胃消食、促进钙吸收、抗氧化、抗衰老等作用。

根据国家标准及行业标准，食醋可分为配制食醋和酿造食醋。配制食醋是以酿造食醋为主体，与冰乙酸、食品添加剂等混合配制而成的调味食醋。要求配制食醋中酿造食醋的比例（以乙酸计）不小于 50%。酿造食醋根据其发酵工艺的不同可分为固态发酵醋、静止表面发酵醋、液态深层发酵醋 3 种。固态发酵工艺酿制的食醋色泽深褐、香气浓郁、口感酸而不涩、风味较佳；缺点是发酵周期长、自动化程度低、原料出醋率低、质量不稳定。静止表面发酵法是利用醋酸菌的特性，在接入酵母菌的酒醪表面覆盖醋酸菌膜进行发酵。该工艺操作容易、设备简单，但占地面积大，发酵周期长，发酵效率低。液态深层发酵法实现了制醋生产机械化、管道化，减轻了工人的体力劳动强度，丰富了原料来源，提高了劳动效率，是酿造调味品工业的一项革新，但液态发酵工艺生产的食醋风味和色泽较差。

我国地域辽阔且制醋历史久远，各地人民因地制宜创造出工艺迥异、风格不同的多种制醋方法，其所酿制产品不仅具有独特的风味，且体现出了鲜明的地方特色。我国名醋有山西老陈醋、镇江陈醋、四川麸醋、浙江玫瑰米醋、福建永春老醋。其他具有一定知名度的食醋还有天津独留老醋和河南彰德陈醋等。

一、实验目的

（1）学习和了解食醋固态发酵及深层液态生产工艺。

（2）理解固态食醋酿造工艺中糖化曲制备工艺及食醋发酵工艺参数，理解在米醋生产工艺中各菌种的作用及发酵工艺参数。

（3）掌握食醋酿造工艺操作技术。

二、实验原理

固态发酵醋以大米、高粱、玉米等淀粉类物质为原料，在产淀粉酶的微生物如黑曲霉、米曲霉、红曲霉、宁佐美曲霉等发酵制成的糖化剂（又称为麸曲）作用下水解为可发酵性糖，在无氧条件下经过酿酒酵母糖酵解途径将淀粉降解的可发酵性糖转变成酒精，进而在醋酸杆菌氧化酶的作用下生成醋酸。

液态深层发酵醋利用较为先进的技术，其要点是采用强制通风和控制温度的方法，短时间内将发酵酒液及经扩培的醋酸菌借助强大的无菌空气或自吸空气的气流充分搅拌混合，加大了气液混合面积，从而进行全面的酒精氧化，生成质量一致的高酸度食醋。由于反应迅速，短时间内提高了发酵速率和产率，生产周期大幅缩短。液态深层发酵技术酿制的米醋一般利用大米为原料，以 α-淀粉酶（液化酶）、β-淀粉酶（糖化酶）分别进行液化和糖化，制备以葡萄糖为主的大米淀粉水解液，加入经扩培的酵母菌进行酒精发酵，发酵结束后，加入醋酸杆菌进行醋酸发酵，再经后熟、过滤、消毒得到成品米醋。

三、实验材料与设备

1. 菌种

酿酒酵母 CICC1001、醋酸杆菌沪酿 1.01 或 AS1.41、黑曲霉 AS3.4309。

2. 材料

酒精、葡萄糖、碳酸钙、氢氧化钠、碘化钾、盐酸、酵母膏、琼脂、麦芽浸粉、蛋白胨、大米、麸皮、食盐、马铃薯、α-淀粉酶、β-淀粉酶、试管、滴定管、三角瓶等。

3. 设备

恒温培养箱、恒温振荡培养箱、灭菌设备、超净工作台、恒温水浴锅、电子分析天平、电炉、粉碎机、干燥箱、pH 计、酒精计、磁力搅拌器、显微镜、发酵罐等。

四、实验方法与步骤

1. 培养基配制

（1）斜面试管培养基　①酵母菌斜面试管培养基：麦芽浸粉 1.5g、琼脂 2.0g、水 100mL，pH 6.0，在 0.1MPa 压力下灭菌 20min。②醋酸杆菌斜面试管培养基：酒精 2.0g、葡萄糖 1.0g、酵母膏 1.0g、碳酸钙 1.5g、琼脂 2.5g、水 100mL，各成分完全溶解后，再添加酒精，在 0.1MPa 压力下灭菌 20min。③黑曲霉斜面试管 PDA 培养基：马铃薯 20.0g、葡萄糖 2.0g、琼脂 2.0g、水 100mL，pH 自然，在 0.1MPa 压力下灭菌 20min。

（2）三角瓶种子培养基　①酵母菌种子培养基：麦芽浸粉 2.0g，调整 pH 5.0，在 0.1MPa 压力下灭菌 20min。②醋酸杆菌种子培养基：无水酒精 4.0g、葡萄糖 1.0g、酵母膏 1.0g、碳酸钙 1.5g、水 100mL，在 0.1MPa 压力下灭菌 20min。酒精在灭菌后的无菌条件下加入。③黑曲霉种子培养基：麸皮 80g、水 100mL，拌匀过筛，在 300mL 的三角瓶内装入 30g，在 0.1MPa 压力下灭菌 30min。

2. 固态酿造工艺

固态食醋酿造工艺流程见图 7-5，三角瓶麸曲制备工艺流程见图 7-6。

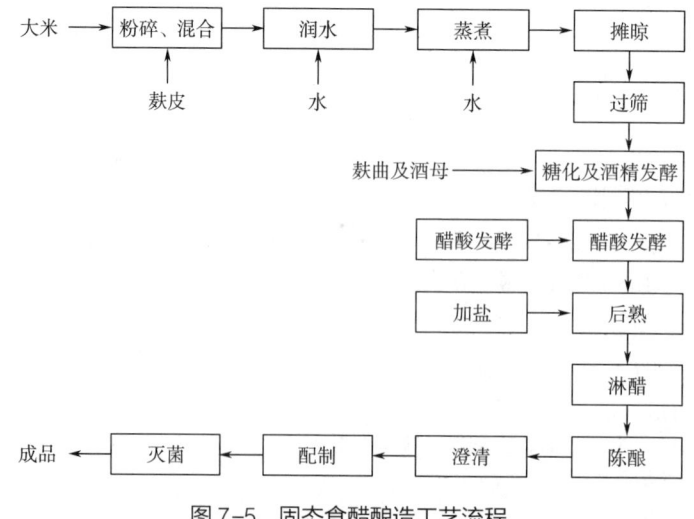

图 7-5　固态食醋酿造工艺流程

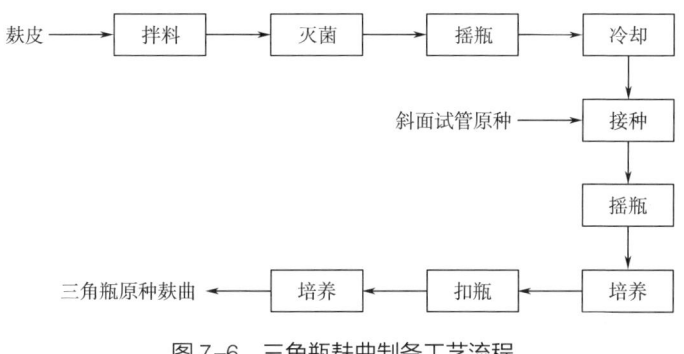

图7-6 三角瓶麸曲制备工艺流程

3. 实验步骤

(1) 麸曲的制备 ①试管斜面培养：将冰箱保藏菌种在超净工作台中接种于黑曲霉试管斜面培养基中，置于30℃恒温培养箱中恒温培养3~5d，至出现大量的黑色孢子；②三角瓶麸曲制备：三角瓶麸皮培养基灭菌后，趁热摇散培养基，冬天冷却至40℃，夏天冷却至30℃左右，在无菌操作条件下，用接种环挑取已培养好的试管原种中的黑曲霉孢子，接入三角瓶麸皮培养基中，摇匀，30℃下置于恒温培养箱中恒温培养。当瓶内曲料稍微结块时，将结块摇碎。继续培养，待孢子由黄色变成黑褐色即可使用。

(2) 酒母制备 ①试管培养：在无菌操作条件下，将冰箱保藏的酵母菌试管原种划线接入酵母菌斜面试管培养基中，26~28℃置于恒温培养箱中恒温培养3d，菌落全部长好后备用（4℃冰箱内保存）；②三角瓶培养：从培养好的斜面试管中挑取1~2环接入已灭菌并冷却的三角瓶培养基中，摇匀后，置于26~28℃恒温摇床中160r/min振荡培养，24h后达到酵母生长旺盛期；镜检菌体生长正常、无杂菌，要求酵母细胞数为1×10^8个以上，出芽率在15%~30%，酵母死亡率<1%。

(3) 醋母制备 ①试管培养：在无菌操作的条件下，将冰箱保藏的醋酸菌原菌划线接入醋酸菌斜面试管培养基中，在30~32℃下培养48h，当菌落全部长好后备用，4℃冰箱内保存。②三角瓶扩大培养：在已长好的试管菌种中加入10mL无菌水，用接种环将斜面上的菌体刮到无菌水中，制成菌体悬液，无菌操作下，用5mL移液枪吸取3mL加入醋酸菌三角瓶培养基，摇匀，在32~34℃恒温摇床上180r/min振荡培养24~30h，有醋酸清香，镜检菌体生长正常、无杂菌即可使用。

(4) 糖化及酒精发酵

①原料预处理：取1000g大米用粉碎机粉碎成粉状，1800g麸皮摊平在不锈钢锅里，将米粉倒在麸皮上，拌和均匀；在物料中加入2800g，60℃左右的温水，边加边翻拌，充分拌匀，使物料充分吸水。

②蒸料：蒸料的目的是使植物组织和细胞彻底破裂，从而使组织内的淀粉充分吸水、受热而膨胀糊化，易于淀粉酶发挥作用；杀灭原料中的微生物，防止杂菌污染；软化辅料基质，使其膨胀松软，增加吸水性能；可以常压蒸煮或0.01MPa加压蒸料30min。

③摊晾：取出熟料置于干净的不锈钢锅上，用玻棒搅匀并打散团块，同时迅速冷却，夏季降温至30℃左右，冬季降温至40℃以下，淋入1300mL冷开水，翻拌一次后摊平。

④糖化及酒精发酵：将制作好的麸曲按料曲比2∶1的比例撒在冷却好的物料表面，再将接种量为主原料的40%的酒母均匀撒上，翻拌均匀后装入坛内进行发酵。入坛后摊平压实，温度控制在24~28℃，当品温超过38℃时进行倒醅，即将醅倒入另一个干净坛子中，每隔1h测定一次温度，品温上升35℃后，再次倒醅，此后，品温维持在33~35℃，不得超过37℃，每天倒醅一次，5~7d完成，结束糖化与酒精发酵；成熟的酒醅中酒精产量要求在7%~8%（体积分数），最低不低于6%（体积分数）。

（5）醋酸发酵 将主原料100%~120%的谷壳或粗谷糠及40%的醋母撒在罐内，翻拌均匀后，在表面加少量的醋母以抑制杂菌。2~3d品温升高很快，控制在39~41℃，不超过42℃。超过42℃易出现烧醅并有异味。每天倒醅或翻醅一次，以通气供氧及调节品温，翻醅多则通气量多，因此多翻醅品温反而升高。12~20d，品温降至35℃以下，醋酸发酵结束。此时要求有正常醋香，略有酒香和酯香，酸度（以乙酸计）在6%~7%。

（6）加盐和后熟 醋酸发酵后立即加盐，以防止醋酸的过度氧化作用，醋酸菌对食盐的耐受力极弱，1%（质量分数）的食盐浓度即可终止醋酸菌的活动。醋酸发酵结束时应立即加食盐水，夏季加20g/L，冬季加15g/L。加盐方法是：将一半量的盐混匀在上半缸醋醅内，并移入空坛，24h后，将另一半食盐拌入余下的醋醅内，混匀后转入上半缸内，加盖放置2~5d，使其成熟并增加色泽和香气。

（7）淋醋 可采用单淋法即成熟醋醅用开水浸泡24h，然后淋出醋液。也可用采用三套循环法，即先用二醋浸泡成熟醋醅20~24h，淋出来的是头醋，剩下的头渣用三醋浸泡，淋出来的是二醋，坛内的二渣再用清水浸泡，淋出三醋。

（8）陈酿及澄清 陈酿是醋酸发酵后为改善食醋风味进行的储存、后熟过程。将醋液贮于缸或罐中，封存1~2个月进行陈酿和沉淀，可得到香味醇厚、色泽鲜艳的陈醋。

（9）配兑及灭菌 经过陈酿的醋或新淋出的头醋仍为半成品，食用前需按质量标准进行配兑，醋酸含量≥50g/L为一级食醋，醋酸含量≥35g/L且<50g/L为二级醋，灭菌温度控制在80℃以上，时间10min。

根据GB 18187—2000《酿造食醋》，食醋的品质受3个指标影响，分别是总酸、不挥发酸和可溶性无盐固形物。无论哪种发酵工艺，该标准对食醋的总酸要求都在35g/L以上（表7-5）。

表7-5　　　　　　　　　　固态发酵食醋理化指标

项目/（g/L）	指标	
	固态发酵食醋	液态发酵食醋
总酸（以乙酸计）≥	35	35
不挥发酵（以乳酸计）≥	5	—
可溶性无盐固形物≥	10	5

注：以酒精为原料的液态发酵食醋对可溶性无盐固形物指标不作要求。

4. 深层液态发酵工艺

深层液态发酵工艺流程见图7-7。

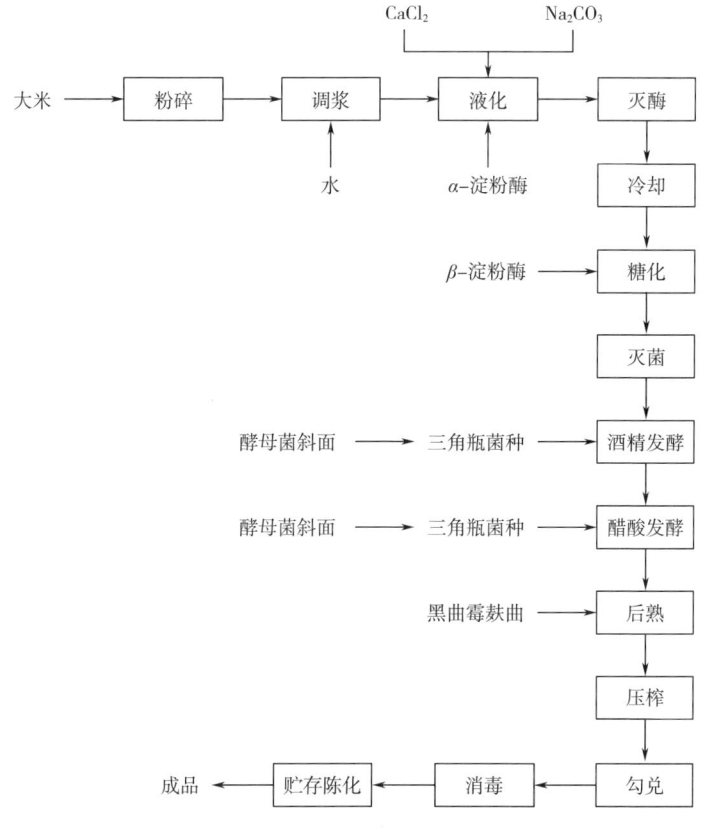

图7-7 深层液态发酵工艺流程

(1) 大米粉碎、调浆 将大米用水浸泡,使米粒充分膨胀,然后将米与水按1:(1.5~2)的比例均匀送入磨粉机(水磨),磨成70目以上的细度粉浆(浓度为18~20 °Bé),加入不锈钢锅内,用 $NaCO_3$ 调 pH 至 6.2~6.4(精密试纸测定),再加入 1g/L 的氯化钙,搅拌均匀。

(2) 糖化与液化

①酶制剂活化:将液化酶及糖化酶按 1:10 的比例加入 40℃ 的温水,40℃ 水浴复水活化 60min。

②液化:先在不锈钢锅内加少量底水,升温至 85℃(温度按所购酶制剂最适温度调整),再将调好浆的大米粉乳加入不锈钢锅内,按酶制剂说明书上标明的量加入活化好的液化酶(一般每克干淀粉加酶制剂 80~100 单位),控制浆温 85~90℃(按所购酶制剂的最适温度调整)约 15~40min;用碘液检查呈棕黄色,即为液化终点;再升温至 100℃,维持 10min,灭酶。

③糖化:将液化后的乳浆降温至 60~65℃。并用酸调整 pH 至 4.0~4.5,按酶制剂说明书上标明的量加入糖化酶(一般每克原料 100 个酶活单位);保温 1~4h,测定糖化过程中的还原糖含量,计算 DE(即还原糖占干物质的质量分数),在 DE 最高时终止糖化。

(3) 酒精发酵

①酵母菌扩大培养:在无菌操作条件下,将冰箱保藏的酵母菌试管原种划线接入酵母菌斜

面试管培养基中，26~28℃恒温培养约3d，当菌落全部长好后，冰箱内4℃保存备用；从培养好的斜面试管中挑取1~2环接入已灭菌并冷却的三角瓶培养基中，摇匀，置于26~28℃恒温摇床中160r/min振荡培养，24h后达到酵母生长旺盛期；镜检菌体生长正常、无杂菌，要求酵母细胞数为$1×10^8$个以上，出芽率15%~30%，死亡率<1%。

②发酵罐空消：发酵罐彻底清洗后，打开排水阀，排尽夹套中的水；排尽蒸汽管中的冷凝水后，先对空气过滤器进行灭菌，将蒸汽缓慢送入发酵罐，对发酵罐进行空消；在灭菌过程中，应时刻注意罐压，并控制在0.11~0.12MPa，切勿超压，罐压的控制通过调节进气阀和排气阀来实现，空消时间一般为30~50min；空消结束后，关闭进气阀和排气阀。当罐温降至80℃以下时排尽发酵罐内的冷凝水。为防止发酵罐内产生负压，必须通入无菌空气，使罐压保持在0.03~0.05MPa。

③酒精发酵：将糖化液加入发酵罐内，装量为发酵罐总体积的60%~70%，将蒸汽通过夹套对发酵罐进行加热，100℃维持30min，再在夹套内通入冷却水将糖化液的温度降至30℃，关闭门窗、空调，在火焰保护下，按原料10%接种量接入扩大培养的酵母种子液；开动搅拌（200r/min），按0.5VVM（每分钟通气量与罐体实际料液体积的比值）通入无菌空气10~15min，使发酵液中的空气饱和，满足酵母菌体细胞生长的需要；关闭无菌空气及搅拌，维持温度30~32℃、罐压0.03MPa，进行酒精发酵，发酵时间60~72h，酒精度在8%（体积分数）以上时结束酒精发酵，接入醋酸杆菌种子液。

(4) 醋酸发酵

①醋酸杆菌扩大培养：在无菌操作条件下，将冰箱保藏的醋酸杆菌原菌划线接入醋酸杆菌斜面试管培养基中，在30~32℃下培养48h，当菌落全部长好后4℃保存备用。在已长好的试管菌种中加入10mL无菌水，用接种环将接斜面上的菌体刮到无菌水中，制成菌体悬液，用5mL移液枪无菌操作下吸取3mL加入醋酸菌三角瓶培养基，摇匀，在32~34℃恒温摇床上180r/min振荡培养24~30h，有醋酸清香，镜检菌体生长正常、无杂菌即可使用。

②醋酸发酵：酒精发酵结束以后，在火焰保护下，在发酵罐的接种口，按原料10%接种量接入扩大培养的醋酸种子液。开动搅拌（200r/min），控制温度30~34℃，最高温度不超过36℃，发酵24h内按0.2VVM通入无菌空气，24~48h内按0.4VVM通入无菌空气，48h后按0.2VVM通入无菌空气，至50~72h醋酸酸度不再上升结束发酵。

(5) 后熟、压榨

①黑曲霉麸曲制备：将冰箱保藏菌种在超净工作台中接种于黑曲霉试管斜面培养基中，置于30℃恒温培养箱中培养3~5d，至出现大量黑色孢子；三角瓶麸皮培养基灭菌后，趁热摇散培养基，冬天冷却至40℃下，夏天冷却至30℃左右，在无菌操作条件下，用接种环挑取黑曲霉孢子，接入三角瓶麸皮培养基中，摇匀，30℃下置于恒温培养箱中培养；当瓶内曲料稍微结块时，摇瓶将结块摇碎，继续培养，待孢子由黄色变成黑褐色即可使用。

②在醋酸发酵液升温至50~55℃，按15g/L投入成品麸曲，分别恒温静置培养48h后冷却，通过小型板框压榨机进行压榨，收集流出的清液。

(6) 勾兑　调整酸度（以乙酸计）为3.5%（质量分数），并在醋液中加入17~20g/L的食盐以及12~15g/L蔗糖，以使米醋的酸味柔和、口味纯正、协调。并依据需要适当添加食用级焦糖色素来进行米醋的勾兑。

(7) 灭菌　灭菌温度控制在80℃以上，时间10min。

五、实验结果

记录并分析麸曲外观及其中糖化酶含量变化情况,记录并分析酒母酵母的细胞数、出芽率、死亡率、酸度等变化情况,固态发酵过程糖化及酒精发酵过程中酒精度、酸度的变化,深层液态工艺酒精发酵过程中酒精度、残糖的变化,深层液态工艺醋酸发酵过程总酸(以乙酸计)、酒精度、pH、溶氧等变化,成品醋酸相关微生物指标变化,撰写实验报告。

六、注意事项

(1)麸曲质量直接影响到原料淀粉的糖化,从而影响到原料的出品率,要求曲色米黄,无干皮夹心,菌丝粗壮,孢子尚未形成,有正常曲香,无怪味或酸味,曲块结实,用手轻捏松而不硬。

(2)酒母质量与酒精发酵效果有直接关系。只有培养出优良健壮的酒母,才能提高酒精发酵率,在生产中要求酒母中酵母细胞形态整齐、健壮、细胞多、杂菌少、降糖快。

(3)注意控制醋酸发酵过程中的水分含量,认真掌握醋醅的含水量,原料加水量对原料熟度和淀粉糊化的影响很大。加水量少,部分淀粉粒未能润水膨胀,糊化困难。加水量多,蒸料时局部料层极易压住蒸汽,使原料熟度不均,造成发酵过程中醋醅发黏,影响出品率,所以采用蒸料前后两次加水调整的方法。醅的质量为主料的80%~85%,醅的含水量为60%~62%。

(4)严格控制各阶段的温度。温度过低,酶糖化及菌体生长速率慢,温度过高会抑制菌体的生长及酶的活性,因此,在制醋各个阶段都需严格控制好温度。熟料摊冷加麸曲和酒母时,品温控制很重要。入坛适温为25℃左右;糖化与酒精发酵35~37℃;醋酸发酵38~41℃,超过42℃易出现烧醅并有异味。

(5)固体酿制食醋工艺为开放性环境,注意环境卫生及无菌操作,防止发酵过程染菌。

(6)液化、糖化及酒精发酵的彻底与否对醋酸发酵影响很大,若液化、糖化阶段未彻底,残留的糊精较多,将不被酵母菌及醋酸杆菌利用,不仅影响原料的转化率,同时会使醋酸发酵产生大量的泡沫,造成溢罐。酒精发酵若未彻底,即残糖值高时就会进行醋酸发酵,也会有大量泡沫产生,造成溢罐。且残糖可能会在后酵阶段的高温下与蛋白质、多酚等物质反应,生成不良气味,从而影响成品风味。因而,酒精发酵一定要在残糖接近0时才能进行醋酸发酵。

(7)酵母菌为兼性厌氧菌,在有氧的情况下,酵母菌可进行有氧呼吸(也是主要的细胞呼吸类型),并且繁殖。在缺氧的情况下,酵母菌可进行无氧呼吸产生酒精。因此,在前期通入无菌空气有利于酵母的快速繁殖。在酒精发酵过程中应停止搅拌及通气。

(8)醋酸菌是好气性细菌,因此液态深层培养时必须供给足够的氧气。通风量一般为理论计算需氧量的2.8~3.0倍,发酵前、中、后期可根据发酵实际情况进行调节,但绝不能中断供氧,否则会导致菌体死亡。

(9)醋酸发酵过程中产生泡沫是正常现象,主要是由死亡的醋酸杆菌菌体蛋白造成的。若泡沫过多,会造成溢罐,可使用少量植物油进行消泡。因食醋是直接食品,不允许用化学消泡剂。

> **思考题**
>
> 1. 制备糖化剂通常可以选用什么菌种，在制醋工艺中其主要作用是什么？
> 2. 什么是双边发酵工艺，其优缺点是什么？
> 3. 目前工业中采用的固态发酵工艺有哪些，各有什么优缺点？
> 4. 深层发酵工艺中液化、糖化的目的是什么？
> 5. 提高深层液态发酵制醋风味的方法有哪些？
> 6. 目前工业中的淀粉液化方法有哪些，各自的优缺点是什么？

实验 34 啤酒发酵

啤酒是以大麦芽和酿造水为主要原料，以大米、玉米等谷物为辅料，以极少量啤酒花为香料，经过酿酒酵母糖化发酵酿制而成的。含有丰富二氧化碳而起泡沫的低酒精度健康饮料酒，是世界上消耗量排名第三的饮料（第一为水，第二为茶）。啤酒是人类最古老的酒精饮料，于 20 世纪初传入中国，属外来酒种。"啤酒"中的啤是由英文"beer"音译而来，又由于含有一定的酒精，故得名"啤酒"。科学研究表明，啤酒营养丰富，含有人体所需的 17 种氨基酸，其中有 9 种是人体不能合成的，人体必需氨基酸占 12%~22%，含有 12 种维生素（尤以 B 族维生素最突出）以及矿质元素等多种营养素，被人们称为"液体面包"。

啤酒的分类很多，按发酵的酵母种类可分为：①上面发酵啤酒，采用上面发酵酵母，发酵过程中，酵母随 CO_2 浮到发酵液面上；②下面发酵啤酒，采用下面发酵酵母，发酵完毕，酵母凝聚沉淀到发酵容器底部。按杀菌程度可分为：①鲜啤酒，即啤酒包装后不经巴氏热灭菌的啤酒，这种啤酒味道鲜美，但容易变质，保质期较短；②熟啤酒，经过巴氏杀菌的啤酒，可以存放较长时间，有较长的保质期。按色泽可以分为：①淡色啤酒，色度在 5~14EBC（麦芽酊提取物、酒体、色泽），为啤酒类中产量最大的一种，淡色啤酒又分为淡黄色啤酒、金黄色啤酒、棕黄色啤酒；②浓色啤酒，色度在 14~40EBC，色泽呈红棕色或红褐色；③黑啤色泽，呈深红褐色乃至黑褐色。按麦芽汁浓度可以分为：①低浓度啤酒，原麦汁浓度为 2.5%~10%（体积分数），酒精含量为 0.8%~3.2%（体积分数）；②中浓度啤酒，原麦汁浓度为 11%~14%（体积分数），酒精含量为 3.2%~4.2%（体积分数）；③高浓度啤酒，原麦汁浓度为 14%~20%（体积分数），酒精含量为 4.2%~5.5%（体积分数），少数酒精含量可高达 7.5%（体积分数）。

一、实验目的

（1）学习啤酒发酵的工艺原理及操作工艺流程。

（2）了解传统工艺与单罐发酵工艺的主要区别和各自优势和啤酒后处理方法流程和注意事项。

（3）理解原料用水、蛋白质分解、酒花品质、双乙酰的形成，以及一些添加物在啤酒发酵过程和成品质量上所起的重要作用和影响机制。

（4）掌握发酵啤酒的工艺流程及其控制环节、方法和目的。

二、实验原理

酿造啤酒的主要配料是大麦、水、酵母、酒花和谷物辅料。大麦是酿造啤酒的主要原料，首先将其制成麦芽。大麦发芽的主要目的：①通过发芽使所含的酶游离，并将其激活；②通过发芽过程而生成新的酶；③通过发芽过程使颗粒内含物质溶解、分解和胚乳结构发生改变，胚乳细胞壁部分或全部降解。

啤酒花作为啤酒工业原料主要是利用其苦味、香味、防腐和澄清麦汁的能力。

麦汁制备的主要过程有原料粉碎、糖化、醪液过滤、麦汁煮沸、麦汁后处理等。糖化就是利用麦芽所含的各种水解酶，在适宜条件下，将麦芽中不溶性高分子物质（淀粉、蛋白质、半纤维素及其中间分解产物），逐步分解成小分子可溶性物质，这个分解过程叫做糖化。整个过程主要包括：淀粉分解、蛋白质分解、β-葡聚糖分解、酸的形成和多酚物质的变化。

麦汁煮沸的目的主要包括：①酶的钝化，破坏酶活力，主要是停止淀粉酶的作用，稳定可发酵糖和糊精比例，确保稳定和发酵的一致性；②麦汁灭菌，通过煮沸消灭麦汁中的各种菌类，特别是乳酸菌，避免发酵时发生败坏，保证产品质量；③蛋白质的变性和絮凝沉淀，此过程中，析出某些受热变性以及与单宁物质结合而絮凝沉淀的蛋白质，提高啤酒的非生物稳定性。

麦汁后处理主要是通过物理方法将热凝物质与麦汁分离，以及将麦汁冷却。

冷却后的麦汁添加酵母以后，便是发酵的开始。整个发酵过程可以分为：酵母恢复阶段、有氧呼吸阶段、无氧呼吸阶段。酵母接种后，开始在麦汁充氧条件下，恢复其生理活性，以麦汁中的氨基酸为主要氮源，可发酵糖为主要碳源，进行呼吸作用，从中获取能量并繁殖，产生一系列代谢副产物，此后便在无氧条件下进行酒精发酵。有氧呼吸阶段主要是指酵母细胞以可发酵糖为主要能量来源，在氧气的作用下进行繁殖；无氧呼吸阶段发酵过程中，绝大部分可发酵糖被分解成乙醇和二氧化碳。这些糖类被酵母吸收，进行酵解的顺序是葡萄糖、果糖、蔗糖、麦芽糖、麦芽三糖。主发酵可分为酵母繁殖期、起泡期、高泡期、落泡期、泡盖形成期等几个阶段。

三、实验材料与设备

1. 菌种

酿酒酵母。

2. 材料

大麦芽、大米、啤酒花、硅藻土、硫代硫酸钠、酵母膏、琼脂、蛋白胨、α-淀粉酶、木瓜蛋白酶、亚甲蓝试剂、移液管、烧杯、大量筒、试管等。

3. 设备

恒温培养箱、摇床、灭菌设备、超净工作台、恒温水浴锅、电子分析天平、干燥箱、酒精计、磁力搅拌器、显微镜、不锈钢厌氧发酵罐、糖度仪、小型夹套糖化锅、小型酒液过滤机、小型粉碎机、酒精比重计、分光光度计等。

四、实验方法与步骤

（一）工艺流程

啤酒酿造工艺流程如图7-8所示。

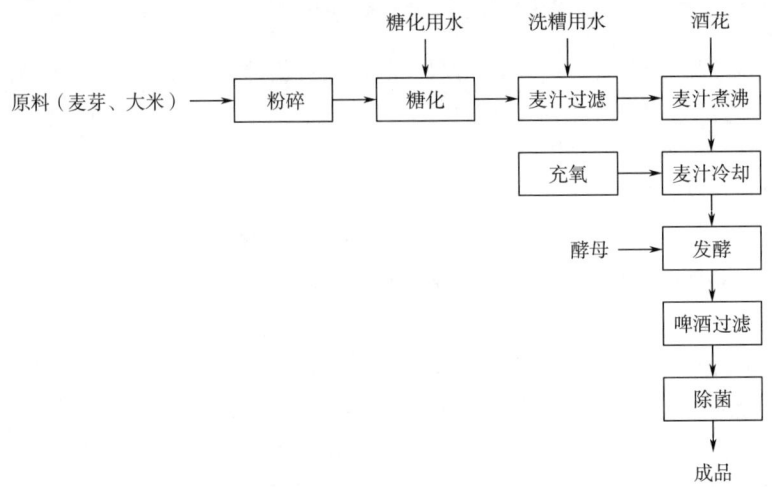

图 7-8　啤酒酿造工艺流程

（二）实验步骤

1. 原料粉碎

粉碎是一种机械加工过程，原料通过粉碎可以增大比表面积，使内含物与介质水及生物催化剂酶接触面积增大，加速物料内含物的溶解和分解。麦芽粉碎方法一般分为 3 种，即干法粉碎、增湿粉碎和湿法粉碎。干法粉碎是一种传统并且一直延续至今的粉碎方法；增湿粉碎和湿法粉碎能保持表皮的完整性，加快过滤效果，被越来越多的厂家采用。

称取精选无霉变、无结块的大麦芽 400g，添加 20g 水湿润麦芽表面，以增加麦皮韧性，防止麦皮过度破碎。另取大米 100g，用小型粉碎机进行粉碎至约 60 目。

2. 糖化

糖化是麦芽内含物在酶的作用下继续溶解和分解的过程。麦芽及辅料粉碎物加水混合后，在不同的温度段保持一定的时间，使麦芽中的酶在最适条件下充分作用麦芽内含物，使之分解并溶于水。糖化过程应尽可能多地将麦芽干物质浸出，并在酶的作用下进行适度分解。麦芽浸出物组成如图 7-9 所示。

使用辅助原料时，将辅助原料配成醪液，与麦芽醪一起糖化，称为双醪浸出糖化法，其工艺控制曲线见图 7-10。大米粉加入 400g 的 50℃ 水中（按商品 α-淀粉酶制剂说明书使用量添加耐高温 α-淀粉酶），糊化锅升温至 70℃ 保温 20min，再升温至 100℃ 保温 40min；麦芽粉加入 1400g 的水中，在糖化锅 37℃ 下保持 20min，升温至 50℃ 保温 40min，然后与 100℃ 的糊化醪并醪，醪液在 65℃ 保温 70min，最后升温到 78℃ 至糖化过程结束。糖化结束后，必须将糖化醪尽快进行固液分离，即过滤，从而得到清亮的麦汁。固体部分称为"麦糟"，这是啤酒厂的主要副产物之一；液体部分为麦汁，是酿酒酵母发酵的基质。糖化醪过滤是以大麦皮壳为自然滤层，采用重力过滤器或加压过滤器将麦汁分离。分离麦汁的过程分两步：第一步是将糖化醪中的麦汁分离，这部分麦汁称为"头号麦汁"或"第一麦汁"，这个过程称为"头号麦汁过滤"；第二步是将残留在麦糟中的麦汁用热水洗出，洗出的麦汁称为"洗糟麦汁"或"第二麦汁"，这个过程称为"洗糟"。经过滤及洗糟后，控制原麦汁浓度为 10°Bx（巴林糖度计）左右。

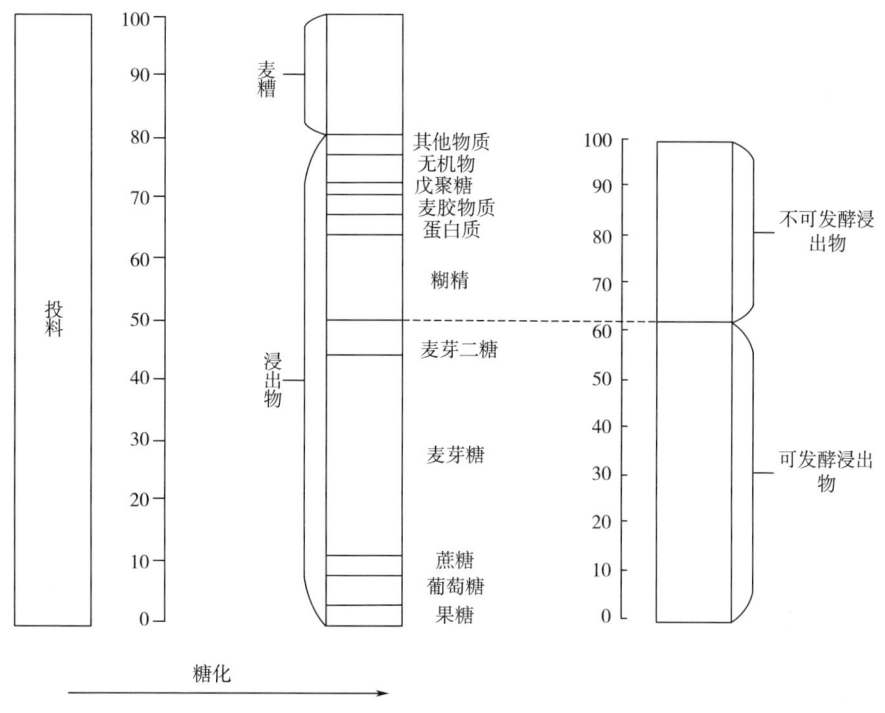

图 7-9 麦芽浸出物组成

单位:%

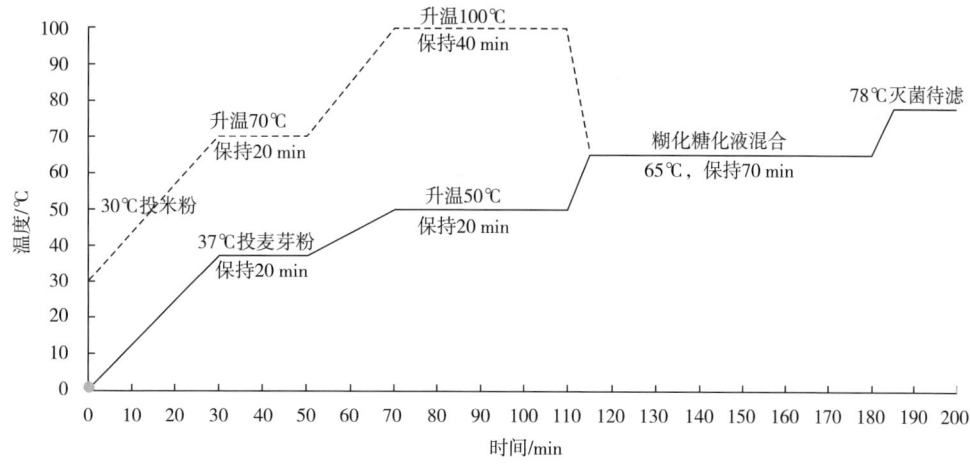

图 7-10 双醪浸出糖化法工艺控制曲线

3. 麦芽汁煮沸

麦汁煮沸过程中的变化及作用为:蒸发多余的水分;破坏酶的活性,终止生物化学变化,固定麦汁组成;麦汁灭菌;浸出酒花中的有效成分;使蛋白质变性凝固。

煮沸过程中分 3 次添加酒花(酒花总添加量为 0.6g/L),以煮沸时间 90min 为例,第一次在煮沸开始时添加,添加量为酒花总量的19%左右;第二次在煮沸后45min时添加,添加量为总量的43%左右;第三次在煮沸结束前10min添加,添加量为总量的38%左右。

经煮沸后,麦芽汁的浓度控制在12°Bx。

4. 沉淀与冷却

在比较高的温度下凝固析出的凝固物称为热凝固物,这种凝固物主要是在麦汁煮沸时产生。发酵前必须除掉热凝固物,若带入发酵醪中,可能会黏附在酵母细胞表面,影响酵母的正常发酵。此外,热凝固物对啤酒色度、泡沫性质、苦味和口味稳定性都有不良影响。采用硅藻土过滤机进行分离热凝固物,并用冰水将麦汁冷却至7℃左右,通入氧气至饱和浓度。

5. 酿酒酵母三级扩种培养

将斜面酿酒酵母进行三级扩种培,即试管斜面→三角瓶培养→卡氏罐培养。镜检酿酒酵母细胞浓度达到10^5个/mL,出芽率在85%以上。

6. 啤酒主发酵

啤酒主发酵是借助酿酒酵母对以麦芽糖为主的麦汁进行发酵,生成酒精、CO_2和其他一系列副产物,以构成啤酒的主要成分。主发酵主要分为酵母繁殖期、起泡期、高泡期和落泡期、泡盖形成期等阶段。

主发酵控制:酵母接种量为麦汁总量的0.6%,温度控制在9~11℃,罐压控制在0~0.03MPa。麦汁糖度降至4.0°Bx时(7~8d)结束主发酵,急剧降温至4~5℃,使酵母沉降,回收酵母。在主发酵过程中,每天仔细观察各时期的区别,并测定糖度、细胞浓度、出芽率、酸度、还原糖、酒精度、pH、双乙酰等指标。

7. 后发酵

麦汁经主发酵后的发酵液称为嫩啤酒,此时酒的CO_2含量不足,双乙酰、乙醛、硫化氢等挥发性物质没有减低到合理程度,酒液口感不成熟,大量的悬浮酵母和凝结析出物质尚未沉淀下来,酒液不够澄清,不适合饮用。啤酒的成熟和澄清均在后发酵和贮酒期。后发酵的主要目的为:残糖继续发酵;促进啤酒风味成熟;增加CO_2的溶解量;促进啤酒澄清。

后发酵控制:主发酵结束后,开始封罐,并将发酵温度降至2℃以下,随着CO_2产生并溶入酒中,罐压不断升高,升至0.09MPa后维持此罐压,培养12d左右结束后发酵,每日定时进行糖度和酸度的检测,同时观测酵母细胞的形态。

8. 啤酒过滤

用小型硅藻土酒液过滤机对发酵成熟的啤酒发酵液进行过滤。

9. 啤酒理化指标的检测及风味品评

对成品啤酒进行糖度、酒精度、双乙酰含量、色泽、透明度进行检测并品评风味。

五、实验结果

记录并分析主发酵和后发酵过程中发酵温度、糖度、酒精度、双乙酰、色泽、酵母数、酵母出芽率等的变化情况,撰写实验报告。

六、注意事项

(1)麦芽粉糖化效果对啤酒发酵影响很大,要特别注意糖化过程中的糖化温度、酶制剂添加量及糖化时间控制。

(2) 啤酒主发酵参数控制对啤酒风味有重要意义。

①温度的控制：控制不同的发酵温度有各自的优缺点，采用低温发酵，酵母在发酵过程中生成的副产物较少，使啤酒口味较好，泡沫状况良好，但发酵时间长；采用高温发酵，酵母发酵速率较快，发酵时间短，设备利用率高，但生成副产物较多，啤酒口味较差。

②浓度的控制：麦汁浓度变化受发酵温度和发酵时间的影响，发酵旺盛，降糖速率快，可适当降低发酵温度和缩短最高温度的保持时间；反之，则应适当提高发酵温度或延长最高温度的保持时间。

③发酵时间的控制：发酵时间主要取决于发酵温度的变化，发酵温度高，则发酵时间短；发酵温度低，则发酵时间长。

(3) 啤酒花的加入量要适当。

思考题

1. 简述啤酒发酵中添加啤酒花的作用。
2. 酿造啤酒过程中为什么要用大麦芽而不用大麦？
3. 影响啤酒双乙酰含量的因素有哪些？

实验35　特色食药用真菌菌种生产

食药用真菌资源的保护利用已经成为生物工程领域的研究热点。一级菌种又名母种，是指经组织分离、孢子分离或基内菌丝分离得到的菌丝体。一级菌种培养基常用于菌种的分离、纯化、扩大、转管和保藏。经过检验合格的优良菌种，才能作为商业化生产的接种物。在丝状真菌发酵工程领域，液体菌种技术得到了广泛应用。

一、实验目的

(1) 学习和了解菌种资源保护和应用价值。
(2) 掌握固体食药用菌一级菌种、液体菌种的制作方法，巩固无菌操作技术。

二、实验原理

食用菌母种分离、移接和斜面保存菌种都必须制作相应的培养基以备食用菌的培养、分离和保存用。

液体菌种是指将食用菌的菌丝在一定培养条件下，采用液体培养基使其生长增殖形成大量菌丝体或菌丝球，以作食用菌栽培的原种或栽培种使用。与传统的固体菌种相比，液体菌种有制作程序简单、生产周期短、污染率低、发菌快、菌龄整齐、接种方便、缩短出菇时间等优点，适合于食用菌的自动化、工厂化栽培，液体菌种是食用菌栽培的新技术，是食用菌栽培技术的发展方向。

三、实验材料与设备

1. 材料

马铃薯、葡萄糖、磷酸二氢钾、硫酸镁、蛋白胨、氯化钠、琼脂、NaOH 溶液、HCl 溶液、量杯、纱布、棉塞、试管、细线绳、橡皮筋等。

2. 设备

高压蒸汽灭菌锅、超净工作台、电热恒温培养箱、振荡培养箱、铝锅、电炉、恒温摇床等。

四、实验方法与步骤

（一）培养基配制

为了获得优良和生长旺盛的母种，母种培养基应选用营养丰富，容易被菌丝吸收利用的原料来进行配制。由于不同菌类对营养物质的需求不同，所以不同母种培养基的成分和比例也各有差异。

1. 常用配方

（1）马铃薯葡萄糖琼脂培养基（PDA 培养基）马铃薯（去皮）200g、葡萄糖 20g、琼脂 18~20g、水 1000mL，pH 自然。

（2）马铃薯综合培养基　马铃薯（去皮）200g、葡萄糖 20g、磷酸二氢钾 3g、硫酸镁 1.5g、维生素 B_1 10mg、琼脂 18~20g、水 1000mL，pH 自然。

上述两种培养基适用于培养绝大多数食用菌母种。

2. 配制方法

（1）先将马铃薯洗净，去皮，挖掉芽眼，称取 200g，切成 $1cm^3$ 的小块或薄片。

（2）将切好的马铃薯块放入铝锅内或大烧杯中，加水 1000mL，放在电炉上煮沸后维持 15~20min，至马铃薯熟而不烂。

（3）用 4 层湿纱布（纱布需浸水后拧干）过滤，由于马铃薯在煮沸过程中，有部分水被蒸发掉，因此过滤后的马铃薯汁，应加水补足至 1000mL。

（4）将称好的琼脂加入马铃薯汁中，在电炉上用文火煮，直至琼脂完全融化为止（边煮边搅拌）。最后加入葡萄糖等可溶性物质，搅匀。

（5）调节 pH　培养基中的酸碱度（即 pH）是影响菌丝生长的重要因素，因此培养基配好后应根据菌种对 pH 的要求进行调节。马铃薯葡萄糖琼脂培养基配好后，pH 一般为中性，所以不必调节。若培养基低于所要求的 pH，应滴加 1mol/L 的 NaOH 溶液进行调节；若培养基高于所要求的 pH，应滴加 1mol/L 的 HCl 溶液进行调节。边滴入边搅拌，边用精密 pH 试纸或 pH 计测定，直至合适为止。应注意的是，培养基的酸碱度在灭菌前不宜调至 pH 6.0 以下，否则灭菌后培养基不凝固。有些菇类的培养基要求 pH 在 6.0 以下的，要待灭菌后在无菌条件下滴加盐酸或乳酸等进行调节。

（6）补水至 1000mL。

（7）分装试管　培养基配好后应趁热用分装漏斗分装试管，装入试管高度的 1/5~1/4，分装时应注意不得使培养基粘在试管的口壁上，以防污染杂菌。

（8）塞棉塞　培养基分装完后应立即塞上大小合适的棉塞或透气胶塞。棉塞或胶塞应塞入试管内 2/3，外留 1/3。

(9) 捆扎试管　将塞好棉塞的试管 7 或 9 支扎成一把，在棉塞外面包一层防潮纸或牛皮纸，再用线绳扎紧，防止灭菌时棉塞被冷凝水浸湿。

(10) 灭菌　培养基分装完后应立即灭菌。根据培养基的成分选择灭菌的压强和时间，如培养基成分中有高温下容易被破坏的物质时，可采用 49kPa 或 78kPa 的压强，一般马铃薯葡萄糖琼脂培养基采用 103~108kPa 的压强，灭菌 20~30min。

（二）菌种分离-组织分离

菌种分离是一项技术性很强的工作，需要以无菌操作方法进行分离，才能减少污染。无菌操作是制种过程中最基本的操作方法，要求操作熟练，动作迅速。

组织分离，是指取菇体或耳片一小部分组织进行分离培养菌种的方法。菇体组织是菌丝的扭结物，具有很强的再生能力，将它移接在母种培养基上，经过适温培养，即可得到能保持原来菌株性状的母种。因此，用组织分离法得到的菌丝体，如经过生产实践证明性状优良，即可做母种使用。

1. 大型伞菌的组织分离方法及操作步骤

(1) 选择品质优良，朵形正常、肉厚、无病虫的种菇供组织分离。分离时以幼菇（六七分成熟）为宜，其组织再生能力强。此外，实践证明风干的子实体也可进行组织分离。

(2) 分离应在接种室或超净工作台内进行。先用酒精棉球将手擦拭消毒，再用镊子夹取酒精棉球将菇的正、反面消毒。

(3) 用手将菌柄撕开，但手千万不能碰到撕裂面，避免杂菌污染。

(4) 将解剖刀经酒精灯火焰灭菌后，从菌柄和菌盖交界部位切取大豆或绿豆粒大小的组织块。以无菌操作方法，将切取的组织块用接种针移至母种试管斜面培养基。此外，用接种钩直接钩取一小块组织移至母种试管斜面培养基，分离效果也很好。

(5) 塞好棉塞，注明菇种、分离日期及地点。

(6) 放到温度适宜的温箱中培养，1~2d 后，检查有无污染，发现污染及时挑出。

2. 组织分离的质量检查

组织分离后的试管斜面，经过 3~5d 培养后，若在斜面上或组织块周围，没有任何杂菌生长，只有从组织块上长出洁白、粗壮纯净的菌丝体，说明组织分离成功。经过再次移接，生产实验，性状表现优良，即可做母种使用；相反，若有其他杂菌生长，说明组织分离时消毒不彻底或无菌操作不严格，使得组织分离失败。

（三）母种移接（转管）和培养

母种移接（转管）要在无菌环境中以无菌操作方法进行，要求操作熟练，动作迅速。其操作规程如下。

(1) 左手平托两支试管，手指按住试管底部，外侧一支是供接种用的菌种试管，内侧一支是待接母种的试管。

(2) 右手拿接种针或接种铲，用拇指、食指和中指握住其柄部，将接种针或接种铲插入 75%（体积分数）的酒精消毒瓶中消毒，在酒精灯火焰上灼烧接种针或接种铲的顶端，逐渐将杆部也在火焰上缓慢通过，这样反复 3 次即可将接种针或接种铲彻底灭菌，切记最后一次灼烧后不能再浸入酒精瓶中，应在火焰旁自然冷却。

(3) 将左手平托的两支试管管口靠近火焰，用右手的小指和手掌将外侧的菌种管上的棉塞拔出，再用中指和无名指拔出内侧试管口上的棉塞夹在手中（不得放在桌子上或台面上），将两支试管口迅速移到酒精灯火焰旁。

（4）将烧过并冷却的接种针或接种铲伸入母种试管中，在菌丝斜面上钩取火柴头大小的一块菌丝块，迅速放到待接试管斜面的中部，将试管口在火焰上烧一下，然后立即塞上棉塞。

（5）接种完毕，再将接种针或接种铲在火焰上灼烧灭菌，以免使接种的菌丝扩散，造成污染。

（6）菌种接完后，贴好标签或用记号笔在试管壁上注明菌种名称及接种日期等。

（7）将同类菌种扎好，送到该菌所要求的最适温度下（恒温箱或恒温室内）培养，一般培养 2d，检查有无杂菌生长，7~15d 母种菌丝即可长满斜面。

（四）母种质量检查

通过培养，在试管斜面上长出洁白、粗壮的菌丝体，说明接种成功。若在试管斜面上出现有光泽、黏液状培养物或呈黄、绿、灰、黑等毛状物，即污染，不能使用。优良菌种的感官应具备"纯、正、壮、润、香"的特点："纯"指菌种的纯度高，无感染杂菌，无斑块，无抑制线，无"退菌、断菌"现象；"正"指菌丝生长无异常，具有亲本正宗的特点；"壮"指菌丝发育粗壮，长势旺盛，有力；"润"指菌种含水量适中，无干缩、松散现象；"香"指具有品种特有的香味，无异味。而菌种生产性能（产量高低、品质优劣、抗逆性强弱）的考核，通常只有根据栽培实验的结果才能得出结论。

（五）用菌液体菌种制作

1. 配方

马铃薯 200g、葡萄糖 20g、磷酸二氢钾 0.5g、硫酸镁 0.5g、蛋白胨 2g、氯化钠 0.1g、水 1000mL，pH 自然。

2. 培养基制备

（1）根据配方和用量称取适量去皮的马铃薯，切块（$1cm^3$ 大小）后于烧杯中加入一定量的水，在电炉上加热煮沸 30min（熟而不烂），用 6 层纱布过滤后将滤液补充至初始体积。

（2）按比例向滤液中加入配方中的其他各成分，搅拌（必要时可加热）使各成分充分溶解（若溶液较浑浊可再过滤一次），再补充至初始体积，冷却至不烫手。

（3）将培养液分装到 250mL 的三角烧瓶中（80~100mL/瓶），再放入 5~10 颗玻璃珠，加塞、包扎，121℃灭菌 30min。

3. 接种

待培养液充分冷却至室温后，无菌操作从母种斜面铲取约 1cm 的菌丝体块（勿带过多的培养基），使菌丝面朝上悬浮于液面上。

4. 培养

先 25℃静止培养 2d，待接种菌块萌发长出新菌丝后，再于摇床上振荡（150~180r/min）培养 3~4d，观察检测液体菌种的质量。

5. 液体菌种质量检查

（1）培养结束，培养液澄澈透明，悬浮大量菌丝球，并伴有各种菇类特有的香味，因菇种不同，培养液色泽有一定差异。平菇、金针菇的培养液为浅黄色；香菇、猴头菇的培养液为黄棕色，清澈透明；木耳的培养液为青褐色，黏稠，有香甜味。

（2）菌液的质量检查　①纯度检查：镜检或平板培养，无细菌、霉菌；②活力检测：菌球边缘菌丝分支细密，结晶紫色着色深，菌丝细胞原生质尚未出现凝集现象和空胞，菌球颜色较浅，变深说明开始或已经老化，老化的液体菌种会自溶成黏糊粥状物；③菌球大小：80%的菌球直径应小于2mm，数量为1000~1500个/mL，大小均匀，界线分明，不易沉降；④出菇能力：对于平菇、金针菇、香菇、银耳、木耳等一些担子菌纲的菌类来说，处于旺盛生长时期的菌丝体会出现大量锁状联合。

五、实验结果

记录并分析分离得到的食药用真菌菌丝体和菌丝球的形态、个数及大小情况，撰写实验报告。

六、注意事项

（1）组织分离过程易被杂菌污染，可以在平板上加入抑制细菌的抗生素，以减少污染。
（2）培养温度不宜太高，以免影响菌丝生长。

> **思考题**
>
> 1. 组织分离法能获得优良菌种的理论依据是什么？
> 2. 用组织分离法获得的一级菌种，为什么要进行出菇实验后才能应用于生产？
> 3. 怎样才能分离出纯净、优良的菌丝体？
> 4. 如何提高母种移接的成功率？
> 5. 制作液体菌种前应注意哪些问题？
> 6. 从哪几个方面检测液体菌种的好坏？如何检测？

实验36　乳酸菌的分离纯化以及凝固型酸乳发酵

酸乳是以优质的原料乳（鲜乳或复原乳），添加或不添加辅料，使用含有德氏乳杆菌保加利亚亚种（*Lactobacillus delbrueckii* subsp. *bulgaricus*）和嗜热链球菌（*Streptococcus thermophilus*）等乳酸菌种发酵制成的产品。其中含有大量的活性乳酸菌，具有较好的品质口感与营养价值，并有利于肠道健康和微量元素吸收，降低血清中胆固醇含量，对预防心血管疾病和抗癌有一定的辅助作用。此外，酸乳还可以为乳糖不耐受人群提供摄取牛乳的机会。酸乳深受广大消费者的喜爱，并成为乳制品中发展最迅速的大众消费品类，消费量逐年增长，是最具盈利和发展潜力的产业之一。

目前市面上的酸乳主要有凝固型和搅拌型两种。凝固型酸乳的发酵过程是在包装容器中进行的，成品呈凝乳状态；搅拌型酸乳是发酵后的凝乳在灌装前搅拌成黏稠状组织状态；两种类型的酸乳与鲜乳营养成分没有显著差异。酸乳与市面上的乳酸型饮料不同。乳酸型饮料是在各种饮料上添加一定量的酸味剂，使之呈一定的酸味，营养价值低，不含活菌。

酸乳也可以根据原料中的脂肪含量分类，全脂酸乳脂肪含量为3.0%（质量分数）以上，部分脱脂酸乳脂肪含量为0.5%~3.0%（质量分数），脱脂酸乳脂肪含量为0.5%（质量分数）

以下。

酸乳按风味可以分为原味酸乳、加糖酸乳、果料酸乳、调味酸乳。

一、实验目的

(1) 学习和了解酸乳的分类及酸乳发酵的微生物学基础。
(2) 理解酸乳中乳酸菌的计数及分离方法。
(3) 理解酸乳中乳酸菌的菌种特征及鉴别方法。
(4) 掌握酸乳发酵基本原理及酸乳的制作工艺。

二、实验原理

酸乳在生产制造过程中，原料乳中所包含的蛋白质、脂肪、乳糖等营养成分通过发酵菌种的繁殖代谢生长作用发生生物化学反应，从而产生相应的特殊有益物质和形成特定的组织状态。

原料乳中的乳糖通过乳酸菌作用首先转化为葡萄糖和半乳糖，再进一步转化为转变丙酮酸，最终代谢转变为乳酸等有机酸，导致乳的 pH 下降，使乳酪蛋白在其等电点附近发生凝集，呈现凝乳状态，并形成酸乳的主要风味。原料乳中的蛋白质也会代谢转变为多肽及氨基酸等物质，脂肪会分解为甘油和脂肪酸，这些物质成分对酸乳风味均有一定的影响。

目前最常用的酸乳发酵菌种是嗜热乳酸链球菌和德氏乳杆菌保加利亚亚种，这些乳酸菌种可以从市场上销售的各类酸乳中分离。

三、实验材料与设备

1. 材料

市售酸乳（光明原味酸乳、美丽健原味酸乳、伊利原味酸乳等）、脱脂乳粉、鲜牛乳、蔗糖、蛋白胨、牛肉膏、酵母提取物、葡萄糖、吐温-80、磷酸氢二钾、乙酸钠、柠檬酸三铵、硫酸镁、硫酸锰、琼脂粉等。

2. 设备

恒温水浴锅、酸度计、高压蒸汽灭菌锅、超净工作台、恒温培养箱、净乳机等。

四、实验方法与步骤

(一) 培养基配制

MRS 培养基：蛋白胨 10.0g、牛肉膏 10.0g、酵母提取物 5.0g、葡萄糖 20.0g、吐温-80 1.0mL、磷酸氢二钾 2.0g、乙酸钠 5.0g、柠檬酸三铵 2.0g、硫酸镁 0.2g、硫酸锰 0.05g、琼脂粉 15.0g、蒸馏水 1000mL。将上述成分加入蒸馏水中，加热溶解，校正 pH 6.2，分装后 121℃ 高压蒸汽灭菌 15~20min。脱脂乳培养液：按脱脂乳粉与 50g/L 的蔗糖水 1:10 的比例配制，115℃ 加热 20min。

(二) 酸乳中乳酸菌的计数、分离纯化与鉴别

1. 分离与计数

取市售新鲜酸乳按 10 倍梯度用无菌生理盐水稀释至 10^{-5}、10^{-6}、10^{-7} CFU/mL 3 个稀释度（具体稀释倍数由市售酸乳中乳酸菌总数决定），取各稀释度的稀释液各 1mL，加入灭菌的平皿中，再倒入冷却至 45℃ 左右的 MRS 培养基，混合均匀后，置于 40℃ 培养 48h，同时加入 1mL 无

菌生理盐水作为空白对照。培养结束后，计数平皿内不同特征的菌落数及菌落总数，并计算出酸乳中总乳酸菌数及不同种类乳酸菌数。

2. 鉴别

挑取不同特征的代表性菌落，革兰染色镜检，观察染色反应及形态特征。对两种培养基中不同特征的菌落接种与乳酸菌微量生化管，24~48h观察生化反应结果。根据形态、染色结果及生化反应结果判定乳酸菌的类型。

3. 菌种制作

选取乳酸菌典型菌落转至脱脂乳培养液中，40℃培养8~24h，若牛乳出现凝固，无气泡，呈酸性，涂片镜检细胞杆状或链球状（两种形状的菌种均分别选入），革兰染色呈阳性，则可将其连续传代4~6次，最终选择出在3~6h能凝固的牛乳管，作菌种待用。

（三）酸乳的制作

酸乳制作工艺流程见图7-11。

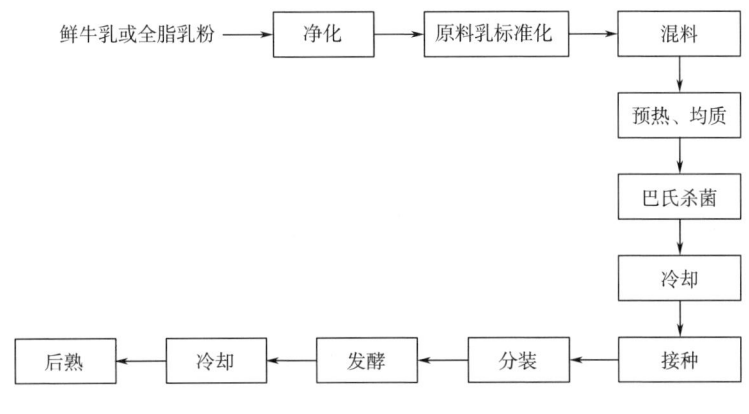

图7-11　酸乳制作工艺流程

1. 菌种制备

将上述实验分离并鉴定的嗜热乳酸链球菌和德氏乳杆菌保加利亚亚种用脱脂乳培养液进行扩大培养，也可选择使用市售商业发酵菌种。通常商业发酵菌种由嗜热链球菌与德氏乳杆菌保加利亚亚种混合制成。

2. 发酵牛乳瓶灭菌

将发酵牛乳瓶在高压蒸汽灭菌锅中121℃灭菌20~30min。

3. 原料乳

生产酸乳的原料鲜乳或全脂乳粉必须具备较高的质量标准，细菌含量低，不含有抑制酸乳发酵的成分，尤其是抗生素等。乳酸菌对抗生素较为敏感，在原料乳中含有抗生素残留，易抑制乳酸菌的生长繁殖。

4. 净化

采用净乳机对原料乳离心，以除去原料乳中的杂质。净乳机的工作原理是对原料乳进行离心分离处理，原料乳中的高密度固体杂质会迅速向分离机外侧甩出，以除去奶牛体细胞、白细胞、红细胞、细菌团、芽孢等杂质。处理温度为55~60℃，离心机的转速为7500r/min。

5. 标准化

生产酸乳的原料乳需要对脂肪、蛋白质和非脂乳固体含量等进行标准化，使原料乳的质量保持稳定状态。鲜乳中脂肪含量较高，为了避免酸乳中有脂肪析出，需要对鲜乳的脂肪含量进行调整，使其达到所要求的标准。可以在脂肪含量高的牛乳中加入1%~3%（质量分数）的脱脂乳，既可减少脂肪含量，又可增加总固形物含量。

6. 混料

在原料乳中适当添加一定比例的白糖，有利于原料乳中的乳酸菌发酵产酸，同时可缓和酸乳酸味，改善酸乳风味。白糖使用量要控制，如果添加过量，会改变原料乳的渗透压，抑制乳酸菌产酸，从而影响酸乳品质。一般白糖的添加量控制在40~80g/L。为了提高酸乳的黏稠度和硬度，避免原料乳中的乳清析出。原料乳可添加2~4g/L的明胶作为稳定剂。

7. 预热、均质

通过均质处理可以使原料乳中所含的脂肪球变小，从而降低脂肪球在产品中的上浮速度，改善酸乳的黏度，使酸乳口感细腻，更有利于人体对乳脂肪消化吸收。原料乳先调至60℃左右，然后在均质机中8~10MPa压力下对乳进行均质处理。

8. 巴氏杀菌

在原料乳发酵之前，需对原料乳进行灭菌处理。灭菌的方法是将原料乳加热至95℃，保温5min。通过巴氏杀菌，不仅可以杀死原料中的致病菌等微生物，而且可以使原料乳中的乳清蛋白变性，提高原料乳培养发酵菌种的性能，同时还可以使原料乳中各类酶及抑菌物质等失去生物活性，使发酵过程易于控制。

9. 接种

原料乳灭菌后立即冷却至40~45℃，接入扩大培养好的嗜热乳酸链球菌和德氏乳杆菌保加利亚亚种，两种乳酸菌以一定的比例混合，接种量控制在3%~5%。若接种量太大，酸乳的风味由于发酵前期酸度上升太快反而变差；若接种量过小，发酵所需时间延长，酸度较低。

10. 分装

生产凝固型酸乳，在发酵之前预先分装，因为酸乳受到振动，凝乳组织状态易被破坏。分装即是将接种乳酸菌的牛乳培养基预先分装到牛乳瓶中，加盖后保温培养。分装时，牛乳瓶上部留出的空隙要尽可能小，这是由于空隙小，容器中的内容物晃动幅度小，酸乳的形态易保持完整，并且也可以减少空气残留，有利于乳酸菌生长。若制作搅拌型酸乳，则无需预先分装，而是在发酵容器中发酵结束后，与果酱等辅料搅拌混合均匀，然后装入杯或其他容器内，再经冷却后熟得到酸乳制品。

11. 发酵

使用嗜热乳酸链球菌与德氏乳杆菌保加利亚亚种混合发酵，发酵温度控制在40~42℃，发酵时间为4~6h。当酸乳的酸度大于70°T［用0.1mol/L NaOH标准溶液滴定10mL样品，每消耗掉1mL NaOH溶液称为1滴定酸度（°T）］或者pH小于4.5时，停止发酵。应避免发酵菌种过度繁殖，影响酸乳品质。在发酵过程中，应掌握发酵时间，若发酵时间不足会造成酸度不够，而发酵过长会导致产品乳清析出，酸度过高。

12. 冷却与后熟

发酵结束后，将酸乳尽快冷却到10℃以下，以抑制酸乳中的乳酸菌生长繁殖，避免乳酸菌继续产酸而影响酸乳口感。冷却后的酸乳置于4~6℃后熟24h以上，使双乙酰等风味物质增加，以获得酸乳特有风味和较好的口感。

13. 风味品评

成品酸乳呈乳白色或稍带淡黄色，具有清香纯净的乳酸味，凝块稠密结实均匀，无气泡，无或只有少量乳清析出，有较好的口感和特有的风味。

五、实验结果

（1）记录市售三种不同酸乳中乳酸菌总数及嗜热链球菌与德氏乳杆菌保加利亚亚种的总数、菌落特征、菌体形态。

（2）分析嗜热链球菌与德氏乳杆菌保加利亚亚种接种比例对酸乳口感的影响。

（3）撰写实验报告。

六、注意事项

（1）使用的鲜乳或乳粉原料一定要优质，无抗生素残留。

（2）发酵时间由温度和菌种投放量决定。

（3）酸乳在发酵过程中一定要做好封闭措施，否则空气中的杂菌会一同发酵，使酸乳受到污染。

> 思考题
>
> 1. 酸乳制作的基本原理是什么？制作过程对微生物菌株有什么要求？
> 2. 酸乳制作过程应该注意哪些事项？关键步骤是什么？
> 3. 凝固型酸乳与搅拌型酸乳制作工艺有何区别？
> 4. 在 BCG 牛乳琼脂培养基中乳酸菌的菌落有什么特征？

实验37 浓香型杭白菊速溶粉制备

杭白菊（chrysanthemum morifolium Ramat）又名杭菊、甘菊、茶菊、小汤黄、小白菊等，属于被子植物门双子叶植物纲菊目菊科菊属多年生草本植物，主产于浙江桐乡地区，为道地药材"浙八味"之一，也是原卫生部首批批准的收入《既是食品又是药品的物品名单》的道地药材，具有辅助疏风散热、解毒清肿、利咽明目、降低血压等作用，在《神农本草经》《本草纲目》中均有记载。杭白菊中所含成分种类繁多，主要有挥发油类化合物、黄酮类化合物、脂肪酸、多糖、氨基酸、维生素和微量元素等成分。现代医学研究表明，杭白菊提取物可以增强毛细血管抵抗力，降低血液中脂肪和胆固醇含量，具有一定的改善心肌营养、抗炎、清除活性氧自由基的作用；对抑制肿瘤、延缓衰老及增强人体免疫力有一定的辅助功效。目前杭白菊开发的产品有菊花白酒、菊花晶、菊花茶等。

挥发油是具有挥发性和芳香气味的油状物质，是植物芳香的精华。杭白菊挥发油具有抗菌消炎、舒缓镇痛、清除自由基、抗肿瘤癌细胞和抗衰老等辅助作用，是杭白菊药理活性的主要成分。杭白菊挥发油的传统提取方法有水蒸气蒸馏法及有机溶剂浸提法等。水蒸气蒸馏法损失大、得率低，且品质较差。有机溶剂浸提法得到的挥发油纯度低，且可能导入有机溶剂，影响食用安全性。超临界萃取技术利用超临界流体与待分离的物质接触，使其有选择性地把极性大小、沸点高低和分子质量大小的成分依次萃取出来，具有传质速率快、穿透能力强、萃取效率高、操作温度低等特点，同时具有绿色、安全、无污染等优点，因此超临界萃取技术主要应用于食品、香料及中草药等有效成分的提取，是一种安全性较高的获得高品质精油的有效方法。

一、实验目的

（1）了解杭白菊相关知识背景。
（2）理解超临界流体萃取及喷雾干燥的基本原理，掌握临界流体萃取及喷雾干燥操作方法。
（3）掌握饮料速溶粉的生产原理和工艺。

二、实验原理

超临界流体，是指流体的温度和压力均处于其临界温度和临界压力之上，性质介于气体和液体之间，以单相形式存在的一种流体状态。超临界流体基本上仍是一种气态，但又不同于一般气体，而是一种稠密的气态，兼有气体和液体的双重性质和优点。通过控制条件得到最佳比例的混合成分，然后借助减压、升温的方法使超临界流体变成普通气体，被萃取物质则自动完全或基本析出，从而达到分离提纯的目的。因此超临界流体萃取过程是由萃取和分离过程组合而成的。超临界CO_2萃取技术可以在接近室温及CO_2气体笼罩下进行提取，有效防止了热敏性物质的氧化和逸散；同时全程不使用有机溶剂，因此萃取物绝无残留溶媒，也防止了提取过程对人体的毒害和对环境的污染；CO_2是一种不活泼的气体，萃取过程不发生化学反应，且属于不燃性气体，无味、无臭、无毒，因此安全性好。

喷雾干燥是利用不同的喷雾器，将悬浮液或黏滞的液体喷成雾状，与热空气之间发生热量和质量传递而进行干燥的过程。成品以粉末状态沉陷于干燥室底部，连续或间断地从卸料器排出。由于其干燥时间较短，能保留大量的活性物质，特别适用于不能通过结晶方法得到固体产品的生物制品生产中。

三、实验材料与设备

1. 材料

杭白菊、β-环糊精等。

2. 设备

恒温水浴锅、电子天平、中药粉碎机、糖度仪、不锈钢筛（20目、40目）、匀浆机、电炉、不锈钢锅、超临界流体萃取仪、喷雾干燥仪、旋转蒸发仪、均质机等。

四、实验方法与步骤

（一）工艺流程

浓香型杭白菊速溶粉制备工艺流程见图7-12。

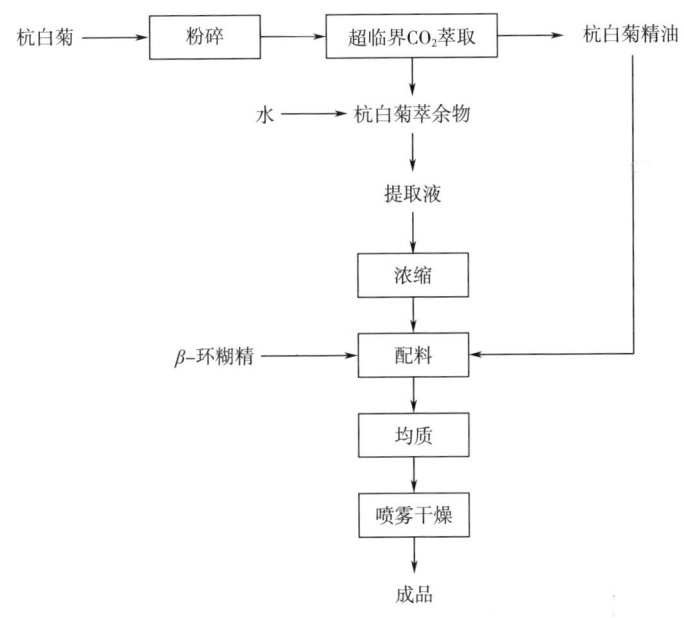

图 7-12 浓香型杭白菊速溶粉制备工艺流程

（二）实验步骤

（1）称取 3kg 杭白菊，置于中药粉碎机中粉碎，40 目过筛，得到杭白菊粉。

（2）按照超临界流体萃取仪的操作规程，将杭白菊粉装入萃取釜，待制冷装置与萃取釜和分离釜加温装置正常工作后，打开压缩泵加压到所需压力，调整 CO_2 流量，循环萃取。在萃取压力 20MPa、萃取温度 50℃、CO_2 流量 10kg/h 的条件下萃取 2h。也可以以此参数条件为基础，设计不同参数（萃取压力：10、15、20、25、30MPa；萃取温度：30、40、50、60℃；CO_2 流量：4、6、8、10、12kg/h；杭白菊粉大小：10、20、30、40 目），考察其对杭白菊挥发油得率。挥发油得率如式（7-3）。

$$挥发油得率(\%) = \frac{挥发油质量}{原料质量} \times 100 \quad (7-3)$$

（3）称取杭白菊超临界萃余物，加入 15 倍体积的水，100℃ 回流提取 2h，提取两次。合并杭白菊提取液。

（4）采用旋转蒸发仪，将杭白菊溶液浓缩至可溶性糖度 15~20°Bx。

（5）收集杭白菊挥发精油，按 3.5%（体积分数）添加到杭白菊溶液，并加入饱和量的 β-环糊精，搅拌均匀后，用均质机进行均质。

（6）采用小型喷雾干燥仪将均质的杭白菊喷雾溶液喷雾成浓香型杭白菊速溶粉。控制参数为雾化器频率 70Hz、进风温度 190℃、出风温度 80℃ 以下，并计算杭白菊速溶粉的得率如式（7-4）。

$$速溶粉得率(\%) = \frac{速溶粉质量}{杭白菊原料质量} \times 100 \quad (7-4)$$

五、实验结果

记录并分析杭白菊精油和速溶粉的得率，评价制备效果，撰写实验报告。

六、注意事项

1. 超临界萃取装置为高压装置，只有熟悉系统流程的操作人员才可操作。
2. 高压萃取时操作人员不得离开岗位，如发生异常情况要立即停机、关闭总电源，并作检查。
3. 泵系统启动前应先检查润滑的情况是否符合说明，填料压帽不宜过松或过紧。

思考题

1. 影响杭白菊精油得率的影响因素有哪些？
2. 为什么要采用 β-环糊精包埋杭白菊喷雾干燥溶液？

实验38　纳豆制作及其抗菌性实验

纳豆是以大豆为原料，在适宜条件下，经枯草芽孢杆菌纳豆亚种（*Bacillus subtilis* subsp. *natto*）发酵制成的一种具有特殊口味的发酵食品。起源于中国，发展及盛产于日本，迄今为止已有2000多年的历史。新鲜纳豆色泽褐黄，表面湿润，覆盖有一层白色菌膜，口感酥软，挑起有很长的苍白色或乳白色拉丝状黏液物质，具有豆香气味，已经成为日本家庭日常生活必不可少的食物之一。纳豆营养丰富，含有大量蛋白质、脂肪和碳水化合物，含量分别达到约31%、20%和23%（质量分数），还含有丰富的维生素E、B族维生素、维生素K等多种维生素及钙、磷和铁等多种微量元素。纳豆中还含有多种酶，如蛋白酶、淀粉酶、脂肪酶、纤维酶、植酸酶、谷氨酰转肽酶等，可以将纳豆中的蛋白质等大分子成分分解为更利于人体消化吸收的物质。此外，纳豆中还含有纳豆激酶、多黏菌素、杆菌肽、2,6-吡啶二羧酸、超氧化物歧化酶、大豆异黄酮等多种生理活性物质，对扩张血管，溶解血栓，促进血液循环、抗菌、抗氧化，延缓衰老，预防骨质疏松，改善肠道环境等有一定的辅助生理功能。因此，纳豆一直都是受民众喜爱的食品。

一、实验目的

（1）了解纳豆发展历史过程及市场概况。
（2）理解纳豆的制作及抑菌原理，以及枯草芽孢杆菌纳豆亚种的生物学性质。
（3）掌握纳豆制作工艺及抑菌物质的测试方法。

二、实验原理

纳豆以大豆为主要原料，经清洗、蒸煮后接入枯草芽孢杆菌纳豆亚种，在适宜的条件下进行发酵，低温后熟而成的一种色泽褐黄、风味独特的发酵食品。纳豆不仅含有大豆的全部营养，而且枯草芽孢杆菌纳豆亚种的生长繁殖及产酶，赋予了纳豆更多的营养特性及生理保健作用。其中发酵过程中产生的纳豆激酶是一种丝氨酸蛋白酶，具有很强的纤溶活性，用于血栓性疾病的预防和治疗。此外纳豆还具有广谱抑菌效果，可产生多黏菌素、杆菌肽、2,6-吡啶二羧酸等多种抗菌物质，对细菌、酵母和霉菌均具有一定的拮抗作用，对沙门菌、大肠杆菌、伤寒菌及痢疾菌等致病菌也有一定的抑制作用。

三、实验材料与设备

1. 菌种

枯草芽孢杆菌纳豆亚种、金黄色葡萄球菌、大肠杆菌。

2. 材料

酵母膏、琼脂、蛋白胨、头孢西丁、大豆、食盐、白糖、调味料、牛肉浸出物等。

3. 设备

高压蒸汽灭菌锅、恒温培养箱、摇床、超净工作台、恒温水浴锅、电子分析天平、电炉、干燥箱、旋转蒸发仪等。

四、实验方法与步骤

纳豆生产工艺流程见图 7-13。

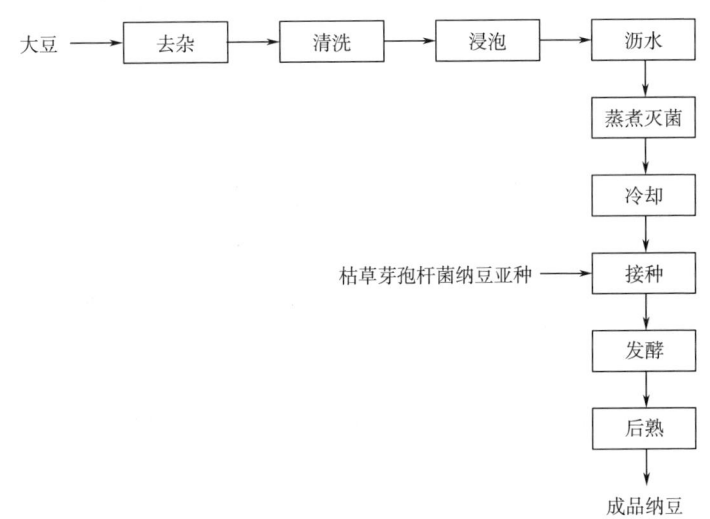

图 7-13 纳豆生产工艺流程

1. 去杂、清洗

称取 3kg 大豆，剔除虫眼豆、破皮豆、霉变豆，用清水冲洗多次，以除去附着于大豆表面的沙土、灰尘和有机物。

2. 浸泡

将洗净的大豆放入 3 倍体积的清水中，使其充分吸收水分，夏季泡 12h，冬季泡 15h。

浸渍的目的是使原料大豆吸收水分，从而软化组织，容易蒸煮，以便菌种利用大豆成分。浸渍时间除了与大豆品种和大小有关，水温也是重要影响因素。一般温度越低浸渍时间越长，在 10℃ 水温需浸渍 23~24h，15℃ 需 17~18h，20℃ 需 13~14h，25℃ 以上需 7~8h。浸渍水温过高时杂菌易繁殖，其残留的代谢物质会影响菌种生长。因此尽量采取低温抑制杂菌生长，理想状况为在10℃以下浸渍。

3. 蒸煮灭菌

"蒸煮"可以杀死大豆所带的杂菌，软化大豆组织，使可溶性成分浸入豆皮表面，以便菌种生长及酶的渗透，分解大豆成分。

将浸泡好的大豆沥干后，放入300mL三角瓶中，使其均匀铺在瓶底，厚度约为3cm，8层纱布封口，牛皮纸扎口，放进高压蒸汽灭菌锅121℃处理20~30min。

4. 纳豆菌种子扩大培养

取冷箱保藏纳豆菌种斜面，取一环接入灭菌后的牛肉膏蛋白胨斜面培养基上，37℃培养48h。300mL三角瓶装入50mL液体牛肉膏蛋白胨培养基，将活化的枯草芽孢杆菌纳豆亚种斜面用无菌水洗入，37℃、160r/min摇床培养16h。

5. 接种

将蒸煮好的大豆冷却至40℃，按体积分数2%比例接入扩培菌种，搅拌均匀，铺在瓶底，可适量添加水，但不宜过多，水分含量会影响纳豆的黏滞性和嚼感。

6. 发酵

将接种好的三角瓶置于38℃恒温培养箱中，箱内湿度应控制在85%~90%，可以用喷雾器对培养箱进行加湿。发酵24h，每隔4~5h，观察一次枯草芽孢杆菌纳豆亚种的生长状态，发酵好的纳豆豆香浓郁，稍有氨味属于正常现象，若氨味过于强烈或有刺鼻气味，则可能是被杂菌污染。

7. 后熟

将发酵好的纳豆放入4℃冰箱中保存24~48h进行后熟，成熟后的纳豆在食用前保持在10℃以下贮存，以免芽孢再次萌发生长。

8. 风味品评

纳豆的感官品评包括拉丝情况、色泽与口感以及气味。各项分值见表7-6。

表7-6　　　　　　　　　　　纳豆风味评分表

风味品评指标	评分标准	得分
拉丝情况（30分）	黏液含量高，黏性较好	20~30
	黏液含量较多，黏性一般	10~20
	黏液含量少，黏性较差	0~10
色泽与口感（30分）	色泽金黄，酥软湿润	20~30
	色泽暗淡，较酥软较湿润	10~20
	色泽深褐，不酥软，较干	0~10
气味（40分）	有纳豆特有的浓郁香味，无氨味或有轻微氨味	30~40
	香味较淡，氨味较重	10~20
	香味较差，氨味浓烈	0~10

9. 抑菌实验

（1）指标菌培养　从大肠杆菌及金黄色葡萄球菌斜面培养物中各用接种环取一环菌体接种

至营养肉汤培养基中，37℃、180r/min 振荡培养 24h。

（2）纳豆抑菌液提取　称取纳豆 60g，加适量蒸馏水充分研磨，纱布过滤。残渣中加水再浸提 2 次，滤液合并后用旋转蒸发仪浓缩至 30mL，于 121℃高压蒸汽灭菌 15min，置于 4℃冰箱保存备用。

（3）抑菌实验　取直径约 90mm 平皿，注入灭菌冷却好的营养琼脂培养基 10mL，使在皿底内均匀摊布，放置水平台面上使凝固，作为底层。另取 10mL 营养琼脂培养基灭菌后，放冷至 48~50℃，加入 200μL 大肠杆菌悬液，摇匀，使在底层上均匀摊布，作为菌层，放置在水平台上冷却使凝固。纳豆抑菌液设置为浓缩液及稀释 1 倍浓缩液 2 个梯度。在每个平皿中，放置 4 个灭菌的牛津杯（各杯摆放应相互隔开，保持一定距离），用移液枪分别加入头孢西丁溶液（作为阳性对照）、无菌水 100μL（作为阴性对照）、纳豆提取浓缩液及纳豆提取浓缩液稀释液各 100μL，在 37℃下培养，20~22h 测量每个抑菌圈的直径。

五、实验结果

记录并分析纳豆口感风味及其提取物抑菌效果，撰写实验报告。

六、注意事项

（1）夏季温度高，泡豆要换 2~3 次水，最佳温度为 5~10℃，水温偏高杂菌容易繁殖，影响纳豆的品质，最好将泡豆的容器放在冰箱冷藏层，以防大豆变酸。

（2）枯草芽孢杆菌纳豆亚种为好氧菌，大豆装填厚度不宜太高，否则不易散热。

（3）后熟的目的是让纳豆菌终止发酵，保持新鲜纳豆的美味。需降温至 5℃以下，纳豆在常温状态还会继续发酵，影响纳豆的风味。

> 🔍 思考题
>
> 1. 简述枯草芽孢杆菌纳豆亚种的生物学特性。
> 2. 纳豆的主要成分及其生理作用是什么？
> 3. 纳豆黏液的主要成分是什么？
> 4. 查阅文献，简述纳豆的抑菌机制。

第八章

生物分离工程实验

[学习目标]

1. 掌握生物产品生产过程中的固液分离、提取纯化、产品精制等单元操作的基本原理和基本方法。

2. 通过对生物分离过程中重要技术参数的理解，如分配系数、膜性能、树脂吸附容量等，获得方法设计、工艺优化等工程技术的能力。

生物分离工程是生物产品生产中最基本的技术环节，是利用各种分离手段获得具有生物活性以及高质量的生物产品。现代生物技术产品生产过程中分离成本占产品总成本的70%以上。生物产品具有生物活性、容易被外界因素影响等自身特性及对生产过程和终端使用的环境要求等特殊性，对于产品纯度及其中杂质含量等方面提出了很高的要求，开发高效生物分离技术已经成为生物工程技术、材料化学等相关领域的重要研究课题。随着生命科学基础研究与化工、材料等学科研究的不断发展和进步，已经开发了很多如膜分离技术、双水相萃取技术、色谱技术等新型高效生物分离技术。

实验39 RNA 制备和核苷酸的离子交换层析分离

一、实验目的

学习并掌握离子交换层析方法制备 RNA 和核苷酸。

二、实验原理

核酸是生物体的重要组成物质，是生物遗传的物质基础，它在生物体的生长、发育、繁殖、遗传变异等基本生命过程中起到重要作用。核酸是由许多单核苷酸构成的多聚物，单核苷酸由磷酸、戊糖和碱基组成。依据其核糖结构不同，可将核酸分为核糖核酸（RNA）和脱氧核糖核酸（DNA）。

RNA 广泛存在于动物、植物和微生物中，本实验选用稀碱法，从酵母中制备 RNA，即用氢氧化钠溶液，使细胞壁变性，以改变细胞壁通透性，使核酸从细胞内释放出来，再用酸中和，然后除去菌体，将 pH 调至 RNA 等电点（pI 12.5），使 RNA 沉淀，干燥后即得 RNA 成品。

核苷酸分离纯化采用离子交换层析法。离子交换作用一般指在固相和液相之间发生的可逆离子交换反应，可用于分离各种可解离的物质。通常离子交换剂是在一种高分子不溶性母体上引入若干大量功能基团。这样人工合成的离子交换剂具有各种性能。作为不溶性母体的高分子主要有树脂、纤维素、葡聚糖、琼脂糖或无机聚合物等。引入的功能基团可以是酸性基团，如强酸性的含有磺酸基（—SO_3H）、中强型的含有磷酸基（—PO_3H_2）、弱酸型的含有羧基（—COOH）或酚羟基（—OH）；也可以是碱性基团，如强碱型的含季胺[—$N^+(CH_3)_3$]、弱碱型的含叔胺[—$N(CH_3)_2$]、仲胺（—$NHCH_3$）、伯胺（—NH_2）等。

在一定条件下，物质在固定相中的物质的量浓度和在溶液中的物质的量浓度达到平衡时，两者数量之比叫分配系数（平衡常数）。理想情况时洗脱曲线和分配系数相配合，且分离各种物质的分配系数，应有足够的分配系数和差别，以 K_d 表示分配系数如式（8-1）。

$$K_d = \frac{M_s}{M_l} \tag{8-1}$$

式中 M_s 和 M_l——单位质量离子交换树脂和单位体积溶质的摩尔质量。

当有 A、B 两种溶质进行离子交换柱层析时，吸附在离子交换树脂上的溶质被高浓度的竞争性离子交换并被洗脱下来。溶质的迁移速度与分配系数成反比。因此，原点到 A、B 两种物质波峰之间距离的比取决于它们分配系数的比，各波峰幅度和形状由柱长及其他因素（如交换树脂颗粒大小、形状、交联度、流速等）决定。溶质分配系数不仅与其电荷有关，也受到它与离子交换树脂的非极性亲和力以及两者之间空间关系等因素的影响。在一定条件下，离子交换树脂对不同单核苷酸吸附能力是不同的，因此选择适当类型的离子交换树脂，控制吸附及洗脱条件便可分离各种单核苷酸。

为了增加核苷酸在离子交换树脂上的吸附能力，需要：①控制条件，使单核苷酸带上大量相应的电荷，这主要通过调节 pH，使单核苷酸的一些可解离基团（磷酸基、氨基、烯醇基）解离；②减少上柱溶液中除单核苷酸外其他离子的强度，洗脱时相反，使被吸附核苷酸的相应电荷降低；③增加洗脱液中竞争性离子强度，必要时提高温度，使离子交换树脂对核苷酸非极性吸引作用减弱。

RNA 可被碱水解成 2′-核苷酸或 3′-核苷酸。可利用阳离子交换树脂（聚苯乙烯-二乙烯苯，磺酸型）或阴离子交换树脂（聚苯乙烯-二乙烯苯，季铵碱型）分离核苷酸。本实验利用强碱型阴离子交换树脂（强碱型 201×8、强碱型 201×7、国产 717、Dowex、Amleite IRA-400 或 ZerolitFF 等）将各类核苷酸分开，测定核苷酸的紫外吸收光谱光密度的比：OD_{250}/OD_{260}、OD_{280}/OD_{260}、OD_{290}/OD_{260}，对照标准比值，可以确定其为何种核苷酸，同时也能计算出含量多少。离子交换层析实验装置如图 8-1 所示。

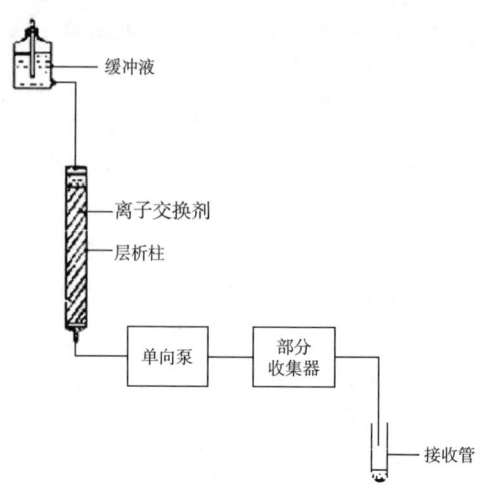

图 8-1 离子交换层析实验装置

三、实验材料与设备

1. 材料

氢氧化钠、盐酸、95%（体积分数）乙醇、甲酸、甲酸钠、过氯酸、硝酸银溶液、强碱型阴离子交换树脂、柠檬酸、酚酞指示剂、甲基橙指示剂、精密 pH 试纸、核酸样品（RNA ≥ 90%）、氨水、核苷酸（AMP、CMP、GMP、UMP）标准品、醋酸双氧铀、三氯乙酸、钼酸铵、层析滤纸、烧杯、离心管、容量瓶、吸量管等。

2. 设备

烘箱、电动搅拌器、离心机、桶或缸、玻璃层析柱、馏分自动收集器、紫外分光光度计、恒温水浴锅、电泳仪、分析天平、冰浴或冰箱、电热吹风机、紫外灯、蠕动泵等。

四、实验方法与步骤

1. 试剂配制

①1mol/L 甲酸：取 21.4mL 88%甲酸定容至 500mL；②0.02mol/L 甲酸：取 10mL 1mol/L 甲酸定容至 500mL；③0.15mol/L 甲酸：取 75mL 1mol/L 甲酸定容至 500mL；④1mol/L 甲酸钠溶液：称 32.15g 甲酸钠用水溶解定容至 500mL；⑤0.01mol/L 甲酸-0.05mol/L 甲酸钠溶液（pH 4.44）：取 5mL 1mol/L 甲酸、25mL 1mol/L 甲酸钠溶液定容至 500mL；⑥0.1mol/L 甲酸-0.1mol/L 甲酸钠溶液（pH 3.74）：取 50mL 1mol/L 甲酸、50mL 1mol/L 甲酸钠溶液定容至 500mL；⑦0.3mol/L 氢氧化钠溶液：取 1.68g 氢氧化钾用水定容至 100mL；⑧2mol/L 过氯酸：取 17mL 70%~72%过氯酸定容至 100mL；⑨柠檬酸缓冲液（0.05mol/L, pH 3.5）1000mL；⑩5%~6%氨水；⑪用 25%~30%氨水稀释 5 倍；⑫Mac Fadyen 试剂：0.25%醋酸双氧铀（Uranium Acetate）溶于 25%三氯乙酸中；⑬钼酸铵-过氯酸试剂：0.25%钼酸铵溶于 2.5g 过氯酸中，如配 200mL，即在 193mL 蒸馏水中加入 7mL 过氯酸和 0.5g 钼酸铵。

2. RNA 的制备

取一部分酵母泥（例如 10g），置培养皿内，于 105℃ 烘箱内烤干，测定其含水量。酵母泥一般含干酵母 15%~25%（质量分数）。

加水将约 100g 酵母泥调成 5%~10%（质量分数）干重的菌悬液，再加入 100g/L 氢氧化钠溶液，使氢氧化钠最终浓度（即提取时的浓度）为 10g/L，在 20℃ 条件下电动搅拌 30~45min（如室温在 20℃ 以下，可延长时间至 1h）。然后用 6mol/L、0.6mol/L 和 0.06mol/L 盐酸（从粗调到细调）中和至 pH 7.0，再搅拌 10min，直火或蒸汽迅速加热到 90℃，在该温度下保持 10min，迅速降温到 10℃ 以下（先用水冲冷至室温，再放入冰箱）。离心（3000r/min，20min）出蛋白质和酵母残渣。取出上清液，用 6mol/L、0.6mol/L 和 0.06mol/L 盐酸调至 pH 2.5（RNA 的等电点），低温放置过夜。

离心（4000r/min，15min）收集 RNA 沉淀，用少量乙醇洗涤 2 次，烘箱干燥。所得 RNA 制品，色微黄，产率为 2%~5%，RNA 含量可达 60%~70%。

3. 离子交换层析分离单核苷酸

(1) 离子交换树脂预处理　用 200mL 量杯量取约 20mL 湿 717（201×8）树脂置于 500mL 烧杯中，先用去离子水洗去色素及杂质，用水浸泡并利用浮选法除去细小颗粒；再用 4 倍体积 1mol/L 盐酸浸泡 0.5h，并不时搅拌，用去离子水洗至中性；再用 4 倍体积 1mol/L NaOH 浸泡 0.5h，不时搅拌，用去离子水洗至中性，用抽滤法抽干，备用。

(2) 含水量测定　精确称取事先已处理好并抽干的氢氧根（OH⁻）阴离子交换树脂（即上述树脂）约 2g，105℃ 下烤干至恒重，按式（8-2）计算其含水量。

$$W\% = \frac{G_1 - G_2}{G_1} \times 100 \quad (8-2)$$

式中　G_1——烘前树脂质量，g；
　　　G_2——烘后树脂质量，g。

(3) 总交换容量的测定　静态法：精确称取上述抽干湿树脂约 2g，放入三角瓶中，用吸管吸取 50mL HCl 标准溶液（约 0.1mol/L）加入树脂中，放置 4~6h，要求树脂全部浸入溶液中。然后用吸管分别从中取出均等体积放入两只三角烧瓶中，以酚酞作指示剂，用 NaOH 标准溶液（约 0.1mol/L）滴定至粉红色出现，且 0.5min 不褪色，即为滴定终点，取两次滴定的平均值。计算公式如式（8-3）。

$$总交换当量 E(毫克当量/g 干树脂) = \frac{50N_1 - 2N_2V_2}{G} \times (1 - W) \quad (8-3)$$

式中　G——湿树脂质量，g；
　　　W——树脂含水量，%；
　　　N_1——HCl 标准溶液的当量浓度，N；
　　　N_2——NaOH 标准溶液的当量浓度，N；
　　　V_2——NaOH 标准溶液每次滴定平均体积，mL。

动态法：①转型，精确称取事先已处理好并抽干的氢氧根（OH⁻）阴离子交换树脂（即上述树脂）约 10g，用小漏斗加入柱中，用去离子水（约 200mL）洗至中性；②洗脱，用 50g/L NaCl 溶液流过树脂，并收集流出液，直至流出液 pH 为中性；③滴定，取流出液 20mL 置于三角瓶中，并于三角瓶中滴入 1~2 滴甲基橙指示剂，用 0.1mol/L 标准 HCl 溶液滴定至红色，0.5min

不褪色,即为滴定终点。计算公式如式(8-4)。

$$总交换当量 E(毫克当量/g 干树脂) = \frac{标准 HCl 当量浓度 \times 耗用标准 HCl 毫升数 \times 倍数(体积比)}{树脂体积 \times 湿真密度 \times 树脂含水量} \tag{8-4}$$

(4) 单核苷酸的制备及离子交换层析法分离

①样品处理:取 100mg 上述 RNA 制品,溶解于 4mL 0.3mol/L 氢氧化钾溶液中,于 37℃ 水解 20h,RNA 在碱作用下水解成单核苷酸,水解完成后,用 2mol/L 过氯酸溶液调至 pH 2 以下,以 4000r/min,离心 10min,取上清液,用 2mol/L 氢氧化钠溶液调至 pH 8,用纸电泳法检测 4 种核苷酸,用紫外分光光度计测定其总 OD_{260}。

②离子交换树脂的转型:将树脂装入柱内,用 1mol/L 甲酸钠溶液清洗,直至流出液中不含氯离子(用 10g/L 硝酸银溶液检查)。最后用 100mL 1mol/L 甲酸洗,直至 OD_{260} 低于 0.03,并用蒸馏水洗至接近中性,即可使用。

③离子交换柱的安装:取内径 1.1~1.2cm 的层析柱,将处理好的强碱型阴离子交换树脂悬浮液一次倒入玻璃柱内,使树脂自由沉降到柱下部,用一小片圆滤纸盖在树脂表面。缓慢放出液体,使液面降至滤纸片下树脂面上(注意在整个操作过程中防止液面低于树脂,当液面低于树脂表面时,空气将进入,在树脂柱内形成气泡,干扰层析结果)。经沉积后离子交换树脂柱床高约 10cm。

④加样:将 RNA 水解液小心地用滴管加入离子交换树脂柱上,待样品液面降低到滤纸片内时,用 50mL 蒸馏水淋洗树脂柱。碱基、核苷及其他不被阴离子交换树脂吸附的杂质均被洗出。

⑤核苷酸混合物洗脱:收集蒸馏水洗脱液,在紫外分光光度计上测 OD_{260},待洗脱液不含紫外吸收物质(OD_{260} 低于 0.02)时,可用甲酸及甲酸钠溶液进行洗脱。

依次用下列洗脱液分段洗脱:500mL 0.02mol/L 甲酸、500mL 0.15mol/L 甲酸、500mL 0.01mol/L 甲酸+0.05mol/L 甲酸钠溶液(pH 4.44)、500mL 0.1mol/L 甲酸+0.1mol/L 甲酸钠溶液(pH 3.74)。用部分收集器收集流出液,控制流速 8mL/10min,8mL/管。

⑥由层析柱得各部分洗脱液的分析:以相应浓度的甲酸或甲酸钠溶液作为空白对照,用紫外分光光度计测各管溶液 OD_{260},以洗脱液体积(或管数)为横坐标,光密度为纵坐标作图,分析各部分波峰位置。

根据 4 种核苷酸在不同波长时光密度的比值(OD_{250}/OD_{260}、OD_{280}/OD_{260}、OD_{290}/OD_{260}),对照标准比值以及洗脱时的相应位置确定其为何种核苷酸。由洗脱体积和它们在紫外部分的光密度,计算各种核苷酸的含量。

⑦核酸样品纯度的测定:准确称取待测的核酸样品 0.5g,加少量蒸馏水(或去离子水)调成糊状,再加适量水,用 5%~6%(质量分数)氨水调至 pH 7,定容至 50mL。取两支离心管,甲管内加入 2mL 溶液和 2mL 蒸馏水;乙管内加入 2mL 样品溶液和 2mL 沉淀剂(沉淀除去大部分核酸,作为对照)。混匀,在冰浴(或冰箱)中放置 30min,3000r/min,离心 10min。从甲、乙两管中分别吸取 0.5mL 上清液,用蒸馏水定容至 50mL。选用光程为 1cm 的石英比色杯,在 260nm 波长下测其光密度。计算如式(8-5)。

$$RNA = \frac{甲_{OD_{260}} - 乙_{OD_{260}}}{0.02 \times 样品浓度} \times 100\% \tag{8-5}$$

如果已知待测核酸样品中不含酸溶性核苷酸或可透析的低聚多核苷酸,即可将样品配制成一定浓度的溶液（20~50μg/mL）在紫外分光光度计上直接测定。

⑧核酸含量的测定：取 2 支离心管，每管各加入 2mL 待测核酸溶液，再向甲管内加入 2mL 蒸馏水，向乙管内加入 2mL 沉淀剂。混匀，在冰浴（或冰箱）中放置 30min，3000r/min 离心 10min。将甲、乙两管上清液分别稀释至光密度 0.1~1.0。选用光程为 1cm 的石英比色杯，在 260nm 波长下测其光密度，计算如式（8-6）。

$$\text{DNA 或 RNA 含量}(\mu g/mL) = \frac{\text{甲}_{OD_{260}} - \text{乙}_{OD_{260}}}{0.02(\text{或} 0.022) \times \text{样品浓度}} \times 100\% \tag{8-6}$$

五、实验结果

记录离子交换层析方法制备 RNA 和核苷酸的效果，撰写实验报告。

> 🔍 **思考题**
>
> 1. 在 RNA 制备的过程中，等电点沉淀的原理是什么？还有没有其他的方法获得 RNA？
> 2. 本实验用阴离子交换树脂分离各单核苷酸，若用阳离子交换树脂能否分离单核苷酸？

实验40　冬虫夏草菌丝培养及胞内多糖的提取

一、实验目的

（1）学习和掌握虫草的菌丝液体培养及虫草多糖提取方法。
（2）了解菌种扩大培养和真菌多糖测定方法。

二、实验原理

近年来，一些名贵药用真菌的营养成分和保健作用日益受到人们的重视。通过深层发酵方法从中获取多糖或其他有价值的组分，改变从资源稀缺野生子实体中提取有效生物活性物质的传统方法，已成为当前开发名贵药用真菌利用技术的热点。

冬虫夏草又名虫草（*Cordyceps sinensis*），属于真菌门（*Eumycophyta*）、子囊菌亚门（*Ascomycotina*）、核菌纲（*Pyrenomycetes*）、麦角菌目（*Clavicipitales*）、麦角菌科（*Clavicipitaceae*）、虫草属（*Clavicipitales*）。冬虫夏草是虫草菌寄生于蝙蝠蛾等昆虫幼体内形成的菌物复合体，是一种名贵中草药。传统中医认为，冬虫夏草性温和、味甘后微辛，具有补精益髓、保肺、益肾、止血化痰、止痨咳等功效。现代医学研究表明，冬虫夏草具有免疫调节、抗癌、调节内分泌、抗菌、促进造血、抗病毒、护肝以及抗惊厥等生理活性作用。从 20 世纪初开始，国内外专家、学者就对冬虫夏草展开了广泛且深入的研究，尤其是针对其生理活性成分方面的研究更是层出不穷。

冬虫夏草主要生物活性成分之一是虫草多糖，可通过液体深层发酵方法获得。目前真菌多糖提取通常采用热水浸提和酶法浸提两种方法。热水浸提工艺比较简单，提出的主要是胞外多糖，因而得率较低。而酶法浸提常采用纤维素酶、果胶酶和蛋白酶以除去细胞壁和细胞膜上的果胶、纤维素及蛋白质等成分，有利于胞内多糖溶出，而使多糖提取率提高。但加酶提取不仅生产成本高，同时也给产物分离带来了困难。采用超声波破壁结合热水浸提的方法可使多糖提取率明显提高。由于超声波破壁法属于机械破壁，因而克服了酶法提取的缺点。本实验以液态深层发酵培养菌丝，并以培养的新鲜菌丝为原料，以热水浸提法为基础，提取之前对原料进行超声波破壁处理，对虫草胞内多糖进行粗提和纯化。

三、实验材料与设备

1. 菌种

冬虫夏草。

2. 材料

3,5-二硝基水杨酸、氢氧化钠、酒石酸钾、亚硫酸钠、葡萄糖、蛋白胨、酵母膏、玉米粉、黄豆粉、酵母粉等。

3. 设备

恒温培养箱、摇床、离心机、超净工作台、小型发酵罐、恒温水浴锅、超声波细胞粉碎器、电子分析天平、层析仪、真空泵、旋转蒸发仪等。

四、实验方法与步骤

1. 培养基配制

（1）斜面培养基　马铃薯汁 20%，葡萄糖 2.0%、蛋白胨 0.5%、酵母膏 0.5%、KH_2PO_4 0.1%、$MgSO_4 \cdot 7H_2O$ 0.05%、维生素 B_1 0.001%~0.005%，琼脂 2.0%，pH 自然，78kPa 蒸汽灭菌 20min。

（2）液体摇瓶培养基　葡萄糖 1.0%、玉米粉 1.5%、黄豆粉 2.0%、酵母粉 0.5%、麦芽汁 1.0%，300mL 三角瓶装量 50mL。

（3）发酵培养基　玉米粉 2%、黄豆粉 2%、葡萄糖 1%，78kPa，蒸汽灭菌 20min。

（4）DNS 试剂　6.3g 3,5-二硝基水杨酸加入 262mL 2mol/L 氢氧化钠溶液中，加入 500mL 含 182g 酒石酸钾的热水溶液，再加入 6g 重蒸酚和 5g 亚硫酸钠，搅拌溶解，冷却后加水定容至 1000mL 棕色瓶中。

2. 斜面培养

在超净工作台中，将冰箱保存菌种的斜面用接种铲挑取一小块菌丝块，移接到斜面培养基中，20℃静置培养 5~7d，待菌丝长满斜面后备用。

3. 三角瓶摇瓶培养

从斜面菌种表面刮取菌苔，用 10mL 无菌生理盐水进行稀释制成菌悬液，取 3mL 菌悬液接种入三角瓶的种子培养基中，150r/min、20℃摇床培养 3~4d。

4. 发酵罐培养

在 10L 的发酵罐中加入 5L 发酵培养基，预热至 90℃，并通入蒸汽实消 20min，冷却至 20℃，按 10%接种量接入新鲜的液体种子液，300r/min、20℃培养 6~7d。

5. 发酵液前处理

将发酵液用两层纱布过滤，菌丝用水洗涤 3 次滤干。称取 50g 菌丝，用无水乙醇浸泡并在 70℃振荡 10h，脱脂。重复操作 2 次，并用布氏漏斗抽滤，取滤渣装入 250mL 锥形瓶内，加水至 150mL，制成菌丝液，用功率为 125W 的超声波处理 30min，并用 70℃热水提取 24h。提取完毕后，将提取液用滤纸过滤，洗涤菌丝体残渣 3 次，合并过滤液，用旋转蒸发器浓缩至 100mL。

6. 除杂质、除色素、去离子

在浓缩液中加入 2 倍体积三氟三氯乙烷，5℃高速搅动振荡，取上层多糖溶液，重复 3 次，用 Sevage 法除去蛋白（正丁醇：氯仿＝4∶1，5℃高速搅动振荡，取下层多糖溶液），重复 4 次。在获得的多糖溶液中加入等量活性炭，煮沸 10~20min，抽滤，取滤液装入透析袋，透析 24h。

7. 沉淀与干燥

在多糖溶液中加入无水乙醇，至溶液乙醇含量达到 75%（体积分数），7000r/min 离心 15min，倒去上清液，将沉淀物真空干燥，获得粗多糖。

8. 纯化

（1）装柱、平衡　将 15g Sephadex G-75 凝胶用水溶胀，装填在直径为 3cm 的层析柱中，并用 0.1mol/L NaCl 溶液平衡。

（2）上样、收集、测试、合并　将样品用 0.1mol/L NaCl 溶液溶解制成 2mL 体积溶液，进样上柱，流速为 1mL/min，收集洗脱液 40 管，每管 3mL，备用。

9. 洗脱过程中多糖含量的分布

定量取各管收集液 0.5mL，补加蒸馏水至 1.0mL，加入 6%（质量分数）苯酚 1.0mL、浓 H_2SO_4 5.0mL，摇匀静置 10min 后，在 25~30℃水浴中放置 20min，于 490nm 波长处测光密度，以 1.0mL 蒸馏水代替测试样液，按同样步骤作为空白调零。以管号为横坐标，OD 为纵坐标分别作图。

10. 醇沉与干燥

将经苯酚-硫酸法测定后有多糖的收集管中的收集液合并，进行减压浓缩后，加入无水乙醇，调节乙醇溶液为 75%（体积分数），7000r/min 离心，取沉淀，真空干燥。

11. 多糖纯度的测定

葡萄糖标准曲线制作：取 6 支具塞试管，分别加入 100μg/mL 葡萄糖标准液 0、0.2、0.4、0.6、0.8、1.0mL，各补加蒸馏水至 1.0mL，然后加入 6%（质量分数）苯酚 1.0mL、浓 H_2SO_4 5.0mL，摇匀静置 10min 后，在 25~30℃水浴中放置 20min，于 490nm 波长处测光密度，以 1.0mL 蒸馏水代替葡萄糖标准液，按同样步骤作为空白调零。以糖含量（μg）为横坐标，光密度为纵坐标，绘制标准曲线。精确称量上述真空干燥后的样品 1mg，加入蒸馏水 10mL 配成多糖溶液，取 1mL 加入 6%（质量分数）苯酚 1.0mL、浓 H_2SO_4 5.0mL，摇匀静置 10min 后，在 25~30℃水浴中放置 20min，于 490nm 波长处测光密度，以 1.0mL 蒸馏水代替测试样液，按同样步骤作为空白调零。对照标准曲线，计算多糖含量。

五、实验结果

记录并分析多糖含量分布和纯度，撰写实验报告。

六、注意事项

（1）发酵罐实消时会带入水蒸气的冷凝水，在配制培养基时应考虑这一部分水的体积。

(2) 使用层析仪时，层析柱平衡后才能上样，操作结束后用20%（体积分数）的酒精溶液冲洗管道。

> **思考题**
> 1. 虫草多糖的保健作用有哪些？
> 2. 如何设计实验判定多糖的组分？

实验41　膜分离法精制浓缩酶

一、实验目的

(1) 学习超滤法的原理，掌握超滤法精制、浓缩酶制剂的操作工艺及要领。
(2) 学会中空纤维膜清洗、保养方法。

二、实验原理

膜分离技术是对液-液、气-气、液-固、气-固体系中不同组分进行分离、纯化与富集的一门多学科交叉的新兴技术，该技术用半透膜作为选择障碍层，允许某些组分透过而保留混合物中的其他组分，从而达到分离目的，具有设备简单、操作方便、无相变、无化学变化、处理效率高和节省能源等优点。目前，该技术已广泛应用于发酵、食品、医药和废水处理等工业领域。

超滤是一种以压力差为推动力，按粒径选择分离溶液中所含微粒和大分子的膜分离操作。一般膜孔径在 $0.0015\sim0.2\mu m$，截留相对分子质量为 $105\sim500u$，跨膜压差为 $0.1\sim0.3MPa$，适用于大分子（蛋白质、胶体等）与小分子（无机盐及小分子质量有机物质等）溶液的分离。通常用于以下几个方面：①大分子物质脱盐和浓缩以及大分子溶剂系统的交换平衡；②大分子物质纯化；③大分子物质分级、分离；④生化试剂或其他制剂去热源处理。

目前常用的超滤膜材料有：聚碳酸酯、聚酰胺、聚砜、聚丙烯及丙烯腈等聚合物，其中最常用的是聚砜材料。上述膜材料均能承受 pH $1\sim13$，并能在80℃下操作。超滤装置中，膜的几何形状是关键，目的是使料液错流流动，以达到超滤效果。超滤膜的主要类型有4种：平板式、管式、中空纤维式和螺旋管式。中空纤维式膜是将制膜材料纺成空心丝，用环氧树脂将许多中空纤维两端胶合在一起，装入管壳中，其操作形式分为外压（外流）式和内压（内流）式两种，一般常用外压式，即料液从管壳的一端入口经分布管流入，在中空纤维管外流动，透过液自纤维管中流出，在管板一端出口处流出，而截流液则从管壳另一出口端流出。

α-淀粉酶广泛用于水解淀粉制糖、棉布退浆、酒精发酵、啤酒发酵、制醋、酱油酿造、饲料加工等领域，是目前国际上酶制剂行业中产量最大的3种酶制剂之一，其相对分子质量为 $4000\sim5000u$（粒径为 $3\sim5nm$）。α-淀粉酶来源于微生物发酵生产，常用的菌株有：枯草芽孢杆菌、地衣芽孢杆菌（*Bacillus licheniformis*）、米曲霉（*Aspergillus oryzae*）、黑曲霉（*Aspergillus niger*）等，我国主要采用枯草芽孢杆菌。实验所用膜可将α-淀粉酶液作为截流液浓缩，从而达到对酶液精制的作用。

三、实验材料与设备

1. 材料

α-淀粉酶酶液、可溶性淀粉、结晶紫、碘化钾、磷酸氢二钠、柠檬酸、氯化钴、重铬酸钾、甲醛、氢氧化钠、牛肉膏、蛋白胨、酵母膏、琼脂、氯化钠、硫酸铵、氯化钙、比色板、量筒、烧杯、移液管、比色管等。

2. 设备

超滤组件[截留分子质量（MWCO）= 50000ku]、水泵、压力表、水浴锅、酸度计、离心机、可见光分光光度计、灭菌锅、超净工作台、恒温培养箱等。

四、实验方法与步骤

1. 试剂配制

（1）pH 6.0，0.02mol/L 磷酸盐缓冲液　a 液：精确称取 3.65g $Na_2HPO_4 \cdot 2H_2O$，用去离子水溶解并定容至 1000mL。b 液：精确称取 2.76g $NaH_2PO_4 \cdot H_2O$，用去离子水溶解并定容至 1000mL。

取上述 a 液 12.3mL、b 液 87.7mL 混匀，再用 a、b 液在酸度计下校正溶液 pH 至 6.0。

（2）原碘液　称取结晶碘 2.2g，碘化钾 4.4g，先加入少量去离子水使碘溶解后（注意不可加热，否则碘易挥发），再用去离子水定容至 100mL，贮于棕色瓶内，避光保存。

（3）稀碘液　取上述原碘液 2mL，加 20g 碘化钾，用去离子水溶解并定容至 500mL，贮于棕色瓶内，避光保存。

（4）标准终点色溶液　a 液：精确称取氯化钴（$CoCl_2 \cdot 6H_2O$）40.243g 和重铬酸钾 0.488g，用去离子水溶解并定容至 500mL。b 液：精确称取铬黑 T（$C_{20}H_{12}N_3NaO_7S$）40mg，以去离子水溶解并定容至 100mL，棕色瓶保存。

使用时取 a 液 40mL、b 液 5.0mL 混合，装入棕色瓶中于冰箱内保存，现用现配，使用 15d 后需要重新配制。

（5）20g/L 可溶性淀粉溶液　称取 2.0g 可溶性淀粉，缓缓倒入煮沸的去离子水中，加热煮沸至溶液透明为止，冷却后定容至 100mL。

（6）1%甲醛溶液　吸取 1mL 甲醛溶液，用去离子水定容至 100mL。

（7）0.1mol/L 氢氧化钠溶液　称取 4g 固体 NaOH，用去离子水溶解后定容至 1L。

2. 比色法测 α-淀粉酶活力

（1）原理　酶促反应速率可以作为酶活力大小，也可以作为酶量多少的衡量标准，故可以通过单位时间内一定条件酶促反应中底物消耗量或产物生成量来测定。本实验对 α-淀粉酶活力测定采用快速计时比色法，即利用一定量淀粉被酶水解后，不能与碘显蓝色的时间来确定其酶活力。该法简捷、快速、经济。此外也可以采用 GB/T 24401—2009《α-淀粉酶制剂》中的 α-淀粉酶标准测定方法进行测定。

（2）酶活力测定

①在 6 孔（或 12 孔）比色板中，一孔加约 0.5mL 标准终点色溶液，作为比较颜色的标准；其余孔内均用滴管加入约 0.5mL 稀碘液，备用。

②在25mL比色管中分别加入20g/L可溶性淀粉溶液20mL、pH 6.0磷酸缓冲液5mL，置于60℃恒温水浴中预热4~5min。

③用移液管吸取1mL待测酶液，加入上述预热的装有pH 6.0磷酸缓冲液和淀粉溶液的比色管中，充分混匀，同时立即用秒表开始计时。定时用滴管吸取反应液约0.5mL，迅速滴入预先含有比色稀碘液的比色板孔内，当不断取样，直至孔内颜色反应逐渐由紫色变为红棕色、与标准终点色相同时，即为反应终点，秒表停止计时，记录反应时间 t（min）。

（3）酶活力的计算　酶活力单位的定义：在60℃、pH 6.0条件下，每毫升酶液每分钟水解可溶性淀粉的微摩尔数，即为一个酶活力单位，以 $\mu mol/(min \cdot mL)$ 或 U/mL 表示。计算公式如式（8-7）。

$$酶活力 = \frac{20 \times 2\% \times n}{t \times V \times 淀粉的相对分子质量} \times 10^6 \qquad (8-7)$$

式中　n——酶液稀释倍数；

　　　t——反应时间，min；

　　　V——酶液加量，mL；

　　　20——可溶性淀粉溶液的体积，mL；

　　　2%——可溶性淀粉溶液的浓度（20g/L）；

　　　10^6——将g换算成μg。

3. 超滤法精制浓缩酶的指标检测法

（1）浓缩比　包括体积浓缩比和酶活力浓缩比。

①体积浓缩比：用1000mL量筒测量超滤前贮槽中加入的酶液体积，记录为 V_0（mL），再记录超滤后贮槽中酶液的体积 V_1（mL），计算两者的比（V_0/V_1），即为体积浓缩比。

②酶活力浓缩比：先测定原酶液的酶活力（u_0），再记录超滤后贮槽中酶液的体积（u_1）。计算两者的比（u_0/u_1），即为酶活力浓缩比。

（2）其他各项指标　只要记录原酶液（待浓缩的）体积 V_0 和酶活力 u_0，再记录超滤结束后贮槽中各自液体的体积 V_1 和 V_4 以及各自的酶活力 u_1 和 u_4，即可通过计算得到相关指标，包括：酶活力回收率、酶液失活率和酶活力损失率。

①酶活力回收率：表示经过超滤浓缩后得到的浓缩酶液总酶活力占原酶液总酶活力的百分比。

②酶液失活率：衡量酶液经过超滤处理后是否有失活现象发生，即分别测定截留液、透过液以及原酶液各自的总酶活力，计算截留液和透过液总酶活力之和与原酶液总酶活力百分比是否为100%，若小于100%则表示有酶液失活现象发生。

③酶活力损失率：表示衡量超滤后保留的酶活力，是否被完全收集在浓缩酶液中，若透过液中有酶活力，则表明有酶活力的损失。

4. 超滤法精制浓缩酶操作步骤

（1）斜面培养基　牛肉膏5g/L、蛋白胨10g/L、可溶性淀粉20g/L、NaCl 5g/L、琼脂20g/L，pH 7.0；灭菌条件：0.1MPa、121℃，灭菌20min。

（2）摇瓶发酵培养基　可溶性淀粉20g/L、蛋白胨10g/L、酵母膏2g/L、$(NH_4)_2SO_4$ 4g/L、$CaCl_2$ 2g/L，pH 7.0；装液量：50mL/250mL锥形瓶；灭菌条件：0.1MPa、121℃，灭菌15min。

（3）将枯草芽孢杆菌菌种接种于新鲜培养基斜面上，置恒温培养箱37℃下培养24h。

(4) 按每瓶接种环的接种量，将上述斜面培养的菌体接种入摇瓶中，置旋转摇床上（恒温水浴振荡器），160r/min、37℃培养40h。将所有250mL锥形瓶中得到的培养物集中收集后4000r/min离心除去菌体，得α-淀粉酶粗液，置于4℃冰箱中保存备用。

5. 滤法精制浓缩酶

(1) 系统连接　将超滤柱中1%（体积分数）甲醛保存液倒空，用自来水冲洗干净，将实验装置连接起来。先在贮槽中加入大量去离子水，进一步冲洗柱子及整个系统。然后升压至0.04MPa，检查系统是否有泄漏，一切正常后，排空柱中及系统中的去离子水，备用。

(2) 超滤　在贮槽中加入澄清的α-淀粉酶原液。记录原始酶液体积V_0（mL）并取样测酶活力u_0［mol/(mL·min)］，先启动泵，不升压，待排除柱及系统中的气泡后，再升压至0.04MPa。收集的截留液再循环回流至贮槽中，而透过液流入贮槽中，周而复始。待反复循环至贮槽中的酶液体积减少至原体积约1/4时，停止超滤。分别记录贮槽中液体的体积V_1和V_4（mL），并分别取样测定其各自的酶活力u_1和u_4［mol/(mL·min)］。

(3) 中空纤维超滤柱的清洗、再生及保养　先将大量自来水倒入贮槽中，反复正洗、反洗；常压、加压冲洗中空纤维柱，若柱子污染不严重，反复用水冲洗可将柱冲洗干净。但若柱子污染严重（肉眼可见杂质残留柱中及通量变小），考虑到酶液及菌体均属蛋白质类物质，可用0.1mol/L氢氧化钠溶液（或10g/L蛋白酶）采用上述水清洗方法处理中空纤维柱。最后，再用去离子水将清洗液冲洗干净，至流出液澄清透明为止。在贮槽中加入1%（体积分数）甲醛溶液，用泵使甲醛液在柱内循环，待无气泡，柱中充满甲醛液后，停止操作。迅速用橡胶塞将中空纤维柱的所有进出口密封，以防甲醛液泄漏，从而保障中空纤维柱不发生霉变。在柱子保存过程中，时刻注意柱中保存液不能流失。若有泄漏，应随时补加。

五、实验结果

记录并分析膜分离法精制浓缩酶的效果，如酶活力浓缩比、酶活力回收率、酶活力失活率、酶活力损失率等，撰写实验报告。

六、注意事项

1. 实验前应仔细阅读超滤膜设备的操作说明和系统流程，特别注意各种膜组件的正常工作压力。

2. 设备不使用时，要保持系统润湿，防止膜组件干燥，从而影响分离效能。较长时间不使用时，要防止系统生菌，可以加入少量甲醛、H_2O_2等防腐剂，密封保存。

🔍 思考题

1. 超滤膜的结构是什么样的？这种结构的特点是什么？
2. 膜污染的主要来源有哪些，清洗的时候应该注意哪些问题？

实验 42　海带中岩藻聚糖硫酸酯的提取

一、实验目的

（1）学习多糖提取的一般方法。
（2）学习气相色谱法测定单糖组分的步骤和方法。

二、实验原理

海带（Laminaria japonica）为海带目（Laminariales）海带科（Laminariaceae）的一种大型褐藻，我国是世界上海带养殖量最大的国家，2020年我国海带产量为165万t，占藻类总产量的32.3%。海带作为食品和中药原料，不仅含有丰富的蛋白质、维生素和矿质元素，还含有如褐藻酸、甘露醇、海带氨基酸、高不饱和脂肪酸、β-胡萝卜素、有机碘、细胞激动素、多卤多萜类化合物、固醇类化合物、岩藻聚糖硫酸酯、膳食纤维等具有独特生理活性的成分。这些生理活性物质具有辅助降血压、降血糖、降血脂、抗病毒等功效，是研制功能性食品、药品的优良资源。

岩藻聚糖硫酸酯是一种含有硫酸酯的水溶性杂聚糖，是褐藻中特有的化学组分。研究发现岩藻聚糖硫酸酯在医学方面具有独特功效，具有抗凝血、抗肿瘤、抗人体免疫缺陷病毒（HIV）、抗血栓、提高免疫力、降血脂等活性。岩藻聚糖硫酸酯来源丰富，成本低廉，在日本、美国作为预防和治疗癌症及血栓疾病的药已经进入市场，德国和挪威也分别开展了该物质在抗HIV及抑制白细胞生长方面的研究。本实验通过热水浸提法提取海带中的岩藻聚糖硫酸酯，测定其提取率，并且通过气相色谱法测定岩藻聚糖硫酸酯的单糖组分。

气相色谱法具有选择性强、分辨率好、灵敏度高等优点。糖类没有挥发性，因此必须在气相色谱分析之前转化成易挥发、对热较稳定的衍生物。糖和盐酸羟胺在吡啶中加热反应生成糖肟，加入醋酸酐后，加热继续反应，生成具有挥发性的糖腈乙酸酯衍生物。

三、实验材料与设备

1. 材料

海带、无水乙醇、无水甲醇、正丁醇、氯仿、三氟乙酸、氯化钠、吡啶、氢氧化钠、肌醇、盐酸羟胺、D-木糖、D-半乳糖、L-岩藻糖、D-果糖、鼠李糖、D-甘露糖、葡萄糖、乙酸酐。

2. 设备

分光光度计、取液器、数控超声波清洗器、电热恒温鼓风干燥箱、数显恒温水浴锅、多功能食品加工机、电子精密天平、托盘天平、电子恒速搅拌器、旋转蒸发器、循环水式真空泵、电动恒温振荡水槽、低速大容量多管离心机、气相色谱仪、氮氢空一体机。

四、实验方法与步骤

1. 葡萄糖标准曲线绘制

（1）配制溶液　2g/L 蒽酮试剂：准确称取0.1g蒽酮溶解于50mL浓硫酸（分析纯95.5%）

中,当日配制使用。0.1g/L 葡萄糖溶液:准确称取 0.1g 葡萄糖溶解于 1L 蒸馏水中(可加数滴甲苯防腐)。

(2) 标准曲线的制作　分别取 0.1g/L 葡萄糖溶液 0.05、0.10、0.20、0.30、0.40、0.60、0.80mL,用蒸馏水补到 1.00mL;分别加入 3.00mL 蒽酮试剂,迅速浸于冰水浴中冷却,各管加完后一起浸于沸水浴中,管口加盖玻璃球,以防蒸发。自水浴重新煮沸起,准确煮沸 10min 取出,用自来水冷却,室温放置 10min 左右,于 620nm 处比色。以同样方式处理的重蒸蒸馏水作为空白对照进行比色。以光密度为纵坐标,糖含量微克数为横坐标,得到标准曲线。

2. 热水浸提法步骤

热水浸提法步骤如图 8-2 所示。

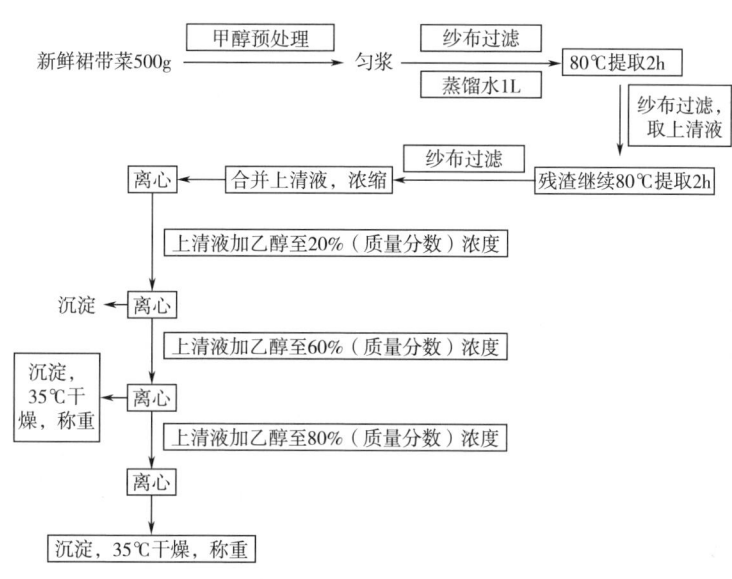

图 8-2　热水浸提法步骤

3. Sevage 法除多糖中的蛋白质

准确称取多糖 10g,溶于 30mL 蒸馏水中,过滤除去不溶物;配置体积比 4∶1 的氯仿-正丁醇溶液(氯仿相);按样品体积∶氯仿相体积 3∶1 加入 10mL 氯仿相,置于具塞三角瓶中,于 35℃充分振荡 30min 后,经离心机 4000r/min 离心 1min,然后将水相与氯仿相分开。连续 3 次后,合并氯仿相,加少量水洗涤,并分离。共洗涤 3 次,水相经考马思亮蓝法检测无蛋白质。

4. 样品中葡萄糖含量测定

取适量稀释过的样品溶液 1.00mL,加入蒽酮试剂,按标准曲线相同操作进行比色测定。根据标准曲线和样品浓度计算含量。

5. 气相色谱法测定多糖组分

(1) 单糖衍生化　分别取 D-甘露糖、D-木糖、葡萄糖、D-半乳糖、L-岩藻糖、内标,加入 10 mg 盐酸羟胺、7mg 内标、0.5mL 吡啶,90℃振荡加热 30min,冷却至室温后,加入 0.5mL 醋酸酐,继续振荡加热 30min,冷却至室温后气相检测。

(2) 多糖水解和衍生化　称取 10mg 糖样置于安瓿瓶中,加入 3mL 2mol/L 三氟乙酸,用高温火焰封口，80℃烘箱水解 8h。将水解的糖样 10mg，加入 10mg 盐酸羟胺、7mg 内标、0.5mL 吡啶，90℃振荡加热 30min，冷却至室温后，加入 0.5mL 醋酸酐，继续振荡加热 30min，冷却至室温后，冷却至室温后气相检测。

(3) 气相色谱条件　检测器温度：250℃；汽化温度：280℃；气流速度：N_2（载气）60mL/min，H_2 40mL/min，空气 200mL/min；柱子：30m×0.32mm 石英毛细管柱。程序升温：150℃保持 2min，10℃/min 升温到 200℃，保持 5min，1℃/min 升温到 220℃，保持 5min，再以 10℃/min 升温到 240℃，保持 2min；进样量：3μL。

通过比较单糖衍生物气相色谱图中的保留时间和多糖水解后衍生物气相色谱图的保留时间，获得岩藻聚糖硫酸酯的单糖组成，并且根据面积归一化法计算各单糖组成比例。

五、实验结果

记录并分析海带中岩藻聚糖硫酸酯的提取效果，撰写实验报告。

六、注意事项

多糖水解和衍生化涉及高温和强酸，使用时须注意安全。

> 🔍 **思考题**
>
> 1. 60%（体积分数）乙醇沉淀中除了多糖外，还可能含有哪些物质？
> 2. 查阅文献，分析用糖腈乙酸酯衍生法测定单糖组分的缺点。

实验 43　食用菌多糖的提取及初步纯化

一、实验目的

(1) 学习多糖的一般提取方法。
(2) 学习多糖脱蛋白和脱色的一般方法。

二、实验原理

食用菌是蕈菌等一类可供食用的，具有大型肉质（或胶质）子实体或菌核组织的高等真菌的总称。食用菌能够产生具有生物学活性的次生代谢产物，在食品及药物研究方面具有很高的开发利用价值。多糖组分是药用真菌中已知的主要活性物质，食用菌多糖有一定的抗病毒、抗肿瘤、调节免疫功能和抗感染活性。食用菌多糖是由 10 个以上单糖以糖苷键连接而成的高分子多聚物，存在于食用菌的菌丝体、子实体和发酵液中，已成为食品和医药界研究的热点。药用真菌多糖来源广泛，一般来源于灵芝、香菇、裂褶菌和冬虫夏草等真菌。

作为多糖研究的重要步骤，多糖提取分离是很重要的一步。按照目标多糖的极性以及在相应溶剂中的溶解性，目前常用的多糖提取方法有：热水浸提法、酸提法、碱提法、有机溶剂提取法、加酶提取法等。此外，后期的精细化加工过程中，还要对粗提液中的蛋白质、色素等杂质进行去除，以便从混合糖中分离纯化目标多糖。通过水提所获得的粗多糖常含有较多的蛋白质，通常采用醇沉或其他溶剂沉淀的方法去除粗多糖中常含有的较多蛋白质。传统去除蛋白质的方法有 Sevage 法、三氯乙酸法、酶解法、三氟三氯乙烷法等。三氯乙酸法蛋白质去除率高，但多糖在三氯乙酸中不稳定，糖苷键易断裂，因此多糖损失率也较高。鞣酸法蛋白质去除率较低，但此方法是利用鞣酸与蛋白质的特异性反应，不会造成多糖损失。Sevage 法蛋白质去除率最高，但此法使用的试剂是氯仿和正丁醇，氯仿是有毒物质，容易造成多糖活性下降和溶剂残留。为避免使用有机溶剂也可采用反复冻融的方法去除蛋白质。

食用菌中常带有天然色素，而且提取物中常含有酚类化合物，在多糖提取过程中会由于氧化作用生成色素，色素的存在会影响多糖的色谱分析和性质测定。常用的脱色方法有：吸附法（二乙氨基乙基纤维素、硅藻土、活性炭等）、氧化法（过氧化氢）、离子交换法等。

三、实验材料与设备

1. 材料

香菇、95%（体积分数）乙醇、正丁醇、氯仿、双氧水、葡萄糖、硫酸、苯酚、考马斯亮蓝 G-250、磷酸、牛血清白蛋白等。

2. 设备

粉碎机、电炉、锅、分光光度计、托盘天平、旋转蒸发器、高速冷冻离心机、电热恒温鼓风干燥箱、循环水式真空泵等。

四、实验方法与步骤

1. 食用菌多糖的热水浸提工艺

取干燥的桑黄子实体 500g，加入 2L 水，沸水提取 2h，纱布过滤，残渣继续用沸水提取 2h，纱布过滤，合并滤液，浓缩，离心，去除沉淀。上清液在搅拌下缓慢加入 95%（体积分数）乙醇，至乙醇浓度达 40%（体积分数），静置，离心，干燥，得到组分 1。上清液中继续加入 95%（体积分数）乙醇至乙醇浓度达 80%（体积分数），静置，离心，干燥，得到组分 2。

2. 葡萄糖标准曲线的绘制

采用苯酚-硫酸法测总糖。苯酚硫酸试剂可与游离的或寡糖、多糖中的己糖、糖醛酸（或甲苯衍生物）起显色反应，己糖在 490nm 处有最大吸收，戊糖及糖醛酸在 480nm 处有最大吸收，吸收值与糖含量呈线性关系。

葡萄糖预先在 105℃ 干燥至恒重，准确称取 4g 溶解定容至 500mL，再吸取 5mL 定容至 500mL 容量瓶中，此时葡萄糖浓度为 80mg/mL。分别吸取 0.2、0.4、0.6、0.8、1.0、1.2mL，每样分别用 3 支试管，以蒸馏水补充至 2mL，加入 6%（质量分数）苯酚 1mL 及浓硫酸 5mL，静置 10min，振荡摇匀，置于沸水浴中加热 15min，取出放在冰水中迅速冷却，用紫外分光光度计在 490nm 处测定其光密度。以 2mL 水按同样显色操作作为空白，横坐标为多糖浓度，纵坐标为光密度，得标准曲线。

3. 样品中葡萄糖含量的测定

取适量稀释过的样品溶液 1mL，按照上述步骤操作测定光密度，以标准曲线计算多糖含量。

4. Sevage 法除去多糖中蛋白质

准确称取多糖 2g，溶于 6mL 蒸馏水中，过滤除去不溶物。配制 Sevage 试剂（体积比为 4∶1 的氯仿-正丁醇溶液）。按样品与 Sevage 试剂 3∶1 体积比加入 Sevage 试剂 2mL，置于具塞三角瓶中，充分振荡 30min 后，4000r/min 离心 3min，取水相继续上述步骤，重复 3 次，水相经考马斯亮蓝法检测无蛋白质或少量蛋白质。

5. 双氧水除多糖中的色素

取 1g 粗多糖溶解于 10mL 蒸馏水中，用氨水调整至 pH 8.0，加入 3mL 15%（体积分数）H_2O_2，50℃保温 30min；同时平行制作一份不作处理的样品作为对照组，观察脱色效果。

五、实验结果

记录并分析食用菌多糖的提取和纯化效果，撰写实验报告。

六、注意事项

（1）用苯酚硫酸法测多糖时，特别是加硫酸时，迅速加入和缓慢加入，直接滴到液面和沿管壁流入最后得到的结果都是不同的，这个尤其要注意。最好是缓慢加入，整个过程由一个人操作，减少误差。

（2）用双氧水进行脱色时，要静置一段时间，否则看不到脱色效果。

思考题

1. 80%（体积分数）乙醇沉淀以后的滤液中，可能含有哪些成分？
2. 除了 Sevage 法脱蛋白质以外，还有哪些脱蛋白质的方法？
3. 多糖除了利用双氧水进行脱色外，还有哪些脱色方法？

实验 44　血清蛋白的醋酸纤维薄膜电泳

一、实验目的

（1）学习醋酸纤维薄膜电泳操作。
（2）了解电泳技术的一般原理。

二、实验原理

电泳技术利用带电粒子向带符号相反电极移动的性质，在直流电场中对带电分子进行分离，是生物工程重要的分离技术之一。该技术不仅用于小分子物质的分离分析，还用于蛋白质、核酸、酶，甚至病毒与细胞的研究。电泳技术已广泛应用于分析化学、生物化学、临床化学、毒剂学、药理学、免疫学、微生物学、食品化学等各个领域。

血清蛋白醋酸纤维薄膜电泳作为一项基本技术，已经成为生物工程及医学必开的实验课醋酸纤维薄膜电泳是用醋酸纤维薄膜作为支持物的一种区带电泳技术。醋酸纤维薄膜由二乙酸纤维素制成，具有均一的泡沫样结构，厚度仅120μm，有强渗透性，对分子移动无阻力，作为区带电泳的支持物进行蛋白质电泳有简便、快速、样品用量少、应用范围广、分离清晰、没有吸附现象等优点，目前已广泛用于血清蛋白、脂蛋白、血红蛋白、糖蛋白和同工酶的分离及免疫电泳中。

三、实验材料与设备

1. 材料

巴比妥、巴比妥钠、氨基黑、甲醇、冰醋酸、乙醇、醋酸纤维薄膜（2cm×8cm）等。

2. 设备

常压电泳仪、点样器、白磁反应器等。

四、实验方法与步骤

1. 试剂配制

①巴比妥缓冲液（pH 8.6，离子强度 0.07）：巴比妥 2.76g、巴比妥钠 15.45g，加水至 1000mL。

②染色液：氨基黑 10B 0.25g、甲醇 50mL、冰醋酸 10mL、水 40mL（可重复使用）。

③漂洗液：甲醇或乙醇 45mL、冰醋酸 5mL、水 50mL。

④透明液：无水乙醇 7 份、冰醋酸 3 份。

2. 醋酸纤维薄膜的选择和浸泡

分辨出醋酸纤维薄膜的光泽面和无光泽面，并用铅笔在无光泽面上做记号。薄膜浸于盛有巴比妥缓冲液的培养皿内，使其漂浮在液面。若快速润湿时，整条薄膜色泽深浅一致，表明薄膜质地均匀；若润湿时，薄膜上出现深浅不一的条纹或斑点等，表明薄膜厚薄不均匀。醋酸纤维素薄膜质量对电泳的结果影响很大，所以实验中应选用质地均匀的薄膜。用镊子取醋酸纤维薄膜 1 张（识别出光泽面与无光泽面，并在角上用笔做记号）放在缓冲液中浸泡 20min。

3. 点样

取一培养皿，倒扣在实验台上作为点样支持物。将浸泡好的薄膜取出后，夹在清洁的滤纸中间，轻轻吸去多余缓冲液以免缓冲液太多引起样品扩散；但也不能吸太干，否则样品不易进入薄膜的网孔内而造成电泳起始点参差不齐，进而影响分离效果。将薄膜无光泽面向上放在点样支持物（培养皿）上，点样器蘸取滴在点样板里的适量血清，垂直印在醋酸纤维薄膜无光泽面一端 1.5~2cm 处。点样前，先在小块的滤纸上练习，最好是双手点样，这样比较好控制点样力度。点样力度要均匀，以免被分离区带出现斑点。

4. 电泳

根据实验中使用的电泳槽规格，剪裁尺寸为 33cm×12cm 的滤纸条，对折后附着在电泳槽支架上，使其一端与支架的前沿对齐，另一端浸入电泳槽缓冲液内。用缓冲液将滤纸全部润湿后，用玻璃棒轻轻挤压支架上的滤纸以驱除滤纸中的气泡，使滤纸紧贴在支架上，即为滤纸桥。在另外一个电泳槽支架上按照同样方法制作相同的滤纸桥。滤纸桥搭好后，向电泳槽内补加缓冲液，使两边电泳槽内缓冲液的液面彼此处于水平状态，否则通过薄膜时有虹吸现象，会影响蛋白质分子的泳动速度。将点样端的薄膜平贴在阴极电泳槽支架的滤纸桥上（注意点样面朝下），点样区带离电泳槽支架 10mm 左右，不能接触滤纸桥。另一端平贴在阳极端支架上，两端必须紧贴滤纸桥，不能有气泡，并且要拉直，中间不能下垂。薄膜之间要有间隙，保持大于 2mm 的空隙，不能搭扰，否则一条薄膜上的血清会跑到另一条上。而且薄膜要垂直于滤纸桥，与电流方向平行，否则会造成电泳区带的位置歪斜、弯曲。盖上电泳槽盖，使薄膜平衡 10min。膜条上点样的一端靠近负极。盖严电泳室，通电。调节电压至 140V，电流强度 19mA，经 60~70min。

5. 染色

电泳完毕后，切断电源，立即取出薄膜，直接浸入染色液中染色 10min。染色过程中轻轻晃动染色皿，使染色充分。薄膜条较多时，应避免彼此紧贴导致染色不良。

6. 漂洗

将膜条从染色液中取出后，移置漂洗液中漂洗数次，至无蛋白质区底色脱净为止，可得色带清晰的电泳图谱。

7. 检测

定量测定时要将膜条用滤纸压平吸干，按区带分段剪开，分别浸 0.4mol/L 氢氧化钠溶液中 0.5h，并剪取相同大小的无色带膜条作为空白对照，在 650nm 处进行比色。或者将干燥的电泳图谱膜条放入透明液中浸泡 2~3min 后取出贴于洁净玻璃板上，干后即为透明的薄膜图谱，可用光密度计直接测定。

五、实验结果

记录并分析血清蛋白醋酸纤维薄膜电泳的效果，撰写实验报告。

六、注意事项

影响血清蛋白醋酸纤维薄膜电泳的因素很多，从缓冲液的配制、滤纸条的铺放到醋酸纤维薄膜的浸泡都有严格规定，尤其点样是本实验的重中之重，此外电流、电压与电泳的时间也非常关键。点样时要细窄、均匀、集中，量不宜过多，且要保持薄膜的清洁，务必使用无齿镊子夹膜条；滤纸桥及醋酸纤维薄膜要放置平整，保证电场均匀；严格控制好电流、电压与电泳时间。一般气温低时，可用较大的电流、电压；气温高时，则宜用较低电流、电压。染色液、漂洗液应在密封瓶内贮存，否则易挥发的成分蒸发，使溶液各组分配比发生改变，从而影响实验结果。

思考题

1. 用醋酸纤维薄膜做电泳支持物有什么优点？
2. 确保电泳图谱清晰的关键是什么？如何正确操作？

实验45 利用盐析和等电点沉淀法从牛乳中制备酪蛋白

一、实验目的

(1) 掌握盐析和等电点沉淀法的原理和基本操作。
(2) 掌握双缩脲法测定蛋白质含量的基本原理及基本操作。

二、实验原理

乳蛋白广泛存在于乳制品中，酪蛋白是乳蛋白中含量最丰富的蛋白质，占乳蛋白的80%~82%，酪蛋白不是单一的蛋白质，而是一类含磷的复合蛋白混合物，以一磷酸酯键与苏氨酸及丝氨酸的羟基相结合，还含有胱氨酸和甲硫氨酸，但不含半胱氨酸。酪蛋白在牛乳中的含量约为35g/L，比较稳定，利用这一性质可以检测牛乳是否掺假。酪蛋白在pH 4.8达到等电点，此时静电荷为零，同种电荷间的排斥作用消失，溶解度很低，形成沉淀，乳蛋白素则在pH 3左右才会沉淀。利用这一性质可以先将pH降至4.8，或者在加热至40℃的牛乳中加入硫酸钠，将酪蛋白沉淀出来。酪蛋白不溶于乙醇，利用乙醇可以除去杂质。将除掉酪蛋白的溶液pH调至3左右，使乳蛋白素沉淀析出，可以得到乳蛋白素。

蛋白质在水溶液中的溶解度取决于蛋白质分子表面离子周围的水分子数目，即主要是由蛋白质分子外周亲水基团与水形成水化膜的程度以及蛋白质分子带有电荷的情况决定的。蛋白质溶液中加入中性盐后，由于中性盐与水分子的亲和力大于蛋白质，致使蛋白质分子周围的水化层减弱乃至消失。同时，中性盐加入蛋白质溶液后由于离子强度发生改变，蛋白质表面的电荷被大量中和，导致蛋白质溶解度降低，蛋白质分子之间聚集而沉淀。由于各种蛋白质在不同盐浓度中的溶解度不同，使其从其他蛋白质中分离出来。简单说就是将硫酸铵、硫化钠或氯化钠等加入蛋白质溶液，使蛋白质表面电荷被中和以及水化膜被破坏，导致蛋白质在水溶液中的稳定性因素去除而沉淀。这样析出的蛋白质在继续加水时仍能溶解，并不影响原来蛋白质的性质。

在乳制品加工或成品中，酪蛋白含量是一个常需测定的指标。常用于测定酪蛋白的方法是先将酪蛋白在等电点沉淀，再用凯氏定氮法测定。本实验采用双缩脲法测定酪蛋白，其原理为：蛋白质含肽键，肽键在碱性溶液中与铜离子形成紫红色化合物，在540nm处有最大吸收，其颜色深浅与蛋白质浓度成正比，而与蛋白质分子质量及氨基酸组成无关。

三、实验材料与设备

1. 材料

脱脂牛乳、无水硫酸钠、HCl、氢氧化钠、浓盐酸、乙醇、醋酸钠溶液、醋酸溶液、硫酸铜、酒石酸钾钠、碘化钾、烧杯、玻璃试管、离心管等。

2. 设备

磁力搅拌器、pH计、离心机等。

四、实验方法与步骤

1. 试剂配制

① 0.2mol/L pH 4.8 醋酸-醋酸钠缓冲液（先配 A 液再配 B 液）：A 液（0.2mol/L 醋酸钠溶液），称 $NaAC \cdot 3H_2O$ 54.44g，定容至 2000mL；B 液（0.2mol/L 醋酸溶液），取醋酸（含量大于 99.8%）12mL 定容至 1000mL；取 A 液 1770mL，B 液 1230mL 混合即得 pH 4.8 的醋酸-醋酸钠缓冲液 3000mL。

② 双缩脲试剂：称取硫酸铜（$CuSO_4 \cdot 5H_2O$）1.5g，加水 100mL，加热助溶；另称取酒石酸钾钠（$NaKC_4H_4O_6 \cdot 4H_2O$）6.0g、碘化钾 5g 溶于 500mL 水中。两液混匀后，在搅拌下加入 100g/L NaOH 300mL，后用水稀释至 1000mL，贮存于塑料瓶中。此液可长期保存，若瓶底出现黑色沉淀则需重新配制。

2. 盐析法制备酪蛋白

将 25mL 牛乳倒至烧杯中，40℃ 搅拌。① 方法一：在烧杯中缓慢加入 10g 无水硫酸钠，之后再继续搅拌 10min；② 方法二：在搅拌下缓慢加入预热至 40℃、pH 4.8 的醋酸缓冲液 100mL，用精密 pH 试纸或酸度计调 pH 至 4.8，用细布过滤分别收集沉淀和滤液。将沉淀放于 30mL 乙醇中，倾倒于布氏漏斗中过滤除去乙醇溶液，抽干。将沉淀从布氏漏斗中移出，在表面皿中展开除去乙醇，干燥后得到酪蛋白，准确称量 m_1。

3. 等电点沉淀法制备乳蛋白

将步骤①所得到的滤液置于烧杯中，边搅拌边用 pH 计测量酸度，并用盐酸调整 pH 至 3。倒至离心管中 6000r/min 离心 15min，倒掉上清液。在离心管中加入 10mL 去离子水，振荡，使管内下层物重新悬浮，并以 0.1mol/L 氢氧化钠溶液调 pH 至 8.5~9.0，此时大部分蛋白质均会溶解。将上述溶液 6000r/min 离心 10min，将上清液倒入 50mL 烧杯中，将烧杯置于磁力搅拌器中搅拌并调整 pH 至 3.0。将上述溶液 6000r/min 离心 10min，倒掉上清液。沉淀取出后干燥称量 m_3。

4. 酪蛋白含量测定

（1）标准曲线的绘制　分别移取酪蛋白标准液 0.0、0.2、0.4、0.6、0.8、1.0mL 于干燥试管中，不足 1.0mL 者用 0.1mol/L NaOH 溶液补足 1.0mL，然后分别加入 4.0mL 双缩脲试剂，混匀，室温下反应 30min，测定 540nm 处光密度。以酪蛋白质量（mg）为横坐标、光密度为纵坐标绘制标准曲线。

（2）酪蛋白含量测定　取步骤 1 中样品溶液 1.0mL，加入 4.0mL 双缩脲试剂，混匀，室温下反应 30min，测定 540nm 处光密度，查标准曲线，求得酪蛋白质量。平行测定 3 次，求其平均值，并计算 50mL 牛乳中酪蛋白的质量 m_2。

五、实验结果

记录制备的酪蛋白含量、得率等，撰写实验报告。

六、注意事项

（1）调节牛乳液的等电点一定要准确，最好用酸度计。

（2）精制过程中使用有毒挥发试剂时，要在通风橱内操作。

(3) 目前市售的牛乳是经加工的乳制品，不是纯净牛乳，所以计算时要按产品换算成相应的指标。

> **思考题**
> 1. 为什么在等电点沉淀时需加热至 40℃？
> 2. 双缩脲法测定蛋白质的原理是什么？
> 3. 比较牛乳中酪蛋白测定含量与理论含量大小，并对测定结果进行讨论。

实验 46　离子交换层析分离氨基酸

一、实验目的

(1) 熟悉离子交换层析技术的基本原理和方法。
(2) 熟悉离子交换层析分离氨基酸的基本原理和操作。
(3) 掌握氨基酸和茚三酮的显色机制。

二、实验原理

离子交换层析法（ICE）是分离和制备样品混合物的液-固相层析方法。用离子交换剂（具有离子交换性能的物质）作固定相，利用它与流动相中的离子能进行可逆交换的性质来分离离子型化合物的层析方法，即溶液中离子同离子交换剂上功能基团交换反应的过程。

这种可逆交换性质是基于待测物质的阳离子或阴离子和相应离子交换剂间的静电结合，即根据物质的酸碱性、极性等差异，通过离子间的吸附和脱吸附原理将电解质溶液各组分分开。它是从复杂混合物体系中分离性质极为相似的生物分子的有效手段之一。层析时要根据物质解离性质的差异，选用不同离子交换剂进行分离。由于带电荷不同的各种物质对离子交换剂有不同的亲和力，通过改变洗脱液离子强度和 pH，控制这种亲和力，即可使这些物质根据亲和力大小的顺序依次从层析柱中洗脱下来。

离子交换树脂是一种合成的高聚物，不溶于水，能吸水膨胀。高聚物分子由能电离的基团及非极性的树脂组成。极性基团上的离子能与溶液中的离子起交换作用，而非极性的树脂本身物性不变。通常离子交换树脂按所带基团分为强酸（—SO_3H）、弱酸（—COOH）、强碱（—N^+R_3）和弱碱（—NHR）。离子交换树脂分离小分子物质如氨基酸、腺苷、腺苷酸等是比较理想的，但对分离生物大分子如蛋白质是不适用的，因为它们不能扩散到树脂链状结构中。因此分离生物大分子可选用以多糖聚合物如纤维素、葡聚糖为载体的离子交换剂。

本实验采用磺酸型阳离子交换树脂（732 型）分离酸性氨基酸［天冬氨酸（Asp）pI 2.97］和碱性氨基酸［赖氨酸（Lys）pI 9.74］的混合液。在 pH 5.3 条件下，因为低于 Lys 的 pI，Lys 可解离成阳离子吸附在树脂上；又由于高于 Asp 的 pI，因此 Asp 可解离为阴离子，不能被树脂吸附而直接流出色谱柱，在 pH 12 条件下，因为高于 Lys 的 pI，Lys 又解离为阴离子从树脂上被交换下来，这样通过改变洗脱液 pH 可使它们被分别洗脱而达到分离目的。

茚三酮反应是在加热及弱酸环境下，氨基酸或肽与茚三酮反应生成紫蓝色（与脯氨酸或羟脯氨酸反应生成黄色）化合物及相应的醛和二氧化碳的反应（图 8-3）。

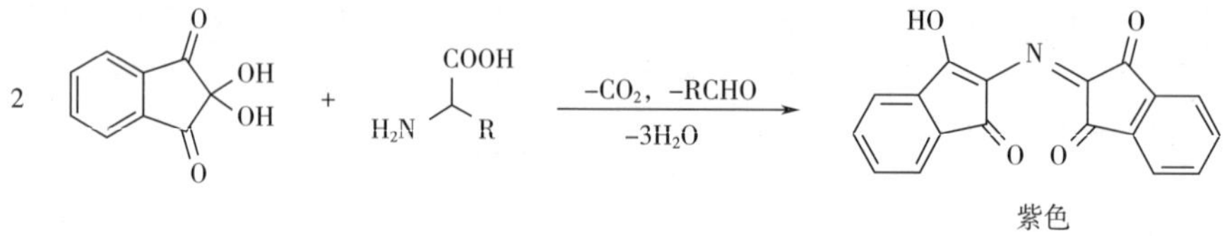

图 8-3　茚三酮反应

三、实验材料与设备

1. 材料

磺酸型阳离子交换树脂（732 型）、柠檬酸、NaOH、浓盐酸、茚三酮、丙酮、玻璃色谱柱等。

2. 设备

恒流泵、部分收集器、天平、电磁炉、水浴锅、分光光度计等。

四、实验方法与步骤

1. 试剂配制

①洗脱液：取 28.5g 柠檬酸（$C_6H_8O_7 \cdot H_2O$）、18.6g 97% NaOH、10.5mL 浓盐酸溶于水，并稀释至 1L，制成 0.45mol/L pH 5.3 的柠檬酸缓冲液。②样品液：0.005mol/L 的 Asp 和 Lys 分别加入 0.02mol/L HCl 溶液。③显色剂：0.2g 茚三酮加 100mL 丙酮制成 2g/L 的中性茚三酮溶液。

2. 树脂的处理

新鲜树脂用蒸馏水浸泡过夜，使之充分溶胀。倾去上面的泥状细粒，反复洗几次直到水澄清为止，然后经浮选得到颗粒大小合适的树脂。用 4 倍体积的 2mol/L HCl 浸泡 1h，倾去清液，用蒸馏水水洗至中性。再用 2mol/L NaOH 浸泡 1h，用蒸馏水洗去 NaOH 至树脂 pH 呈中性，最后用 pH 5.3 柠檬酸钠缓冲液浸泡，备用。

3. 装柱

观察柱底端筛板滤芯和阀门是否完好，分别用流水和蒸馏水冲洗干净。将层析柱垂直装在铁架台上，关闭柱底端出口，在柱内注入少许（1~2cm 高）洗脱液，打开出水口，排净筛板及阀门中的空气后关闭出水口。将浮选后的树脂置于烧杯中，加进 1~2 倍体积的柠檬酸缓冲液，搅成悬浮状。沿柱内壁小心地浇灌填料，倒时不要太快，以免产生泡沫和气泡。待树脂在柱底部逐渐沉积 2~3cm 高时，用吸管吸去柱内上层所出现的清液，缓慢打开柱底出口，继续加注树脂悬液，直至柱体装到 8cm 高度为止。在装柱时要避免使柱内液体流干而装柱失败，并且树脂悬液的温度要相对恒定。装好的柱体应没有纹路、裂痕和气泡，柱顶表面平整而均匀，否则要重装。

4. 平衡

层析柱装好后接上预先调好的恒流泵，用柠檬酸缓冲液以 24mL/h 的流速平衡，直到流出液 pH 与洗脱液 pH 相同为止（pH 5.3）。需要 2~3 倍床体积的柠檬酸缓冲液。

5. 加样与洗脱

移去柱上的液器塞，打开柱底出口，小心使柱内液体流至柱表面时关闭。用加样吸管吸取 0.5mL 氨基酸混合样品溶液，沿柱壁小心地加入柱中，加样不要过快，以免冲坏树脂表面，加样后缓慢打开柱底阀，使液面再与树脂面相齐时关闭，然后再用吸管吸取适量洗脱液，如此清洗柱内壁四周 1~2 次。洗涤后，用缓冲液在柱内加至约 2cm 高的液层，然后接上恒流泵，调流速 0.5mL/min 即开始洗脱。

6. 收集

柱流出液可用自动分部收集器，或以刻度试管人工收集，按每管 3mL 先收集 4 管。

7. 改换高 pH 洗脱收集

关闭恒流泵及柱底阀，将恒流泵管内的柠檬酸洗脱液更换成 pH 12 的 NaOH 洗脱液，然后按上述同样方法继续收集第 5 管到第 10 管。

8. 测定

将收集的各管编号后，分别取 0.5mL 收集液于洁净的干试管中，加入 1mL pH 5.3 柠檬酸缓冲液、0.5mL 茚三酮试剂，混合后在 100℃ 水浴加热 25min。然后水冷却 5~10min，加入 3mL 60%（体积分数）乙醇稀释，摇匀后用 721 型分光光度计在 570nm 处进行比色。

9. 再生

层析柱使用几次后需要用 0.2mol/L NaOH 溶液洗脱，再用蒸馏水洗至中性后重复使用。

五、实验结果

记录并分析树脂洗脱和氨基酸分离效果，撰写实验报告。

六、注意事项

（1）树脂的处理　酸、碱处理时，树脂必须洗净残留的酸或碱，如处理时不洗净，就会产生白色沉淀，影响实验结果。

（2）加样　样品直接加在树脂表面，不能沾到管壁上，否则，洗脱峰之间的界线不清，且拖尾长。

（3）在装柱时必须防止气泡、分层及柱子液面在树脂表面以下等现象发生。

（4）一直保持流速 10~12 滴/min，并注意切勿使树脂表面干燥。

（5）氨基酸的测定一般要求在 pH 5 左右，在本实验中，步骤 6 中洗脱液 pH 改变后则洗脱液就不能直接进行测定，所以在步骤 8 测定时需加入 1mL pH 5.3 的柠檬酸缓冲液。

🔍 思考题

1. 混合氨基酸为什么是从磺酸阳离子交换树脂上逐个洗脱下来？
2. 树脂应该如何保存？

实验47 大蒜细胞超氧化物歧化酶的提取与分离

一、实验目的

(1) 掌握超氧化物歧化酶（SOD）的提取、分离、检测等一般步骤。
(2) 掌握酶在提取过程中的两个重要参数：回收率和纯化倍数。

二、实验原理

随着生命科学飞速发展，英国人哈曼（Harman）于1956年提出了自由基学说。该学说认为，自由基攻击生命大分子造成组织细胞损伤，是引起机体衰老的根本原因，也是诱发肿瘤等恶性疾病的重要因素，该观点被越来越多的实验证明。自由基是人体生命活动中各种生化反应的中间代谢产物，具有高度化学活性，是机体有效的防御系统，若不能维持一定水平则会影响机体的生命活动。但自由基产生过多而不能及时清除，则会攻击机体内的生命大分子物质及各种细胞器，造成机体在分子水平、细胞水平及组织器官水平的各种损伤，加速机体衰老进程并诱发各种疾病。近年来，国内外对自由基及自由基清除剂的研究十分活跃，在各类食品科学、生命科学及医学书籍上都有许多关于自由基及其清除剂的研究报道，自由基清除剂作为功能性食品的重要原料成分之一，通过人们日常消费的食品来调节人体内自由基平衡，已受到食品营养学家的广泛重视。

人体细胞在正常的代谢过程中，或者受到外界条件刺激（如高压氧、高能辐射、抗癌剂、抗菌剂、杀虫剂、麻醉剂等药物以及香烟烟雾和光化学空气污染物等作用），都会刺激机体产生活性氧自由基。人体内酶催化反应是活性氧自由基产生的重要途径。人体细胞内的黄嘌呤氧化酶、髓过氧化物酶和NADPH氧化酶等在进行酶促催化反应时，会诱导产生大量自由基中间产物。除酶促反应外，生物体内的非酶氧化还原反应，如维生素B_2、氢醌、亚铁血红素和铁硫蛋白等单电子氧化反应也会产生自由基。外界环境，如电离辐射和光分解等也能刺激机体产生自由基反应，如分子中的共价键均裂后即形成自由基。

自由基是体内各种生化反应的中间代谢产物，在人体生命活动过程中，各种生化反应，无论是酶促反应还是非酶促反应，都会产生各种自由基。从自由基化学结构可以看出，它含有未配对的电子，是一类具有高度化学活性的物质。在正常情况下，体内自由基处于不断产生与清除的动态平衡之中，并在代谢中发挥着重要作用，参与一些酶和前列腺素的合成，增强白细胞吞噬活性，提高杀菌效果等。但自由基过多或清除过慢会对人体造成严重危害。自由基具有高度活泼性和极强的氧化反应能力，能通过氧化作用攻击体内生命大分子，如核酸、蛋白质、糖类和脂质等，使这些物质发生过氧化变性、交联和断裂，从而引起细胞结构和功能的破坏，导致机体组织破坏和退行性变化。

自由基学说认为，自由基强氧化作用损伤了机体生命大分子，引起人体细胞免疫和体液免疫功能减弱，最终导致免疫疾病出现。其作用机制可概括为：生命大分子交联聚合和脂褐素累积、器官组织细胞破坏与减少、免疫功能降低。越来越多的临床和干预实验，以及来自基础研究的证据表明，自由基参与许多疾病的病理过程，从而诱发如心血管疾病、某些癌症、老年白内障和黄斑变性、某些炎症及多种神经元疾病等。

SOD 具有抗氧化、抗衰老、抗辐射和消炎作用，可催化超氧负离子（O_2^-）进行歧化反应，生成氧和过氧化氢：$2O_2^- + 2H^+ + SOD \rightarrow O_2 + H_2O_2$。大蒜蒜瓣和悬浮培养的大蒜细胞中含有较丰富的 SOD，通过组合组织或者细胞破碎后，可用 pH 7.8 的磷酸缓冲液提取。由于 SOD 不溶于丙酮，可用丙酮将其沉淀析出。邻苯三酚在碱性条件下可迅速自氧化，释放出 O_2^-，生成带色的中间产物，在 325nm 处有最大吸收峰。40s~3min 内，邻苯三酚自氧化产生中间产物的量与时间有较好的线性关系。

三、实验材料与设备

1. 材料

新鲜大蒜、Na_2HPO_4、NaH_2PO_4、氯仿、无水乙醇、丙酮、三羟甲基氨基甲烷、EDTA、盐酸等。

2. 设备

天平、恒温水浴锅、离心机、分光光度计等。

四、实验方法与步骤

1. 试剂配制

①磷酸缓冲液（0.05mol/L，pH 7.8）：先分别配制 0.05mol/L Na_2HPO_4 和 NaH_2PO_4 溶液后以 91.5∶8.5 配比组成。②氯仿-乙醇混合溶剂：氯仿∶无水乙醇 = 3∶5（体积比）。③0.1mol/L 三羟甲基氨基甲烷（Tris）-盐酸缓冲液（pH 8.2，内含 2mmol/L EDTA）：称取 1.2114g Tris 和 74.4mg EDTA 溶于 62.4mL 0.1mol/L 盐酸溶液中，用蒸馏水定容至 100mL，缓冲液 pH 8.2。

2. 组织或细胞破碎

称取 5g 左右大蒜蒜瓣，置于预冷的研钵中，加入少量石英砂及 5mL 0.05mol/L 磷酸缓冲液，在冰浴上研磨成匀浆。

3. SOD 的提取

将上述破碎的组织或细胞继续研磨搅拌 20min，使 SOD 充分溶解到缓冲液中，然后在 5000r/min 下，离心 15min，收集上清液得提取液。留出 1mL 备用，剩余提取液准确量取体积后进行下一步实验。

4. 除杂蛋白质

提取液加入 0.25 倍体积的氯仿-乙醇混合溶剂搅拌 15min，5000r/min 离心 15min，去杂蛋白质沉淀，收集上清液得粗酶液。留出 1mL 备用，剩余粗酶液准确量取体积后进行下一步实验。

5. SOD 的沉淀分离

将粗酶液加入等体积的冷丙酮，搅拌 15min，5000r/min 离心 15min，得 SOD 沉淀。将 SOD 沉淀溶于少量（5mL）0.05mol/L pH 7.8 的磷酸缓冲液中，再加水 5mL，5000r/min 离心 15min，收集上清液，得 SOD 液。准确量取体积。将上述提取液、粗酶液和酶液分别取样，测定各自 SOD 酶活力和蛋白质浓度。

6. 邻苯三酚自氧化速率的测定

在试管中按表8-1加入各试剂,加入邻苯三酚后马上计时,迅速摇匀倒入石英比色皿中,在325nm处,从第1min开始,每隔30s测一次吸光度,测至第5min。以吸光度为纵坐标,反应时间（min）为横坐标绘制反应曲线,计算邻苯三酚自氧化速率 k_0（直线斜率）。

表8-1　　　　　　　　　邻苯三酚自氧化测定加样表

试剂	加样量	
	校零管	测定管
0.1mol/L Tris-HCl 缓冲液（pH 8.2, 内含 2mmol/L EDTA）	4.5	4.5
蒸馏水	4.4	4.4
10mmol/L HCl	0.1	—
45mmol/L 邻苯三酚（内含 10mmol/L HCl）	—	0.1
总体积	9.0	9.0

7. SOD 酶活力测定

采用邻苯三酚自氧化法测定 SOD 酶活力。邻苯三酚在碱性环境中可迅速发生自氧化作用,在自氧化过程中产生有色中间物和 O_2^- 自由基,反应开始后溶液逐渐变成黄色。在有 SOD 存在时,由于它能催化 O_2^- 自由基与 H^+ 结合生成 O_2 和 H_2O_2,从而阻止了中间产物的积累,降低了自氧化速率。中间产物在325nm处有强力的吸光度,采用分光光度计即可检测。

按表8-2在试管中加入各试剂,加入邻苯三酚后马上计时,迅速摇匀倒入石英比色皿中,在325nm处,从第1min开始,每隔30s测一次吸光度,测至第5min。以吸光度为纵坐标,反应时间（min）为横坐标绘制反应曲线,计算加入 SOD 样品后的邻苯三酚自氧化速率 k_1（直线斜率）。

表8-2　　　　　　　　　SOD 酶活力测定加样表

试剂	加样量	
	校零管	测定管
0.1mol/L Tris-HCl 缓冲液（pH 8.2, 内含 2mmol/L EDTA）	4.5	4.5
蒸馏水	4.3	4.3
10mmol/L HCl	0.1	—
待测样	0.1	0.1
45mmol/L 邻苯三酚（内含 10mmol/L HCl）	—	0.1
总体积	9.0	9.0

SOD 酶活力单位定义为：在 1mL 反应液中,每分钟抑制邻苯三酚自氧化速率达 50% 时的酶

量定义为一个酶活力单位。按式（8-8）、式（8-9）计算样品中 SOD 酶活力单位。

$$\text{单位体积活力(U/mL)} = \frac{[(k_0 - k_1) \div k_0] \div 50\% \times 反应液总体积 \times (样品液稀释倍数 \div 加入样品液体积)}{活力单位定义体积} \tag{8-8}$$

$$\text{总酶活力(U)} = 单位体积酶活力 \times 样品液总体积 \tag{8-9}$$

式中　反应液总体积——9mL；

样品液稀释倍数——1；

加入样品液体积——0.1mL；

活力单位定义体积——1mL；

样品液总体积——实验中各样品实测体积。

8. 样品中可溶性蛋白质含量的测定

从 1mL 备用的提取液、粗酶液、酶液中分别取 0.2、0.4、0.5mL，按提取液 50 倍、粗酶液 20 倍、酶液 10 倍进行稀释，分别测定稀释液在 260nm 和 280nm 处的吸光度，按式（8-10）、式（8-11）计算可溶性蛋白质含量。

$$可溶性蛋白质浓度（mg/mL）= (1.45 A_{280} - 0.74 A_{260}) \times 稀释倍数 \tag{8-10}$$

$$总可溶性蛋白质含量（mg）= 蛋白质浓度 \times 样品液总体积 \tag{8-11}$$

相关计算公式：

$$比活力(U/mg) = \frac{总酶活力(U)}{总蛋白质含量(mg)} \tag{8-12}$$

$$纯化倍数 = \frac{粗酶液（或酶液）比活力}{提取液比活力} \tag{8-13}$$

$$回收率 = \frac{粗酶液（或酶液）总酶活力}{提取液总酶活力} \tag{8-14}$$

五、实验结果

记录并分析提取液、粗酶液中比活力、纯化倍数、回收率等，撰写实验报告。

六、注意事项

（1）富含酚类物质的植物在匀浆时产生大量的多酚类物质，会引起酶蛋白不可逆沉淀，使酶失去活性，因此在提取此类植物 SOD 时，必须添加多酚类物质吸附剂，将多酚类物质除去，避免酶蛋白变性失活，一般在提取液中加 10~40g/L 的聚乙烯吡咯烷酮（PVP）。

（2）测定时的温度和光化反应时间必须严格控制一致。为保证各烧杯所受光强一致，所有烧杯应排列在与日光灯管平行的直线上。

🔍 思考题

1. 在 SOD 提取步骤中应注意的关键问题是什么？
2. 综合评价蛋白质或酶的提取分离流程优劣的指标有哪些？

实验48　双水相体系中蛋白质分配系数的测定

一、实验目的

(1) 了解双水相系统成相的原理和方法。
(2) 学习双水相相图的制作。
(3) 掌握双水相溶液配制与双水相萃取的操作。
(4) 掌握分配系数和萃取收率的计算方法。

二、实验原理

双水相系统中使用的双水相是由两种互不相溶聚合物［如聚乙二醇（PEG）与葡聚糖］或者互不相溶的盐溶液和聚合物溶液［如PEG与$(NH_4)_2SO_4$］组成。双水相系统的制备，一般是将两种溶质分别配制成一定浓度的水溶液，然后将两种溶液按照不同比例混合，静置一段时间，当两种溶质的浓度超过某一浓度范围时，就会产生两相。两水相形成的条件和定量关系可用相图来表示，它是一根双节线，当成相组分的配比取在曲线下方时，系统为均匀的单相，混合后，溶液澄清透明，称为均相区；在曲线上方时，能自动分为两相，称为两相区；若配比取在曲线上，则混合后，溶液恰好从澄清变为浑浊。相图是研究两水相萃取的基础。双水相萃取与水-有机相萃取的原理相似，都是依据物质在两相间的选择性分配，但萃取体系的性质不同。当物质进入双水相体系后，由于表面性质、电荷作用和各种力（如氢键和离子键等）的存在和环境的影响，使其在上、下相中的浓度不同。对于某一物质，只要选择合适的双水相体系，控制一定的条件，就可以得到合适的分配系数，从而达到分离纯化的目的。双水相萃取受许多因素的影响，如高分子聚合物种类、分子质量及组成、无机盐种类及组成、pH等。本实验选用PEG-硫酸盐为相系统，萃取酪蛋白。

三、实验材料与设备

1. 材料

市售牛乳、酪蛋白标准溶液、NaOH溶液、PEG2000、硫酸铵溶液、固体硫酸铵、双缩脲试剂等。

2. 设备

天平、恒温水浴、离心机、分光光度计等。

四、实验方法与步骤

1. PEG2000-硫酸铵双水相体系相图的测定

取500g/L PEG2000溶液10mL于三角瓶中，用400g/L硫酸铵溶液装入滴定管中滴定至三角瓶中溶液恰好浑浊，记录硫酸铵消耗的体积。加入1mL水使溶液澄清，继续用硫酸铵滴定至恰好浑浊，记录每次硫酸铵消耗的体积，计算每次出现浑浊时体系中PEG和硫酸铵的浓度，并填入表8-3中。以硫酸铵的浓度为横坐标，PEG浓度为纵坐标，绘制出PEG2000-硫酸铵双水相体系相图。

表8-3　　　　　　　　　　　PEG2000-硫酸铵双水相体系相图制作表

（PEG2000=　　　g；温度 t=　　　℃）

编号	H_2O 累计添加量/mL	硫酸铵溶液读数/mL	三角瓶中			
			纯硫酸铵累积量/g	溶液总体积/mL	PEG2000浓度/(g/L)	硫酸铵浓度/(g/L)
1						
2						
3						
4						
5						
6						
7						
8						

2. 酪蛋白在PEG2000-硫酸铵双水相体系中分配系数和萃取率的测定

在刻度试管中加入0.5mL牛乳，再加入500g/L PEG2000溶液10mL，加入固体硫酸铵，使硫酸铵的终浓度为150g/L（忽略牛乳体积）。振荡均匀，静置待其分层，分别量取、记录上下相的体积。分别取上下相溶液1mL于2支试管，按双缩脲方法测定蛋白质含量，计算出上下相的酪蛋白含量和萃取收率。

根据实验所得数据，计算系统的相比，蛋白质在双水相系统中的分配系数及收率。计算公式如式（8-15）、式（8-16）、式（8-17）。

$$表观分配系数\ K = \frac{C_上 - C_下}{C_下} \tag{8-15}$$

$$相比\ R = \frac{V_上}{V_下} \tag{8-16}$$

$$收率\ \gamma = \frac{下相蛋白质含量}{上、下相蛋白质总含量} = \frac{V_上 \times C_上}{V_上 \times C_上 + V_下 \times C_下} = \frac{R \times K}{1 + R \times K} \tag{8-17}$$

式中　$C_上$、$C_下$——上、下相蛋白质浓度；

$V_上$、$V_下$——上、下相的体积（关注上、下相蛋白质总量与加入蛋白质总量是否一致）。

五、实验结果

记录并分析蛋白质在双水相系统中的分配系数及收率情况，撰写实验报告。

🔍 思考题

1. 如何正确绘制相图？如何根据相图配制双水相体系，并对混合物进行分离？
2. 试讨论PEG分子质量及硫酸铵浓度对双水相萃取酪蛋白效果的影响。
3. 实验操作中应注意哪些问题？请分析实验误差。

实验49　离子交换树脂总交换容量的测定

一、实验目的

（1）了解离子交换树脂总交换容量的测定方法。
（2）熟悉静态法和动态法测定总交换容量的操作方法。

二、实验原理

离子交换树脂是一种高分子聚合物的有机交换剂，具有网状结构，在水、酸、碱中难溶，对有机溶剂、氧化剂、还原剂及其他化学试剂具有一定稳定性，对热也比较稳定。在离子交换树脂的网状结构的骨架上有很多—SO_3H、—COOH、≡NOH等可以与溶液中的离子起交换作用的活性基团。离子交换树脂根据其基团种系分为苯乙烯系树脂和丙烯酸系树脂等。树脂中化学活性基团的种系决定了树脂的主要性质。离子交换树脂可分为阳离子树脂和阴离子树脂，可分别与溶液中的阳离子和阴离子进行交换。阳离子树脂又分为强酸性和弱酸性，阴离子交换树脂又分为强碱性和弱碱性。离子交换树脂主要性能参数包括：含水量、膨胀度、密度、交换容量、滴定曲线等。交换容量Q是表征树脂性能的重要数据，用单位质量干树脂或单位体积湿树脂所能吸附的一价离子毫摩尔数来表示。732#（001×7）系强酸性阳离子交换树脂与碱作用生成水为不可逆反应，故可用静态法测定总交换量：RH+NaOH→RNa+H_2O；用标准HCl滴定剩余NaOH含量来测定总交换容量。717#（201×7）系强极性苯乙烯系Ⅰ型阴离子交换树脂不溶于常规有机溶剂，该品系苯乙烯–二乙烯苯在共聚交联结构高分子基础上带有季胺基[—$N(CH_3)_3$]，其碱性相当于一般季胺碱，在酸性、中性甚至碱性介质中显示离子交换功能。阴离子交换树脂不能用羟型测定交换容量，因为羟型阴离子交换树脂在高温下易分解，因此测含水量不准确，且当用水洗涤时，羟型树脂要吸附CO_2，而使部分树脂成为碳酸型，所以应用氯型树脂测定，其反应方程式为：R(≡NHCl)$_2$+$NaSO_4$→R(≡NH)$_2SO_4$+2NaCl。首先用足量盐酸处理成氯型，然后采用Na_2SO_4洗脱，最后用$AgNO_3$标准溶液滴定流出液中Cl^-含量而测定其总交换量。本实验分别采用静态法和动态法测定732#树脂总交换容量。

三、实验材料与设备

1. 材料

阳离子交换树脂732#（H型）、饱和食盐水、NaOH、HCl、Na_2SO_4溶液、甲基橙指示剂、酚酞乙醇指示剂、三角瓶、交换柱、容量瓶、酸式滴定管、铁架台、玻璃棉等。

2. 设备

天平、台秤等。

四、实验方法与步骤

1. 树脂预处理

首先使用饱和食盐水，取其量约为被处理树脂体积的 2 倍，将树脂置于食盐溶液中浸泡 18~20h，放尽食盐水，用清水漂洗净，使排出水不带黄色；再用 2%~4%（质量分数）NaOH 溶液，其使用量与上述相同，在其中浸泡 2~4h（或小流量清洗），放尽碱液后，冲洗树脂直至排出水接近中性为止；最后用 5%（质量分数）HCl 溶液，其使用量与上述相同，浸泡 4~8h，用清水漂洗至中性待用。

2. 树脂含水量的测定

称取事先处理好并抽干的 732#阳树脂 2g，105℃下烘干至恒重，按式（8-18）计算含水量 W：

$$W(\%) = \frac{W_1 - W_2}{W_1} \times 100 \tag{8-18}$$

式中 W_1——烘前树脂质量；

W_2——烘后树脂质量。

3. 静态法测定总交换容量

精确称取事先处理好并抽干的 732#阳离子交换树脂 2g，放入 250mL 三角瓶中，吸取 100mL 0.1mol/L NaOH 标准溶液，加入树脂中，使树脂全部浸入溶液中，放置 24h。用移液器取出 25mL 放入 250mL 三角瓶中，加入 2~3 滴甲基橙作指示剂，用 0.1mol/L HCl 标准溶液滴定至溶液由黄色变为红色为滴定终点，平行测定 3 份。将结果记入实验记录表中（表 8-4）。

4. 动态法测定总交换容量

用长玻璃棒将润湿的玻璃棉塞在交换柱的下部，关闭出水口，加入 10mL 纯水。精确称取事先处理好并抽干的 732#阳离子交换树脂 10g，加水后湿法装柱（防止混入气泡）。在装柱及之后的过程中，必须使树脂层始终浸泡在液面下约 1cm 处。水洗树脂至中性，放出多余的水。为防止之后加试液时树脂被冲起，在树脂上面也铺一层玻璃棉。向交换柱内不断加入 0.5mol/L Na_2SO_4 溶液，用 250mL 容量瓶收集流出液，调节流量为 2mL/min，流过 100mL Na_2SO_4 后，经常检查流出液 pH，直至其 pH 与加入的 Na_2SO_4 pH 相同，停止交换。将收集液稀释到刻度，摇匀。移液管移取 25mL 流出液于 250mL 锥形瓶，加 2 滴酚酞，用 0.1mol/L NaOH 标准溶液滴定至微红色 0.5min 内不褪色，平行测定 3 次。将结果记入表 8-4 中。

（1）静态法总交换量的计算如式（8-19）。

$$总交换容量(mmol/g\ 干树脂) = \frac{100M_2 - 4M_1V_1}{G(1 - W)} \tag{8-19}$$

（2）动态法总交换量的计算如式（8-20）。

$$总交换容量(mmol/g\ 干树脂) = \frac{10M_2V_2}{G(1 - W)} \tag{8-20}$$

表 8-4　　　　　　　　　　　实验结果记录表

静态法	动态法
第一次 HCl 滴定用量/mL	第一次 NaOH 滴定用量/mL

续表

静态法	动态法
第二次 HCl 滴定用量/mL	第二次 NaOH 滴定用量/mL
第三次 HCl 滴定用量/mL	第三次 NaOH 滴定用量/mL
平均滴定用量 V_1/mL	平均滴定用量 V_2/mL
湿树脂质量 G/g	树脂质量 G/g
树脂含水量 W/%	树脂含水量 W/%
HCl 摩尔浓度 M_1/(mol/L)	NaOH 摩尔浓度 M_2/(mol/L)
NaOH 摩尔浓度 M_2/(mol/L)	

五、实验结果

分析并记录静态法和动态法总交换量的差异情况，撰写实验报告。

六、注意事项

（1）静态法测定时，不要将树脂吸入三角瓶中。

（2）湿法装柱时，树脂不能漏掉，可以用蒸馏水冲洗完全，保证下一步中洗脱数据的正确性。

（3）液体不能流干，柱中不能产生气泡，保证柱子在洗脱时的流畅性和完全性。

（4）滴定所用三角瓶要用去离子水洗一洗，不能有离子，以免影响滴定结果。

（5）洗脱过程中保持流速为 2mL/min，不可过快，不然洗脱不完全，将导致实验数据存在误差。

> 思考题
>
> 1. 什么是离子交换树脂的交换容量？两种交换容量的测定原理是什么？
> 2. 为什么树脂层不能存留气泡？若有气泡如何处理？
> 3. 装柱的步骤是什么？应分别注意什么问题？

第九章 综合实验：脂肪酶表达载体构建、表达与纯化

CHAPTER 9

[学习目标]

1. 掌握基因克隆、基因工程菌株构建、重组菌株诱导表达、蛋白质分离纯化及酶学性质等实验的设计及具体操作。

2. 能够基于基因工程、蛋白质工程、发酵工程及生物分离工程等工程原理进行生物产品制备路线、催化反应实现方法和主要反应条件的系统设计，并能对设计方案进行优选。

脂肪酶（Lipase，EC3.1.1.3）是一类特殊的酯键水解酶，天然底物是长链脂肪酸酯，能催化包括水解、酯交换、酯化、醇解、酸解和氨解等在内的多种反应。脂肪酶不需要辅因子参与催化反应，具有较好的化学选择性、立体选择性、底物专一性、位点选择性，并且副产物少，因此广泛地应用于生物柴油、洗涤行业、食品行业、医药卫生、环境保护、饲料行业、化学化工等领域的生产中，在生物技术和有机合成方面应用非常广泛，具有很高地研究和开发价值。

生物工程
专业实验导论

脂肪酶的来源的有动物、植物、微生物等，其中微生物来源的脂肪酶发现较晚，但与动植物来源的脂肪酶相比，微生物来源的脂肪酶具有种类多、作用温度范围广、稳定性好、活性高、在极端的环境下仍能保持活性等特性，并且微生物具有生长快、繁殖周期短和易培养等特点，适合大规模工业化生产。本章主要以实现绿色增强型荧光蛋白和伯克霍尔德菌（*Burkholderia cepacia*）的脂肪酶在大肠杆菌中的异源表达为主线，通过基因克隆、基因工程菌株构建、重组菌株诱导表达、蛋白质分离纯化及酶学性质等的研究等模块，介绍基本的生物工程专业实验技术和操作技能。

实验 50　细菌基因组的提取

一、实验目的

（1）掌握细菌基因组 DNA 提取的原理。
（2）掌握十六烷基三乙基溴化铵（CTAB）法提取细菌基因组 DNA 的方法。

细菌基因组的提取（1）　　细菌基因组的提取（2）

二、实验原理

细菌基因组通常由一个或多个环状 DNA 分子组成。不同种属的生物，以及不同类型的细胞（如菌类、培养细胞、植物组织、动物组织）基因组提取方法不同，但其基本原则类似，即既要将 DNA 与蛋白质、脂类和糖类等分离，又要保持 DNA 分子的完整。提取 DNA 的一般过程是将分散的组织细胞在含十二烷基硫酸钠（SDS）和蛋白酶 K 的溶液中消化分解蛋白质，再用酚和氯仿或异戊醇抽提分离蛋白质，得到的 DNA 溶液经乙醇沉淀使其从溶液中析出。SDS 的作用机制是由于其能结合蛋白质，中和蛋白质的电性，使蛋白质的非共价键受到破坏，失去二级结构，从而变性失活。蛋白酶 K 的重要特性是能在 SDS 和乙二胺四乙酸二钠（EDTA）存在的情况下保持很高的活性。在匀浆后提取 DNA 的反应体系中，SDS 可通过失活蛋白质破坏细胞膜、核膜，并使组织蛋白与 DNA 分离；而蛋白酶 K 可将蛋白质降解成小肽或氨基酸，使 DNA 分子完整分离出来。十六烷基三乙基溴化铵（CTAB）是一种去污剂，可溶解细胞膜，能与核酸形成复合物，在高盐溶液（0.7mol/L NaCl）中可溶，当溶液盐浓度降低到一定程度（0.3mol/L NaCl）时，CTAB-核酸复合物从溶液中沉淀，通过离心将其与蛋白质、多糖类物质分开。最后通过乙醇或异丙醇沉淀 DNA，而 CTAB 通过溶于乙醇或异丙醇而被去除。

三、实验材料与设备

1. 材料

蛋白胨、酵母提取物、Tris-HCl、EDTA、冰醋酸、醋酸钠溶液（pH 5.2）、饱和苯酚、氯仿、异戊醇、溶菌酶、蛋白酶 K、琼脂糖、溴化乙锭（EB）或 SYBR Gold 等。

2. 设备

微量移液器、台式离心机、水平电泳仪、恒温振荡摇床、高压灭菌锅、涡旋振荡器、水浴锅等。

四、实验方法与步骤

1. 培养基配制

①LB 液体培养基：10g/L 蛋白胨、5g/L 酵母提取物、10g/L NaCl，pH 调至 7.0。②TE 缓冲液：10mmol/L Tris-HCl、1mmol/L EDTA，pH 8.0。③50×TAE 电泳缓冲液：242g Tris、100mL 0.5mmol/L EDTA（pH 8.0）、57.1mL 冰醋酸，用稀盐酸调节 pH 至 7.6~7.8，加水至 1L。

2. 大肠杆菌（G⁻）基因组提取

（1）将 2mL 培养至对数期的大肠杆菌 DH5α 菌液 5000r/min 离心 10min，弃上清液。

（2）加入 190μL TE 缓冲液悬浮沉淀，并加 10μL 100g/L SDS，1μL 20mg/mL 蛋白酶 K，混匀，37℃ 保温 1h。

（3）加入 30μL 5mol/L NaCl，混匀。

（4）加入 30μL CTAB/NaCl 溶液，混匀，65℃ 保温 20min。

（5）加入 300μL 酚/氯仿/异戊醇（25∶24∶1）抽提，5000r/min 离心 10min，将上清液移至干净离心管。

（6）加入 300μL 氯仿/异戊醇（24∶1）抽提，5000r/min 离心 10min，取上清液移至干净管中。

（7）加 300μL 异丙醇，颠倒混合，室温下静止 10min，沉淀 DNA。

（8）5000r/min 离心 10min，弃上清液，沉淀加入 500μL 70%（体积分数）乙醇，5000r/min 离心 10min，弃乙醇，吸干。

（9）沉淀溶解于 20μL TE，取 3μL 用于琼脂糖凝胶电泳验证，其余样品置于 -20℃ 保存。

3. 乳酸乳球菌（G⁺）基因组提取

与大肠杆菌基因组提取相类似，在步骤 2 中的 TE 缓冲液中加入 10mg/mL 溶菌酶，37℃ 孵育 20min，后续步骤相同（也可用相应的细菌基因组抽提试剂盒替代）。

五、实验结果

拍照并分析细菌基因组 DNA 电泳图，检查基因组 DNA 是否出现拖尾现象并分析原因，撰写实验报告。

六、注意事项

（1）加入异丙醇，基因组 DNA 即沉淀形成纤维絮状沉淀漂浮其中，可用灭菌的玻璃棒或加样枪头将其挑出，并在 70%（体积分数）乙醇溶液中漂洗一下即可。

（2）为避免 DNase 的作用，对所使用的器皿等用具要进行灭菌处理，同时要在溶液中加入 EDTA、SDS、蛋白酶 K 等。

> 思考题
> 1. 蛋白酶 K 的主要作用是什么？
> 2. 革兰阳性和革兰阴性细菌基因组抽提流程有哪些区别？

实验 51　基因的 PCR 扩增及产物纯化

一、实验目的

（1）掌握 PCR 技术的原理和基本操作方法。

（2）掌握引物设计方法。

PCR 扩增目的基因

二、实验原理

聚合酶链式反应（polymerase chain reaction，PCR）又称无细胞分子克隆或特异性DNA序列体外引物定向酶促扩增技术。DNA的半保留复制是生物进化和传代的重要途径。双链DNA在多种酶的作用下可以变性解链成单链，在DNA聚合酶与启动子的参与下，根据碱基互补配对原则复制成同样的两分子拷贝。实验发现，DNA在高温时也可以发生变性解链，当温度降低后又可以复性成为双链。因此，通过温度变化控制DNA的变性和复性，并设计引物作为启动子，加入DNA聚合酶、脱氧核糖核苷三磷酸（dNTP）就可以完成特定基因的体外复制。

PCR由变性—退火（复性）—延伸3个基本反应步骤构成。①模板DNA的变性：模板DNA加热至94℃左右一定时间后，使模板DNA双链或经PCR扩增形成的双链DNA解离，成为单链，以便其与引物结合，为下一轮反应做准备；②模板DNA与引物退火（复性）：模板DNA经加热变性成单链后，温度降至40~60℃，引物与模板DNA单链的互补序列配对结合；③引物的延伸：DNA模板-引物结合物在DNA聚合酶的作用下，于72℃左右，以dNTP为反应原料，靶序列为模板，根据碱基配对与半保留复制原理，合成一条新的与模板DNA链互补的半保留复制链，重复循环变性-退火-延伸3个过程，就可以获得更多的"半保留复制链"，而且这种新链又可成为下一次循环的模板。每完成一个循环需要2~4min，2~3h就能将目的基因扩增放大几百万倍。

三、实验材料与设备

1. 质粒

含脂肪酶基因 *lipA* 的质粒。

2. 材料

上下游引物、Taq DNA聚合酶、dNTPs、10×TPCR反应缓冲液、去离子水、DNA标记（DNA marker）、琼脂糖、核酸染料、50×TAE等。

3. 设备

微量移液器、台式离心机、水平电泳仪、涡旋振荡器、冰箱、微波炉、PCR仪、凝胶成像仪等。

四、实验方法与步骤

（1）PCR反应体系见表9-1。

表9-1　　　　　　　　　　　PCR反应体系

试剂	体积/μL	试剂	体积/μL
10×PCR反应缓冲液	5	引物R	1
dNTPs	5	模板DNA	1
Taq DNA聚合酶	1	ddH$_2$O	36
引物F	1	总体积	50

（2）PCR 扩增程序　94℃变性 5min；以 94℃、30s，55℃、30s，72℃、1min，反应 30 个循环；72℃延伸 10min；冷却至 4℃。

（3）可通过琼脂糖凝胶电泳观察 PCR 产物是否存在及其片段大小是否符合目的基因大小。

（4）经电泳确认后，采用 PCR 产物纯化试剂盒回收 PCR 产物，可参照说明书方法进行。本实验以下列两个模板 DNA 序列为例，进行基因克隆及纯化的演示。

密码子优化后的伯克霍尔德菌（*Burkholderia cepacia*）的脂肪酶基因 *lipA* 序列（1095bp）如下：

ATGGCTCGTACTATGCGTTCACGTGTTGTTGCTGGTGCTGTTGCTTGTGCTATGTCAATCG
CTCCATTCGCTGGTACTACTGCTGTTATGACTCTTGCTACTACTCACGCTGCTATGGCTGC
TACTGCTCCAGCTGCTGGTTACGCTGCTACTCGTTACCCAATCATCCTTGTTCACGGTCTT
TCAGGTACTGATAAATACGCTGGTGTTCTTGAATACTGGTACGGTATCCAAGAAGATCTT
CAACAAAACGGTGCTACTGTTTACGTTGCTAACCTTTCAGGTTTCCAATCAGATGATGGT
CCAAACGGTCGTGGTGAACAACTTCTTGCTTACGTTAAAACTGTTCTTGCTGCTACTGGT
GCTACTAAAGTTAACCTTGTTGGTCACTCACAAGGTGGTCTTTCATCACGTTACGTTGCT
GCTGTTGCTCCAGATCTTGTTGCTTCAGTTACTATCGGTACTCCACACCGTGGTTCAG
AATTCGCTGATTTCGTTCAAGATGTTCTTGCTTACGATCCAACTGGTCTTTCATCATCAGT
TATCGCTGCTTTCGTTAACGTTTTCGGTATCCTTACTTCATCATCACAACACTAACCAA
GATGCTCTTGCTGCTCTTCAAACTCTTACTACTGCTCGTGCTGCTACTTACAACCAAAACT
ACCCATCAGCTGGTCTTGGTGCTCCAGGTTCATGTCAAACTGGTGCTCCAACTGAAACTG
TTGGTGGTAACACTCACCTTCTTTACTCATGGGCTGGTACTGCTATCCAACCAACTCTTTC
AGTTTTCGGTGTTACTGGTGCTACTGATACTTCAACTCTTCCACTTGTTGATCCAGCTAAC
GTTCTTGATCTTTCAACTCTTGCTCTTTTCGGTACTGGTACTGTTATGATCAACCGTGGTT
CAGGTCAAAACGATGGTCTTGTTTCAAAATGTTCAGCTCTTTACGGTAAAGTTCTTTCAA
CTTCATACAAATGGAACCACCTTGATGAAATCAACAACTTCTTGGTGTTCGTGGTGCTT
ACGCTGAAGATCCAGTTGCTGTTATCCGTACTCACGCTAACCGTCTTAAACTTGCTGGTG
TTTAA

五、实验结果

拍照并分析 PCR 扩增产物的电泳图，观察能否得到预期大小的 PCR 扩增产物，撰写实验报告。

六、注意事项

（1）引物一般通过委托基因公司合成，合成后拿到的引物一般是干粉状态，遇水即溶。注意加 ddH₂O 之前，先将引物的离心管稍微离心一下，以免打开离心管盖的时候引物粉末飞扬而损失。通常稀释到 10μmol/L 的浓度置于 -20℃ 备用。

（2）*Taq* 酶在使用的过程中，放置在冰盒上，以免酶活损失。

（3）在加每一样原料之前，确保枪头是新的，避免交叉污染。

（4）反应体系中应先加 ddH₂O，再加反应缓冲液，最后加酶，避免将酶直接加入 10 倍的反应缓冲液中，造成酶的失活。

（5）dNTP 最好分装成小管保存，避免每次 PCR 都要重新冻融，反复冻融会引起 dNTP 的降解，从而引起 PCR 反应过程中原料和能量的不足。

（6）不同的目的基因片段大小，对应的引物长度、延伸时间等都是不同的，需要根据具体问题具体分析。

（7）PCR 反应高度灵敏，应设法避免污染，如戴一次性手套操作，使用一次性 PCR 管和吸头，反应加样区应与 DNA 模板制备区及 PCR 产物电泳检测区分开。

> **思考题**
> 1. PCR 反应的原理是什么？
> 2. PCR 体系由哪些成分组成？如何减少 PCR 反应过程中的非特异性扩增？

实验 52 　细菌质粒提取

一、实验目的

（1）掌握碱裂解法提取质粒 DNA 的原理及操作方法。
（2）能够分析质粒图谱并绘图。

细菌质粒提取（1）

细菌质粒提取（2）

二、实验原理

碱裂解法提取质粒是根据共价闭合环状质粒 DNA 与线性染色体 DNA 在拓扑学上的差异来分离。当 pH 介于 12.0~12.5 这个狭窄的范围内，线性 DNA 分子的双螺旋结构解开变性。共价闭环质粒 DNA 的氢键虽然会断裂，但两条互补链彼此相互缠绕，仍会紧密地结合在一起。当加入 pH 4.8 的乙酸钾高盐缓冲液使 pH 恢复至中性时，共价闭合环状质粒 DNA 的两条互补链仍保持在一起，因此复性迅速而准确；线性染色体 DNA 的两条互补链彼此已完全分开，不会迅速复性，而是缠绕形成网状结构。通过离心，染色体 DNA 与不稳定的大分子 RNA、蛋白质-SDS 复合物等一起沉淀下来而被去除，从而达到与质粒 DNA 分离的目的。

三、实验材料与设备

1. 菌种

含 pET-28a（+）质粒的大肠杆菌。

2. 材料

蛋白胨、酵母提取物、NaCl、葡萄糖、EDTA、Tris-HCl、溶菌酶、NaOH、SDS、冰醋酸、溴酚蓝、蔗糖、10mmol/L EDTA、溴化乙锭、琼脂糖、异丙醇、乙醇等。

3. 设备

微量移液器、冰盒、微量离心管、台式高速离心机、恒温培养箱、恒温摇床、高压蒸汽灭菌锅、电泳仪等。

四、实验方法与步骤

1. 试剂配制

①LB 液体培养基：10g/L 蛋白胨、5g/L 酵母提取物、10g/L NaCl、pH 调至 7.0。

②溶液Ⅰ（GET 缓冲液）：50mmol/L 葡萄糖、10mmol/L EDTA、25mmol/L Tris-HCl（pH 8.0），用前加溶菌酶 4mg/mL。

③溶液Ⅱ（变性液）：0.2mol/L NaOH、10g/L SDS。

④溶液Ⅲ（乙酸钾溶液）：60mL 5mol/L KAc、11.5mL 冰醋酸、28.5mL H_2O。

⑤TE 缓冲液：10mmol/L Tris-HCl、1mmol/L EDTA（pH 8.0），其中含有 RNase 20μg/mL。

⑥上样缓冲液（6×）：2.5g/L 溴酚蓝、400g/L 蔗糖、10mmol/L EDTA，pH 8.0。

⑦50×TAE 电泳缓冲液：2mol/L Tris 碱、1mol/L 乙酸、50mmol/L EDTA，pH 8.0，4℃ 保存，用时稀释至 1×。

⑧溴化乙锭染色液（10mg/mL）：在 20mL 水中溶解 0.2g 溴化乙锭，混匀后于 4℃ 避光保存；或用其他核酸染料替代，如 SYBR Gold 等。

2. 用碱裂解法提取质粒 DNA

该步骤也可用相应的质粒抽提试剂盒替代。

（1）将 2mL 含相应抗生素的 LB 液体培养基加入试管中，接入上述含 pET-28a（+）质粒的大肠杆菌单菌落，37℃ 振荡培养过夜。

（2）取培养物倒入 1.5mL 离心管中，4000r/min 离心 2min。

（3）弃上清液，吸尽残液，使细胞沉淀尽可能干燥。

（4）加入 100μL 溶液Ⅰ，充分混匀，室温放置 10min。

（5）加入 200μL 溶液Ⅱ（新鲜配制），盖紧管盖，轻轻颠倒数次使混匀，冰上放置 5min。

（6）加入 150μL 溶液Ⅲ（冰上预冷），盖紧管口，颠倒数次使混匀，冰上放置 15min。

（7）12000r/min 离心 15min，将上清液转移至另一离心管中。

（8）加入等体积酚：氯仿（1∶1），反复混匀后，12000r/min 离心 5min，将上清液转移至另一离心管中。

（9）加入 2 倍体积的无水乙醇，混匀后，室温放置 5~10min。

（10）12000×g 离心 5min，倒去上清液，把离心管倒扣在吸水纸上，吸干液体。

（11）用 1mL 70%（体积分数）乙醇洗涤质粒 DNA 沉淀，振荡并离心，倒去上清液，真空抽干或空气中干燥。

（12）加 50μL TE 缓冲液，其中含有 20μg/mL 的胰 RNA 酶，使 DNA 完全溶解，并置于 −20℃ 保存。

（13）提取的质粒可通过琼脂糖凝胶电泳检测。

五、实验结果

分析 pET-28a（+）质粒的电泳图，观察琼脂糖胶孔中是否存在 DNA。如果染色体 DNA 去除不彻底，加入溶液Ⅲ后冰浴时间要充分，离心后吸取的上清液不要包含白色絮状物质，撰写实验报告。

六、注意事项

（1）溶液Ⅱ必须是新鲜配制的；加入溶液Ⅲ后复性时间不宜过久，以免基因组 DNA 分子断裂的小分子 DNA 片段也被复性留在上清液中。

（2）为避免细菌染色体 DNA 过多地断裂成小片段，在裂解细胞后，尽量在温和条件下操作，而且要避免剧烈振荡 DNA，以减少对裸露 DNA 分子的机械剪切作用。

> **思考题**
> 1. 什么是质粒？质粒在基因克隆及表达中的作用是什么？
> 2. 质粒中往往带有抗性基因，主要有哪些？其主要作用是什么？

实验 53　载体质粒、PCR 产物的双酶切及酶切产物的纯化

一、实验目的

（1）掌握限制性内切酶消化 DNA 的原理。
（2）掌握利用琼脂糖凝胶电泳分离 DNA 的方法和技术。

二、实验原理

限制性内切酶能特异地结合于一段称为限制性酶识别序列的 DNA 序列之内或其附近的特异位点上，并切割双链 DNA。它可分为 3 类：Ⅰ类和Ⅲ类酶在同一蛋白质分子中兼有切割和修饰（甲基化）作用且依赖于 ATP。Ⅰ类酶能够在距离识别位点数千个碱基远的特定位点进行切割，而Ⅲ类酶在识别位点上切割 DNA 分子，然后从底物上解离。Ⅱ类酶由两种酶组成：一种为限制性核酸内切酶（限制酶），用于切割某一特异的核苷酸序列；另一种为独立的甲基化酶，用于修饰同一识别序列。Ⅱ类酶中的限制性核酸内切酶在分子克隆中得到了广泛应用，它们是重组 DNA 的基础。绝大多数Ⅱ类限制酶识别长度为 4~6 个核苷酸的回文对称特异核苷酸序列，有少数酶识别更长的序列或简并序列。

DNA 分子在琼脂糖凝胶中泳动时，有电荷效应和分子筛效应。DNA 分子在高于等电点的 pH 溶液中带负电荷，在电场中向正极移动。由于糖-磷酸骨架在结构上的重复性质，相同数量的双链 DNA 几乎具有等量的净电荷，因此它们能以相同速度向正极移动。在一定的电场强度下，DNA 分子的迁移速度取决于分子筛效应，即 DNA 分子本身的大小和构型。具有不同分子质量的 DNA 片段，泳动速度不一样，因此可进行分离。DNA 分子的迁移速度与相对分子质量的对数成反比。凝胶电泳不仅可以分离不同分子质量的 DNA，也可以分离分子质量相同、但构型不同的 DNA 分子。

三、实验材料与设备

1. 材料

硼酸、溴化乙锭、甘油、溴酚蓝、琼脂糖等。

2. 设备

水平式电泳装置、电泳仪、台式高速离心机、恒温水浴锅、微波炉或电炉、凝胶成像仪等。

四、实验方法与步骤

（1）试剂配制 ①10×TBE 缓冲液：称取 10.78g Tris、5.5g 硼酸、0.93g EDTA-Na 溶于无离子水，pH 8.3，定容到 100mL，用时稀释 10 倍；②EB 溶液：溴化乙锭（10mg/mL，用时稀释 10 倍）；③加样缓冲液：50%甘油、0.25%溴酚蓝。

（2）选用限制性内切酶 Bam H I 和 Sal I 对纯化后的 PCR 扩增产物和质粒 pET-28a（+）分别进行双酶切反应。酶切采用 50μL 体系（表 9-2），于 37℃下反应 2h。

表 9-2　　　　　　　　　　酶切反应体系

试剂	体积/μL	试剂	体积/μL
10×Digestion Buffer	5	DNA/载体	41
限制酶 Bam H I	2	总体积	50
限制酶 Sal I	2		

注：Digestion Buffer：消化缓冲液。

（3）制备琼脂糖凝胶 电泳槽及用胶量：称取 0.3g 琼脂糖，放入锥形瓶中，加入 30mL 1×TBE 缓冲液，置于微波炉或水浴加热至完全溶化，取出摇匀，即得 10g/L 的琼脂糖凝胶液。冷却至 60℃，加入适量 EB，混匀。

（4）胶板的制备 ①取有机玻璃内槽，洗净，晾干，用橡皮膏将有机玻璃内槽的两端边缘封好（确保封严，不能留缝隙）；②将有机玻璃内槽放置于一水平位置，并放好样品梳子，梳子调整齐，将冷却到 60℃左右的琼脂糖凝胶液缓慢倒入有机玻璃内槽，直至有机玻璃板上形成一层均匀的胶面（注意不要形成气泡）；③待胶凝固后，取出梳子，取下橡皮膏，将胶槽放入电泳槽内；④加入电泳缓冲液至电泳槽中。

（5）加样 用移液器将已加入上样缓冲液的 DNA 样品加入样品孔。

（6）电泳 ①接通电泳槽与电泳仪的电源，DNA 的迁移速度与电压成正比，最高电压不超过 5V/cm；②当溴酚蓝染料移动到距凝胶前沿 1~2cm 处，停止电泳。

（7）染色 将电泳后的凝胶置于凝胶成像仪中进行拍照观察。

（8）将目的条带用手术刀切下后，采用琼脂糖凝胶回收试剂盒进行纯化回收。

五、实验结果

将未酶切的 PCR 产物和酶切后的 PCR 产物电泳图进行对比，分析 PCR 产物酶切结果；将未酶切的质粒和酶切后的质粒进行对比，分析质粒 pET-28a（+）酶切结果。分析割胶纯化的目的基因片段，理论上应该只有一个清晰条带，与 Marker 对照分子质量符合理论结果，说明实验结果符合预期，撰写实验报告。

六、注意事项

（1）酶切和连接反应中的一切塑料器皿（Eppendorf 管，枪头等），都要反复用水洗干净，最后用 ddH₂O 清洗，湿热灭菌，置 50℃ 温箱中烘干，使用前打开包装，用镊子夹取，不要直接用手去拿，严防手上的杂酶污染。

（2）要注意酶切时加样的次序，各种试剂加好后，最后加酶液。内切酶原液取出时，应避免手指对酶液加温，用完要立即送回冰箱。

> **思考题**
> 1. 影响酶切效率的因素有哪些？
> 2. 在实验操作中，取用酶试剂的操作应注意哪些方面？
> 3. 实验操作中，怎样能使微量的试剂混合均匀？
> 4. 胶回收时的注意事项有哪些？
> 5. 双酶切的反应体系是什么？

实验 54　重组载体的构建及转化

一、实验目的

（1）掌握 DNA 连接酶连接 DNA 的原理。
（2）掌握重组载体构建的基本操作过程。

DNA 连接

DNA 转化

二、实验原理

将目的基因连接至载体上往往需要借助一种连接酶，即 T_4 DNA 连接酶。它是一种封闭 DNA 链上切口的酶，借助 ATP 或 NADP 水解提供的能量催化 DNA 链的 $5'-PO_4$ 与另一 DNA 链的 $3'-OH$ 生成磷酸二酯键。但这两条链必须是与同一条互补链配对结合的，而且必须是两条紧邻的 DNA 链才能被 DNA 连接酶催化成磷酸二酯键。

T_4 DNA 连接酶作用分 3 步：①T_4 DNA 连接酶与辅助因子 ATP 形成酶-AMP 复合物；②酶-AMP 复合物结合到具有 $5'$-磷酸基和 $3'$-羟基切口的 DNA 上，使 DNA 腺苷化；③产生一个新的磷酸二酯键，封闭切口。

细胞处于容易吸收外源 DNA 的状态叫感受态。转化是指质粒 DNA 或以其为载体构建的重组子导入受体细胞，使之获得新遗传性状的一种手段，它是微生物遗传、分子遗传、基因工程等研究领域的基本实验技术。其原理是细菌处于 0℃、$CaCl_2$ 低渗溶液中，细胞膨胀成球形，转化混合物中的 DNA 形成抗 DNA 酶的羟基-钙磷酸复合物黏附于细胞表面，经 42℃ 短时间热击处理，促进细胞吸收 DNA 复合物；将细菌放置在非选择性培养基中保温一段时间，促使转化过程中获得的新表型（如 Kan' 等）得以表达，然后将此细菌培养物涂在含有卡那霉素的选择培养基上孵育。

转化过程所用的受体细胞一般是限制修饰系统缺陷的变异株，即不含限制性内切酶和甲基化酶的突变体（R⁻、M⁻），这些突变体可以容忍外源 DNA 分子进入体内并稳定地遗传给后代。为提高转化效率，实验中要考虑几个重要因素：①质粒的质量和浓度，1ng 的 DNA 即可使 50μL 的感受态细胞达到饱和，一般情况下，DNA 溶液的体积不应超过感受态细胞体积的 5%；②试剂的质量，所用的试剂，如 $CaCl_2$ 等均需是最高纯度［优级纯（GR）或分析纯（AR）］，并使用超纯水配制，最好分装保存于干燥的冷暗处。

三、实验材料与设备

1. 菌种

E. coli BL21（DE3）。

2. 材料

T4 DNA 连接酶、卡那霉素、枪头、离心管、三角瓶、平皿、试剂瓶、量筒、烧杯、琼脂、甘油等。

3. 设备

培养箱、控温摇床、高速冷冻离心机、水浴锅、冰箱、超净工作台、培养箱、分光光度计、灭菌锅等。

四、实验方法与步骤

在微量离心管按表 9-3 制备连接反应液。

表 9-3　　　　　　　　　　　　连接反应体系

试剂	用量	试剂	用量
10×T4 DNA 连接酶缓冲液	2.5μL	T4 DNA 连接酶	1μL
DNA 片段	约 0.3pmol	ddH_2O	加水至 25μL
载体 DNA	约 0.03pmol		

反应条件：25℃反应 10~30min 或 16℃过夜。将连接产物按如下步骤进行转化。

（1）取出 -70℃ 保存的大肠杆菌 BL21（DE3）感受态细胞，于冰浴中解冻。

（2）将一定量的连接产物与 100μL 解冻后的感受态细胞轻轻混合后，置于冰浴中放置 30min。

（3）42℃水浴，热击 90s 后，迅速置于冰浴中静置 3min。

（4）向管中加入 450μL 无抗性 LB 液体培养基，在摇床上 37℃、200r/min 孵育 1h。

（5）3000×*g* 离心 3min 收集菌体，去除部分上清液。将菌体重悬后涂布于含卡那霉素（50μg/mL）的 LB 固体培养基上，在 37℃培养箱里培养 15~24h。

五、实验结果

分析培养皿中的菌落数，若长出的菌落太少或者没有菌落，应该考虑的影响因素包括感受态细胞的质量、酶切产物回收的质量、转化的操作过程是否正确等,撰写实验报告。

六、注意事项

(1) 本实验属于微量操作,用量极少的步骤必须严格注意吸取量的准确性,并确保样品全部加入反应体系中。

(2) 加样的顺序不要颠倒,酶切反应加样的顺序应该是,先加重蒸水,其次是缓冲液和DNA,最后加酶。且前几步要把样品加到管底的侧壁上,加完后用力将其甩到管底,而酶液要在加入前从-20℃的冰箱取出,酶管放置冰上,取酶液时吸头应从表面吸取,防止由于插入过深而使吸头外壁沾染过多的酶液。取出的酶液应立即加入反应混合液的液面以下,并充分混匀。

(3) 使用紫外分光光度计或者电泳确定载体和目的基因片段的浓度,连接时载体和目的基因片段的物质的量比例 1∶3~1∶10,连接效率较高。

(4) 连接时操作应在冰水上完成,连接酶缓冲液不能高温放置和反复冻融,因为连接酶缓冲液含有一定浓度的 ATP,易降解。

(5) 涂布转化菌液时,一定要适量涂布,量不宜过大,以免菌落过于密集;玻璃涂布棒消毒后,待其冷却后再涂菌液,动作要轻,以免划破平板上固体培养基。

> 🔍 **思考题**
>
> 1. T_4 DNA 连接酶的作用原理是什么?
> 2. 转化时为什么使用 *E. coli* BL21(DE3)感受态细胞?
> 3. 转化过程中出现假阳性的原因有哪些?如何进行预防?

实验 55 重组子的筛选与测序验证

一、实验目的

(1) 掌握 PCR 法筛选重组子的原理及基本操作方法。
(2) 掌握重组子测序验证方法。

二、实验原理

重组子的筛选与测序验证

重组子的筛选与测序验证实操

重组质粒转化宿主细胞后,还需对转化菌落进行筛选鉴定,从而将含有正确重组的阳性质粒菌落从空菌落、仅含质粒本身的菌落等混合体系中分选出来。转化后的细胞包括转化子与非转化子(未接纳载体或重组分子的非转化细胞)。而转化子又分含有重组 DNA 分子的转化子和仅含有空载体分子(非重组子)的转化子。前者所含的重组 DNA 分子中有含目的基因的重组子与不含目的基因的重组子。筛选是指通过某种特定的方法,从被分析的细胞群体或基因文库中鉴定出真正具有所需重组 DNA 分子的特定克隆的过程。常见的重组子筛选和鉴定方法有平板筛选法(抗性筛选、蓝白斑筛选等)、电泳鉴定法(提取质粒、限制性酶切后进行电泳分析)、

PCR 法、DNA 序列分析、核酸探针鉴定法等。

菌落 PCR 检测方法是挑取转化后得到的菌落作为模板，利用现有的引物，进行 PCR 扩增，检测菌体中是否含有所期望的重组质粒。

DNA 序列分析是通过对重组质粒中的外源基因片段进行测序，来检查克隆的基因片段是否是期望的基因片段。

三、实验材料与设备

1. 菌种

实验 54 所得的白色菌落。

2. 材料

上下游引物、Taq DNA 聚合酶、dNTPs、10×PCR 反应缓冲液、DNA marker、琼脂糖、核酸染料、乙酸、EDTA、溴酚蓝、蔗糖等。

3. 设备

超净工作台、微波炉、PCR 仪、水平电泳仪、凝胶成像仪、摇床、冰箱等。

四、实验方法与步骤

1. 试剂配制

①50×TAE：2mol/L Tris 碱、1mol/L 乙酸、50mmol/L EDTA，pH 8.0，4℃保存，用时稀释至 1×。②6×上样缓冲液：2.5g/L 溴酚蓝、400g/L 蔗糖、10mmol/L EDTA，pH 8.0。

2. 菌落 PCR

（1）按照表 9-4 配制 10μL 反应体系。挑取单菌落加入反应体系中。

表 9-4　　　　　　　　　　　　　PCR 反应体系

试剂	体积	试剂	体积
10×PCR 反应缓冲液	1/μL	引物 R	0.2/μL
dNTPs	1/μL	模板 DNA	—
Taq DNA 聚合酶	0.2/μL	ddH$_2$O	加水至 10μL
引物 F	0.2/μL		

（2）PCR 扩增程序　94℃变性 5min；以 94℃、30s，55℃、30s，72℃、1min，反应 30 个循环；72℃延伸 10min；冷却至 4℃。

（3）通过琼脂糖凝胶电泳观察 PCR 产物是否存在及其片段大小是否符合目的基因大小。对于能扩增出目的条带的菌落，再进行进一步鉴定。

3. DNA 测序

为了确保 DNA 片段被正确地插入载体中合适的酶切位点，并且没有突变引入，应挑选鉴定正确的单克隆菌株送测序公司进行 DNA 全序列测序分析。将测序结果与报道的 DNA 序列进行完全比对。如果比对正确，则重组质粒构建成功。具体步骤如下：

（1）在含 5mL LB 培养基的试管中加入卡那霉素至终浓度为 50μg/mL。

(2) 将镊子用酒精灯灭菌后，夹取无菌枪头挑取单克隆至上述含有卡那霉素的 LB 培养基中。

(3) 将试管放在 37℃摇床上，培养 16h。

(4) 次日，填写测序单，送公司进行 DNA 测序。

五、实验结果

分析菌落 PCR 鉴定的电泳图和测序序列与目的序列的比对结果，撰写实验报告。

六、注意事项

(1) 菌落 PCR 筛选时，所挑取的菌落必须是单菌落。

(2) 菌落 PCR 实验属于微量操作，用量极少的步骤必须严格注意吸取量的准确性，并确保样品全部加入反应体系中。

(3) 转化后的大肠杆菌必须在含有适当抗生素（如卡那霉素）的 LB 培养基中进行培养。

(4) 注意做好标记，不要混淆。

> 思考题
>
> 1. 在菌落 PCR 鉴定中，要得到怎样的电泳结果才能说明重组质粒中具有正确的脂肪酶基因？
> 2. 如何解析 DNA 测序结果？

实验56　基因工程菌菌种的活化及扩大培养

一、实验目的

(1) 了解大肠杆菌基因工程菌甘油冻藏菌种的活化方法。

(2) 熟悉小型发酵罐发酵实验菌种扩大培养及质量检查方法，为后续实验提供质量合格、数量充足的菌种。

二、实验原理

菌种扩大培养是对保藏菌种进行活化和逐级繁殖培养，从而为发酵生产提供相当数量的代谢旺盛并满足一定生理要求的微生物细胞的方法。现代发酵工业生产规模越来越大，发酵罐的容积一般都在几十至几百立方米，有的甚至可达数千立方米。要使微生物在较短时间内，完成如此巨大的发酵转化任务，必须具备相当数量的微生物种子。因此菌种的扩大培养是任何发酵生产过程都不可或缺的重要环节。生产菌种扩大培养的目的主要有两个，一是提高菌体数量，为工业化生产提供足量的菌种；二是通过种子扩大培养过程，使菌体逐步适应工业化生产条件，在发酵阶段充分发挥生产潜力。

基因工程菌的活化是其用于科学研究及教学实验的第一步。保藏菌种处于休眠状态，各项生理指标与正常生长菌种相比有较大差异，为了保证研究工作的严谨性以及实验的准确性，需要通过菌种活化使其恢复正常生长。基因工程菌保藏菌种的活化与普通微生物菌种一样，只要将其接种到原培养基平板上，置于最适生长温度下，处于休眠状态的菌体就会快速转入正常生长状态，实现菌种活化。由于基因工程菌通常都带有抗性标记，用于菌种活化的培养基平板需添加工作浓度的抗生素，在培养基中建立选择压力，一方面淘汰非转基因菌株，纯化目标菌株；另一方面防止培养过程中出现无标记菌株，提高菌种的遗传稳定性。

接种量是指移入种子液体积与接种后培养液体积的比，通常用百分数表示。工业化生产菌种的接种量取决于生产菌种在发酵罐中生长繁殖的速度。采用较大的接种量可以缩短发酵罐中菌体繁殖达到高峰的时间，使产物的形成提前到来，并可减少杂菌的生长。但是过大的接种量会导致菌体生长过快、过稠，易造成营养缺乏、溶解氧不足，产生过多代谢废物，不利于发酵生产。采用较小的接种量可减少菌种扩大培养过程的级数，降低发酵染菌的风险。但是过小的接种量会延长菌体达峰时间，延长发酵周期，降低生产效率。

三、实验材料与设备

1. 菌种

E. coli BL21（DE3）-pET-28a（+）-*lipA*。

2. 材料

蛋白胨、酵母粉、卡那霉素、氯化钠、琼脂、三角瓶、试管、培养皿、载玻片、盖玻片、一次性塑料注射器等。

3. 设备

高压蒸汽灭菌锅、摇床、恒温培养箱、超净工作台、pH 计、分光光度计、显微镜等。

四、实验方法与步骤

1. *E. coli* BL21（DE3）-pET-28a（+）-*lipA* 甘油冻藏菌种活化。

（1）将培养皿、枪头，细菌过滤器于 121℃ 灭菌 20min。

（2）按如下配方配制培养基，溶解后分装入三角瓶中，于 121℃ 灭菌 20min。待培养基冷却至 40~50℃ 时，于超净工作台中加入经过滤除菌的卡那霉素储液至终浓度 50μg/mL，混匀后倒入灭菌后的培养皿中，静置使培养基完全固化，装量为 20~25mL/φ90mm 培养皿。

培养基配方：酵母粉 5g/L、蛋白胨 10g/L、NaCl 10g/L、琼脂 15~20g/L，pH 7.0。

（3）制成的培养基平板在 37℃ 培养 24h，检查无菌后备用。

（4）在超净工作台中，待甘油冻藏菌种解冻后，用无菌移液器吸取甘油冻藏菌种原液 50μL 转移到培养基平板上，用涂布器涂布均匀，并做好标记。菌种原液的用量可以适量增减，或进行梯度稀释，以使培养皿表面菌落密度适中，形态正常为宜。

（5）将接种后的培养基平板于 37℃ 恒温培养箱中倒置培养，待平板表面出现大小适中的菌落，即可结束培养，获得的标准类型单菌落可用于后续实验。含活化菌种的培养皿密封后于 4℃ 保存。

2. *E. coli* BL21（DE3）-pET-28a（+）-*lipA* 活化菌种扩大培养

（1）液体培养基制备　本实验菌种扩大培养采用二级种子工艺。按如下培养基配方配制一定量液体培养基，分装于15mm×15cm的试管（每管5mL），以及500mL三角瓶（每瓶100mL），121℃灭菌20min，冷却至40℃以下，于超净工作台中加入经过滤除菌的卡那霉素储液至终浓度50μg/mL。

培养基配方：酵母粉5g/L、蛋白胨10g/L、NaCl 10g/L，pH 7.0。

（2）一级种子制备　取活化培养好的平皿菌种，于超净工作台中用接种环挑取菌落形态正常的单菌落，接入已灭菌好试管培养基中，37℃振荡培养12h，摇床转速为170~190r/min。

（3）二级种子制备　用移液器无菌吸取培养好的试管菌种2mL，加入灭菌好的三角瓶培养基中，37℃振荡培养8~10h，摇床转速为170~190r/min。

（4）种子质量检查　种子液采用革兰染色，显微镜观察菌体形态。同时以空白培养基为参比，采用浊度法检测菌体浓度，要求菌体形态正常，无杂菌污染，$OD_{600} \geq 0.5$。

五、实验结果

记录重组大肠杆菌单菌落形态和二级种子液菌体浓度的结果，撰写实验报告。

六、注意事项

（1）严格无菌操作，防止杂菌污染。

（2）在活化和扩大培养的LB培养基中要添加卡那霉素（工作浓度50μg/mL），以淘汰非转化菌株。

> 🔍 思考题
>
> 1. 活化 *E. coli* BL21（DE3）-pET-28a（+）-*lipA* 时，在培养基内加入卡那霉素的目的是什么？
> 2. 卡那霉素储液如何进行除菌？
> 3. 何为种子扩大培养？接种量对发酵有什么影响。
> 4. 对种子质量有什么要求？

实验57　基因工程菌发酵工艺

小型发酵罐发酵重组大肠杆菌生产脂肪酶

一、实验目的

（1）了解实验室全自动发酵罐罐体构造、管路系统及自动控制原理，理解实验室发酵罐系统在位灭菌方法的原理及操作要点、发酵培养基制备原理。

（2）掌握基因工程菌发酵工艺控制要点，完成重组大肠杆菌工程菌的发酵。

二、实验原理

发酵罐是微生物发酵过程必需的装置。基因工程菌在上游构建完成后，须在发酵罐中进行小试、中试及工业化生产等一系列工艺放大研究，才能完成从实验室研究到工业生产应用的转化。基因工程菌在发酵期间需要提供菌体生长及产物合成必要的营养及培养条件，如碳源、氮源等营养物质，诱导物，适宜的温度及pH，充足的氧气。因此，实验室所用的全自动小型发酵系统通常由罐体部分、罐盖部分、进气部分、水路部分及辅助设备（空气制备设备、蒸汽制备设备）等组成。为减少发酵过程中的杂菌染污，在发酵前有必要对空发酵罐及附属管路系统进行灭菌处理，通常称为空消。由于实验室小型发酵罐升温时间短，对培养基的破坏较小，可以将配制好的发酵培养基放入发酵罐中，通入蒸汽将培养基和所用设备一起灭菌处理，通常称为实消。实消无需专门的灭菌设备，灭菌效果可靠，对灭菌用蒸汽要求低，是中小型发酵罐常采用的一种培养基灭菌方法。

种子培养基主要是为了满足微生物正常生长和繁殖，包含的营养物质相对简单，而发酵培养基除需要维持微生物菌体的正常生长外，还要求合成预定的发酵产物。因此发酵培养基中碳源物质的含量往往要远高于种子培养基。对于合成产物是蛋白质（酶）等含氮物质，还需相应地增加氮源的供应量。葡萄糖因价廉易得且最易于被细菌利用，成为重组大肠杆菌发酵中最常用的碳源物质。酵母浸粉、蛋白胨、氨水等是重组大肠杆菌发酵最常选用的氮源，合适的氮源更利于大肠杆菌的生长和目标蛋白质的表达。除了选择合适的碳源、氮源，碳氮比也是重要的考量因素。碳氮比不合适，菌体微环境变差，生长受到抑制，继而影响蛋白质的正常表达。

基因工程菌的外源蛋白质生成量受多种因素影响，除了上述培养基的组成外，还有受体菌自身遗传背景、表达系统、发酵条件控制、补料策略等。在实际操作过程中，需要对各影响因素进行优化控制。只有合适的工艺条件，才能使外源蛋白质获得高水平表达。因此，发酵期间要控制适宜的培养温度、pH、稳定的比生长速率、溶解氧以及营养物的合理补加。对于诱导表达型产物，还要掌握恰当的诱导时机等。

1. 温度控制

温度是影响基因工程菌生长、质粒稳定性和重组产物形成的重要因素，发酵过程中保持合适的罐温对保证微生物的正常生长及重组产物的表达具有重要意义。大肠杆菌的最适生长温度为37℃，在较高培养温度下，细菌的比生长速率较高，发酵过程中容易积累代谢副产物，这些副产物会对菌体的生长及目的产物的表达产生一定抑制作用。在较低培养温度下，菌体对营养物质的摄取和生长速率都会下降，同时也减少了有毒代谢副产物和代谢热的产生。降低培养温度还有利于蛋白质的正确折叠及表达，减少包涵体的形成，提高质粒的稳定性。在发酵过程中要综合目的蛋白特性、质粒性质、菌体状态等各种情况，实时控制温度。重组大肠杆菌的发酵通常采用两阶段温度控制，在菌体增殖阶段控制在最适生长温度处，在产物表达阶段控制在最适产物表达温度处。具体的温度控制工艺参数需要通过一系列优化实验确定。

2. 溶氧控制

溶解氧直接参与菌体的氧化分解代谢过程，重组大肠杆菌发酵的溶解氧控制非常关键。发酵液的溶氧浓度变化可以反映菌体的生理生长状况，发酵初期溶氧（DO值）会出现明显下降，下降开始的时间与菌种活力、接种量以及培养基有关。通过DO值下降的速率可估计菌体生长的大致情况，DO值快速下降通常是菌体迅速生长的表现。当溶氧低于临界氧浓度或培养基中的碳源消耗完全，或培养基碳氮比不适合时等情况出现，菌体生长就会受到抑制，会出现 DO 值逐渐上升的现象。溶氧也会影响质粒的稳定性，正常溶氧条件下质粒比较稳定，但当 DO 值降至 5% 以下，质粒会快速丢失。重组大肠杆菌通常维持溶氧在 30%~40%，有利于目标蛋白质表达和质粒的稳定。值得注意的是，在培养过程中并不是 DO 值维持越高越好，即使是专性好气菌，过高的 DO 值也可能对菌体生长造成不利影响。

在重组大肠杆菌培养时，必须不断地向发酵液提供足够的空气，以满足菌体生长代谢对氧气的需求。在正常通气无法满足溶氧需求的情况下，可以通过如下方法增加发酵液的溶氧量：①在通入的空气中掺入纯氧，提高氧气在空气中的比例，增加氧分压；②提高罐压，从而提高培养液中氧气的溶解量，但因为 CO_2 在水中的溶解度比氧气高 30 倍，增加罐压也会增加 CO_2 的溶解量，对菌体的生产代谢造成影响，影响发酵液的 pH，增加对设备强度的要求；③提高通气速率，在通气量较小的情况下增加空气流量，溶氧可得到显著提升，但在空气流量较大的情况下再提高空气流速，有可能会造成过载现象，溶氧不升反降，此外，过高的通气量还会使泡沫大量增加，增加消泡剂的使用；④降低发酵温度，可增加氧气在发酵液中的饱和度，增加氧传递速率，同时降低发酵温度可减慢菌体的生长和代谢，减少对溶氧的需求。其他提高发酵液氧传递效率的方法还可以从发酵设备上进行改造，如改变搅拌器直径和转速、改变挡板的数目和位置等。

3. pH 控制

发酵培养液的 pH 是工业微生物生长代谢活动的重要影响因素，是工业发酵的重要参数，对微生物的生长和有用代谢产物的积累有显著影响，同种微生物在不同 pH 条件下，形成的发酵产物也会不同。大肠杆菌生长的最适 pH 为 6.8~7.2。稳定的 pH 是使菌体保持最佳生长状态的必要条件。在菌体生长阶段，不同种类的微生物 pH 变化趋势不同，但是进入产物形成阶段后 pH 趋于稳定，维持在产物形成的最适 pH 范围内，然而在产物形成后期，随着培养基中营养物质耗尽，微生物胞内蛋白酶增多，酶活力提高，菌体细胞开始出现自溶，培养液中氨基酸等化合物的含量增加，pH 逐步上升。决定发酵液 pH 的主要因素有培养基中碳/氮比例、消泡油添加量以及生理酸性或碱性物质的存在等。重组大肠杆菌发酵过程要严格控制 pH，通常采用单一 pH 控制策略，将其控制在 7.0，并且补酸碱的速率应尽量缓慢温和，不能太快。

4. 诱导因素

重组大肠杆菌发酵过程由菌体生长期和目标蛋白质表达期两个阶段构成。菌体生长期是为了获得更高的诱导前菌体密度，目标蛋白质表达期是为了表达更多的目标蛋白质。将菌体生长期与目标蛋白质表达期分开，使这两个阶段互不影响，有利于目标蛋白质的高表达。诱导因素通常包括诱导剂种类及添加浓度、诱导时机及时长等。对于 PET28 重组质粒，常用的诱导剂有异丙基-β-D-硫代半乳糖苷（IPTG）、乳糖等，IPTG 诱导效果好，不被菌体利用，较为常用。但其价格较高，且有毒性，在工业化发酵中使用有一定局限性。乳糖具有无毒、价格低廉等优点，能被大肠杆菌利用，在工业化生产中可取代 IPTG 作为诱导剂。

随着诱导剂的加入，重组大肠杆菌会启动目标蛋白质的表达，显著抑制菌体生长。因此在较低的菌体密度下诱导，后期菌体浓度较难提高，若在过高的菌体密度下进行诱导，由于代谢副产物积累过多或菌体老化，可能会引起表达量偏低甚至菌体自溶。诱导时机是重组大肠杆菌发酵的重要因素，目前通常采用初始培养基营养成分耗尽，适当补料后，菌体浓度达到较高的密度后进行诱导。重组大肠杆菌生长状态及表达的目标蛋白质性质不同，添加诱导剂后诱导时长也不尽相同，一般认为随着诱导时间的延长，有利于目标蛋白质累积，且菌体量逐步增大，但也有研究表明诱导时间过长，后期目标蛋白质表达增加并不显著。因此诱导时长需根据发酵的实际情况进行优化和调整。

5. 补料控制

选择合理的补料策略和流加方式是重组大肠杆菌发酵成功的关键。葡萄糖因细菌利用快且价廉易得，已广泛用作重组大肠杆菌发酵的限制性基质。由于大肠杆菌在过量葡萄糖或缺氧的条件下会发生"葡萄糖效应"，积累大量有机酸而影响重组菌的生长和外源蛋白质的有效表达，大肠杆菌发酵常通过合理控制流加碳源降低葡萄糖效应。补料要控制速率适当，以免引起乙酸积累，同时要控制补料过程中的碳氮比。氮源过多，会使菌体生长过于旺盛，pH偏高，不利于代谢产物的积累；氮源不足，则菌体繁殖量少从而影响产量。碳源过多，容易形成较低的pH，抑制菌体生长；碳源不足，容易引起菌体的衰老和自溶。因此应在不同的时期制定合理的补料策略，降低葡萄糖效应，维持乙酸等有害物质的低含量。

补料控制可分为非反馈补料和反馈补料。非反馈补料包括恒速流加、梯度流加和指数流加3种方式。恒速流加是以恒定的速率流加限制性的碳源，该方法简单易行，常用于培养周期较短的低密度发酵。缺点在于补料前期能满足菌体生长的需要，但随着菌体密度的增大，发酵后期会因营养成分供应不足造成菌体生长受到抑制。梯度流加是根据不同生长阶段菌体密度情况设置不同的补料流速梯度，以满足菌体对营养的需求。指数流加是依据工程菌培养密度的指数增加来调整营养成分的补加速率，有利于获得更高的菌体密度，但该补料方法需要补料软硬件支持，需按照指数曲线精确控制各阶段不同的补料速率，对设备自动化要求较高。反馈补料是根据发酵过程中的pH、DO值、CO_2排放量、残糖等参数发生的变化来判断工程菌的代谢状态，从而进行针对性补料的方法。恒溶氧补料法和恒pH补料法是最常见的反馈补料策略。①恒溶氧补料法：菌体代谢时会消耗氧，使发酵液中溶氧下降，当葡萄糖浓度低到一定程度时，菌体代谢下降，消耗氧能力下降，溶氧上升，因此根据溶氧曲线补加葡萄糖以保持溶氧恒定，可以将葡萄糖控制在一定水平；②恒pH补法：大肠杆菌会代谢葡萄糖等产生乙酸等有机酸，使pH下降，可通过控制葡萄糖的流加速度，调节发酵液的pH到最适范围，该法缺点是pH的变化不完全是葡萄糖代谢的结果，容易造成补料体系出错。

6. 乙酸副产物控制

乙酸是大肠杆菌发酵过程中的最为常见的代谢副产物，一般认为在好气性条件下，高于1.0g/L的乙酸浓度就能影响菌体浓度及蛋白质的表达。当乙酸浓度为10~20g/L时，细胞会停止生长，当培养液中乙酸浓度大于12g/L后，外源蛋白质的表达完全被抑制。因此，在大肠杆菌的基因工程菌株发酵过程中，控制乙酸的生成尤其重要，可以采取的措施包括：①改变培养基组分，大肠杆菌培养时培养基的成分对于乙酸的产生有很大影响，特别是碳源组分，选择葡萄糖作为碳源，很容易产生乙酸，选择甘油代替葡萄糖作为碳源，可有效减少乙酸的产生；②控制比生长速率，来减少乙酸的产生，比生长速率越高，乙酸产生越多，当比生长速率超过临界值时，乙酸开始产生，可以通过降低温度、调节酸碱度、控制补料等方法来降低比生长速率；③透析培养，借助浓度梯度的推力，使可溶性分子穿过半透膜，移除发酵过程中产生的乙酸来减少其带来的危害；④限制性流加葡萄糖，以葡萄糖为碳源时，可以采用限制性流加的方式将其浓度控制在较低范围，这样可以有效减少乙酸的产生。

三、实验材料与设备

1. 菌种

   E. coli BL21（DE3）-pET-28a（+）-lipA。

2. 材料

   蛋白胨、酵母浸粉、氯化钠、卡那霉素、磷酸氢二钠、葡萄糖、IPTG、磷酸、氢氧化钠、氨水、甘油等。

3. 设备

   全自动发酵罐、蒸汽发生器、空气压缩机、分光光度计、水浴锅等。

四、实验方法与步骤

1. 发酵罐空消

   检查电源是否正常，空压机、循环水系统是否能正常工作；检查管道是否通畅及废水废气管道的完好情况；检查发酵罐是否已经清洁彻底，pH 传感器和 DO 传感器是否已经拆卸。依次开启电源开关、系统开关。待控制电脑进入启动界面后，登录系统，选择灭菌控制空消选项，设定灭菌温度为 121℃，时间为 30min。按照系统提示进行空消操作。

2. 培养基制备

   称取蛋白胨 60g、酵母浸粉 75g、氯化钠 30g、葡萄糖 60g、磷酸氢二钠 30g，量取甘油 8mL，用 6000mL 水溶解后加入 10L 发酵罐中。

3. 补料瓶准备

   称取葡萄糖 150g，用蒸馏水定容至 400mL，装入补料瓶中，115℃ 高压蒸汽灭菌 20min，补料时加至发酵罐中。

4. 碱瓶准备

   配制 200g/L 氢氧化钠溶液 400mL 装入酸碱瓶中，121℃ 高压蒸汽灭菌 20min。或将空酸碱瓶 121℃ 高压蒸汽灭菌 20min 后，加入 35%（质量分数）氨水 400mL，发酵开始时与加减泵连接。

5. 诱导剂准备

   IPTG 贮存液：称取 IPTG（相对分子质量 238.30）0.7g 溶于 10mL 去离子水中，过滤除菌，-20℃ 冻存备用。诱导时从接种口加至发酵罐中，终浓度为 0.5mmol/L。

6. 消泡剂准备

   配制 20%（质量分数）泡敌 200mL，装入补料瓶中，121℃ 高压蒸汽灭菌 20min。发酵开始时与消泡泵连接。

7. 卡那霉素贮存液

   称取卡那霉素 300mg，用 10mL 去离子水溶解，过滤除菌，于-20℃ 冻存备用。接种时从接种口加至发酵罐中，终浓度为 50mg/L。

8. 实消

   排空发酵罐，加入已配制好的发酵培养基，安装好各管路。用标准 pH 溶液（pH 4.86、pH 7.0）校正 pH 电极，用饱和亚硫酸钠溶液校正溶氧电极的零点（若电极长时间未使用，还需在校正前通电极化 6h 以上）。安装好电极后，设定灭菌温度 115℃，灭菌时间 20min。按照系统提示进行实消操作。所有与物料相通的相关管道或区域均应有蒸汽的进和出，使蒸汽形成活路，不能留有死角，所有液面以下管路均有蒸汽通入，所有液面以上管路应有蒸汽排出。

9. 接种

将补料瓶、碱液瓶及消泡剂瓶连接到发酵罐盖上补料口上。调节发酵控制系统，将温度控制、搅拌转速、加酸加碱控制置于自动控制状态，打开冷却水进水阀门。待培养基温度稳定在 37℃，搅拌转速 200r/min，pH 在 7.0 时，缓慢降低罐压，当罐压达到 0.02MPa 时，在接种口上绕上酒精棉点燃，用接种钳逐步打开接种口，将接种口盖放于 75%（体积分数）酒精中。通过接种口将 120mL 二级菌种液及 10mL 解冻后卡那霉素贮存液倒入发酵罐内，盖上接种盖子，旋紧。重新调整罐压到 0.03MPa。等各参数稳定后，将溶氧电极进行 100% 点校正。

10. 发酵过程的控制

重组大肠杆菌发酵控制工艺参数为：温度控制在 37℃；以 200g/L 氢氧化钠 [或 30%（质量分数）的氨水] 调 pH 7.0；起始搅拌转速 200r/min，通气量 1VVM（每升发酵液每分钟通气 1 升）。以 DO 值为控制指标，DO 值下降时交替加大转速和通气量。保持发酵过程中 DO 值为 30% 左右，并维持基本恒定。当 DO 值升至 80% 以上，开始进行补料，控制葡萄糖补加速率维持 DO 值在 30% 左右。

11. 诱导

发酵开始后每小时取样检测菌体浓度，直到发酵结束。当菌液浓度的 $OD_{600}>10$ 时，降温到 30℃，维持 10min 后加入 IPTG 诱导，通过接种口或通过补料方式加 IPTG 至终浓度为 0.5mmol/L，温度维持 30℃，继续发酵培养。当溶氧持续上升时补加葡萄糖。必要时可随时镜检细菌生长状态及是否受到污染。

12. 取样

从发酵开始每小时取样检测发酵液葡萄糖含量及发酵液菌体浓度，直至发酵结束；从诱导开始每 2h 检测菌体中脂肪酶活力。直至发酵结束。

13. 放罐

发酵液加入 IPTG 诱导后 4~5h 停止发酵，关闭发酵控制系统，打开放料阀进行发酵液收集，并关闭空气压缩机及蒸汽发生器，清洗发酵罐和电极。收集的发酵液离心后收集菌体。

五、实验结果

记录并分析发酵过程中温度变化曲线、溶氧变化曲线、pH 变化曲线的变化情况，撰写实验报告。

六、注意事项

（1）除培养基主要成分外，其他后续补加料液需事先准备并灭菌。

（2）在灭菌操作过程中应尽量避免蒸汽压力剧跌，一旦蒸汽压力低于罐压，罐内液体可能会倒压进入管道和过滤器内，当出现这种情况（蒸汽压力低于罐压）时，防止料液倒压入过滤器内。

> 🔍 **思考题**
>
> 1. 如果前期构建的工程菌不表达脂肪酶，其可能的原因有哪些？
> 2. 何为要高密度培养？通过哪些条件控制可以实现工程菌的高密度培养？
> 3. 可以从哪些方面进行优化以提高脂肪酶的表达量？
> 4. 在发酵罐使用的过程中，最应注意的事项有哪些？

实验58　发酵过程中残糖、生物量及表达产物含量的测定

一、实验目的

（1）掌握发酵液中残糖、生物量及菌体中脂肪酶活力的测定原理。
（2）学习分光光度法测定还原糖、菌体浓度及脂肪酶定量检测的方法。

二、实验原理

重组大肠杆菌发酵液中添加的碳源主要为葡萄糖。葡萄糖浓度对微生物生长代谢有决定性作用，与产物的生成密切相关，葡萄糖浓度是发酵程度的重要指标。高浓度葡萄糖的存在会导致细菌生长受到抑制，加速乙酸的积累。因此要求定期测定发酵液中葡萄糖浓度，并做出糖耗曲线，据此判断发酵进展情况，对相关工艺参数做出调整。葡萄糖是一种还原糖，可以通过3,5-二硝基水杨酸（DNS）法测定。其测定原理是在 NaOH 和丙三醇存在下，3,5-二硝基水杨酸与还原糖共热后生成氨基化合物。在过量 NaOH 溶液中，此化合物呈橘红色，在540nm 波长处有最大吸收，可以利用比色法测定发酵液中的还原糖含量。在一定浓度范围内，还原糖的量与吸光度呈线性关系，以标准葡萄糖溶液为对象，测定其吸光度，以葡萄糖浓度为横坐标，以吸光度为纵坐标，绘制标准曲线。测定样品吸光度即可依据标准曲线计算样品浓度。

大肠杆菌在生长过程中，由于菌体含量增加，会引起培养物混浊度的增高。细菌悬液的混浊度与透光度成反比、与光密度成正比。透光度或光密度可借助光电比浊计精确测出，因此可用光电比浊计测定菌悬液的光密度（OD），表示该菌在特定实验条件下的数目，据此计算该微生物菌株的群体生长量。比浊法检测大肠杆菌菌悬液光密度通常在600nm处进行。

脂肪酶是一种特殊的酯键水解酶，能催化天然油脂水解，在食品、医药、洗涤剂和皮革等工业领域有广泛应用。近年来，随着界面酶学和非水相酶学的发展，脂肪酶在油脂合成、光学拆分等有机合成领域也显示了巨大的发展潜力。常见的脂肪酶活力测定方法为：碱滴定法、对硝基苯酚法和铜皂法。其中对硝基苯酚法较为常用。其原理为脂肪酶水解棕榈酸对硝基苯酯产生对硝基苯酚，在碱性条件下显黄色，在410nm 处有吸光度。因此以不同浓度标准对硝基苯酚溶液为对象，测定其吸光度，绘制标准曲线。利用待测样品吸光度即可依据标准曲线计算出对硝基苯酚浓度，再根据酶活力单位定义计算酶活力单位。

三、实验材料与设备

1. 材料

3,5-二硝基水杨酸（DNS）试剂、PBS 缓冲液、葡萄糖、棕榈酸硝基苯酯、对硝基苯酚等。

2. 设备

分光光度计、水浴锅、电炉、离心机、超声波破碎仪等。

四、实验方法与步骤

（一）还原糖测定

1. 葡萄糖标准曲线的绘制

（1）1.0mg/mL 葡萄糖标准溶液的配制　称取 1.000g 葡萄糖于 100mL 烧杯中，加水溶解，定容至 1000mL，置于 4℃ 冰箱中贮存。葡萄糖在使用前应于恒温烘箱中烘干至恒重。

（2）标准曲线的绘制　如表 9-5 所示，分别吸取 0mL、0.05mL、0.1mL、0.2mL、0.3mL、0.4mL、0.5mL 的标准葡萄糖溶液置于 20mL 试管中，用蒸馏水补至 0.5mL。向试管中加入 0.5mL DNS 试剂，混匀，沸水浴 5min，冷却后加入 4mL 蒸馏水，混匀，在 540nm 处测 OD，每个浓度做三个平行。以葡萄糖质量为横坐标，OD 为纵坐标，绘制标准曲线，R^2 至少两个 9。

表 9-5　　葡萄糖标准曲线的绘制方法

试剂	试管					
	0	1	2	3	4	5
葡萄糖标准溶液/mL	0	0.1	0.2	0.3	0.1	0.5
蒸馏水/mL	0.5	0.4	0.3	0.2	0.1	0
3,5-二硝基水杨酸/mL	0.5	0.5	0.5	0.5	0.5	0.5
糖含量/mg	0	0.1	0.2	0.3	0.4	0.5

注：混合均匀，沸水浴 5min，冷却后加入 4mL 蒸馏水，混匀，在 540nm 处测 OD。

2. 发酵液样品的测定

（1）发酵液样品 OD 的测定　将发酵液稀释一定倍数后，取稀释后的发酵液 0.5mL 置于 20mL 试管中，加入 DNS 试剂 0.5mL 混匀，沸水浴 5min，冷却后加入 4mL 蒸馏水混匀，测 OD_{540}。如表 9-6 所示。

表 9-6　　样品的测定方法

管号	0	1	2
还原糖待测样品/mL	0.0	0.5	0.5
蒸馏水/mL	0.5	0.0	0.0
DNS 试剂/mL	0.5	0.5	0.5
蒸馏水/mL	4	4	4

续表

管号	0	1	2
OD_{540}			
计算所得还原糖含量/mg			

(2) 发酵液样品还原糖含量的测定　将测定的 OD 代入标准曲线方程，计算还原糖含量(mg)。此时的还原糖含量为稀释后所取的 0.5mL 中的，故还需除以 0.5mL 并乘以稀释倍数(mg/mL)。

（二）生物量测定

1. 方法1

取发酵液，用未接种的 LB 培养基作空白对照，选用 600nm 波长进行光电比浊测定。对细胞密度大的培养液用 LB 液体培养基适当稀释后测定，使其光密度为 0.1~0.65。

2. 方法2

(1) 菌体收集　取发酵液 5mL，室温 4000r/min 离心 10min 收集菌体。

(2) 菌体洗涤　收集菌体在离心管中用蒸馏水重悬，4000r/min 离心 10min 重新沉淀菌体。

(3) 检测　蒸馏水重悬菌体，以蒸馏水为对照，检测菌悬液在 600nm 处的吸光度，调整大肠杆菌的稀释度，使分光光度计读数为 0.1~0.65。每个样品最少重复检测 3 次。

（三）脂肪酶含量测定

1. 待测样品准备

离心收集湿菌体称重，并用 pH 7.4 的 0.02mol/L PBS 缓冲液重悬细胞洗涤一遍，洗涤后用离心机离心收集菌体称重。用 PBS 缓冲液（pH 7.4）重悬细胞。在冰浴下超声破碎，程序设定为：400W、工作 3s、间歇 6s，破碎 20~30min。破碎后的细胞液于 4℃、12000r/min 离心 10min，收集上清液，即粗酶液。

2. 脂肪酶测定方法

配制对硝基苯酚棕榈酸酯（p-NPP）溶液（0.09mg/mL）和对硝基苯酚（p-NP）标准溶液（0.03mg/mL）；将 p-NP 稀释至一定梯度浓度，分别测定吸光度，绘制曲线。取 4mL p-NPP 底物溶液，预热 5min 后加入 1mL 酶液，反应 10min 后立即加入一定体积乙醇或丙酮均匀混合终止反应（将 1mL 去离子水替换 1mL 酶液，其他条件不变，作为空白），于 405nm 处测定吸光度。对照标准曲线计算生成的对硝基苯酚浓度，从而计算出酶活力。

五、实验结果

记录并分析发酵液浑浊度与微生物生长状况的关系、残糖变化、菌体浓度（OD）变化、脂肪酶含量变化，撰写实验报告。

六、注意事项

(1) 标准曲线制作与样品含糖量测定应同时进行，一起显色和比色。

(2) 在一定范围内，温度升高会提高脂肪酶活性，但过高的温度会使脂肪酶变性失活。因此，在发酵过程中要控制好发酵温度，以保证脂肪酶的活性。

> **思考题**
>
> 1. 还原糖测定时应该注意哪些事项？
> 2. 比浊法测定生物量的优点和缺点有哪些？
> 3. 脂肪酶活力受哪些因素的影响？

实验59　脂肪酶的表达及分离纯化

脂肪酶的分离纯化

一、实验目的

（1）掌握大肠杆菌感受态细胞的制备及转化的方法和技术。
（2）学习工程菌蛋白质表达及分离纯化技术。

二、实验原理

在原核蛋白表达体系中，如 *E. coli* 系统，外源基因通常需要诱导剂的诱导才能进行表达。以 *E. coli* BL21（DE3）宿主细胞为例。

①表达菌株 *E. coli* BL21（DE3）上带有 *lac* I 基因，T7 RNA 聚合酶编码基因以及 lacUV5 启动子，lacUV5 启动子可以启动 T7 RNA 聚合酶的表达；②表达质粒如 pET-28a（+）质粒带有 T7 启动子和编码阻遏蛋白 *lac* I 的基因，插入目的基因导致 *lac* I 失活；③在非诱导条件下，表达菌株中表达出的 *lac* I阻遏蛋白作用于 T7 RNA 聚合酶前的 lacUV5 启动子，从而抑制 T7 RNA 聚合酶的表达。IPTG 是乳糖类似物，可以与阻遏蛋白 *lac* I结合，使其对 lacUV5 启动子失去阻遏作用，T7 RNA 聚合酶得以合成，继而与 pET-28a（+）质粒上的 T7 启动子结合，启动目的基因等下游基因的表达，从而产生目标蛋白质。

Ni-NTA 分离带组氨酸（His）标签重组蛋白的原理：金属螯合亲和层析介质，又称固定金属离子亲和色谱，其原理是利用蛋白质表面的一些氨基酸，如组氨酸能与多种过渡金属离子如 Cu^{2+}、Zn^{2+}、Ni^{2+}、Co^{2+}、Fe^{3+} 发生特殊的相互作用，能够吸附富含这类氨基酸的蛋白质，从而达到分离纯化的目的。因此，偶联这些金属离子的琼脂糖凝胶就能够选择性地分离这些含有多个组氨酸的蛋白质以及对金属离子有吸附作用的多肽、蛋白和核苷酸。

三、实验材料与设备

1. 菌种

重组 *E. coli* BL21（DE3）。

2. 材料

卡那霉素、结合缓冲液（Binding Buffer）、清洗缓冲液（Washing Buffer）、洗脱缓冲液（Elution Buffer）、IPTG、蒸馏水、胰蛋白胨、酵母粉、氯化钠、层析柱等。

3. 设备

摇床、离心机、超净工作台等。

四、实验步骤

1. 重组工程菌株的诱导表达

将验证后的重组工程菌株接种于 5mL 含卡那霉素的 LB 液体培养基中，于 37℃ 下振荡培养过夜，然后以 2% 的接种量转接至 200mL 含卡那霉素的 LB 液体培养基，继续在 37℃、200r/min 条件下振荡培养至 OD_{600} 达到 0.6~0.8，加入终浓度为 0.5mmol/L 的 IPTG 进行诱导，于 30℃、180r/min 条件下诱导 4h 后，以 6000r/min 离心 10min 收集菌体，经无菌生理盐水（8.5g/L）离心洗涤 2 次后于 -80℃ 保存备用。

2. 重组增强绿色荧光蛋白（EGFP）及脂肪酶（Lipase）的分离纯化

用 PBS 缓冲液（pH 7.4）重悬细胞。在冰浴条件下进行超声破胞，程序设定为：400W，工作 3s，间歇 6s，破胞 15min。破碎后的细胞液于 4℃、12000r/min 条件下离心 10min，收集上清液，即粗酶液。将获取的粗酶液经 0.45μm 滤膜过滤后，进一步采用镍柱亲和层析法对目标蛋白质进行分离纯化。

(1) 将亲和层析介质 Protein Pure Ni-NTA 树脂装填入层析柱，体积 1~1.5mL。

(2) 用 ddH_2O 将柱中的乙醇冲洗干净，再用 10 倍柱体积的结合缓冲液进行平衡。

(3) 上样 取 5mL 粗酶液缓慢加入柱中。

(4) 完成上样后用 15 倍柱体积的清洗缓冲液冲洗介质，目的在于洗去杂蛋白质，再用 5 倍柱体积的洗脱缓冲液进行洗脱，并用离心管收集洗脱液。

(5) 洗脱完成后用 3 倍柱体积的结合缓冲液和 5 倍柱体积的 ddH_2O 冲洗介质，最后用 20%（体积分数）乙醇对介质进行平衡，存放于 4℃ 冰箱中。

五、实验结果

记录并分析细胞破碎前后以及离心前后溶液的颜色和浑浊程度变化，撰写实验报告。

六、注意事项

(1) 蛋白质在过层析柱前，需用 0.45μm 滤膜抽滤，否则几次纯化后，柱子中会有不溶物。

(2) 包涵体的纯化　包涵体是外源基因在原核细胞中表达时，尤其在大肠杆菌中高效表达时，形成的由膜包裹的高密度、不溶性蛋白质颗粒，在显微镜下观察时为高折射区，与胞质中其他成分有明显区别。包涵体的形成比较复杂，与胞质内蛋白质生成速率有关。新生成的多肽浓度较高，无充足的时间进行折叠，从而形成非结晶、无定形的蛋白质聚集体。此外，包涵体的形成还被认为与宿主菌的培养条件，如培养基成分、温度、pH、离子强度等因素有关。细胞中的生物学活性蛋白质常以可溶性成分或分子复合物的形式存在，功能性蛋白质总是折叠成特定的三维结构型。包涵体内的蛋白质是非折叠状态的聚集体，不具有生物学活性，因此要获得具有生物学活性的蛋白质必须将包涵体溶解，释放出其中的蛋白质，并进行蛋白质的复性。包涵体的主要成分就是表达产物，可占据集体蛋白质的 40%~95%，此外，还含有宿主菌的外膜蛋白、RNA 聚合酶、RNA、DNA、脂类及糖类物质，所以分离包涵体后，还要采用适当方法（如色谱法）进行重组蛋白质的纯化。

> **思考题**
> 1. 使用镍柱纯化蛋白质的原理是什么？
> 2. 如果表达出来的蛋白质没有活性，可能的原因有哪些？

实验 60　SDS-PAGE 凝胶电泳

SDS-PAGE 凝胶电泳

一、实验目的

通过本实验，掌握 SDS-PAGE 方法原理及操作技术。

二、实验原理

十二烷基硫酸钠聚丙烯酰胺凝胶电泳（sodium dodecyl sulfate polyacrylamide gel electrophoresis，SDS-PAGE）是对蛋白质进行量化、比较及特性鉴定的一种经济快速而且可重复的方法。该法是依据混合蛋白质的分子质量不同来对其进行分离。SDS 是一种去垢剂，可与蛋白质的疏水部分相结合，破坏其折叠结构，并使其广泛存在于一个广泛均一的溶液中。SDS 蛋白质复合物的长度与其分子质量成正比。在样品介质和凝胶中加入强还原剂和去污剂后，电荷因素可被忽略。蛋白质亚基的迁移率取决于亚基分子质量。在大肠杆菌表达纯化外源蛋白质的实验中，SDS-PAGE 更是必不可少的操作，其通常用于检测蛋白质的表达情况（表达量、表达分布），以及分析目标蛋白纯度等。

三、实验材料与设备

1. 材料

SDS、凝胶贮液、分离胶缓冲液、浓缩胶缓冲液、过硫酸铵、TEMED、蛋白质 Marker、考马斯亮蓝 R250 染色液、甲醇、醋酸脱色液、异丙醇、Tris-HCl 缓冲液、二硫苏糖醇、去离子水等。

2. 设备

电泳槽、稳压稳流电泳仪、脱色摇床等。

四、实验方法与步骤

采用非连续的 SDS-PAGE 定性检测重组蛋白的表达，分离胶浓度为 12%（质量分数），浓缩胶浓度为 5%（质量分数）。

样品制备方法为：取 10μL 待分析样品，加入 2μL 5×SDS 上样缓冲液，沸水浴加热 20min。电泳凝胶的制备如下。

（1）洗净制胶玻璃片并安装于制胶架上，用水检漏后吸干玻璃片之间的水分。

（2）配制 12%（质量分数）的分离胶：去离子水 3.5mL、30%（质量分数）丙烯酰胺溶液 4.0mL、分离胶缓冲液 2.5mL、10% 过硫酸铵 0.1mL、TEMED 0.004mL。

(3) 将分离胶缓慢注入玻片夹层中，上部使用异丙醇进行液封。

(4) 待分离胶凝固后，按配方配制5%（质量分数）的浓缩胶：去离子水2.28mL、30%（质量分数）丙烯酰胺溶液0.68mL、浓缩胶缓冲液1mL、10%（质量分数）SDS 0.04mL、TEMED 0.004mL。

(5) 去除分离胶表面的水分及残留的异丙醇，将浓缩胶缓慢地注入玻片夹层中，插入点样梳。

(6) 待浓缩胶凝固后，小心拔出点样梳，将玻片固定于电泳槽中，加入电泳缓冲液，使内层液面没过上样孔。

用微量进样器将处理好的样品依次上样并作记录。上样完成后，打开电泳仪开关，调节电压至100V，电泳30min后可将电压调至150V左右，待蓝色染料迁移至距离凝胶末端约1cm时，停止电泳。

电泳结束后，小心取出凝胶，置于染色液中振荡过夜。

去除染色液，加入脱色液。脱色液需更换2~3次，直至凝胶的蓝色背景褪去、蛋白质色带清晰为止。

拍照并分析蛋白质纯度及分子质量大小。

五、实验结果

记录并分析目标蛋白质的相对分子质量和纯度，撰写实验报告。

六、注意事项

(1) 丙烯酰胺是神经毒素，操作时必须戴手套。

(2) 制备凝胶应选用高纯度的试剂，否则会影响凝胶凝固与电泳效果。制胶时，注意不要产生气泡，尽量使凝胶平整。

(3) 由于与凝胶凝固有关的硅橡胶条、玻璃板表面不光滑洁净，在电泳时会造成凝胶板与玻璃板或硅橡胶条剥离，产生气泡或滑胶；拨胶时凝胶板易断裂，为防止此现象，所用器材均应严格清洗。

(4) 安装电泳槽和镶有长、短玻璃板的硅橡胶框时，位置要端正，均匀用力或用旋紧固定螺丝，以免缓冲液渗漏。样品槽模板梳齿应平整光滑。凝胶聚合后，小心拔出梳子，不要破裂加样孔。

(5) 用琼脂封底及灌凝胶时不能有气泡，以免影响电泳时电流通过。

(6) 在不连续电泳体系中，预电泳只能在分离胶凝固后进行，洗净胶面后才能制备浓缩胶。浓缩胶制备后，不能进行预电泳，以充分利用浓缩胶的浓缩效应。电泳时，电泳仪与电泳槽间正、负极不能接错，以免样品反方向泳动；电泳时应选用合适的电流、电压，过高或者过低都会影响电泳效果。

思考题

1. 考马斯亮蓝染色的原理是什么？
2. 凝胶脱色的注意事项有哪些？
3. 分离胶和浓缩胶的作用和原理分别是什么？
4. 根据电泳迁移率计算目标蛋白质相对分子质量大小的原理和方法是什么？

实验 61　脂肪酶活力测定

Lipase 脂肪酶活力

一、实验目的

(1) 学会测定脂肪酶活力测定的基本原理及操作方法。
(2) 掌握分光光度计、移液器、高速离心机等实验设备的使用要领。

二、实验原理

脂肪酶（EC3.1.1.3）是一种特殊的酯键水解酶，能催化天然油脂水解，在食品、医药、洗涤剂和皮革等许多工业领域中都有广泛应用。近年来，随着界面酶学和非水相酶学的发展，脂肪酶在油脂合成、光学拆分等有机合成领域也显示了巨大的发展潜力。常见的酶活力测定方法为：碱滴定法和对硝基苯酚法和铜皂法，其中对硝基苯酚法较为常用。

脂肪酶（Lipase）是一种羧基酯水解酶，广泛存在于动植物和微生物中，与其他酶系控制着生物体内的营养吸收与转化过程。通常采用对硝基苯酚法测定脂肪酶活力。对硝基苯酚酯（4-nitrophenyl ester）是脂肪酶水解活力测定中运用最广泛的一种底物，脂肪酶水解产生的对硝基苯酚（p-NP）在碱性条件下显黄色，在 410nm 处有吸光度，且灵敏度很高。

脂肪酶活力定义：1 个酶活力单位是指在特定条件（40℃，pH 8）下，在 1min 内能转化 1μmol 底物对硝基苯酚棕榈酸酯（p-NPP）的酶量，或是转化底物 p-NPP 中 1μmol 有关基团的酶量，用国际单位 U/mL 或 U/g 表示。

三、实验材料与设备

1. 材料

棕榈酸对硝基苯酯、对硝基苯酚、异丙醇、无水乙醇、考马斯亮蓝、牛血清蛋白等。

2. 设备

紫外分光光度计、pH 计、涡旋混匀器、水浴锅、离心机等。

四、实验方法与步骤

(1) 利用考马斯亮蓝测定原液中酶（蛋白质）含量。以一定浓度梯度的牛白蛋白为标准蛋白质，绘制标准蛋白质含量-吸光度曲线。

(2) 100mL 浓度为 0.10mg/mL 的对硝基苯酚棕榈酸酯（相对分子质量 377.52）底物溶液的配制：①准确称取 100mg p-NPP 溶于 100mL 异丙醇中，容量瓶定容（短时间内可低温保存）；②准确量取 10mL 上述溶液，在 100mL 容量瓶中用 Tris-HCl 缓冲液（pH ≈ 7.4）定容，即得 0.10mg/mL 的 p-NPP 底物溶液。

(3) 100mL 浓度为 0.03mg/mL 的 p-NP（相对分子量 139.11）标准溶液配制；①准确称取 30mg p-NP 溶于 100mL 异丙醇中，容量瓶定容；②准确量取 10mL 上述溶液，在 100mL 容量瓶中用 Tris-HCl 缓冲液定容，即得到 0.03mg/mL 的 p-NP 溶液。置于棕色试剂瓶，在 4℃ 冰箱保存。

(4) p-NP 溶液标准曲线绘制　将 0.03mg/mL 的 p-NP 溶液分别稀释 2、5、10、15、20 倍，分别测定其在 410nm 处的吸光度，并绘制浓度-吸光度曲线。

(5) 酶活力测定（每组平行实验 3 次）　①取 4mL p-NPP 底物溶液，在 40℃ 条件下预热 15min 后加入 1mL 酶液（可能需要稀释）反应 10min，每隔 3~5min 颠倒混匀一次，反应结束立即加入 5mL 无水乙醇混合均匀终止反应；充分振荡摇匀后取 8mL 混合液至 15mL 尖底离心管中；质量配平后，置于 7000r/min 转速下离心 3min；离心后，小心取出离心管，移取约 4mL 上清液置于比色皿中，并在 410nm 处测定吸光度，记录吸光度 A_1~A_3；②空白组：取 4mL p-NPP 底物溶液，在 40℃ 条件下预热 15min 后，加入 1mL 酶液（经 90~100℃ 煮沸灭活）静置 10min 后，立即加入 5mL 无水乙醇，混合均匀。测定其吸光度。

(6) 对照标准曲线算出生成的对硝基苯酚浓度，根据式（9-1）计算酶活力（计算过程注意单位换算）。

$$酶活力(U/mg) = \frac{n \times (C_1 - C_0)}{T \times v_0 \times C_2} \tag{9-1}$$

式中　n——酶液稀释倍数；

C_1——根据吸光度 A 求出的对硝基苯酚浓度，μmol/mL；

C_0——根据吸光度 A 求出的空白组中对硝基苯酚的浓度，μmol/mL；

T——反应时间，min；

v_0——稀释后酶液的体积，mL；

C_2——酶浓度，mg/mL。

五、实验结果

记录并分析不同温度和不同 pH 环境中，测得脂肪酶含量的差异情况，撰写实验报告。

六、注意事项

(1) 酶促反应过程中，只有最初一段时间内反应速率与酶浓度成正比，随着反应时间的延长，反应速率即逐渐降低。

(2) 要规定一定的反应条件，如时间、温度、pH 等，并在酶测定过程中保持这些反应条件的恒定。

(3) 配制的底物浓度应准确且足够大，底物液中应加入不抑制该酶活力的防腐剂并保存于冰箱中，以防止底物被分解。

(4) 在测定过程中，所用仪器应绝对清洁，不应含有酶的抑制物，如酸、碱、蛋白质沉淀剂等。

思考题

1. 影响脂肪酶测定结果的因素主要有哪些？
2. 如何获得脂肪酶的最适反应温度？

第十章

综合实验：生物分子的生物信息分析、分子改造及发酵过程的虚拟仿真

CHAPTER 10

[学习目标]

1. 了解生物信息学技术预测和分析目的基因的基本原理；利用基本的生物信息技术和工具研究目的基因的结构鉴别、蛋白质预测和系统发育。

2. 学习和掌握应用拉氏图识别酶不稳定区域位点的方法；学习和掌握应用饱和突变进行酶分子性能改造的方法。

3. 通过乳酸菌发酵生产 γ-氨基丁酸过程优化及放大虚拟仿真实验；学习和了解发酵工艺的种子液制备、摇瓶培养基优化、发酵罐培养条件优化、补料发酵过程控制和中试放大等关键过程；熟悉发酵设备使用方法以及发酵过程优化、控制和放大的方法和策略。

基因的结构主要包括编码区、非编码区以及上下游调控序列。基因的结构鉴定、功能表现和演化分析是一个复杂的过程，涉及多种生物学实验技术和生物信息学分析技术。随着生物信息学的快速发展及各类资源和工具的广泛应用，基因结构鉴定和功能分析技术对生物学研究和应用日益重要。生物信息学工具和资源的综合运用可以快速地分析鉴定基因的结构，初步实现从基因的物理位置到其功能区域的识别，帮助我们更加快速高效地了解生物基因的结构组成、功能特征和分子进化过程，是生物学研究和应用中不可缺少的重要手段。

酶分子改造是获得高性能催化剂（如高催化效率、高选择性和高稳定性）的主要手段。利用生物信息学、计算科学的研究成果、方法和工具并结合成熟的酶学理论来来对酶分子进行改造，可以极大减少非必须产生的突变体，提高突变效率，使得酶分子改造更加理性和高效。蛋白质的拉氏图（Ramachandran plot）是用来描述蛋白质结构中氨基酸残基二面角 φ 和 ψ 是否在合理区域的一种可视化方法，根据拉氏图可以判断蛋白质结构模型的合理性。拉氏图中处于不合理区的氨基酸位点常常可作为酶分子稳定性等催化性能改造的潜在位点。

生物产品发酵过程中，种子液的制备、发酵培养基和摇瓶培养条件优化、发酵罐培养条件的优化、补料发酵过程控制及中试放大实验等关键过程对于生物产品的高效制备起着关键作用，也是生物发酵产业人才必须掌握的重点知识和技能。

实验 62　目的基因的结构鉴别、蛋白质预测和系统发育分析

一、实验目的

(1) 了解生物信息学技术预测和分析目的基因的基本原理。
(2) 利用基本的生物信息技术和工具研究目的基因的结构鉴别、蛋白质预测和系统发育。

二、实验内容

(1) 对基因组 DNA 序列进行分子质量、碱基组成和分布、序列变换以及限制性酶切位点等基本分析，了解 DNA 序列的基本特征。
(2) 对基因组 DNA 序列进行可读框架分析，预测 ORF 序列，鉴别出可能含有的假定编码基因，确定该目的基因的基因组 DNA 序列。
(3) 对基因组 DNA 序列进行启动子等功能调控位点分析，筛选出目的基因最合理的启动子。
(4) 对目的基因的编码区序列进行翻译，预测出该目的基因编码的氨基酸序列，获取目的蛋白质，确定该目的基因的 mRNA 和编码区序列。
(5) 对目的蛋白质序列进行氨基酸组成、等电点、分子质量和疏水性等基本特性分析，了解目的蛋白质的基本理化性质。
(6) 对目的蛋白质进行二级、三级结构等构象预测分析，确定目的蛋白质的基本结构。
(7) 对目的蛋白质的生物学功能进行预测分析，初步了解目的蛋白质的生物学作用。
(8) 进行目的蛋白质的同源序列比对分析，搜索出 5 条及以上的同源蛋白质序列，了解目的蛋白质的家族情况。
(9) 对目的蛋白质的家族成员进行系统发育分析，构建系统进化树，了解蛋白质家族成员的演化和亲缘关系。

三、实验原理

对生物来源的 DNA 序列进行目的基因的结构鉴别、蛋白质预测和系统发育分析是生物问题研究比较常见的需求，也体现了生物信息学最基础的技术原理、最常用的基本研究方法和工具资源。

（一）基因的结构鉴别

基因的结构鉴别就是从特定的核酸序列中寻找目的基因，找出基因和功能位点的位置和序列结构组成，以及标记已知的序列模式等过程。主要功能位点包括外显子、内含子、开放阅读框（ORF）、非编码区、启动子、核糖体结合位点、其他调控位点等。一般而言，确定基因的位置和结构需要基于基因的基本生物特征，综合运用多个生物信息方法进行分析，而且需要遵循一定规则：对于真核生物序列，在进行预测之前先要进行重复序列分析，把重复序列标记出来

并除去；选用预测程序时要注意适用的物种特异性；要弄清程序适用的是基因组序列还是互补 DNA（cDNA）序列；很多程序对序列长度也有要求。

1. 开放阅读框

开放阅读框包含从 5′端翻译起始密码子（ATG）到终止密码子（TAA、TAG、TGA）之间的一段编码蛋白质的碱基序列。ORF 是完整基因序列的一部分，一个完整基因包括 ORF 序列以及非编码序列。预测 ORF 可作为寻找一个假定的蛋白质编码基因的关键线索，但是预测的 ORF 并不一定确认是基因，因为预测的 ORF 终止密码子与终止密码子前面所包含的区域不一定能一一与客观的目的基因对应，因此预测出的 ORF 数量相较于已知注释基因会更多。编码区（CDS）是与蛋白质序列一一对应的 DNA 序列，且该序列中间不含其他非该蛋白质对应的序列，不考虑 mRNA 加工等过程中的序列变化，但 CDS 序列的确认许多需要蛋白质研究实验的证据支持。开放阅读框的预测程序主要是针对编码区的特征进行统计，以及相关模式的识别或是利用同源比对的识别方法。

2. 内含子/外显子剪接位点

真核基因转录成前体 mRNA 后，还要通过选择性剪切进一步改装成成熟的 mRNA。许多基因并不是一次全部切除其内含子，而是在不同细胞或不同发育阶段，选择性地剪切其内含子，从而生成不同的 mRNA。在真核生物中基因的外显子和内含子长度不一，但剪切供体和受体的位点具有相当程度的保守性，这有助于碱基位点的预测。供体位点（donor）是基因内含子 5′端 GU 的位置；受体位点（acceptor）是内含子 3′端 AG 的位置。对于 mRNA 或 cDNA 序列的分析是通过比对相关的基因组序列来进行选择性剪接和基因结构分析。由于可变剪接的复杂性以及可变剪接在数据库里的注释非常不完整，预测出的剪接位点大多不符合实际情况，剪接位点预测的敏感性和精度较低，对真实剪接位点和虚假剪接位点的识别分辨率不高。不过，剪接位点一般具有较明显的序列特征，如果把剪接位点和两侧的编码特性和周围序列特征结合起来分析，则有助于提供剪接位点的识别效果，这需要选择性剪接位点周围序列特征的持续研究和选择性剪接数据库的不断丰富发展。

3. 启动子分析

启动子是基因表达所必需的重要序列信号，识别出启动子对于基因辨识十分重要。启动子定位于转录起始位点的上游不远处。其长度分布范围可为 100~1000bp。在原核生物中，识别启动子的特异性主要由 RNA 聚合酶或者 σ 因子执行，转录启动相对简单。在真核生物中，转录起始的过程比较复杂，需要多个转录因子参与，最后募集 RNA 聚合酶到启动子附近开始转录。另外，启动子还需与其他的 DNA 元件协同发挥作用，如增强子、沉默子、绝缘子（insulator）等。有一些程序根据实验获得的转录因子结合特性来描述启动子的序列特征，并依次作为启动子预测的依据，但实际效果并不十分理想，遗漏和假阳性都比较严重。总的来说，因不同类型生物中的启动子特性差别较大，不同启动子分析软件的使用及其适用范围也有所不同，启动子预测方法仍需继续研究探索。

4. 核糖体结合位点分析

外源基因的高效表达不仅取决于转录启动的频率，还在很大程度上与 mRNA 的翻译起始效率密切相关。核糖体结合位点（RBS）是 mRNA 起始密码子上游非编码区的一段碱基序列，能够结合核糖体正确定位至翻译起始位点，也能够控制 mRNA 翻译起始的准确度和效率。原核生物 RBS 通常位于翻译起始密码子 AUG 上游 10~13bp 处，多为 SD[1] 序列特征，预测较为简单。真核生物 RBS 的预测较为复杂，真核生物的翻译起始需要多种起始因子和复合物的参与，并且起始密码子 AUG 上游的非翻译区序列并不具有明显的特征性序列。因此，对于真核生物的 RBS 预测，通常需要更为复杂的算法。主要预测方法有序列比对、结构模拟、能量分析、序列特征分析等，代表性工具是 IRESfinder。

（二）基因的蛋白质预测

基因的蛋白质预测是对基因所编码蛋白质进行序列分析、结构和性质预测、蛋白质功能可能性探索等过程。由于蛋白质分子的复杂性和功能多样性，这方面的预测方法种类较多，预测准确度差别较大，因此，这也是生物信息技术需要精进的重点领域，尤其体现在蛋白质结构预测方法准确性方面的不断探索和迭代中。

蛋白质序列分析的常用方法有同源建模法、穿线法等。同源建模法主要是通过找到与目标序列同源的已知结构作为模板，为目标序列与模板序列创建序列比对，并根据创建的序列比对，用同源建模软件预测结构模型。穿线法则主要是通过把目标序列像穿针引线一样穿到现有的结构里，评估穿到哪个结构里最适合，哪个结构就可以作为预测的模板，根据最适合的穿法，构建出最终结构模型。

蛋白质结构预测是通过计算机模拟方法来预测蛋白质的三维结构。蛋白质结构预测的方法主要包括了以同源模拟、从头预测等方法构成的传统预测算法与以机器学习为基础的深度学习算法。

同源模拟是一种基于模板的预测算法，是按照已有的蛋白质结构进行建模，当所要预测的序列存在较多的同源结构时，基于同源序列的模拟是最为准确的方法，但当缺乏已知结构蛋白质或序列不相似性但结构却相似等情况时预测准确度大幅降低。

从头预测算法从构象角度寻找最精确的蛋白质结构，预测过程要么是依靠物理学性质的算法，运用力场来模拟出不同原子之间怎样组合能够得到最低的能量，要么是参考 PDB 等数据库中所储存的结构数据为先验知识进行预测。

随着近些年来计算机程序与算法的进步，深度学习算法发展迅速，序列与序列之间的相关性可以从更多角度被发掘出来，例如，AlphaFold2 主要依赖神经网络架构和基于海量蛋白质结构数据、物理与几何性质等数据训练出的机器学习模型，运用共进化分析与多序列比对结果，AlphaFold2 可直接预测出原子的三维坐标，并通过多次迭代对向量矩阵不断优化，最后得出能量最低、稳定性最好的模型。这对于结构生物学以及生物信息学领域都是值得期待的。

蛋白质功能预测是指通过分析蛋白质的结构和序列特征，预测蛋白质的功能。蛋白质功能预测的方法有很多，包括序列比对、结构比对、基因注释、基因共表达分析、代谢网络分析等。其中，序列比对和结构比对是最常用的方法之一。序列比对是将目标蛋白质与已知功能的蛋白质进行序列比对，寻找相似性，从而推测目标蛋白质的功能。这种方法简单易行，但准确性有限。结构比对是根据蛋白质的结构信息，比较目标蛋白质与已知功能的蛋白质的结构相似性，从而推测目标蛋白质的功能。这种方法准确性较高，但需要获得蛋白质的结构信息，难度较大。此外，基因注释是指利用基因组注释信息来预测蛋白质的功能。基因共表达分析是指通过分析基因共表达模式来预测蛋白质的功能。代谢网络分析是指通过分析代谢网络中蛋白质的作用和

---

[1] SD 序列：Shine-Dalgarno 序列，又称夏因-达尔加诺序列。

相互关系来预测蛋白质的功能。蛋白质功能问题具有较大挑战性,需要综合运用多种方法来进行预测。

(三)基因家族的系统发育分析

基因家族的系统发育分析是研究基因家族成员之间亲缘关系和进化演化的重要手段。系统发育分析通过比较不同物种或同一物种不同基因之间的氨基酸序列或基因组序列,确定它们之间的相似性和差异性,以及它们在进化树上的位置和亲缘关系,从而推断基因家族的系统发生情况。对于一个基本的系统发生分析通常需要以下步骤。

(1)多序列比对　将不同物种或同一物种不同基因的氨基酸序列或基因组序列进行比对,找出相似性和差异性。

(2)构建进化树　根据比对结果,利用进化树的构建方法,推断出不同物种或基因之间的亲缘关系和进化演化历程。构建进化树的算法主要分为两类:独立元素法(discrete character methods)和距离依靠法(distance methods)。所谓独立元素法是指进化树的拓扑形状是由序列上的每个碱基或氨基酸的状态决定的。而距离依靠法是指进化树的拓扑形状由两两序列的进化距离决定的。进化树枝条的长度代表着进化距离。独立元素法包括最大简约法(maximum parsimony methods)和最大似然法(maximum likelihood methods);距离依靠法包括除权配对法(UPGMAM)和邻位相连法(neighbor-joining)。不同算法有不同的适用目标,对于一些特定多序列来说,可能也不一定有一个算法非常适合它。一般来说,最大简约法适用于符合以下条件的多序列:所要比较的序列碱基差别小,对于序列上每一个碱基有近似相等的变异率,没有过多的颠换或转换的倾向,所检验序列的碱基数目较多(大于几千个碱基)。最大似然法分析序列则无需以上诸多条件,较为适用于远缘物种序列,但计算极其耗时。UPGMAM 法假设在进化过程中所有核苷酸或氨基酸都有相同的变异率,也就是存在着一个分子钟。邻位相连法是一个经常被使用的算法,它构建的进化树相对准确,而且计算快捷。其缺点是序列上的所有位点都被同等对待,所分析的序列进化距离不能太大。

(3)进化树评估　用来检验构建的进化树分枝可信度。进化树的构建是一个统计学问题,我们需要对所构建进化树所反映出进化关系的真实性进行评估或模拟。如果是采用了一个适当的方法,那么所构建的进化树就会接近真实的"进化树"。进化树的评估主要采用拔靴法(Bootstrapping 法),这个算法先把序列的位点都重排,重排后的序列再用相同办法构建,如果原来树的分枝在重排后构建的树中也出现了,就给这个分枝记为重现一次。这样经过打乱重排给定的次数后(一般设置 500~1000 次),这个分枝被重现的次数占重排次数的百分比就是自展值。自展值大于 75(即 75%)时,才认为这个分枝是可靠的。

四、实验材料与工具资源

1. 实验序列

下列 fasta 格式的基因组 DNA 序列片段为含有拟研究的目的基因的有义链序列,长度 2503bp,是利用始旋链霉菌(*Streptomyces pristinaespiralis*)的普那霉素(pristinamycin)高产菌株克隆进行基因组测序获得。

>未知序列,始旋链霉菌的普那霉素高产菌株,基因组 DNA,2503bp。

```
GGCGGCGCCCCCGGCAGGCACCGGCCAGGCACGGCCGCAGGGCCAGGGCCAGGGCGGC
TTCCCCGCCCGCGGCGAGACGGGTGGGCCCGGCGGAGGCGGCGGCATGGGCGGCCTCCT
CGACGGGGCGGACGTGGGCGCCGAGGCCGAGTCCCTGCTGGAGCGGGACGCCGACGAC
TACACCTGGGCGGCCGCGGCCATCGGATCGCAGAACGCCGCGAGCTACCAACTCGCGAC
GGGTGAACCGGTGATGGCGATCGGCGGCTTCAACGGCAGCGACCCGTCCCCGACCCTCG
CCCGGTTCAAGCAGTACGTGGCCGACGGGCGGATCCACTGGTTCATCGGCGGCGGTGAC
GGGCCGGCCGGCGGCGCCGGCGGCGGGACGAGTTCCGAGATCACCGCCTGGGTCCAGG
ACGAGTTCACCCCGGTCACGGTGGACGGCGTCACCTTCTACGACCTGACCGCGGAGAAA
TAGCGCTGTACAGCGTATGGGAATCTCTTGTACGGTGTACGAGTATCTTCCCGTACACCG
TACAAGGAGCCTGAATGACGGCAACGACGACCGAGACCAGTAAGGCCCCCTCGGGCGG
CCACCCGCAGCGCTGGCTGATCCTCGGCGTCATCTGTCTCGCCCAGCTCACCGTGCTGCT
CGACAACACCGTCCTGTCCGTGGCGATCCCGTCCCTCACGAGGGAGCTCCACGCCTCGA
CGGCCGACATCCAGTGGATGATCAACGCCTATTCGCTGGTCCAGTCGGGCCTGCTGCTCA
CCGCGGGCAACGCGGCGGACCGCTACGGCCGCAGGAAGATGCTGGTCGCGGGCCTGGC
CCTGTTCGGCATCGGTTCGCTCGCCGCCGGACTCGCCCAGACCTCCGGACAGTTGATCGC
GGCGCGAGCCGGCATGGGCGTCGGCGGGGCGCTGCTGATGACCACGACCCTCGCGGTCG
TCGTGCAGGTCTTCGACGAGACCGAGCGGGTGAAGGCGATCGCCCTGTGGTCGACGGTC
AGCTCGCTCGGCTTCGCGGCCGGACCGCTGATCGGCGGCGTGATGCTCGAGCACTACTG
GTGGGGCGCGATCTTCCTGATCAACATCCCCGTCGCCGTGATCGGCCTGGTGGCGGTCGT
CCTGCTGGTCCCGGAGTCCAAGAACCCGCAGGGCGACAGGCCCGACCTGCTCGGCGCGG
TGCTGTCCACGATCGGTATGACGGCCGTCGTGTACGCGATCATCTCGGGCCCGGACCAC
GGCTGGACCTCCACCCAGGTCCTGGCGTCCGCCGCCCTCGGCGCGCTCTTCCTCGGCGCG
TTCGTGTTCTGGGAGCTGCGGATCCCGTACCCGATGCTCGACATGCACTTCTTCCGTAAC
CAGCGCTTCATCGGCGCGGTCGCCGGCGCCATCCTGGTGGCGTTCGGCATGACCGGTTC
GCTCTTCCTGCTGACCCAGCACCTCCAGTTCGTGCTGGGGTACGGGGCGCTGGACGCCG
GTCTCCGCACGGCTCCGCTGGCGCTGACGGTCGTCGCGCTCAACCTGACGGGCATGGGC
GCCCGGCTGCTGCGGATCTTCGGGACGCCGGTCACCATCGCCGTCGGCATGGCCCTGGT
CTCCGGTGGCCTCGCGGCCATCGCCGTCCTCGGGGCCGGCGGCTACAACGGGATGCTGC
TCGGCCTGGTCGTCATGGGCGCCGGCGTGGCGCTGTCCATGCCCGCGATGGCCAACGCG
ATCATGAGCGCCATCCCGCCGGAGAAGGCGGGCGTGGGCGCCGGCATCAACGGCACCC
TCGCCGAGTTCGGCAACGGCCTCGGCGTCGCCGTCCTGGGCGCGGTGCTCAACTCCCGCT
TCGCCGCTCTCGTACCCGCGGCCGTCGGAGCGACCTCGCTGCCCGCCGCCCTGGCGGCG
GCGGACGACGCCGGTGAGCGTGCCCGGATCTCGGATGCGTTCGCCTCCGGACTGGAGAC
GAGTCAGCTGGTGGGCGCGGTGGCGGTGCTGGCCGGCGGTCTGCTGGCCGCGCTGCTGC
TGCCGGCGGGCCGAGCGGGCGGACCCTCCGGCGAAGGCCTGACACCGCGAGGCGGCCAC
GGTGCTGTGCCGCAGAGGGCACAGCACCGTGGCGGAGCATGGCGGCATAGCATCGGAG
GCGGGCGGACCGGAGCGTTCCGGCACCGCCCGTCCGGCCGGAAGAACCGAGAGGGTGT
GCGATGGCGAGTACGACGACCGCACGAAGAGCCCCGCACGGACCAGTGTCTGGCTGG
AGGGCAAGGCGGCTGACCGCGGGCGCAGGTCGGCCCAGCCGGCCGGACTGGACCGCGA
CAAGATCATCGATGCCACGGTCCGGCTCCTGGACGCCGAGGGCGCGGCCCGGTTCTCCA
TGCGGAAGCTGGCCGCAGAGCTGAATGTCACCGCGATGTCGGTCTACTGGTACGTCGAC
ACCAAGGACGACCTGCTGGAGCTGGCCCTCGACGCGGTCTTCGGAACCGTGGCGCTGCC
CGACACGGACGCGGGCGACTGGCGCGAG
```

第十章　综合实验：生物分子的生物信息分析、分子改造及发酵过程的虚拟仿真　273

2. 软件和在线资源

计算机、Windows 系统、Internet 网络。

①DNAStar Lasergene 7.1 软件；②NEB cutter 在线工具；③ORF Finder 在线工具；④Neural Network Promoter Prediction 在线工具；⑤ProtParam 在线工具；⑥PredictProtein 在线工具；⑦SWISS-MODEL 在线工具；⑧BLAST 在线工具；⑨Dali server 在线工具；⑩Pfam（Protein Families Database）数据库；⑪ClustalX 2.1 软件；⑫PHYLIP 3.698 软件；⑬TreeView X 软件。

五、实验方法与步骤

1. 目的基因的结构鉴别

（1）基因组 DNA 的序列长度、碱基组成和分布分析　安装 DNAStar 软件 → 在 Lasergene 软件包里选择打开 EditSeq 程序 → 将基因组 DNA 序列输入分析框 → 选择基因组 DNA 序列目标区域 → 点击 Goodies 菜单 → 选择 DNA Statistics → 查看基因组 DNA 序列目标区域的序列长度、碱基组成和分布、T_m 等。

（2）基因组 DNA 序列的序列变换分析　在 Lasergene 软件包里选择打开 EditSeq 程序 → 将基因组 DNA 序列输入分析框 → 选择基因组 DNA 序列目标区域 → 点击 Goodies 菜单 → 选择 Reverse Sequence → 查看目标序列区域 DNA 链的反向序列；选择 Reverse Complement → 查看目标序列区域 DNA 链的反向互补序列。

（3）基因组 DNA 序列的限制性酶切位点分析　打开在线工具 NEB cutter → 将目标 DNA 序列输入分析框 → 根据酶和序列特征设置偏好性 Set preferences → 点击 Submit 按钮 → 在分析结果页面左侧导航栏点击各功能选项 → 详细查看酶切位点分布、酶切情况汇总等相关信息。

（4）基因组 DNA 序列的可读框架分析　打开在线工具 ORF Finder → 将基因组 DNA 序列输入分析框 → 根据序列特征设置搜索参数 Choose Search Parameters → 点击 Submit 按钮 → 在分析结果页面右侧查看起始密码位置和编码区范围等预测结果 → 选择最合理的 ORF 记录，作为目的基因编码区域，显示并保存相关核酸、CDS 和编码氨基酸序列。

（5）目的基因序列的启动子分析　打开启动子预测在线工具 Neural Network Promoter Prediction → 将基因组 DNA 序列输入分析框 → 根据序列特征设置搜索参数［type of organism（实验序列选为 prokaryote）、Include reverse strand（实验序列选为 no）、Minimum promoter score（实验序列设为 0.6）］→ 点击 Submit 按钮 → 在分析结果页面查看基因组 DNA 序列上启动子起始位置、序列和置信得分等预测结果→ 选择合理性最高的启动子预测记录，作为目的基因的启动子。

（6）目的基因的基因组 DNA、mRNA、CDS 和编码蛋白质的序列鉴别　综合上述预测分析结果，利用基因组 DNA 序列分别鉴别出目的基因的基因组 DNA、mRNA 和 CDS 的序列区域以及编码的目的蛋白质序列，分别以 fasta 格式保存。

2. 目的基因的蛋白质预测

（1）目的蛋白质的氨基酸组成、等电点、分子质量和疏水性等基本特性分析　打开 ExPASy 服务门户上的在线工具 ProtParam → 将目的蛋白质的氨基酸序列输入分析框 → 点击 Compute parameters 按钮 → 在预测结果页面详细查看 Number of amino acids、Molecular weight、Theoretical pI、Amino acid composition、Number of charged residues、Extinction coefficients、Hydropathicity 等相关信息。

(2) 目的蛋白质的二级结构分析　打开蛋白质二级结构预测在线工具 PredictProtein → 将目的蛋白质氨基酸序列输入分析框 → 点击 PredictProtein 按钮 → 在预测结果页面左侧导航栏点击各功能选项 → 在概览（VIEWS）、结构注释（STRUCTURE ANNOTATION）、功能注释（FUNCTION ANNOTATION）等导航类别下详细查看蛋白质二级结构预测结果、结构特征及其影响等相关信息，选择相关内容进行输出保存。

(3) 目的蛋白质的三维结构分析　打开蛋白质三维结构预测在线工具 SWISS-MODEL → 点击 Start Modelling → 在系统自动默认模式（automated mode）下工作页面的对话框中输入目的蛋白质的氨基酸序列 → 点击 Build Model 按钮 → 在预测结果页面上侧导航栏点击各功能选项 → 在总览（summary）、模板（templates）、模型（models）等导航类别下详细查看目的蛋白质三维结构预测结果 → 着重观察分析模型（models）类别下的建模结果，可根据 GMQE、Seq Identity 等参数选择对目的蛋白质进行同源建模最合理的结构模型，下载保存，作为目的蛋白质最优的三维结构预测结果，其中构象文件以 pdb 格式保存。

(4) 目的蛋白质的生物学功能预测分析　可运用下面两类方法对目的蛋白质的功能分别进行预测分析，综合分析所获得的搜索结果，作为目的蛋白质功能预测的参考结果。

①目的蛋白质的序列比对：打开 NCBI 上的在线工具 BLAST 程序包的 blastp（protein blast）→将目的蛋白序列输入对话框→根据序列特征和搜索要求设置相关选项及比对参数（Algorithm parameters）、数据库［database，优先选择 Non-redundant protein sequences（nr）］→ 点击 BLAST 按钮 → 在搜索结果页面中部点击各结果类型导航项 → 详细查看与目的蛋白质查询序列（query）有匹配的数据库检中序列记录的比对结果情况，可根据检索结果中检中序列的得分值（score）、期望值（E value）等参数以及相关记录的蛋白质功能研究基础为主要参考选择最理想的匹配结果，作为目的蛋白质的可能功能的参考结果。

②目的蛋白质的结构比对：打开在线工具 Dali server → 点击服务器主页上方的启发式 PDB 搜索（PDB search）→ 点击选择文件 → 从本地计算机将目的蛋白质的结构构象文件以 pdb 格式上传 → 点击 Submit 按钮 → 在打开页面上汇总显示搜索出的数据库检中蛋白质记录（neighbors）的对比情况 → 选择感兴趣的记录，可分别点击 Structural Alignments、3D superimposition、SANS、PANZ、Pfam 等不同类型的功能按钮，详细查看目的蛋白质与检中蛋白质的肽链、结构匹配情况、功能描述或进行更深入的比较分析 → 根据 Z 分数（Z-score）、均方根误差（RMSD）、一致度（Identity）等参数以及相关记录的蛋白质结构特征和功能研究描述为主要参考，选择最理想的匹配结果，作为目的蛋白质可能功能的参考结果。

3. 目的基因的系统发育分析

(1) 目的蛋白质的家族蛋白序列同源搜索分析　访问蛋白质家族数据库 Pfam → 点击 SEQUENCE SEARCH → 在打开的对话框内输入目的蛋白的氨基酸序列 → 点击 GO 按钮 → 在打开的页面中可点开 Advanced options 设置高级选项 → 点击 Search 根据序列进行搜索 → 在搜索结果页面（results）中点击搜索结果文件名称 → 在打开的页面上详细查看蛋白家族记录的匹配情况 → 也可点击打开页面上方 Entries 功能选项，查看与目的蛋白质匹配的每个靶标家族记录 → 点击匹配合理的蛋白质家族记录 → 在打开页面的左侧导航栏中选择 Proteins 选项，显示出这个基因家族记录中的蛋白质种类信息 → 点击感兴趣的各个蛋白质记录 → 在每个记录打开的页面左侧导航栏中点击 Sequence 显示序列，然后下载序列保存在本地计算机中，下载 5 条及以上的同源蛋白质序列。

(2) 目的蛋白质家族的系统发育分析　系统发育分析主要包括多序列比对、系统发生树的构建、进化树的观察等主要过程。

①目的蛋白质的多序列比对：以 fasta 格式准备上述 5 条及以上蛋白质序列（或 txt）文件 → 安装 ClustalX 软件并打开 → 点击菜单 File 内的 Load sequence，选择并打开蛋白质序列（或 txt）文件 → 在默认 alignment parameters 下，点击菜单 Alignment 内的 Do Complete Alignment → 在出现的对话框中设置向导树文件、比对文件等输出文件保存地址（默认输出文件格式为 Clustal 格式），点击 OK 进行蛋白质多序列比对 → 点击菜单 File 内的 Save sequence as，在 format 框中选 PHYLIP format，设置文件保存地址，点击 OK，自命名比对文件以后缀名 phy. 保存。

②系统发生树的构建：用 PHYLIP 程序包构建进化树。

a. 应用 seqboot 程序：用 bootstrap 法和折刀法（jack-knife 法）重抽样，生成随机样本。

安装 PHYLIP 软件线下程序包 → 将自命名的蛋白质序列比对文件（*.phy）拷贝到 PHYLIP 程序包的 EXE 文件夹中 → 进入 EXE 文件夹，点击 seqboot 应用程序 → 在打开对话框的命令行内输入带格式后缀的自命名文件名（*.phy），回车 → 在对话框中出现程序的菜单提示（注：通过输入每行前面的字母或数字可实现相应的程序设置修改）→ 选项 R 需修改设置，输入 R 后回车选择重复次数 number of replicates（例如 500），输入这个数字（例如 500）后回车 → 参数设置好后，输入 Y 回车确认 → 在出现的命令行 Random number seed（must be odd）的下面输入一个奇数（例如 3），按回车 → 程序开始运行，在 EXE 文件夹中产生一个文件 outfile。

b. 应用 dnadist（针对核酸序列）或 protdist（针对蛋白序列）程序：计算距离矩阵。

在 EXE 文件夹中将文件 outfile 改名为 infile → 点击文件夹内的 protdist 应用程序 → 选项 M 需修改设置，输入 M 后回车 → 在出现的命令行 Multiple data sets or multiple weights 下面输入 D 回车 → 在出现的命令行 How many data sets 下面输入数据集数，应是输入 seqboot 程序默认设置的 how many replicates 的设置数目（500），输入 500 后回车 → 参数设置好后，输入 Y 回车确认 → 程序开始运行，完成后在 EXE 文件夹中产生 outfile。

c. 应用 neighbor 程序：用近邻相接法（neighbor-Joining）或 UPGMA 算法建树。

在 EXE 文件夹中将 outfile 文件名改为 infile，为避免与原先 infile 文件重复，将原先 infile 文件名改为 infile1 → 在 EXE 文件夹中选择通过距离矩阵推测进化树的算法，点击 neighbor 应用程序 → 选项 M 需修改设置，应是输入 seqboot 程序默认设置的 how many replicates 的设置数目（500），输入 M 后回车 → 在出现的命令行 How many data sets 下面输入数据集数 500 后回车 → 在出现的命令行 Random number seed（must be odd）下面输入奇数种子数（例如 3），回车 → 参数设置好后，输入 Y 回车确认 → 程序开始运行，完成后在 EXE 文件夹中产生 outfile 和 outtree 两个结果文件。outtree 文件是一个树文件，可用 Treeview 等软件打开。outfile 是一个分析结果的输出报告，包括了树和其他一些分析报告，可用记事本直接打开。

d. 应用 consense 程序：将多重树汇总成一个树。

在 EXE 文件夹中将 outtree 文件名改为 intree，将 outfile 文件名改名为 outfile1，以避免被新生成的 outfile 文件覆盖 → 点击 consense 应用程序，采用默认设置，输入 Y 回车确认 → 程序开始运行，完成后在 EXE 文件夹中新生成 outfile 和 outtree。outtree 文件可以用 Treeview 等软件打开，outfile 文件可用记事本打开。

③进化树的观察：安装 TreeView X 并双击打开 → 点击 File 菜单内的 open 打开上述树文件 outtree → 查看进化树中分类单元的拓扑结构和分枝距离等信息 → 点击菜单 Tree 内的 Slanted

Cladogram、Rectangular Cladogram、Phylogram 等命令可选择进化树图形类型 → 点击 File 菜单内的 Save As Picture 以图片格式保持发育树。

六、实验结果

分析并记录实验结果，撰写实验报告。

七、注意事项

（1）进行目的核酸序列中基因结构的鉴别时，除利用单一的线下软件或线上工具进行研究外，还可以自主探索至少一类其他类型的线上工具或线下软件进行分析，然后比较汇总两类工具所得到分析结果，归纳出最合理的预测分析结果。

（2）进行基因结构鉴别结果的汇总分析时，不能孤立地看待 ORF、启动子等各操作的预测结果，一定要利用基因结构组成和功能表达等基础分子生物学知识，将这些结果充分进行科学化、逻辑化联系，以基因结构整体视角进行分析整合，才有可能鉴别出最合理的基因结构预测结果。

（3）SWISS-MODEL 是基于同源建模法预测蛋白质三维结构，目的序列长度一般为 25 个氨基酸残基以上，且与模板序列相似度大于 25%，此法预测的结果参考性较强。序列同源程度越高，预测出的模型的准确度越高。如果目的序列特征和预测结果不符合这些特征，请自主探索其他类型算法的软件或线上工具进行蛋白质三维结构预测。

（4）一般来说，蛋白质三维结构数据库或在线工具中已经嵌合了蛋白质构象可视化程序，使用者可以直接进行蛋白质结构文件的线上观察和分析。但如果需要下载蛋白质结构文件到本地计算机上进行线下的观察和分析，需要使用者自主安装一些蛋白质构象可视化软件，才可以打开蛋白质结构文件进行研究。

（5）进行基因功能预测分析时，可从目的基因的序列、结构、功能模体分类等多个角度切入研究，实验人员可以自主探索利用其他多种类型的软件、线上工具、资源等进行多角度预测分析。对于常用的序列比对工具来说，利用 BLAST 程序时一定要结合序列类型、搜索目的用途等选择合理的子程序并设置相应参数，这样搜索出的结果才有助于后续基因功能预测的辨别分析。

（6）利用一组对序列比对结果为对象构建进化树时，因多序列比对情况的复杂性和建树算法的多样性，一般难以轻易选择一种算法就能构建出最理想的进化树。对于建树算法的选择，需要实验者对各比对序列的生物背景、建树目的、各算法适应范围条件等进行综合理解和分析，然后选择较为合理的算法进行进化树的构建，这样有助于提升接近真实"进化树"的可能性。

（7）利用本实验方法涉及的软件和在线工具时，因后续的软件升级和在线工具更新改版等原因，导致实际的操作方法与上述操作细节描述不一致时，实验人员应根据实验需要解决的研究问题以及这些工具资源可提供的解决路径方法等为出发点，灵活把握这些软件和在线工具的具体操作步骤。也可自主探索其他工具资源来针对性分析解决实验拟解决的基本专业问题。

> **思考题**
>
> 1. 从基因组 DNA 序列上进行基因结构鉴别时,目前的主流算法能够适用的前提条件以及存在的问题有哪些?
> 2. 蛋白质结构预测方法主要有哪些类型?进行相关结构预测时,产生不同结果的主要理由是什么?蛋白质结构预测所需注意的关键事项是什么?
> 3. 多重序列比对及构建系统发生树的主要算法有哪些?实验选择相关工具和参数的主要理由是什么?

实验63　应用拉氏图信息提升谷氨酸脱羧酶的热稳定性

一、实验目的

(1) 学习和掌握应用拉氏图识别酶不稳定区域位点的方法。
(2) 学习和掌握应用饱和突变进行酶分子性能改造的方法。

二、实验原理

拉氏图 (Ramachandran plot) 是由印度学者 GN Ramachandran 及其同事于 1963 年开发的,用来描述蛋白质结构中氨基酸残基二面角 φ 和 ψ 是否在合理区域的一种可视化方法,其中 φ 代表绕 C_a—N 键轴旋转的二面角 (C—N—C_a—C), ψ 代表绕 C_a—C 键轴旋转的二面角 (N—C_a—C—N) (图 10-1)。拉氏图上每个点都有对应的二面角 (φ, ψ),代表一个 C_a 的两个相邻肽基单位构象。该方法是将肽链的原子视为硬球,根据非共价键合原子之间范德华半径确定的最小接触距离 (允许距离),来确定二面角 (φ, ψ),再以 φ 为横坐标,ψ 为纵坐标作图,即得到拉氏构象图 (拉氏图)。根据拉氏图可以判断蛋白质结构模型的合理性。

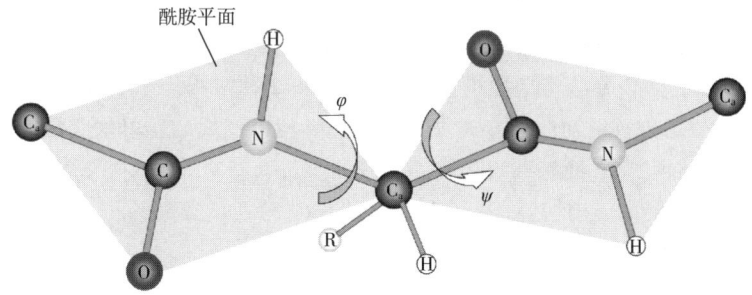

图 10-1　肽链中 C_a—N 键轴旋转的二面角 (φ) 和 C_a—C 键轴旋转的二面角 (ψ) 示意图

如图 10-2 所示,拉氏图的左上部分表示 β-折叠区,该区域的氨基酸残基均形成 β-折叠结构;左下部分为右手 α-螺旋区,右上部分为不太常见的左手 α-螺旋区。图中每部分颜色从深到浅排列的次序依次为最佳合理区 (most favored regions)、额外合理区 (additional allowed regions)、一般合理区（generously allowed regions）及不合理区（disallowed regions）。若一个结构中，超过 90% 的氨基酸残基均分布在最佳合理区，且只有极少数残基出现在不合理区，那么可视该蛋白质结构模型质量优良，而出现在不合理区的位点则可以作为酶分子稳定性等催化性能改造的潜在位点。

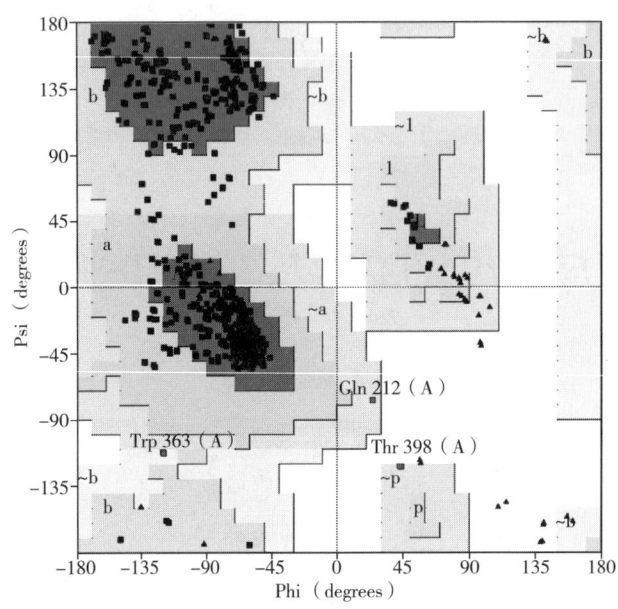

图 10-2　拉氏图示例

Phi（degree）：C_a—N 键轴旋转的二面角 φ（度）；Psi（degree）：C_a—C 键轴旋转的二面角 ψ（度）。

饱和突变是将目的基因靶位点突变成其他 19 种天然氨基酸的分子改造手段，其对于研究靶位点对酶结构与功能的影响具有重要意义。饱和突变文库的构建主要是通过 PCR 方法实现的，首先，根据含有待突变基因的质粒序列，设计包含突变位点的饱和突变引物，上下游引物覆盖区域可以完全重合或者可以大部分重合（但突变位点应处于重合区域）。目标位点突变成其他氨基酸可以通过两种方式实现。

（1）将目标位点核苷酸序列设置成 NNK（N 代表 A、T、C 和 G 4 种脱氧核糖核苷酸，K 代表 G 和 T 两种脱氧核糖核苷酸，这种组合方式可以用 32 种密码子来覆盖所有天然 20 种氨基酸），形成简并引物，这种引物设计方式每个突变克隆所突变成的氨基酸类型未知，如果要使检测的突变体总量将所有 20 种氨基酸都覆盖，需要挑选大量克隆（对于单位点突变需要挑选 94 个以上的克隆才能保证采用 NNK 密码子的情况下对 20 种天然氨基酸的覆盖度达到 95%），后期筛选工作量相对较大。

（2）采用 19 对引物，每对引物在突变位点上分别含有其他 19 种天然氨基酸的密码子，这种方式由于突变氨基酸类型明确，后期筛选工作量相对较小，但前期操作相对繁琐。第二步以待突变的质粒为模板，进行 PCR 扩增，扩增出整个全长质粒。随后将获得的 PCR 产物用 DpnⅠ处理，彻底去除野生型质粒之后转化大肠杆菌，最终富集得到突变体库。采用合适筛选方法对突变文库进行筛选，以期获得理想的突变子。

三、实验材料与设备

1. 菌株/质粒

表达宿主菌 E.coli BL21（DE3）感受态细胞、谷氨酸脱羧酶重组表达质粒 pET28a（+）-GAD。

2. 材料

Fast Digest DpnⅠ限制酶、快速 Pfu DNA 聚合酶、1kb DNA 梯状标记（ladder marker）；质粒提取试剂盒、PCR 产物纯化试剂盒、DNA 凝胶回收试剂盒、考马斯亮蓝蛋白质浓度测定试剂盒、牛血清白蛋白（bovine serum albumin，BSA）、异丙醇、冰醋酸、乙醇、考马斯亮蓝 R-250、酵母提取物、蛋白胨、氯化钠、磷酸吡哆醛（PLP）、丹磺酰氯、丙酮、γ-氨基丁酸（GABA）、L-谷氨酸钠（L-MSG）、碳酸氢钠、醋酸钠、甲醇、四氢呋喃、磷酸二氢钾、磷酸氢二钠、氯化钾、苯甲基磺酰氟（PMSF）、咪唑、Ni-NTA 层析介质、三羟甲基氨基甲烷（tris）、浓盐酸、30% Acr-Bis 溶液（29%丙烯酰胺、1%亚甲基双丙烯酰胺）、过硫酸铵（APS）、四甲基乙二胺（TEMED）、十二烷基硫酸钠（SDS）、甘氨酸、5×SDS-PAGE 电泳上样缓冲液、标准蛋白质相对分子质量标记 14.4~116ku，异丙基-β-D-硫代半乳糖苷（IPTG）和卡那霉素（Kan）等。

3. 设备

梯度 PCR 仪、超净工作台、超声破胞仪、台式冷冻离心机、恒温振荡摇床、高效液相色谱仪、紫外/可见光分光光度计、垂直电泳仪、水平电泳仪、恒温金属浴、酶标仪、高压蒸汽灭菌锅、水浴锅等。

四、实验方法与步骤

1. 培养基与溶液配制

（1）LB 培养基　10g/L 胰蛋白胨、5g/L 酵母粉和 10g/L 氯化钠。LB 固体培养基为 LB 液体培养基中添加琼脂粉 15g/L。

（2）破胞缓冲液（pH 7.4）　0.272g/L 磷酸二氢钾、1.4196g/L 磷酸氢二钠、0.201g/L 氯化钾、0.174g/L 苯甲基磺酰氟和 8.015g/L 氯化钠。

（3）分离胶缓冲液（1.5mol/L Tirs-HCl，pH 8.8）　18.15g Tris 加入 80mL 去离子水，用 1mol/L HCl 调到 pH 8.8，用去离子水定容到 100mL。

（4）浓缩胶缓冲液（0.5mol/L Tris，pH 6.8）　6g Tris，加 60mL 去离子水，用 1mol/L HCl 调到 pH 6.8，用去离子水定容到 100mL。

（5）蛋白质凝胶染色液　125mL 异丙醇、50mL 冰醋酸、0.5g 考马斯亮蓝 R-250，使用去离子水定容至 500mL。

（6）蛋白质凝胶脱色液　100mL 冰醋酸、50mL 乙醇，用去离子水定容至 1L。

（7）5×十二烷基硫酸钠聚丙烯酰胺凝胶电泳（SDS-PAGE 电泳）缓冲液　94g 甘氨酸、5.0g SDS、15.1g Tris，使用去离子水定容至 1L。

（8）平衡缓冲液　20mmol/L Tris、300mmol/L NaCl，使用盐酸调节 pH 至 7.8。

（9）清洗缓冲液（60mmol/L 咪唑）　60mmol/L 咪唑、20mmol/L Tris、300mmol/L NaCl，使用浓盐酸调节 pH 至 7.8。

（10）洗脱缓冲液（400mmol/L 咪唑） 400mmol/L 咪唑、20mmol/L Tris、300mmol/L NaCl，使用盐酸调节 pH 至 7.8。

2. 利用拉氏图识别蛋白质模型的不稳定位点

短乳杆菌谷氨酸脱羧酶（GAD）蛋白质［美国国家生物技术信息中心（NCBI）登录号：SGP4 A］的氨基酸序列如下，采用 fasta 格式。

>1

MAMLYGKHTHETDETLKPIFGASAERHDLPKYKLAKHALEPREADRLVRDQLLDEGNSR
LNLATFCQTYMEPEAVELMKDTLEKNAIDKSEYPRTAEIENRCVNIIANLWHAPEAESFTG
TSTIGSSEACMLAGLAMKFAWRKRAKANGLDLTAHQPNIVISAGYQVCWEKFCVYWDID
MHVVPMDDDHMSLNVDHVLDYVDDYTIGIVGIMGITYTGQYDDLARLDAVVERYNRTTK
FPVYIHVDAASGGFYTPFIEPELKWDFRLNNVISINASGHKYGLVYPGVGWVIWRDQQYL
PKELVFKVSYLGGELPTMAINFSHSASQLIGQYYNFIRFGFDGYREIQEKTHDVARYLAKS
LTKLGGFSLINDGHELPLICYELTADSDREWTLYDISDRLLMKGWQVPTYPLPKNMTDRVI
QRIVVRADFGMSMAHDFIDDLTQAIHDLDQAHIVFHSDPQPKKYGFTH

在同源建模网站输入氨基酸序列获得 GAD 蛋白质的三维结构。常用的建模工具有：MODELLER、Swiss Model 和 Alpha Fold2。以 Swiss Model 为例，点击 Start Modelling，上传 fasta 格式的序列，点击 Search for Templates 等待模板加载，序列与模板相似度选择（identity）大于 30%模板可用，本实验选择 1xey 作为模板（也可选择其他序列相似度更高的模板，但做出的拉氏图结果会有不同），点击 Build Models 生成模型。全球模型质量估计（GMQE）数值在 0~1，越接近 1 表示模型质量越好。定性能量分析模型（QMEAN）数值在-4~0，越接近 0 预测蛋白质的结构与模板蛋白质结构的匹配度越好。结合打分值下载模型，保存为 pdb 格式。

分别上传 GAD 模型的 pdb 文件和个人邮箱，等待结果回传到邮箱。点击进入结果页面，相继点击 Procheck 按钮、main Ramachandran plot 即可得到拉氏图。识别出现在不合理区位点的氨基酸作为潜在突变位点。

3. 突变文库的构建

本实验以处于不合理区的 413 位点为例来构建突变文库，以期获得热稳定提高的 GAD 突变酶，根据野生型 *GAD* 基因（NCBI 登录号：GU987102.1）设计 19 对除赖氨酸以外的定点突变引物（表 10-1），将该位点突变为其他氨基酸，其中 YYY 代表突变密码子序列，为可以编码赖氨酸以外的其他氨基酸密码子。

GAD 基因序列：

ATGGCTATGTTATATGGTAAACACACGCATGAAACAGATGAGACGCTCAAACCAATCTT
CGGGGCCAGCGCTGAACGCCACGACCTCCCCAAATATAAATTGGCAAAGCACGCGCTCG
AGCCCCGTGAAGCCGATCGATTGGTTCGCGATCAACTATTGGATGAAGGAAACTCGCGG
CTGAATCTCGCCACGTTCTGTCAGACTTACATGGAACCGGAAGCGGTTGAACTCATGAA
AGATACACTGGAGAAAAACGCCATCGATAAATCCGAGTATCCTCGGACCGCTGAAATTG
AAAATCGTTGCGTTAATATCATTGCCAACCTCTGGCATGCTCCAGAAGCTGAGTCGTTCA
CTGGCACCTCGACGATTGGTTCCTCCGAGGCCTGCATGCTGGCCGGTTTGGCGATGAAGT
TGCTTGGCGTAAGCGCGCCAAAGCGAACGGTCTTGACTTAACTGCCCATCAACCTAAT

```
ATTGTCATCTCAGCCGGTTATCAAGTTTGTTGGGAAAAATTCTGTGTCTATTGGGACATC
GACATGCATGTCGTTCCCATGGACGATGACCACATGTCCTTGAATGTCGATCACGTGTTA
GATTACGTGGATGACTACACCATTGGTATCGTTGGCATTATGGGCATCACTTATACTGGA
CAATACGACGATTTAGCCCGATTAGATGCCGTTGTAGAGCGGTACAATCGGACGACTAA
GTTCCCGGTATATATCCATGTCGATGCCGCTTCCGGCGGATTTTACACGCCGTTTATTGA
ACCCGAGCTCAAGTGGGACTTCCGTTTAAACAACGTGATTTCCATCAATGCCTCCGGCCA
CAAATATGGCTTGTTTATCCCGGAGTCGGCTGGGTAATCTGGCGTGACCAACAGTATCT
ACCAAAAGAGCTGGTCTTTAAGGTCAGCTACTTGGGTGGTGAACTACCTACGATGGCCA
TCAACTTCTCCCACAGTGCCTCCCAATTAATCGGTCAGTATTACAACTTTATTCGCTTTGG
TTTTGATGGCTATCGTGAAATTCAAGAAAAAACTCACGACGTTGCCCGCTATCTCGCGAA
ATCGCTCACTAAATTAGGGGGCTTTTCCCTCATTAATGACGGCCACGAGTTACCGCTGAT
CTGTTATGAACTCACTGCCGATTCTGATCGCGAATGGACCCTCTACGATTTATCCGATCG
GTTATTAATGAAGGCTGGCAGGTTCCCACCTATCCCTTACCAAAAAACATGACGGACC
GCGTTATTCAACGGATCGTGGTTCGGGCTGACTTTGGTATGAGTATGGCCCACGACTTTA
TTGATGATCTAACCCAAGCCATTCACGATCTCGACCAAGCACACATCGTTTTCCATAGTG
ATCCGCAACCTAAAAAATACGGATTCACTCACTAA
```

表 10-1　　　　　　　　　　　定点突变引物及其序列

引物名称	引物序列
K413X-F	CACCTATCCCTTACCA<u>YYY</u>AACATGA CGGACCGC
K413X-R	GCGGTCCGTCATGTT<u>YYY</u>TGGTAAGG GATAGGTG

以含有野生型 *GAD* 基因的质粒 pET28a（+）-GAD 为模板，分别采用 19 对不同氨基酸突变引物进行定点 PCR 扩增，PCR 体系如表 10-2 所示。

表 10-2　　　　　　　　　　　PCR 扩增反应体系

试剂	加样量	试剂	加样量
5×Pfu PCR 反应缓冲液	10μL	质粒模板（50ng/μL）	1μL
dNTPs（10mmol/L）	4μL	快速 DNA 聚合酶	1μL
上游引物（10μmol/L）	1μL	ddH$_2$O	32μL
下游引物（10μmol/L）	1μL	总体积	50μL

突变 PCR 扩增程序：94℃变性 5min；94℃变性 30s，55℃退火 30s，72℃延伸 4min，30 个循环；72℃延伸 4min。

扩增得到的 PCR 产物经 PCR 产物纯化试剂盒纯化后，用 *Dpn* Ⅰ 酶在 37℃下消化 1h，*Dpn* Ⅰ 消化体系如表 10-3 所示。

用热激转化法将 *Dpn* Ⅰ 酶消化的 PCR 产物转化到 *E.coli* BL21（DE3）感受态细胞。操作步骤如下。

表 10-3　　　　　　　　　　　　　　　Dpn I 酶消化反应体系

试剂	加样量	试剂	加样量
10×反应缓冲液	2μL	ddH$_2$O	用水补足到 20μL
突变产物	<1μg	总体积	20μL
Dpn I	1μL		

（1）将 5μL 经 Dpn I 酶消化的 PCR 产物和 50μL E. coli BL21（DE3）感受态细胞迅速混匀后，将装有感受态细胞的 1.5mL 离心管插入冰上，冰浴 30min。

（2）将感受态细胞放入 42℃水浴中热激 1min 后，迅速置于冰上，冰浴 3min。

（3）每管加 450μL LB 液体培养基，37℃、150r/min 培养 1h。

（4）将适当体积（100μL）转化液涂布于含有 50μg/mL 卡那霉素的 LB 固体培养基中。

（5）倒置平皿 37℃培养 12~16h，出现菌落，得到饱和突变文库。

4. 野生型酶和突变酶的制备

从 19 种氨基酸的定点突变文库中分别随机挑取单菌落至含有 50μg/mL 卡那霉素的 5mL LB 液体培养基中，37℃、200r/min 条件下培养过夜，将培养菌液送至相关测序公司进行核苷酸序列测定，以确定是否引入预期的突变。

将经测序验证后的突变菌进行诱导表达，具体为：挑取单菌落接种至含有 50μg/mL 卡那霉素的 5mL LB 液体培养基中，37℃、200r/min 条件下培养过夜，培养后的菌液以 2%的接种量接种至含 50μg/mL 卡那霉素 100mL 的 LB 培养基中，37℃、200r/min 培养至菌体 OD_{600} 为 0.6~0.8 时，加入终浓度为 0.5mmol/L 的 IPTG，然后在 25℃、150r/min 条件下诱导培养 8h 后，在 4℃、6500×g 的条件下离心收集菌体。

野生型酶和突变酶的纯化，具体方法如下。

（1）粗酶液制备　将收集的菌体用磷酸盐缓冲液（0.2mol/L，pH 7.4）洗涤 2 次后，用 10%发酵液体积的破胞缓冲液重悬，超声波破碎细胞，超声破胞工作条件为：功率 300W、工作 3s、间歇 6s、循环 90 次。经破碎后的悬液于 10000×g、4℃条件下离心处理 30min。收集上清液，得到粗酶液。

（2）蛋白质纯化　采用 Ni-NTA 亲和层析对所得的粗酶液进行分离纯化。①取 1mL 保存在 20%（体积分数）乙醇中的亲和层析填料装入 5mL 重力层析柱中；②使用 5 倍柱体积的去离子水（5mL）和 5 倍柱体积的结合缓冲液（5mL）先后冲洗和平衡色谱柱；③将 5mL 经 0.45μm 微孔滤膜过滤后的粗酶液上样到色谱柱；④用 5 倍柱体积清洗缓冲液（5mL）清洗杂蛋白质，再用 5 倍柱体积的洗脱缓冲液（5mL）洗脱色谱柱，用离心管收集洗脱液（通常纯酶主要集中前 2mL，为了得到高浓度酶，可只对前 3mL 酶进行收集），得到纯酶；⑤用 5 倍柱体积的清洗缓冲液（5mL）继续洗脱色谱柱，将残留蛋白质洗脱下来，接着分别用 5 倍柱体积（5mL）去离子水和 5 倍柱体积的 20%（体积分数）乙醇溶液平衡色谱柱，最后将色谱填料保存在 20%（体积分数）乙醇溶液中，保存在 4℃冰箱中。

采用十二烷基硫酸钠-聚丙烯酰胺凝胶电泳（SDS-PAGE）和考马斯亮蓝法检测纯化后的酶纯度和浓度。

（1）SDS-PAGE 电泳　采用 12%（质量分数）的分离胶和 5%（质量分数）的浓缩胶。样品制备：将 16μL 待分析酶样品和 4μL 5×SDS-PAGE 电泳上样缓冲液混匀后，置于沸水浴处理 10min，10000×g、4℃条件下离心 5min，置于冰上待用。

电泳凝胶的制备为：①洗净制胶玻璃片并安装于制胶架上，用水检漏后吸干玻璃片之间的水分；②配置 12% 的分离胶，以 10mL 计量，双蒸水 3.35mL、30% Acr-Bis 溶液 4.0mL、分离胶缓冲液 2.5mL、10% 过硫酸铵（APS）0.05mL、TEMED 0.005mL；③将分离胶缓慢注入玻片夹层中，上部使用异丙醇或水进行液封；④待分离胶聚合后，配置 5% 的浓缩胶，以 5mL 计量：双蒸水 2.92mL、30% Acr-Bis 溶液 0.82mL、浓缩胶缓冲液 1.25mL、10% APS 0.05mL、TEMED 0.005mL；⑤除去分离胶表面水分或残留的异丙醇，将浓缩胶缓慢注入玻片夹层中，插入点样梳；⑥待浓缩胶聚合后，小心拔出点样梳，将玻片固定于电泳槽中，加入电泳缓冲液，使内层液面没过上样孔；⑦用微量进样器将 5μL 处理好的样品依次上样并做记录。上样完成后，打开电泳仪开关，调节电压至 100V，电泳 30min 后可将电压调至 150V 左右，待蓝色染料迁移至距离凝胶末端约 1cm 时，停止电泳；⑧电泳结束后，小心取出凝胶，置于染色液中振荡过夜；⑨除去染色液，加入脱色液。脱色液需更换 2~3 次，直至凝胶的蓝色背景褪去、蛋白质色带清晰为止；⑩拍照并分析酶的纯度和大小。

（2）考马斯亮蓝法检测纯化后的酶浓度　①标准曲线的建立：在室温 25~30℃ 下配制浓度为 0~300μg/mL 的 BSA 标准溶液，取 200μL 考马斯亮蓝试剂和 20μL 不同浓度的 BSA 蛋白质溶液加入酶标板中混匀，以超纯水当作对照组，室温反应 5min，在 595nm 处使用酶标仪测定吸光度，每个浓度平行测定 3 次，制定蛋白质浓度与吸光度的标准曲线；②酶浓度的测定：将纯化的酶液稀释到合适的蛋白质浓度（蛋白质与考马斯亮蓝反应后的吸光度在所建立的蛋白浓度与吸光度标准曲线测定范围内），将 20μL 的待测酶液和 200μL 考马斯亮蓝试剂在 96 孔酶标板中反应 5min，放入酶标仪中，读取在 595nm 处的吸光度，根据所建立的标准曲线，得到待测酶液浓度。

5. 热稳定性突变酶的筛选

将电泳纯的野生酶和 19 种突变酶稀释到相同浓度，在 20℃、55℃ 两个温度下处理 10min，冰浴 5min 后，测定野生型和突变酶残余活力，将 55℃ 处理后的比活力对比 20℃ 处理后的比活力，获得两个温度下残余酶活力比值，筛选出残余活力比值高于野生型酶残余活力比值的突变酶，即热稳定性提高的突变酶。

（1）酶比活力的测定　取 400μL 底物溶液（0.2mol/L 醋酸-醋酸钠缓冲液。含 0.01mmol/L PLP、100mmol/L 底物 L-MSG，pH 4.8）加入 1.5mL 离心管中，置于 48℃ 金属浴中预热，然后加入 15μL 纯酶（1mg/mL）迅速混匀，在 48℃ 条件下反应 10min，反应结束后，取出离心管迅速放入沸水浴中，沸煮 10min 终止反应，然后将样品离心，收集上清液，采用高效液相色谱法（HPLC 法）测定反应生成的 GABA 含量，计算野生酶和突变酶的比活力（每分钟每毫克蛋白质生成的 GABA 量）。

（2）HPLC 法测定 GABA 含量　对 GABA 标准品液和反应液样品进行柱前衍生化处理，将 100μL GABA 标准品液或反应液、100μL 0.5mol/L 的碳酸氢钠溶液、200μL 8g/L 丹磺酰氯的丙酮溶液混匀后，于 40℃ 下避光衍生 2h，衍生后的样品经 0.22μm 微孔滤膜过滤后进行 HPLC 分析。

（3）HPLC 色谱条件　色谱分离柱 Hypersil ODS2 C18（250mm×4.6mm），紫外检测波长 254nm，进样量为 10μL，柱温 25℃，流动相 A 为甲醇，流动相 B 为四氢呋喃：甲醇：醋酸钠（50mmol/L，pH 6.2）= 5：75：420（体积比），梯度洗脱程序：0~3min，20% A；3~18min，

50% A；18~22min，100% A；22~24min，100% A；24~25min，20% A；25~30min，20%A。

GABA 标准曲线的建立，配制浓度为 0.2~5mmol/L 的 GABA 标准溶液，并进行衍生化处理，随后进行 HPLC 分析，绘制 GABA 浓度与 GABA 峰面积的标准曲线。

五、实验结果

（1）根据实验获得参考的拉氏图（图 10-3），从中识别出处于不稳定区的突变位点。例如 413 位点赖氨酸（Lys）在拉氏图中处于构象不稳定区，说明 413 位点的构象中非共价键合原子间距离小于极限距离，斥力大，构象能量高，所以很不稳定，可对该位点进行饱和突变，构建突变文库。

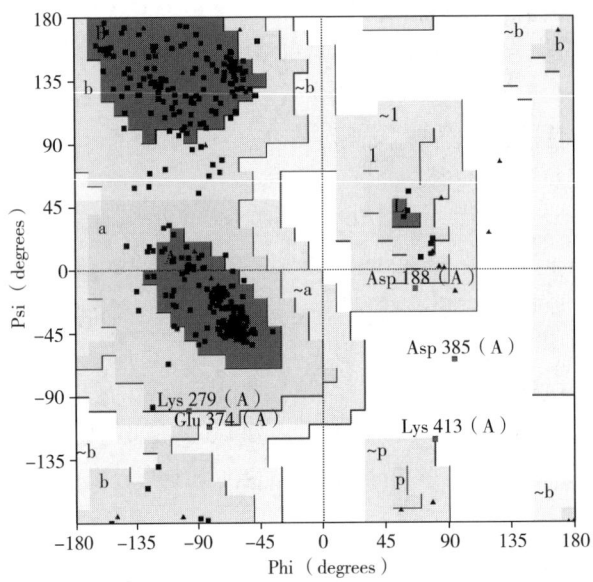

图 10-3　通过 Swiss Model 以 1xey 为模板同源建模得到的 GAD 拉氏图

Phi（degree）：C_a—N 键轴旋转的二面角 φ（度）；Psi（degree）：C_a—C 键轴旋转的二面角 ψ（度）。

（2）考察野生型和 19 种突变酶的热稳定性，筛选热稳定提高的突变体。

六、注意事项

（1）获得热稳定的突变体后，可以进一步考察突变酶的热力学和动力学参数，并结合分子动力学等方法对热稳定性提高的机制进行解释。

（2）采用不同蛋白质建模方法以及选择不同模板生成拉氏图时，结果经常会不同。

🔍 思考题

1. 饱和突变时，为什么要采用 *Dpn* I 酶进行消化？
2. 饱和突变的 PCR 扩增过程和普通 PCR 扩增过程有什么区别？

实验64 乳酸菌发酵生产 γ-氨基丁酸过程优化及放大虚拟仿真实验

一、实验目的

(1) 了解发酵过程研发中种子液制备、摇瓶培养基优化、发酵罐培养条件优化、补料发酵过程控制和中试放大的五大关键过程。

(2) 熟悉发酵设备使用方法以及发酵过程优化、控制和放大的方法和策略。

二、实验背景

γ-氨基丁酸 (GABA) 是一种天然存在的非蛋白质氨基酸，具有降血压、镇静安神、增强记忆、控制哮喘、调节激素分泌等多种生理功能，其制备和应用广受人们的关注与重视。制备 GABA 的方式主要有化学合成法、植物富集法和微生物发酵法。目前，工业化制备食品级 GABA 主要是通过乳酸菌发酵转化 L-谷氨酸 (Glu) 进行的。

乳酸菌是 GRAS 菌株，高产 GABA 的乳酸菌主要是通过其特有的谷氨酸脱羧酶 (GAD) 抗酸系统 (GAD 和 Glu-GABA 反向转运蛋白) 转化培养基中的 Glu 来完成的，其具体过程如图 10-4 所示：当菌体处于酸性环境中时，细胞膜上的 Glu-GABA 反向转运蛋白将胞外 Glu 转运到胞内；位于细胞质中的 GAD 催化 Glu 脱羧生成 GABA，并消耗胞内 H^+；合成的 GABA 再被 Glu-GABA 反向转运蛋白转运至胞外。正是由于 GAD 抗酸系统的存在，发酵液中可以大量富集 GABA，进行 GABA 成品的制备。乳酸菌 GABA 的产量除了受菌体 GAD 抗酸系统活力影响外，还与培养基的组成和发酵条件，如酸性环境、溶氧等许多因素密切相关。例如，从乳酸菌 GABA 合成过程可以看出，谷氨酸脱羧反应会不断消耗 H^+，如果不控酸，发酵液的 pH 就会不断上升，而菌体 GABA 合成能力则会随着发酵液 pH 的上升而逐步降低，从而导致底物的不完全转

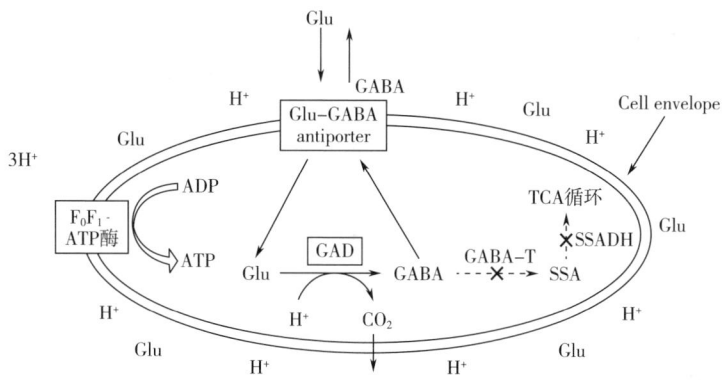

图 10-4 高产 GABA 乳酸菌合成 GABA 原理图

GAD：谷氨酸脱羧酶；Glu-GABA antiporter：Glu-GABA 反向转运蛋白；
GABA-T：γ-氨基丁酸转氨酶；SSADH：琥珀酸脱氢酶；Cell envelope：细胞被膜。

化，这主要是由于 GAD 酶在中性条件下失去催化活性。此外，保持酸性环境可以抑制 GABA 支路对 GABA 的降解作用，这是由于 GABA shunt 途径关键酶 γ-氨基丁酸转氨酶和琥珀酸脱氢酶在酸性条件下几乎没有活性。因此，对乳酸菌发酵 GABA 过程进行摇瓶培养基优化和发酵罐培养过程优化，建立合适的补料发酵方案，以及进行发酵过程的中试放大，对于实现乳酸菌高效生产 GABA 和过程工业化具有十分重要的意义。

三、虚拟仿真实验平台

"生物产品发酵过程优化及放大虚拟仿真实验"虚拟仿真系统平台。

四、实验方法与步骤

1. 模块 1：种子活化及种子液制备

种子液制备一般是指将冷冻干燥管、沙土管中处于休眠状态的工业菌种接入试管斜面活化后，在经过摇瓶及种子罐逐级扩大培养而获得一定数量和质量纯种菌体的过程。本模块是将高产 GABA 乳酸菌的菌种从试管斜面转移到液体种子培养基中进行培养，通过测定菌种的生长曲线，确定合适的种龄，同时依据后续实验确定所需种子液的数量（体积），进行种子液制备。在以上过程中，需要根据培养基用量，计算培养基各个组分所需质量；掌握超净工作台和高压蒸汽灭菌锅等设备的使用方法；能够识别和确定适宜的种子液合适的种龄。本模块包含以下 5 个实验部分：①种子培养基配置；②高压蒸汽灭菌；③斜面种子活化培养；④种子生长曲线测定；⑤后续发酵种子液制备。

种子液制备原则如下。

(1) 种子培养基的选择原则　营养成分要适当丰富和完全，氮源和维生素含量要高，有利于种子的快速繁殖生长。同时营养成分要尽可能与发酵培养基相近。本实验乳酸菌发酵 GABA 以 GYP 培养基为基础进行发酵培养基优化，所以种子培养基采用 GYP 培养基。

GYP 液体培养基成分为：葡萄糖 10g/L、酵母粉 10g/L、蛋白胨 5g/L、无水乙酸钠 2g/L、$MgSO_4 \cdot 7H_2O$ 0.02g/L、$MnSO_4 \cdot 4H_2O$ 0.001g/L、NaCl 0.001g/L、$FeSO_4 \cdot 7H_2O$ 0.001g/L，pH 6.8。GYP 固体培养基为 GYP 液体培养基中添加琼脂 15g/L。

(2) 适宜种龄的选择原则　适宜种龄为处于对数生长期，菌体量还未达到最大值时的培养时间。一般选择对数生长中期或稍偏后的种子发酵液为宜。

(3) 种子液用量的确定。理论需要的种子液用量（体积数）一般依据后续发酵实验（或生产）过程的培养基用量与接种量来确定，接种量一般为发酵培养基用量的 2%~10%。实际制备的种子液用量应略大于理论需要量，以防止由于操作过程中种子液损失而造成用量不足的问题。

2. 模块 2：发酵培养基成分确定及其组成优化

发酵培养基优化是对特定的微生物，通过实验手段配比和筛选找到一种最适合其生长及发酵的培养基，在原来基础上提高发酵产物的产量，以期达到生产最大效率的目的。优化过程一般依据前人的经验及资料，初步确定实验菌种培养基的成分，主要包括碳源、氮源、无机盐和微量元素、生长素和合成前体等，同时也应该考虑原料的成本和来源等诸多因素。由于发酵培养基成分众多，且各因素常存在交互作用，很难建立理论模型。一般先通过实验设计确定对菌体生长和产物合成影响较大的几个主要成分（也称为主要影响因子），如布列可特-博曼（Plackett-Bunnan，PB）法。然后选择适宜的优化方法，通过优化实验最终确定发酵培养基的组成。常用的过程优化方法有单因素实验优化法、正交实验设计、响应面分析法以及人工神经网络等智能算法。

本模块针对高产 GABA 菌株，通过 PB 实验寻找影响产物生成的关键培养基组分和摇瓶培养条件，并通过单因素和正交实验对关键因素进行优化，从而确定菌体摇瓶发酵生产 GABA 的适宜培养基组分和培养条件。在以上过程中，需要掌握 PB 实验、单因素实验和正交实验的原理和方法，并能运用相关实验方法合理开展工程研究。本模块包含以下 5 个实验部分：①确定发酵培养基成分；②利用 PB 法筛选培养基中的关键影响因子；③单因素实验法优化影响因素；④正交实验法优化影响因素；⑤摇瓶发酵条件优化结果与讨论。

实验参考数据：PB 实验识别关键影响因素时，需根据 T 检验值进行判定，当置信水平高于95%因素，T_{n-1} 如下所示，其中 n 为所使用 PB 表中的空行数。

$n=2$, $t_{n-1}=6.314$；$n=3$, $t_{n-1}=2.920$；$n=4$, $t_{n-1}=2.353$；$n=5$, $t_{n-1}=2.132$；$n=6$, $t_{n-1}=2.015$；$n=7$, $t_{n-1}=1.943$；$n=8$, $t_{n-1}=1.895$；$n=9$, $t_{n-1}=1.860$；$n=10$, $t_{n-1}=1.833$。

需注意，合理选取因素水平是有效完成优化实验的基础和核心。根据 PB 试验设计因素选取水平一般原则，并结合常规发酵经验和文献调研，来设定每一个可能影响 GABA 发酵产量因素的取值。本虚拟仿真实验中，实验人员可自行合理进行参数取值，以下为参考取值。

(1) 发酵培养基组分取值 以 GYP 培养基组分的原始值为低水平，高水平设置为低水平的1.5~2倍；GABA 合成原料谷氨酸以 40g/L 为低水平，高水平设置为低水平的1.5~2倍；其他添加组分吐温-80（Tween-80）低水平设置为0，高水平设置为 1mg/L；$CaCl_2$ 低水平设置0，高水平设置为 10mg/L。培养基初始 pH 以通常的 GYP 培养基 pH 6.8 为低水平，高水平可设置为 7.2~7.4，过高 pH 则会导致乳酸菌菌体生长受到抑制。

(2) 摇瓶发酵条件取值 装液量（以 250mL 摇瓶计）低水平设置为 50mL，高水平可设置为其低水平的1.5~2倍；培养时间低水平设置为 24h，高水平可设置为其低水平的1.5~2倍；培养温度以乳酸菌常规培养温度 30℃ 为低水平，高水平可设置为 35~40℃。摇瓶转速不作为考虑因素，统一取 100r/min。

3. 模块3：发酵过程控制条件优化（5L 发酵罐）

在发酵罐内进行发酵时，发酵过程的温度、转速、pH 及溶氧（DO 值）是常见的控制参数。一般在培养过程中人为地改变这些条件，以期获得最大的目标产物产率。如果生产的产品是生长关联型（如菌体与初生代谢产物），则宜采用有利于细胞生长的培养条件，延长与产物合成有关的对数生长期；如果产品是非生长关联型（如次生代谢产物），则宜缩短对数生长期，在迅速获得足够量的菌体细胞后延长平衡期，以提高产物产量。

本模块在模块2摇瓶优化条件下，通过在 5L 发酵罐上控制发酵条件（溶氧和 pH），研究不同发酵条件变化对菌体生长和 GABA 产物合成的影响，通过对发酵结果的分析，最终确定合适的 GABA 发酵控制条件。在以上过程中，需要学习 pH 电极和溶氧电极校准、发酵罐灭菌和接种、发酵罐参数设置等发酵罐使用方法。本模块包含 6 个实验部分：①发酵罐各参数在线矫正；②发酵培养基配制；③实罐灭菌；④单因素优化发酵条件，溶氧对 GABA 产量的影响；⑤单因素优化发酵条件，pH 对 GABA 产量的影响；⑥发酵条件优化实验结果及分析。

4. 模块4：补料分批发酵（5L 发酵罐）

补料发酵（补料分批发酵 fed-batch culture, FBC，又称为"半连续发酵"或"流加发酵"）是指在微生物分批发酵过程中，以某种方式向发酵系统中补加一定物料，但并不连续向外放出发酵液的发酵技术，是介于分批发酵和连续发酵之间的一种发酵技术。补料分批发酵与传统分批发酵相比，补料流加可以解除底物抑制、葡萄糖效应和代谢阻遏等问题，具有底物利用率高、染菌和菌种退化概率小、对发酵过程可实现优化控制等优点。目前，其应用范围非常广泛，几乎遍及整个发酵行业。为了补加的物质能够发挥最大的促进作用，必须对补料策略进行深入研究。目前常见的补料策略可分为直接法和间接法两类。间接法主要通过一些能够反映微生物生长情况的理化参数和生物参数（如 pH、DO 值等）来反馈发酵情况进而调整补料速率，保证发酵过程正常进行，主要有恒溶氧发酵法（DO-stat 法）和恒 pH 发酵法（pH-stat 法）等。直接法顾名思义，直接以限制性基质浓度作为反馈参数，当基质浓度过低不足以满足菌体生长和代谢需要时，通过补料控制碳源、氮源以及 C/N 等方式达到发酵持续进行的目的。由于能够直接测定基质含量的传感器较为缺乏，目前只有少量的底物可以在线直接测定。

本模块在模块 3（5L 发酵罐发酵条件优化）的基础上，通过采取恰当的补料策略，来充分利用菌体催化活性，实现 GABA 的高产。需要明确补料目的，制定合理的补料策略，掌握发酵罐补料控制的设置方法。本模块包含以下 5 个实验部分：①矫正发酵罐各在线参数；②配置发酵培养基和补料液；③实罐灭菌；④补料发酵；⑤补料发酵实验结果及分析。

5. 模块 5：中试放大实验（100L 发酵罐）

一个生物工程产品必须经历从实验室到规模化生产直至成为商品的一系列过程，其研究开发包含了实验室小试、适当规模中试和产业规模化生产等阶段。生物反应器放大是生物加工过程的关键技术之一。生物反应器放大过程主要是通过设计反应器的结构和操控条件，解决放大过程中出现的大型设备内传递性能下降的问题，即改善发酵罐的传质、传热和混合效果，为微生物生长和产物代谢提供良好环境，以期重现小型设备中的发酵效果。生物反应器放大涉及内容较多，除涉及微生物的生化反应机制和生理特性外，还涉及化工放大方面的内容，如反应动力学、传递和流体流动的机制等。针对不同的生物发酵体系，目前常用的生物反应器放大方法主要有以下几种：①单位体积的搅拌功率，适用于以溶液速率控制发酵反应的生物发酵，以及黏度较高的非牛顿型流体或高密度的培养发酵过程；②单位体积传质系数，适用于高好氧的生物发酵过程反应器放大；③搅拌桨末端线速度，适用于生物细胞受搅拌剪切影响较明显的发酵过程放大；④经验放大方法，几何相似法和非几何相似法；⑤其他。

本模块在模块 4（补料发酵）以及学习使用 100L 发酵设备的基础上，根据几何相似的放大原则，重现小型设备中的发酵效果。需掌握发酵罐放大的基本原则和方法；了解 100L 发酵设备的使用方法，如空消、实消、接种、补料和参数控制等方法。本模块包含以下 9 个实验部分：①实验设计，控制模式和参数的确定；②发酵罐前期准备；③100L 发酵罐空消；④配置发酵培养基和补料液；⑤实罐灭菌；⑥补料发酵；⑦取样操作；⑧发酵结束操作；⑨中试放大结果及分析。

6. 模块 6：发酵过程细胞生长及代谢产物的分析检测

在发酵过程中取样并对相关样品参数进行分析测定，是了解和掌握发酵过程细胞生长、底物消耗和产物合成情况的必要步骤，也是开发和优化发酵过程的关键。

本模块通过在摇瓶、5L 发酵罐和 100L 发酵罐进行取样，以及分析检测发酵液中细胞的浊度、葡萄糖浓度、谷氨酸钠浓度和 GABA 浓度，来对 GABA 菌种细胞生长、碳源消耗、底物消耗以及产物合成累积情况进行检测。熟悉在不同发酵装置的取样操作和相关样品参数的检测操作。本模块包括 6 个实验部分：①摇瓶取样；②5L 发酵罐取样；③100L 发酵罐取样；④利用分光光度计检测发酵液中的细胞浓度；⑤利用生物传感分析仪检测葡萄糖浓度；⑥利用高压液相色谱仪检测谷氨酸钠和 GABA 浓度。

需注意，本模块主要用于虚拟仿真实验的预习和准备，以及熟悉取样和分析仪器的基本操作。

五、实验结果

（1）模块 1　根据生长曲线，确定合适的种子液种龄。

（2）模块 2　根据 PB 实验设计结果，确定对 GABA 产量有关键影响的因素。根据单因素实验原则，确定合理的考察范围，并分析单因素结果。根据正交实验原则，设定各因素合理的测定范围，并分析正交实验结果，确定菌体摇瓶发酵生产 GABA 的适宜培养基组分和培养条件。

（3）模块 3　根据不同溶氧条件下的菌体生物量和 GABA 生成量，确定 GABA 生产的适宜溶氧条件。根据不同 pH 条件下菌体生物量和 GABA 生成量，确定 GABA 生产的适宜 pH 条件。

（4）模块 4　根据补料方案在 5L 发酵罐上进行合理的补料方案设置，并对补料结果进行分析。

（5）模块 5　根据设定的放大方案，以及确定的补料方案，在 100L 发酵罐上进行正确的参数设置，并根据输出的发酵结果分析是否达到了有效放大。

（6）分析并记录实验结果，撰写实验报告。

六、注意事项

（1）本虚拟仿真系统具有演示模式和考试模式，学生可根据学习阶段选择操作模式。

（2）本虚拟仿真系统使用之前必须先下载 unity 插件并安装在计算机系统上。浏览器推荐使用 Firefox 浏览器。计算机操作系统和版本要求：Windows 操作系统，Windows 7 64 位及以上。客户端到服务器的带宽要求不能低于 10M。

（3）使用本虚拟仿真系统时，需注意在不同溶氧条件（厌氧、兼性厌氧和好氧）下发酵罐取料方法的不同。

思考题

1. 在准备发酵培养基时，为什么要将葡萄糖和其他培养基分开灭菌？
2. 为什么该高产 GABA 乳酸菌发酵产 GABA 的条件应控制在酸性环境？
3. 可以采用哪些方法进一步提升该乳酸菌的 GABA 产量？

附录一 常见元素的相对原子质量表

附表 1-1　　　　　　　　常见元素的相对原子质量表

名称	符号	相对原子质量	名称	符号	相对原子质量
氢	H	1	氩	Ar	40
氦	He	4	钾	K	39
碳	C	12	钙	Ca	40
氮	N	14	锰	Mn	55
氧	O	16	铁	Fe	56
氟	F	19	铜	Cu	63.5
氖	Ne	20	锌	Zn	65
钠	Na	23	溴	Br	79.9
镁	Mg	24	银	Ag	108
铝	Al	27	钡	Ba	137
硅	Si	28	金	Au	197
磷	P	31	铂	Pt	195
硫	S	32	汞	Hg	201
氯	Cl	35.5	碘	I	127

附录二 化学试剂的规格

一、规格型号对照表

附表 2-1　　　　　　　　　　化学试剂的规格型号对照表

中文	缩写或简称	英文
pH 基准试剂	pH-PT	pH Primary reagent
薄层色谱用	TLC	Thin layer chromatography
测折光率用	RI	For refractive index
层析用	FCP	For Chromatography purpose
超纯	UP	Ultra pure
超电子级	CMOS	Ultra-Metal-oxide-semiconduceopr
第一基准试剂	PT	Primary reagent
电泳用	FEP	For Electrophoresis purpose
电泳用（低电内渗）	LEEO	Electroendosmosis
电泳用（中电内渗）	MEEO	Electroendosmosis
电子级	MOS	Metal-oxide-semiconduceopr
电子显微镜用	FEM	For Electron microscopy
分析纯	AR	Analytical reagent
分析用	PA	Pro analysis
高效液相色谱用试剂	HPLC	High Pertormance Liquid chromatography
工业用/工业品	Tech	Technical grade
工作基准	WCR	Working chemical reagent
光谱标准物质	SSS	Spectrographic standard substance
光谱纯	SP	Spectrum pure
光学纯	OP	Optics pure
合成用	FS	For synthesis
核磁共振光谱	NMR	Nuclear magnetic resonance spectrum
红外吸收光谱	IR	Infrared adsorption spectrum

续表

中文	缩写或简称	英文
化学纯	CP	Chemical pure
化学分光分析用	FCA	For Chemiluminescence analysis
极谱分析用	FPA	For polarography analysis
精密分析用	SSG	Super special grade
离子对色谱用	FIPC	For ion-pair chromatography
离子色谱用	FIC	For ion chromatography
美国通用试剂	ACS	American Chemical Society
凝胶渗透色谱	GPC	Gel permeation chromatography
农残级	FPR	For Pesticide residue
气固色谱	GSC	Gas solid chromatography
气相色谱对照品	GCS	Gas chromatography scale
气相色谱固定液	GD	Gas chromatographic stationary liquid
气相色谱用	GC	Gas chromatography
气液色谱用	GLC	Gas liquid chromatography
气质联用试剂	GC-MS	Gas chromatograph-Mass spectrometer
闪烁纯试剂	SR	Scintillation pure reagent
闪烁体试剂	Scint	For scintillation
闪烁用试剂	FSP	For scintillation purpose
生化试剂/生物化学试剂	BR	Biochemical reagent
生物染色剂	BS	Biological stain
生物学用	FBP	For biological purpose
示踪分析用	TR	Trace analysis
梯度级	GG	Gradient grade
涂镜用	FLB	For lens blooming
微量分析标准	MAS	Micro analytical standard
微量分析试剂	MA	Micro analytical reagent
微生物用	FMB	For Microscopic biological

续表

中文	缩写或简称	英文
显色剂	DP	Developer
显微镜用	FMP	For Microscopic purpose
液相色谱对照品	LCS	Liquid chromatography scale
液相色谱用	FLC	For Liquid chromatography
液质联用试剂	LC-MS	Liquid chromatograph-Mass spectrometer
荧光分析用	FFA	For fluorescence analysis
优级纯	GR	Guaranteed reagent
原子发射光谱用	AES	Atomic emission spectrum
原子吸收光谱用	AAS	Atomic adsorption spectrum
指示剂	Ind	Indicator
制备级	PD	Preparative grade
柱色谱用/柱层析用	CC	Column chromatography
紫外分光光度纯	UV	Ultra violet pure
组织培养用	FTMP	For tissue medium purpose

二、常用化学试剂等级表示法及用途

附表2-2　　　　　　　常用化学试剂等级表示法及用途

试剂等级	等级名称	标签颜色	用途
一级	保证试剂	绿色	纯度最高，适用于最精密的分析研究
二级	分析纯	红色	纯度较高，适用于精确的微量分析
三级	化学纯	蓝色	纯度略低，适用于一般的微量分析
四级	实验试剂	棕黄色	纯度较低，适用于一般的定性检验

附录三 法定计量单位和单位换算

一、常用单位及换算方法

1. 长度单位

1 米（m）= 10 分米（dm）= 100 厘米（cm）= 1000 毫米（mm）= 10^6 微米（μm）= 10^9 纳米（nm）= 10^{10} 埃（Å）= 10^{12} 皮米（pm）

2. 体积单位

1 立方米（m³）= 1000 升（L）= 10^4 分升（dL）= 10^5 厘升（cL）= 10^6 毫升（mL）= 10^9 微升（μL）

3. 质量单位

1 千克（kg）= 10^3 克（g）= 10^4 分克（dg）= 10^5 厘克（cg）= 10^6 毫克（mg）= 10^9 微克（μg）= 10^{12} 纳克（ng）= 10^{15} 皮克（pg）

1 磅（lb）= 453.592 37 克（g）

4. 物质的量浓度单位

1mol/L = 10^3 mmol/L = 10^6 μmol/L = 10^9 nmol/L = 10^{12} pmol/L

二、常用核酸、蛋白质数据的换算关系

1. 分光度换算

1 个 A_{260} 双链 DNA（dsDNA）= 50μg/mL，相当于 0.15mmol/L

1 个 A_{260} 单链 DNA（ssDNA）= 33μg/mL，相当于 0.10mmol/L

1 个 A_{260} 单链 RNA（dsRNA）= 40μg/mL，相当于 0.12mmol/L

2. DNA 摩尔换算

1μg 1000bp DNA = 1.52pmol

1μg pBR322 DNA = 0.36pmol

1pmol 1000bp DNA = 0.66μg

1pmol pBR322 DNA = 2.8μg

3. 蛋白质摩尔换算

100pmol 相对分子质量为 100000 的蛋白质 = 10μg

100pmol 相对分子质量为 50000 的蛋白质 = 5μg

100pmol 相对分子质量为 10000 的蛋白质 = 1μg

100pmol 相对分子质量为 1000 的蛋白质 = 100ng

4. 蛋白质与 DNA 之间的换算

1kb DNA = 333 个氨基酸编码容量

相对分子质量为 10000 的蛋白质 = 270bp DNA

相对分子质量为 30000 的蛋白质 = 810bp DNA

相对分子质量为 50000 的蛋白质 = 1.35kb DNA

相对分子质量为 100000 的蛋白质 = 2.7kb DNA

三、计算公式

物质的量（mol）= 质量（g）/相对分子质量（u）

物质的量浓度（mol/L）= 物质的量（mol）/溶液体积（L）

质量=物质的量×相对分子质量=物质的量浓度×体积×相对分子质量

附录四 生物工程单元操作实验中的常用数据表

一、不同温度下饱和硫酸铵溶液数据

附表 4-1　　不同温度下饱和硫酸铵溶液数据

项目	0℃	10℃	20℃	25℃	30℃
质量分数/%	41.42	42.22	43.09	43.47	43.85
物质的量浓度/(mol/L)	3.9	3.97	4.06	4.10	4.13
每 1kg 水中硫酸铵物质的量	5.35	5.53	5.73	5.82	5.91
1L 水中硫酸铵用量/g	706.8	730.5	755.8	766.8	777.5
1L 溶液中硫酸铵含量/g	514.8	525.2	536.5	541.2	545.9

二、常见蛋白质的相对分子质量参考值

附表 4-2　　常见蛋白质的相对分子质量参考值

蛋白质	相对分子质量	蛋白质	相对分子质量
细胞色素 C	12800	醇脱氢酶（酵母）	37000
核糖核酸酶	13700	肌酸激酶	40000
溶菌酶	14300	烯醇酶	41000
血红蛋白	15500	卵清蛋白	43000
肌红蛋白	17200	γ-球蛋白，H 链	50000
β-乳球蛋白	18400	谷氨酸脱氢酶	53000
木瓜蛋白酶（羟甲基）	23000	丙酮酸激酶	57000
胰蛋白酶	23300	过氧化氢酶	60000
糜蛋白酶原（胰凝乳蛋白酶原）	25700	血清白蛋白	68000
枯草芽孢杆菌蛋白酶	27600	磷酸化酶 A	94000
碳酸酐酶	29000	磷酸化酶 B	97400
羧肽酶 A	34000	β-半乳糖苷酶	130000
胃蛋白酶	35000	肌球蛋白	220000
乳酸脱氢酶	36000		

三、实验室常用酸、碱的密度、质量分数和浓度

附表 4-3　　实验室常用酸、碱的密度、质量分数和浓度

名称	相对分子质量	密度（室温）/（g/mL）	质量分数/%	浓度/(mol/L)
甲酸（HCOOH）	46.63	1.21	97.0	23.4
浓盐酸（HCl）	36.5	1.19	36.0	12.0
浓硫酸（H_2SO_4）	98.1	1.84	95.0	18.0
浓硝酸（HNO_3）	63.02	1.42	71.0	16.0
浓磷酸（H_3PO_4）	80.0	1.71	85.0	15.0
冰乙酸（HAc）	60.05	1.05	99.5	17.4
高氯酸（$HClO_4$）	100.5	1.67	70.0	11.65
浓氨水（$NH_3 \cdot H_2O$）	35.05	0.90	28	15.0
饱和氢氧化钠溶液（NaOH）	40.0	1.53	50	19.1
饱和氢氧化钾溶液（KOH）	56.1	1.52	50	13.5

四、常用核酸的长度与相对分子质量

附表 4-4　　常用核酸的长度与相对分子质量

核酸	核苷酸数	相对分子质量/u
λDNA	48502	3.0×10^7
pBR322	4363	2.8×10^6
28S rRNA	4800	1.6×10^6
23S rRNA	3700	1.2×10^6
18S rRNA	1900	6.1×10^5
19S rRNA	1700	5.5×10^5
5S rRNA	120	3.6×10^4
tRNA	75	2.5×10^4

五、核苷酸的物理特性

附表 4-5　核苷酸的物理特性

核苷酸	相对分子质量	最大吸收波长 λ_{max}/nm（pH 7.0）	A_{280}/A_{260}
ATP	507.2	259	0.15
CTP	483.2	271	0.97
GTP	523.2	253	0.66
UTP	484.2	262	0.38
dATP	491.2	259	0.15
dCTP	467.2	271	0.98
dGTP	507.2	253	0.66
dTTP	482.2	267	0.71

六、葡萄糖凝胶和聚丙烯酰胺凝胶的种类型号及性能

附表 4-6　葡萄糖凝胶和聚丙烯酰胺凝胶的种类型号及性能

种类及主要用途	部分型号	颗粒粒径/μm	分离性能/u	溶解时间/h 20~25℃	溶解时间/h 90~100℃
葡萄糖凝胶（Sephadex G-）	G-10	100~200	<700	3	1
	G-15	120~200	<1500	3	1
	G-25	50~400	100~5000	3	1
	G-50	50~400	500~30000	3	1
	G-75	120~400	1000~8000	24	3
	G-100	120~400	1000~15000	72	3
	G-150	120~400	1000~30000	72	5
	G-200	120~400	1000~60000	72	5
聚丙烯酰胺凝胶（Bio-gel-P-）	P-2	50~400	200~1800	4	2
	P-4	50~400	800~4000	4	2
	P-6	50~400	1000~6000	4	2
	P-10	50~400	1500~20000	4	2
	P-30	50~200	2500~40000	12	3
	P-60	50~200	3000~60000	12	3
	P-100	50~200	5000~100000	24	5
	P-150	50~200	15000~150000	24	5
	P-200	50~200	50000~200000	48	5
	P-300	50~200	60000~400000	48	5

七、琼脂糖凝胶浓度与分离的 DNA 分子大小关系

附表 4-7　　琼脂糖凝胶浓度与分离的 DNA 分子大小关系

凝胶浓度/%	DNA 分子大小/kb
0.3	5~60
0.6	1~20
0.7	0.8~10
0.9	0.5~7
1.2	0.4~6
1.5	0.2~4
2.0	0.1~3

附录五　常用培养基和缓冲液的配制方法

一、常用培养基配制方法

附表 5-1　　　　　　　　　　　　LB（Luria-Bertani）培养基

成分	称取量	成分	称取量
酵母提取物	5g	NaCl	10g
蛋白胨	10g	蒸馏水	1000mL

注：pH 7.0，121℃灭菌 20min。

附表 5-2　　　　　　　　　　　　牛肉蛋白胨培养基

成分	称取量	成分	称取量
牛肉膏	3g	NaCl	5g
蛋白胨	10g	蒸馏水	1000mL

注：pH 7.4，121℃灭菌 20min。

附表 5-3　　　　　　　　　　　　SOB 培养基

成分	称取量	成分	称取量
酵母提取物	5g	KCl	0.186g
蛋白胨	20g	蒸馏水	1000mL
NaCl	0.5g		

注：pH 7.0，121℃灭菌 20min。使用前加入 5mL 经灭菌的 2mol/L 氯化镁溶液。SOC 培养基：向 1000mL SOB 培养基中加入 20mL 的 1mol/L 的葡萄糖溶液混合均匀。配制 1mol/L 的葡萄糖溶液：将 18g 的葡萄糖溶解在 90mL 的蒸馏水中，定容至 100mL，用 0.22μm 滤膜过滤除菌。

附表 5-4　　　　　　　　　　　　YPD 培养基

成分	称取量	成分	称取量
蛋白胨	20g	葡萄糖	20g
酵母提取物	10g	蒸馏水	1000mL

注：pH 7.0，115℃灭菌 30min。

附表 5-5　　PDA 培养基

成分	称取量	成分	称取量
马铃薯（去皮）	200g	琼脂	20g
蔗糖（或葡萄糖）	20g	蒸馏水	1000mL

注：pH 自然，马铃薯去皮，洗净，切成小块煮沸 30min，然后用纱布过滤，取其滤液，加糖及琼脂，融化后补足水至 1000mL，115℃灭菌 30min。

附表 5-6　　CM 培养基

成分	称取量	成分	称取量
蛋白胨	10g	KH_2PO_4	1g
酵母提取物	5g	$MgSO_4 \cdot 7H_2O$	0.5g
葡萄糖	20g	蒸馏水	1000mL
KNO_3	3g		

注：pH 6.5~6.8，115℃灭菌 30min。

附表 5-7　　查氏培养基

成分	称取量	成分	称取量
$NaNO_3$	2g	$FeSO_4 \cdot 7H_2O$	0.01g
K_2HPO_4	1g	蔗糖	30g
KCl	0.5g	琼脂	15~20g
$MgSO_4 \cdot 7H_2O$	0.5g	蒸馏水	1000mL

注：pH 自然，121℃灭菌 15min。

附表 5-8　　M9 培养基（1）——配制 5×M9 培养基

成分	称取量	成分	称取量
$Na_2HPO_4 \cdot 7H_2O$	64g	NH_4Cl	5.0g
KH_2PO_4	15g	蒸馏水	1000mL
NaCl	2.5g		

注：121℃灭菌 20min。

附表 5-9　　M9 培养基（2）——配制 M9 培养基

成分	称取量	成分	称取量
5×M9 盐溶液	200mL	蒸馏水	补足至 1000mL
200g/L 葡萄糖溶液	20mL		

附表 5-10　　2×YT 培养基

成分	称取量	成分	称取量
蛋白胨	16g	NaCl	5g
酵母提取物	10g	蒸馏水	1000mL

注：pH 7.0，121℃灭菌 20min。

附表 5-11　　RCM 培养基

成分	称取量	成分	称取量
酵母提取物	3g	半胱氨酸盐酸盐	0.5g
牛肉膏	10g	NaCl	3g
蛋白胨	10g	NaAc	3g
可溶性淀粉	1g	刃天青	3mg
葡萄糖	5g	蒸馏水	1000mL

注：pH 8.5，121℃灭菌 30min。

附表 5-12　　马丁氏（Martin）琼脂培养基

成分	称取量	成分	称取量
葡萄糖	10g	1/3000 孟加拉红水溶液	100mL
蛋白胨	5g	琼脂	15~20g
KH_2PO_4	1g	蒸馏水	800mL
$MgSO_4 \cdot 7H_2O$	0.5g		

注：pH 自然，112℃灭菌 30min。临用前加入 0.3g/L 链霉素稀释液 100mL，使每毫升培养基中含链霉素 30μg。

附表 5-13　　营养肉汤培养基

成分	称取量	成分	称取量
蛋白胨	10g	氯化钠	5g
牛肉浸粉	3g	蒸馏水	1000mL

注：pH 7.2，121℃灭菌 15min。

附表 5-14　　TYA 培养基

成分	称取量	成分	称取量
葡萄糖	40g	KH_2PO_4	0.5g
牛肉膏	2g	$MgSO_4 \cdot 7H_2O$	0.2g
酵母提取物	2g	$FeSO_4 \cdot 7H_2O$	0.01g
胰蛋白胨	6g	蒸馏水	1000mL
醋酸铵	3g		

注：pH 6.5，121℃灭菌 20min。

附表 5-15　TB 培养基

成分	称取量	成分	称取量
蛋白胨	12g	磷酸二氢钾	2.313g
酵母提取物	24g	磷酸氢二钾	12.54g
甘油	4mL	蒸馏水	1000mL

注：121℃灭菌 20min。

附表 5-16　NZCYM 培养基

成分	称取量	成分	称取量
酵母提取物	5g	NaCl	5g
酪蛋白氨基酸	1g	$MgSO_4 \cdot 7H_2O$	2g
NZ 胺	10g	蒸馏水	1000mL

注：pH 7.0，121℃灭菌 20min。

附表 5-17　NZYM 培养基

成分	称取量	成分	称取量
酵母提取物	5g	$MgSO_4 \cdot 7H_2O$	2g
NZ 胺	10g	蒸馏水	1000mL
NaCl	5g		

注：pH 7.0，121℃灭菌 20min。

附表 5-18　NZM 培养基

成分	称取量	成分	称取量
NZ 胺	10g	$MgSO_4 \cdot 7H_2O$	2g
NaCl	5g	蒸馏水	1000mL

注：pH 7.0，121℃灭菌 20min。

附表 5-19　伊红-亚甲蓝培养基

成分	称取量	成分	称取量
蛋白胨	10g	琼脂	13.5g
乳糖	5g	伊红	0.4g
蔗糖	5g	亚甲蓝	0.065g
K_2HPO_4	2g	蒸馏水	1000mL

注：pH 7.2，121℃灭菌 15min。

附表 5-20　　　　　　　　　　YEPD 培养基

成分	称取量	成分	称取量
酵母提取物	10g	葡萄糖	20g
蛋白胨	20g	蒸馏水	1000mL

注：pH 6.0，115℃ 灭菌 20min。

附表 5-21　　　　　　　　　　MRS 培养基

成分	称取量	成分	称取量
蛋白胨	10g	乙酸钠	5g
牛肉膏	10g	柠檬酸三铵	2g
酵母提取物	5g	硫酸镁	0.2g
葡萄糖	20g	硫酸锰	0.05g
吐温-80	1mL	琼脂粉	15g
磷酸氢二钾	2g	蒸馏水	1000mL

注：pH 6.2，121℃ 灭菌 15~20min。

附表 5-22　　　　　　　　　　GYP 培养基

成分	称取量	成分	称取量
葡萄糖	10g	$MnSO_4 \cdot 4H_2O$	0.001g
酵母提取物	10g	NaCl	0.001g
蛋白胨	5g	$FeSO_4 \cdot 7H_2O$	0.001g
无水乙酸钠	2g	蒸馏水	1000mL
$MgSO_4 \cdot 7H_2O$	0.02g		

注：pH 6.8，121℃ 灭菌 15~20min。

二、不同 pH 缓冲液的配制方法

1. Tris-盐酸缓冲液（0.05mol/L，25℃）

50mL 0.1mol/L Tris（三羟甲基氨基甲烷）溶液与 A mL 0.1mol/L 盐酸混匀后，加水稀释至 100mL。

附表 5-23　　　　　Tris-盐酸缓冲液（0.05mol/L，25℃）的配制

pH	A	pH	A
7.1	45.7	7.4	42.0
7.2	44.7	7.5	40.3
7.3	43.4	7.6	38.5

续表

pH	A	pH	A
7.7	36.6	8.4	17.2
7.8	34.5	8.5	14.7
7.9	32.0	8.6	12.4
8.0	29.2	8.7	10.3
8.1	26.2	8.8	8.5
8.2	22.9	8.9	7.0
8.3	19.9	9.0	5.7

注：Tris 相对分子质量为 121.14，0.1mol/L 溶液含 12.11g/L。

2. 巴比妥钠-盐酸缓冲液（18℃）

100mL 0.04mol/L 巴比妥钠溶液+A mL 0.2mol/L 盐酸。

附表 5-24　　巴比妥钠-盐酸缓冲液（18℃）的配制

pH	A	pH	A
6.8	18.4	8.2	7.21
7.0	17.8	8.4	5.21
7.2	16.7	8.6	3.82
7.4	15.3	8.8	2.52
7.6	13.4	9.0	1.65
7.8	11.47	9.2	1.13
8.0	9.39	9.4	0.70

注：巴比妥钠盐的相对分子质量为 206.2，0.04mol/L 溶液含 8.25g/L。

3. 甘氨酸-盐酸缓冲液（0.05mol/L，25℃）

A mL 0.2mol/L 甘氨酸溶液+B mL 0.2mol/L 盐酸，用水稀释至 200mL。

附表 5-25　　甘氨酸-盐酸缓冲液（0.05mol/L，25℃）的配制

pH	A	B
2.0	50	44.0
2.4	50	32.4
2.6	50	24.2
2.8	50	16.8
3.0	50	11.4

续表

pH	A	B
3.2	50	8.2
3.4	50	6.4
3.6	50	5.0

注：甘氨酸相对分子质量为75.07，0.2mol/L溶液含15.01g/L。

4. 甘氨酸-氢氧化钠缓冲液（0.05mol/L，25℃）

A mL 0.2mol/L 甘氨酸溶液+B mL 0.2mol/L 氢氧化钠加水稀释至200mL。

附表5-26　　甘氨酸-氢氧化钠缓冲液（0.05mol/L，25℃）的配制

pH	A	B
8.6	50	4.0
8.8	50	6.0
9.0	50	8.8
9.2	50	12.0
9.4	50	16.8
9.6	50	22.4
9.8	50	27.2
10.0	50	32.0
10.4	50	38.6
10.6	50	45.5

注：甘氨酸相对分子质量为75.07，0.2mol/L溶液含15.01g/L。

5. 邻苯二甲酸氢钾-盐酸缓冲液（0.05mol/L，25℃）

A mL 0.2mol/L 邻苯二甲酸氢钾溶液+B mL 0.2mol/L 盐酸，用水稀释至200mL。

附表5-27　　邻苯二甲酸氢钾-盐酸缓冲液（0.05mol/L，25℃）的配制

pH	A	B
2.2	50	46.7
2.4	50	39.6
2.6	50	33.0
2.8	50	26.4
3.0	50	20.3

续表

pH	A	B
3.2	50	14.7
3.4	50	9.90
3.6	50	5.97
3.8	50	2.63

注：邻苯二甲酸氢钾的相对分子质量为 204.22，0.2mol/L 溶液含 40.85g/L。

6. 邻苯二甲酸氢钾-氢氧化钠缓冲液

A mL 0.1mol/L 邻苯二甲酸氢钾溶液+B mL 0.1mol/L 氢氧化钠溶液，用水稀释至 100mL。

附表 5-28　　　　邻苯二甲酸氢钾-氢氧化钠缓冲液的配制

pH	A	B
4.2	50	3.0
4.4	50	6.6
4.6	50	11.1
4.8	50	16.5
5.0	50	22.6
5.2	50	28.8
5.4	50	34.1
5.6	50	38.8
5.8	50	42.3

注：邻苯二甲酸氢钾的相对分子质量为 204.22，0.1mol/L 溶液含 20.43g。NaOH 相对分子质量为 40，0.1mol/L 溶液含 4g/L。

7. 磷酸氢二钠-磷酸二氢钠缓冲液（0.2mol/L，25℃）

A mL 0.2mol/L 磷酸氢二钠溶液+B mL 0.2mol/L 磷酸二氢钠溶液。

附表 5-29　　　　磷酸氢二钠-磷酸二氢钠缓冲液（0.2mol/L，25℃）的配制

pH	A	B
5.8	8	92
5.9	10	90
6	12.3	87.7
6.1	15	85

续表

pH	A	B
6.2	18.5	81.5
6.3	22.5	77.5
6.4	26.5	73.5
6.5	31.5	68.5
6.6	37.5	62.5
6.7	43.5	56.5
6.8	49	51
6.9	55	45
7	61	39
7.1	67	33
7.2	72	28
7.3	77	23
7.4	81	19
7.5	84	16
7.6	87	13
7.7	89	11
7.8	91.5	8.5
7.9	93	7
8.0	94.7	5.3

注：$Na_2HPO_4 \cdot 2H_2O$ 相对分子质量为 178.05，0.2mol/L 溶液含 35.61g/L。$Na_2HPO_4 \cdot 12H_2O$ 相对分子质量为 358.222，0.2mol/L 溶液含 71.64g/L。$NaH_2PO_4 \cdot H_2O$ 相对分子质量为 138.01，0.2mol/L 溶液含 27.6g/L。$NaH_2PO_4 \cdot 2H_2O$ 相对分子质量为 156.03，0.2mol/L 溶液含 31.21g/L。

8. 磷酸氢二钠-氢氧化钠缓冲液（25℃）

A mL 0.05mol/L 磷酸氢二钠溶液+B mL 0.1mol/L 氢氧化钠溶液，加水稀释到 100mL。

附表 5-30　　磷酸氢二钠-氢氧化钠缓冲液（25℃）的配制

pH	A	B
12.0	50	6.0
12.1	50	8.0
12.2	50	10.2
12.3	50	12.8

续表

pH	A	B
12.4	50	16.2
12.5	50	20.4
12.6	50	25.6
12.7	50	32.2
12.8	50	41.2
12.9	50	53.0
13.0	50	66.0

注：$Na_2HPO_4 \cdot 2H_2O$ 相对分子质量为 178.05，0.05mol/L 溶液含 8.902g/L。

9. 磷酸氢二钠-磷酸二氢钾缓冲液（0.067mol/L）

A mL 0.2mol/L 磷酸氢二钠溶液+B mL 0.2mol/L 磷酸二氢钾溶液。

附表5-31　　磷酸氢二钠-磷酸二氢钾缓冲液（0.067mol/L）的配制

pH	A	B
4.92	0.1	9.9
5.29	0.5	9.5
5.91	1.0	9.0
6.24	2.0	8.0
6.47	3.0	7.0
6.64	4.0	6.0
6.81	5.0	5.0
6.98	6.0	4.0
7.17	7.0	3.0
7.38	8.0	2.0
7.73	9.0	1.0
8.04	9.5	0.5
8.34	9.75	0.25
8.67	9.9	0.10
8.18	10.0	0.0

注：$Na_2HPO_4 \cdot 2H_2O$ 相对分子质量为 178.05，0.067mol/L 溶液含 11.876g/L。KH_2PO_4 相对分子质量为 136.09，0.067mol/L 溶液含 9.078g/L。

10. 磷酸氢二钠-柠檬酸缓冲液

A mL 0.2mol/L 磷酸氢二钠溶液+B mL 0.1mol/L 柠檬酸溶液。

附表 5-32　　磷酸氢二钠-柠檬酸缓冲液的配制

pH	A	B
2.2	0.40	19.60
2.4	1.24	18.76
2.6	2.18	17.82
2.8	3.17	16.83
3.0	4.11	15.89
3.2	4.94	15.06
3.4	5.70	14.30
3.6	6.44	13.56
3.8	7.10	12.90
4.0	7.71	12.29
4.2	8.28	11.72
4.4	8.82	11.18
4.6	9.38	10.65
4.8	9.86	10.14
5.0	10.30	9.70
5.2	10.72	9.28
5.4	11.15	8.85
5.6	11.60	8.4
5.8	12.09	7.91
6.0	12.63	7.37
6.2	13.22	6.78
6.4	13.85	6.15
6.6	14.55	5.45
6.8	15.45	4.55
7.0	16.47	3.53
7.2	17.39	2.61
7.4	18.17	1.83
7.6	18.73	1.27

续表

pH	A	B
7.8	19.15	0.85
8.0	19.45	0.55

注：$Na_2HPO_4 \cdot 2H_2O$ 相对分子质量为 178.05，0.2mol/L 溶液含 35.61g/L。$C_6H_8O_7 \cdot H_2O$ 相对分子质量为 210.14，0.1mol/L 溶液含 21.01g/L。

11. 磷酸二氢钾-氢氧化钠缓冲液（0.05mol/L，20℃）

A mL 0.2mol/L 磷酸二氢钾溶液+B mL 0.2mol/L 氢氧化钠，加水稀释至 20mL。

附表 5-33　　磷酸二氢钾-氢氧化钠缓冲液（0.05mol/L，20℃）的配制

pH	A	B
5.8	5.0	0.372
6.0	5.0	0.570
6.2	5.0	0.860
6.4	5.0	1.260
6.6	5.0	1.780
6.8	5.0	2.365
7.0	5.0	2.963
7.2	5.0	3.500
7.4	5.0	3.950
7.6	5.0	4.280
7.8	5.0	4.520
8.0	5.0	4.680

注：KH_2PO_4 相对分子质量为 136.09，0.2mol/L 溶液含 27.218g/L。NaOH 相对分子质量为 40，0.2mol/L 溶液含 8g/L。

12. 磷酸氢二钾-磷酸二氢钾缓冲液（0.2mol/L，25℃）

A mL 1mol/L 磷酸氢二钾溶液+B mL 1mol/L 磷酸二氢钾溶液。

附表 5-34　　磷酸氢二钾-磷酸二氢钾缓冲液（0.2mol/L，25℃）的配制

pH	A	B
5.8	8.5	91.5
6.0	13.2	86.8

续表

pH	A	B
6.2	19.2	80.8
6.4	27.8	72.2
6.6	38.1	61.9
6.8	49.7	50.3
7.0	61.5	38.5
7.2	71.7	28.3
7.4	80.2	19.8
7.6	86.6	13.4
7.8	90.8	9.2
8.0	94.0	6.0

注：K_2HPO_4 相对分子质量为 174.18，1mol/L 溶液含 174.18g/L。KH_2PO_4 相对分子质量为 136.09，1mol/L 溶液含 136.09g/L。

13. 硼砂-盐酸缓冲液（0.05mol/L 硼酸根）

A mL 0.025mol/L 硼砂+B mL 0.1mol/L 盐酸，加水稀释到 100mL。

附表 5-35　　硼砂-盐酸缓冲液（0.05mol/L 硼酸根）的配制

pH	A	B
8.0	50	20.5
8.1	50	19.7
8.2	50	18.8
8.3	50	17.7
8.4	50	16.6
8.5	50	15.2
8.6	50	13.5
8.7	50	11.6
8.8	50	9.4
8.9	50	7.1
9.0	50	4.6
9.1	50	2.0

注：$Na_2B_4O_7 \cdot 10H_2O$ 相对分子质量为 381.43，0.025mol/L 溶液含 9.53g/L。

14. 硼砂-氢氧化钠缓冲液（0.05mol/L 硼酸根）

A mL 0.05mol/L 硼砂+B mL 0.2mol/L 氢氧化钠，加水稀释至 200mL。

附表 5-36　硼砂-氢氧化钠缓冲液（0.05mol/L 硼酸根）的配制

pH	A	B
9.3	50	0.0
9.4	50	11.0
9.6	50	23.0
9.8	50	24.0
10.0	50	43.0
10.1	50	46.0

注：$Na_2B_4O_7 \cdot 10H_2O$ 相对分子质量为 381.43，0.05mol/L 溶液含 19.07g/L。NaOH 相对分子质量为 40，0.2mol/L 溶液含 8g/L。

15. 硼酸-硼砂缓冲液（0.2mol/L 硼酸根）

A mL 0.05mol/L 硼砂+B mL 0.2mol/L 硼酸。

附表 5-37　硼酸-硼砂缓冲液（0.2mol/L 硼酸根）的配制

pH	A	B
7.4	1.0	9.0
7.6	1.5	8.5
7.8	2.0	8.0
8	3.0	7.0
8.2	3.5	6.5
8.4	4.5	5.5
8.7	6.0	4.0
9.0	8.0	2.0

注：$Na_2B_4O_7 \cdot 10H_2O$ 相对分子质量为 381.43，0.05mol/L 溶液含 19.07g/L。H_3BO_3 相对分子质量为 61.84，0.2mol/L 溶液含 12.37g/L。

16. 碳酸钠-碳酸氢钠缓冲液（0.1mol/L，20℃）

A mL 0.1mol/L 碳酸钠溶液+B mL 0.1mol/L 碳酸氢钠溶液。

附表 5-38　碳酸钠-碳酸氢钠缓冲液（0.1mol/L，20℃）的配制

pH	A	B
9.16	1	9
9.40	2	8
9.51	3	7
9.78	4	6
9.90	5	5
10.14	6	4
10.28	7	3
10.53	8	2
10.83	9	1

注：$Na_2CO_3 \cdot 10H_2O$ 相对分子质量为 286.2，0.1mol/L 溶液含 28.62g/L，$NaHCO_3$ 相对分子质量含 84.0，0.1mol/L 溶液含 8.40g/L。

17. 柠檬酸-柠檬酸钠缓冲液（0.1mol/L）

A mL 0.1mol/L 柠檬酸溶液+B mL 0.1mol/L 柠檬酸钠溶液。

附表 5-39　柠檬酸-柠檬酸钠缓冲液（0.1mol/L）的配制

pH	A	B
3.0	18.6	1.4
3.2	17.2	2.8
3.4	16.0	4.0
3.6	14.9	5.1
3.8	14.0	6.0
4.0	13.1	6.9
4.2	12.3	7.7
4.4	11.4	8.6
4.6	10.3	9.7
4.8	9.2	10.8
5	8.2	11.8
5.2	7.3	12.7
5.4	6.4	13.6

续表

pH	A	B
5.6	5.5	14.5
5.8	4.7	15.3
6	3.8	16.2
6.2	2.8	17.2
6.4	2.0	18.0
6.6	1.4	18.6

注：$C_6H_8O_7 \cdot H_2O$ 相对分子质量为 210.14；0.1mol/L 溶液含 21.01g/L。$Na_3C_6H_5O_7 \cdot 2H_2O$ 相对分子质量为 294.12；0.1mol/L 溶液含 29.41g/L。

18. 碳酸氢钠-氢氧化钠缓冲液（0.025mol/L 碳酸氢钠）

A mL 0.05mol/L 碳酸氢钠溶液+B mL 0.1mol/L 氢氧化钠溶液，加水稀释到 100mL。

附表 5-40　　碳酸氢钠-氢氧化钠缓冲液（0.025mol/L 碳酸氢钠）的配制

pH	A	B
9.6	50	5.0
9.7	50	6.2
9.8	50	7.6
9.9	50	9.1
10.0	50	10.7
10.1	50	12.2
10.2	50	13.8
10.3	50	15.2
10.4	50	16.5
10.5	50	17.8
10.6	50	19.1
10.7	50	20.2
10.8	50	21.2
10.9	50	22.0
11.0	50	22.7

注：$NaHCO_3$ 相对分子质量为 84.0，0.05mol/L 溶液含 4.20g/L。NaOH 相对分子质量为 40，0.1mol/L 溶液含 4g/L。

19. 乙酸钠-乙酸缓冲液（0.2mol/L，18℃）

A mL 0.2mol/L 乙酸钠溶液+B mL 0.2mol/L 乙酸。

附表 5-41　　　　　乙酸钠-乙酸缓冲液（0.2mol/L，18℃）的配制

pH	A	B
3.6	0.75	9.25
3.8	1.20	8.80
4.0	1.80	8.20
4.2	2.65	7.35
4.4	3.70	6.30
4.6	4.90	5.10
4.8	5.90	4.10
5.0	7.00	3.00
5.2	7.90	2.10
5.4	8.60	1.40
5.6	9.10	0.90
5.8	9.40	0.60

注：0.2mol/L 乙酸的配制：11.5mL 乙酸加水补足至 1000mL。

三、常用缓冲液的配制方法

附表 5-42　　　　　PBS 配制方法

成分	称取量	成分	称取量
NaCl	8g	KH_2PO_4	0.27g
KCl	0.2g	水	1000mL
Na_2HPO_4	1.42g		

注：pH 7.2。

附表 5-43　　　　　TBS 配制方法

成分	称取量	成分	称取量
NaCl	8g	酚红	0.015g
KCl	0.38g	水	1000mL
Tris	3g		

注：pH 7.4。

附表 5-44　　　　　　　　　　50×TAE 缓冲液

成分	称取量	成分	称取量
Tris	242g	EDTA（0.5mol/L，pH 8.0）	100mL
乙酸	57.1mL	水	补足至 1000mL

附表 5-45　　　　　　　　　　5×TBE 缓冲液

成分	称取量	成分	称取量
Tris	54g	EDTA（0.5mol/L，pH 8.0）	20mL
硼酸	27.5g	水	补足至 1000mL

附表 5-46　　　　　　　　　　10×MOPS 缓冲液

成分	称取量	成分	称取量
MOPS	41.8g	NaAc（1mol/L）	20mL
DEPC 处理水	700mL	EDTA（0.5mol/L，pH 8.0）	20mL

注：pH 7.0，0.45μm 滤膜过滤后室温避光保存。

附表 5-47　　　　　　6×上样缓冲液（Loading buffer，DNA 电泳用）

成分	称取量	成分	称取量
EDTA	8.8g	甘油	360mL
溴酚蓝	500mg	水	补足至 1000mL
二甲苯腈蓝 FF	500mg		

注：pH 7.0。

附表 5-48　　　　　　10×上样缓冲液（Loading buffer，RNA 电泳用）

成分	称取量	成分	称取量
EDTA（0.5mol/L，pH 8.0）	2mL	甘油	50mL
溴酚蓝	250mg	DEPC 处理水	补足至 100mL
二甲苯腈蓝 FF	250mg		

附表 5-49　　　　　　5×SDS-PAGE 上样缓冲液（Loading buffer）

成分	称取量	成分	称取量
Tris-HCl（1mol/L，pH 6.8）	25mL	甘油	50mL
SDS	10g	2-巯基乙醇	5mL
溴酚蓝	500mg	水	补足至 100mL

附表 5-50　　SDS-PAGE 电泳缓冲液

成分	称取量	成分	称取量
甘氨酸	14.1g	Tris	3g
SDS	0.5g	水	补足至 1000mL

注：pH 8.3。

四、指示液

附表 5-51　　10g/L 二甲苯青 FF 染色液

成分	称取量	成分	称取量
二甲苯青 FF	1g	水	100mL

附表 5-52　　V.P 指示剂

步骤	成分	称取量
A 液	α-萘酚	5g
	无水乙醇	100mL
B 液	KOH	40g
	水	补足至 100mL

附表 5-53　　中性红指示剂

成分	称取量	成分	称取量
中性红	0.04g	蒸馏水	300mL
95%（体积分数）乙醇	28mL		

注：中性红 pH 6.8~8 颜色由红变黄，常用浓度为 0.4g/L。

附表 5-54　　甲基红指示剂

成分	称取量	成分	称取量
甲基红	0.04g	蒸馏水	40mL
95%（体积分数）乙醇	60mL		

注：先将甲基红溶于 95%（体积分数）乙醇中，然后加入蒸馏水即可。

附表 5-55　　溴甲酚紫指示剂

成分	称取量	成分	称取量
溴甲酚紫	0.04g	蒸馏水	100mL
NaOH（0.01mol/L）	7.4g		

注：溴甲酚紫 pH 5.2~6.8，颜色由黄变紫，常用浓度为 0.4g/L。

附表 5-56　溴麝香草酚蓝指示剂

成分	称取量	成分	称取量
溴麝香草酚蓝	0.04g	蒸馏水	93.6mL
NaOH（0.01mol/L）	6.4g		

注：溴麝香草酚蓝 pH 6.0~7.6，颜色由黄变蓝，常用浓度为 0.4g/L。

附表 5-57　吲哚指示剂

成分	称取量	成分	称取量
对二甲基氨基苯甲醛	2g	浓盐酸	40mL
95%（体积分数）乙醇	190mL		

附表 5-58　格里斯试剂

步骤	成分	称取量
A 液	对氨基苯磺酸	0.5g
	10%（质量分数）稀乙酸	150mL
B 液	α-萘胺	0.1g
	蒸馏水	20mL
	10%（质量分数）稀乙酸	150mL

附表 5-59　10g/L 溴酚蓝指示剂

成分	称取量	成分	称取量
溴酚蓝	1g	水	100mL

附表 5-60　50g/L 卢戈碘液

成分	称取量	成分	称取量
碘	50g	水	1000mL
碘化钾	100g		

五、染色液的配制

附表 5-61　溴化乙锭染色液

成分	称取量	成分	称取量
溴化乙锭	1g	水	10mL

附表 5-62　考马斯亮蓝 R-250 染色液

成分	称取量	成分	称取量
考马斯亮蓝 R-250	1g	冰醋酸	100mL
异丙醇	250mL	水	补足至 1000mL

附表 5-63　考马斯亮蓝染色脱色液

成分	称取量	成分	称取量
乙酸	100mL	水	补足至 1000mL
乙醇	50mL		

附表 5-64　吕氏碱性亚甲蓝染液

步骤	成分	称取量
A 液	亚甲蓝	0.6g
	95%（体积分数）乙醇	30mL
B 液	KOH	0.01g
	水	100mL

注：分别配制 A 液和 B 液，配好后混合即可。

附表 5-65　齐氏石炭酸复红染色液

步骤	成分	称取量
A 液	碱性复红	0.3g
	95%（体积分数）乙醇	10mL
B 液	苯酚	5.0g
	水	95mL

附表 5-66　革兰染液——草酸铵结晶紫染液

步骤	成分	称取量
A 液	结晶紫	2g
	95%（体积分数）乙醇	10mL
B 液	草酸铵	0.8g
	水	80mL

注：混合 A、B 二液，静置 48h 后使用。

附表 5-67　革兰染色液——卢戈氏碘液

成分	称取量	成分	称取量
碘	1g	水	300mL
碘化钾	2g		

附表 5-68　革兰染色液——番红复染液

成分	称取量	成分	称取量
番红	2.5g	95%（体积分数）乙醇	100mL

注：取上述配好的番红乙醇溶液 10mL 与 80mL 蒸馏水混匀即成。

附表 5-69　内生孢子染色液［谢-弗（Schaeffer-Fulton）法］——孔雀绿染液

成分	称取量	成分	称取量
孔雀绿	0.5g	水	100mL

附表 5-70　内生孢子染色液［谢-弗（Schaeffer-Fulton）法］——番红水溶液

成分	称取量	成分	称取量
番红	0.5g	水	100mL

附表 5-71　荚膜染色液——1%（质量分数）结晶紫染色液

成分	称取量	成分	称取量
结晶紫	1g	水	100mL

附表 5-72　荚膜染色液——苯胺黑溶液

成分	称取量	成分	称取量
苯胺黑	10g	水	100mL

附表 5-73　吉姆萨（Giemsa）染液

成分	称取量	成分	称取量
吉姆萨染料	3.8g	甘油	250mL
甲醇	250mL		

注：将溶液充分混合配制成贮存液。使用时将上述 10mL 存储液加入 80mL 蒸馏水和 10mL 甲醇中。

附表 5-74　　　　　　　　　　瑞氏（Wright's）染色液

步骤	成分	称取量
A 液	瑞氏染料	1.0g
	甲醇	400mL
B 液	磷酸二氢钾	0.663g
	磷酸氢二钠	0.256g
	水	100mL

附表 5-75　　　　　　　　　利夫森（Leifson）鞭毛染色液

步骤	成分	称取量
A 液	NaCl	1.5g
	水	100mL
B 液	单宁酸	3g
	水	100mL
C 液	碱性复红	0.3g
	乙酸副玫瑰苯胺	0.9g
	95%（体积分数）乙醇	100mL

注：临用前将 A 液和 B 液等量混合，然后将两倍体积的混合液与 1 体积的 C 液混合均匀，冰箱内可保存 1~2 个月。

附表 5-76　　　　　　　　　　乳酸石炭酸棉蓝染色液

成分	称取量	成分	称取量
苯酚	20g	水	20mL
乳酸	20mL	棉蓝	0.05g
甘油	40mL		

附表 5-77　　　　　　　　　　　席夫（Schiff）试剂

成分	称取量	成分	称取量
碱性复红	1g	1mol/L HCl	10mL
蒸馏水	200mL	活性炭	2g
10%（质量分数）焦亚硫酸钠	10mL		

注：将 1g 碱性复红加入 200mL 煮沸的蒸馏水中混合均匀，冷却至 50℃左右加入 1mol/L HCl 10mL 混合均匀。冷却至 25℃时，加入 10mL 100g/L 焦亚硫酸钠混合均匀。暗处放置 1~2d，如果溶液不清澈，则加入 2g 活性炭摇匀。过滤后在 0~5℃下储存在密闭的瓶子中。

六、抗生素

附表 5-78　　　　氨苄青霉素（Ampicillin，100mg/mL）

成分	称取量	成分	称取量
氨苄青霉素	1g	水	10mL

注：严紧型质粒工作浓度常采用 20μg/mL，松弛型质粒工作浓度常采用 60μg/mL。

附表 5-79　　　　羧苄青霉素（Carbenicillin，50mg/mL）

成分	称取量	成分	称取量
羧苄青霉素二钠盐	0.5g	水	10mL

注：严紧型质粒工作浓度常采用 20μg/mL，松弛型质粒工作浓度常采用 60μg/mL。

附表 5-80　　　　卡那霉素（Kanamycin，100mg/mL）

成分	称取量	成分	称取量
卡那霉素	1g	水	10mL

注：严紧型质粒工作浓度常采用 10μg/mL，松弛型质粒工作浓度常采用 50μg/mL。

附表 5-81　　　　链霉素（Streptomycin，50mg/mL）

成分	称取量	成分	称取量
链霉素硫酸盐	0.5g	水	10mL

注：严紧型质粒工作浓度常采用 10μg/mL，松弛型质粒工作浓度常采用 50μg/mL。

附表 5-82　　　　氯霉素（Chloramphenicol，30mg/mL）

成分	称取量	成分	称取量
氯霉素	0.3g	乙醇	10mL

注：严紧型质粒工作浓度常采用 25μg/mL，松弛型质粒工作浓度常采用 170μg/mL。

附表 5-83　　　　四环素（Tetracycline，20mg/mL）

成分	称取量	成分	称取量
四环素	200mg	乙醇	10mL

注：严紧型质粒工作浓度常采用 10μg/mL，松弛型质粒工作浓度常采用 50μg/mL。

七、常用贮存液（其他常用试剂）

附表 5-84　　　　BSA（10mg/mL）

成分	称取量	成分	称取量
牛血清蛋白（BSA）	100mg	水	10mL

附表 5-85　CTAB/NaCl

成分	称取量	成分	称取量
NaCl	4.1g	水	定容至 100mL
十六烷基三甲基溴化铵（CTAB）	10g		

附表 5-86　DTT（1mol/L）

成分	称取量	成分	称取量
二硫苏糖醇（DTT）	5g	水	32.4mL

附表 5-87　IPTG（200mg/mL）

成分	称取量	成分	称取量
异丙基硫代-3-D-半乳糖苷（IPGT）	200mg	水	1mL

附表 5-88　NaAc（3mol/L，pH 5.2）

成分	称取量	成分	称取量
NaAc·3H$_2$O	40.81g	水	补足至 100mL

注：冰醋酸调节 pH 到 5.2。

附表 5-89　PMSF（100mmol/L）

成分	称取量	成分	称取量
苯甲基磺酰氟（PMSF）	174mg	异丙醇	10mL

附表 5-90　RNase（10mg/mL）

成分	称取量	成分	称取量
RNaseA	10mg	10mmol/L 乙酸钠（pH 5.0）	1mL

注：用 1mol/L 的 Tris-HCl 调 pH 至 7.5。

附表 5-91　HEPES（1mol/L）

成分	称取量	成分	称取量
N-2-羟乙基-哌嗪基-N-乙基磺酸（HEPES）	238g	水	定容至 1000mL

注：用 NaOH 调节 pH 至 6.8~8.2。

附表 5-92　SDS（100g/L）

成分	称取量	成分	称取量
十二烷基硫酸钠（SDS）	10g	水	100mL

附表 5-93　X-gal（80mg/mL）

成分	称取量
X-gal（5-溴-4-氯-3-吲哚-β-D-半乳糖苷）	400mg
二甲基甲酰胺（DMF）	5mL

附表 5-94　DEPC 处理水

成分	称取量	成分	称取量
焦碳酸二乙酯（DEPC）	100μL	水	100mL

注：37℃温浴 12h 以上，高温高压灭菌 20min。

附表 5-95　醋酸铵（10mol/L）

成分	称取量	成分	称取量
醋酸铵	77.1g	水	100mL

附表 5-96　氯化钠（5mol/L）

成分	称取量	成分	称取量
氯化钠	29.2g	水	100mL

附表 5-97　蛋白酶 K（20mg/mL）

成分	称取量	成分	称取量
蛋白酶 K（proteinase K）	200mg	水	10mL

附表 5-98　EDTA（0.5mol/L，pH 8.0）

成分	称取量	成分	称取量
$Na_2EDTA \cdot 2H_2O$	18.61g	水	补足至 100mL

注：用 5mol/L NaOH 调节 pH 到 8.0。

附表 5-99　阿氏液

成分	称取量	成分	称取量
柠檬酸钠·$2H_2O$	8g	NaCl	4.2g
柠檬酸	0.55g	蒸馏水	1000mL
葡萄糖	2.05g		

注：115℃灭菌 20min。

附表 5-100　　　　　　　　　　　溶菌酶溶液

成分	称取量
10mmol/L Tris-HCl（pH = 8.0）	1mL
溶菌酶	10mg

附表 5-101　　　　　　　　　　　过硫酸铵（100g/L）

成分	称取量	成分	称取量
过硫酸铵	1g	水	10mL

附表 5-102　　　　　　　　　　　氯化钙（1mol/L）

成分	称取量	成分	称取量
$CaCl_2 \cdot 6H_2O$	54g	水	20mL

附表 5-103　　　　　　　　　　　氯化镁（1mol/L）

成分	称取量	成分	称取量
$MgCl_2 \cdot 6H_2O$	203.3g	水	20mL

参考文献

[1] An X, Ding C J, Zhang H, et al. Overexpression of amyA and glaA substantially increases glucoamylase activity in *Aspergillus niger* [J]. Acta Biochimica Et Biophysica Sinica, 2019 (51): 638-644.

[2] Andersen M R, Salazar M P, Schaap P J, et al. Comparative genomics of citric-acid-producing *Aspergillus niger* ATCC 1015 versus enzyme-producing CBS 513.88 [J]. Genome Research, 2011 (21): 885-897.

[3] Aoyama M, Toma C, Yasud M, et al. Sequence of the gene encoding an alkaline serine proteinase of *Bacillus pumilus* TYO-67 [J]. Microbiology and Immunology, 2000, 44 (5): 389-393.

[4] Arpana M, Rathore S S, Rao A S, et al. Statistical bioprocess optimization for enhanced production of a thermo alkalophilic polygalacturonase (PGase) from *Pseudomonas* sp. 13156349 using solid substrate fermentation (SSF) [J]. Heliyon, 2023 (9): e16493.

[5] Baghban R, Farajnia S, Ghasemi Y. New developments in *pichia pastoris* expression system, review and update [J]. Current Pharmaceutical Biotechnology, 2018, 19 (6): 451-467.

[6] Bagheri A, Khodarahmi R, Mostafaie A. Purification and biochemical characterisation of glucoamylase from a newly isolated *Aspergillus niger*: Relation to starch processing [J]. Food Chemistry, 2014 (161): 270-278.

[7] Bhatt K, Lal S, Srinivasan R, et al. Molecular analysis of *Bacillus velezensis* KB 2216, purification and biochemical characterization of alpha-amylase [J]. International Journal of Biological Macromolecules, 2020 (164): 3332-3339.

[8] David W. Mount. Bioinformatics: sequence and genome analysis [M]. 2nd ed. 曹志伟, 译. 北京: 科学出版社, 2006.

[9] Ferreira da Silva I, Rodrigues da Luz J M, Oliveira S F, et al. High-yield cellulase and LiP production after SSF of agricultural wastes by *Pleurotus ostreatus* using different surfactants [J]. Biocatalysis and Agricultural Biotechnology, 2019 (22): 101428.

[10] Gennady P Manchenko. 酶的凝胶电泳检测手册: [M]. 2版. 华子春, 郑伟娟, 等, 译. 北京: 化学工业出版社, 2013.

[11] Giepmans BNG, Adams SR, Ellisman MH, et al. The fluorescent toolbox for assessing protein location and function [J]. Science, 2006, 312 (5771): 217-224.

[12] Gupta R, Gigras P, Mohapatra H, et al. Microbial α-amylases: a biotechnological perspective [J]. Process Biochemistry, 2003 (38): 1599-1616.

[13] Hang F, Liu P Y, Wang Q B. High milk-clotting activity expressed by the newly isolated *Paenibacillus* spp. strain BD3526 [J]. Molecules, 2016, 21 (1): 73.

[14] Haq I, Ashraf H, Iqbal J, et al. Production of alpha amylase by *Bacillus licheniformis* using an economical medium [J]. Bioresource Technology, 87 (2003): 57-61.

[15] Hollingsworth SA, Karplus PA. A fresh look at the Ramachandran plot and the occurrence of standard structures in proteins [J]. Biomolecular Concepts, 2010, 1 (3-4): 271-283.

[16] Hooft R W, Sander C, Vriend G. Objectively judging the quality of a protein structure from a Ramachandran plot [J]. Bioinformatics, 1997, 4 (13): 425-430.

[17] Koul B, Yakoob M, Shah M P. Agricultural waste management strategies for environmental sustainability [J]. Environmental Research, 2022 (206): 112285.

[18] Laskowski R A, Macarthur M W, Moss D S, et al. PROCHECK: a program to check the stereochemical quality of protein structures [J]. Journal of Applied Crystallography, 1993, 26: 283-291.

[19] Li J, Chen D, Yu Z. Improvement of expression level of keratinase Sfp2 from *Streptomyces fradiae* by site-directed mutagenesis of its N-terminal pro-sequence [J]. Biotechnology Letters, 2013, 35 (5): 743-749.

[20] Liu P, Ma L, Duan W, et al. Maltogenic amylase: Its structure, molecular modification, and effects on starch and starch-based products [J]. Carbohydrate Polymers, 2023 (319): 121183.

[21] Lu Z X, Guo W N, Liu C. Isolation, identification and characterization of novel *Bacillus subtilis* [J]. Journal of Veterinary Medical Science, 2018 (80): 427-433.

[22] Montgomery D C. Design and Analysis of Experiments [M]. 3rd ed. New York: John Wiley & Sons, 1991.

[23] O David Sparkman, Zelda E Penton, Fulton G Kitson. 气相色谱与质谱实用指南 [M]. 2版. 北京: 科学出版社, 2013.

[24] Radha S, Gunasekaran P. Cloning and expression of keratinase gene in *Bacillus megaterium* and optimization of fermentation conditions for the production of keratinase by recombinant strain [J]. Journal of Applied Microbiology, 2007, 103 (4): 1301-1310.

[25] Ramachandran G N, Ramakrishnan C, Sasisekharan V. Stereochemistry of polypeptide chain configurations [J]. Journal of Molecular Biology, 1963, 7: 95-99.

[26] Reetz M T, Kahakeaw D, Sanchis J. Shedding light on the efficacy of laboratory evolution based on iterative saturation mutagenesis [J]. Molecular BioSystems, 2009, 5 (2): 115-122.

[27] Silva B, Geraldes F, Murari C. Production and characterization of a milk-clotting protease produced in submerged fermentation by the thermophilic fungus *Thermomucor* indicae-seudaticae N31 [J]. Applied Biochemistry and Biotechnology, 2014, 172 (4): 1999-2011.

[28] Soccol C R, Costa E S F d, Letti L A J, et al. Recent developments and innovations in solid state fermentation [J]. Biotechnology Research and Innovation, 2017 (1): 52-71.

[29] Sørensen H P, Mortensen K K. Advanced genetic strategies for recombinant protein expression in *Escherichia coli* [J]. Journal of Biotechnology, 2005, 115 (2): 113.

[30] Sullivan B, Walton A Z, Stewart J D. Library construction and evaluation for site saturation mutagenesis [J]. Enzyme and Microbial Technology, 2013, 53 (1): 70-77.

[31] Sun Z T, Lonsdale R, Wu L, et al. Structure-guided triple code saturation mutagenesis: effi-

cient tuning of the stereoselectivity of an epoxide hydrolase [J]. ACS Catalysis, 2016, 6 (3): 1590-1597.

[32] Tanyildizi M S, Selen V, Özer D. Optimization of α-amylase production in solid substrate fermentation [J]. Canadian Journal of Chemical Engineering, 2009 (87): 493-498.

[33] Xie Y T, Bai T T, Zhang T, et al. Correlations between flavor and fermentation days and changes in quality-related physiochemical characteristics of fermented *Aurantii fructus* [J]. Food Chemistry, 2023 (429): 136424.

[34] Zhang Y, Xia Y J, Lai P F H. Fermentation conditions of serine/alkaline milk-clotting enzyme production by newly isolated *Bacillus licheniformis* BL312 [J]. Annals of Microbiology, 2019, 69: 1289-1300.

[35] 安卫娟, 安雪姣, 张庆华, 等. 生物工程实验教学改革及安全教学方法初探—以江西农业大学为例 [J]. 轻工科技, 2022, 38 (6): 169-171.

[36] 包启安. 酱油酿造技术 [M]. 北京: 中国轻工业出版社, 2010.

[37] 陈必链. 生物工程设备 [M]. 北京: 科学出版社. 2013.

[38] 陈冠军, 罗贵民, 程玉华. 黑曲霉糖化酶的分离纯化及其性质 [J]. 微生物学报, 1991, 31 (3): 213-220.

[39] 陈红霞, 李翠华. 食品微生物学及实验技术 [M]. 北京: 化学工业出版社, 2008.

[40] 陈静廷, 登攀, 马露, 等. 不同等电点沉淀法和超速离心法提取牛奶乳清蛋白的双向电泳分析 [J]. 食品科学, 2014 (20): 5.

[41] 陈敏, 戴德慧, 高永生. 生物工艺学实验指导 [M]. 杭州: 浙江工商大学出版社, 2014.

[42] 陈駒声. 食醋生产 [M]. 北京: 化学工业出版社. 1988.

[43] 程长平, 陈蔚青, 沈明. 液态深层发酵法生产米醋的研究 [J]. 江苏食品与发酵, 2003, 113 (2): 3-6.

[44] 丛峰松. 生物化学实验 [M]. 上海: 上海交通大学出版社, 2005.

[45] 戴好富, 梅文莉. 天然产物现代分离技术 [M]. 北京: 中国农业大学出版社, 2006.

[46] 戴明辉. 液态深层发酵制醋新工艺的探索 [J]. 中国酿造, 2005, 151 (10): 8-11.

[47] 邓毛程, 王瑶, 李胜. 黑曲霉利用菠萝皮培养基发酵产果胶酶的研究 [J]. 2009, 208 (7): 106-108, 120.

[48] 杜立颖, 冯仁清. 流式细胞术 [M]. 2版. 北京: 北京大学出版社, 2014.

[49] 段开红. 生物工程设备 [M]. 2版. 北京: 科学出版社, 2017.

[50] 傅金泉, 张华山, 姚继承. 中国红曲及其实用技术 [M]. 武汉: 武汉理工大学出版社, 2017.

[51] 葛亮, 李芳. 葡萄酒酿造与检测技术 [M]. 北京: 化学工业出版社, 2013.

[52] 关阳. 以微生物发酵L-乳酸制备聚乳酸实验级工艺条件优化 [D]. 长春: 长春工业大学, 2023.

[53] 关苑, 童凌峰, 童忠东. 啤酒生产工艺与技术 [M]. 北京: 化学工业出版社, 2014.

[54] 郭尧君. 蛋白质电泳实验技术 [M]. 北京: 科学出版社, 2001.

[55] 郭勇. 酶工程原理与技术 [M]. 2版. 北京: 高等教育出版社, 2010.

[56] 韩建春. 酸奶加工技术 [M]. 哈尔滨: 哈尔滨工程大学出版社, 2011.

[57] 何潮洪, 冯霄. 化工原理（上）[M]. 2版. 北京：科学出版社, 2007.

[58] 何国庆, 贾英民, 丁立孝, 等. 食品微生物学 [M]. 2版. 北京：中国农业大学出版社, 2009.

[59] 赫朝灿. 菌种退化的原因、处理措施及菌种保藏探析 [J]. 生物技术世界, 2015 (2): 1.

[60] 侯晓莉, 朱书奎, 许国旺, 等. 分析化学手册 [M]. 3版. 北京：化学工业出版社, 2016.

[61] 胡斌, 江祖成. 色谱-原子光谱/质谱联用技术及形态分析 [M]. 北京：科学出版社, 2005.

[62] 胡晓燕, 张梦业. 生物化学与分子生物学实验技术 [M]. 济南：山东大学出版社, 2005.

[63] 黄俊, 梅乐和, 盛清, 等. γ-氨基丁酸液体发酵过程的条件优化及补料研究 [J]. 高校化学工程学报, 2008, 22 (4): 618-623.

[64] 冀成法, 刘忠, 马鲁南, 等. 重组大肠杆菌高密度、高表达研究进展 [J]. 生物技术, 2022, 32 (2): 246-251.

[65] 贾士儒. 生物反应工程原理 [M]. 3版. 北京：科学出版社, 2009.

[66] 贾士儒. 生物工程专业实验 [M]. 2版. 北京：中国轻工业出版社, 2010.

[67] 江慧芳, 王雅琴, 刘春国. 三种脂肪酶活力测定方法的比较及改进 [J]. 化学与生物工程, 2007, 24 (8): 4.

[68] 金国淼. 干燥设备 [M]. 北京：化学工业出版社. 2002.

[69] 金建忠, 童建颖. 超临界 CO_2 萃取杭白菊挥发油的工艺研究 [J]. 食品科学, 2010, 31 (14): 125-129.

[70] 柯丕余, 黄俊, 胡升, 等. 应用拉氏图信息提高短乳杆菌谷氨酸脱羧酶催化性能 [J]. 生物工程学报, 2016, 32 (1): 31-40.

[71] 李昌厚. 紫外可见分光光度计及其应用 [M]. 北京：化学工业出版社, 2010.

[72] 李德葆, 徐平. 重组DNA的原理和方法 [M]. 杭州：浙江科学技术出版社, 1994.

[73] 李峰. 真空冷冻干燥技术在生物制药方面的应用 [J]. 化工管理, 2017 (6): 132-133.

[74] 李宏亮. 离子交换树脂总交换容量的测定方法 [J]. 新疆有色金属, 2019, 42 (4): 2.

[75] 李华, 王华. 葡萄酒工艺学 [M]. 北京：科学出版社, 2007.

[76] 李似姣. 现代色谱分析 [M]. 北京：国防工业出版社, 2014.

[77] 李铁元, 张平之. 菌种培养技术讲座（五）第五讲 菌种的退化、复壮及保藏 [J]. 食品科学, 1986 (6): 60-64.

[78] 李文魁, 张杰, 谢立诚. 液相色谱-质谱（LC-MS）生物分析手册-最佳实践、实验方案及相关法规 [M]. 北京：科学出版社, 2017.

[79] 李啸, 龚大春, 罗少华. 生物工程专业综合大实验指导 [M]. 北京：化学工业出版社, 2009.

[80] 李馨, 刘吉升, 周玉萍, 等. 生物工程上游技术实验的教学改革与实践 [J]. 实验技术与管理, 2019, 36 (3): 225-228.

[81] 李秀娟. 纳豆抗菌物质提取及抗菌性研究 [D]. 天津：天津科技大学, 2012.

[82] 李秀婷. 现代啤酒生产工艺 [M]. 北京：中国农业大学出版社, 2013.

[83] 李云雁, 胡传荣. 实验设计与数据处理 [M]. 2版. 北京：化学工业出版社, 2008.

[84] 李志勇. 细胞工程实验教程 [M]. 北京：高等教育出版社, 2016.

[85] 立强, 郑文, 钟艺, 等. 抗病毒蛋白 RC28 在大肠杆菌和毕赤酵母中的表达及活性比较 [J]. 中国生物工程杂志, 2017, 37 (1): 14-20.

[86] 梁世忠. 生物工程设备 [M]. 2 版. 北京: 中国轻工业出版社, 2011.

[87] 梁新红, 孙俊良, 唐玉, 等. 黑曲霉糖化酶分离纯化与酶学性质研究 [J]. 河南科技学院学报 (自然科学版), 2011, 39 (4): 24-27.

[88] 梁馨文, 刘振杰, 张菊梅, 等. 高效噬菌体防控食品源单增李斯特菌的研究进展 [J]. 现代食品科技, 2024, 40 (1): 304-311.

[89] 林森. 浙江玫瑰醋纯种发酵技术的研究 [D]. 杭州: 浙江工商大学, 2009.

[90] 刘高强, 王晓玲, 杨青, 等. 冬虫夏草化学成分及其药理活性的研究 [J]. 食品科技, 2007, 32 (1): 202-205.

[91] 刘森. PCR 聚合酶链反应 [M]. 北京: 化学工业出版社, 2009.

[92] 刘学忠, 李慧敏, 王富民, 等. 大鼠肝细胞分离和原代培养的简易方法 [J]. 江苏农业学报, 2009, 25 (1): 222-224.

[93] 刘杨眉, 魏桃员, 王欣, 等. 包埋固定化海洋硅藻吸附材料的制备及其对水中铅离子的吸附特性研究 [J]. 环境科学学报, 2017, 37 (5): 1763-1773.

[94] 刘兆巍, 薛亚平, 郑裕国. 重组大肠杆菌发酵过程中乙酸的控制 [J]. 发酵科技通讯, 2014, 43 (2): 21-26.

[95] 刘志伟, 韩春艳. 生物工程综合性与设计性实验 [M]. 北京: 科学出版社, 2015.

[96] 卢圣栋. 现代分子生物学实验技术 [M]. 2 版. 北京: 中国协和医科大学出版社, 1999.

[97] 吕巍, 李滨. 生物信息学实验教程 [M]. 北京: 高等教育出版社, 2016.

[98] 卯晓岚. 中国蕈菌 [M]. 北京: 科学出版社, 2009.

[99] 牛天贵. 食品微生物学实验技术 [M]. 北京: 科学出版社, 2010.

[100] 欧俊杰, 邹汉法. 液相色谱分离材料-制备与应用 [M]. 北京: 化学工业出版社, 2016.

[101] 裘纪莹, 王未名, 陈建爱, 等. 微生物果胶酶的研究进展 [J]. 中国食品添加剂, 2010, 4: 238-241.

[102] 萨姆布鲁克 J, 拉塞尔 D W. 分子克隆实验指南 [M]. 3 版. 黄培堂, 等, 译. 北京: 科学出版社, 2002.

[103] 沈萍. 微生物学实验 [M]. 3 版. 北京: 高等教育出版社, 1999.

[104] 苏东海. 酱油生产技术 [M]. 北京: 化学工业出版社, 2010.

[105] 苏立强, 郑永杰. 色谱分析法 [M]. 北京: 清华大学出版社, 2012.

[106] 孙明. 基因工程 [M]. 2 版. 北京: 高等教育出版社, 2013.

[107] 孙彦. 生物分离工程 [M]. 2 版. 北京: 化学工业出版社, 2005.

[108] 谭天伟. 生物分离技术 [M]. 北京: 化学工业出版社, 2014.

[109] 汤其群. 生物化学与分子生物学 [M]. 上海: 复旦大学出版社, 2015.

[110] 陶兴无. 生物工程设备 [M]. 北京: 化学工业出版社, 2017.

[111] 汪文俊, 熊海容. 生物工程专业实验教程 [M]. 武汉: 华中科技大学出版社, 2012.

[112] 汪正范, 杨树民, 吴侔天, 等. 色谱联用技术 [M]. 2 版. 北京: 化学工业出版社, 2006.

[113] 王博彦, 金其荣. 发酵有机酸生产与应用手册 [M]. 北京: 中国轻工业出版社, 2000.

[114] 王德喜, 陆峰, 邹惠芬. 真空蒸馏 [M]. 北京: 化学工业出版社, 2014.

［115］王贵学. 生物工程综合大实验［M］. 北京：科学出版社，2013.

［116］王雪冰，赵天瑞，樊建. 食用菌多糖提取技术研究概况［J］. 中国食用菌，2010，29（2）：3-6.

［117］王玉贤. 多酶偶联催化甘油和葡萄糖生产丙酮酸［D］. 济南：山东大学，2021.

［118］韦宇拓. 基因工程原理与技术［M］. 北京：北京大学出版社，2017.

［119］卫生部卫生监督中心卫生标准处. 食品卫生国家标准汇编［S］. 北京：中国标准出版社，2004.

［120］魏群. 生物工程技术实验指导［M］. 北京：高等教育出版社，2002.

［121］吴根福. 发酵工程实验指导［M］. 北京：高等教育出版社，2006.

［122］吴国峰，李国全，马永强. 工业发酵分析［M］. 北京：化学工业出版社，2015.

［123］吴莉，左爱仁. 创新创业背景下生物工程综合性实验教学改革探索［J］. 教育现代化，2019，6（58）：22-23.

［124］吴乃虎. 基因工程原理［M］. 2版. 北京：科学出版社，2002.

［125］吴晓明，曹岚. 我国食醋行业发展现状及趋势［J］. 中国调味品，2012，37（9）：19-21.

［126］夏江，梅乐和，黄俊，等. 神经网络和粒子群算法优化 γ-氨基丁酸发酵培养基的研究［J］. 高校化学工程学报. 2007，21（6）：997-1001.

［127］肖冬光. 微生物工程原理［M］. 北京：中国轻工业出版社，2004.

［128］邢旺兴，宓鹤鸣，陈士景，等. 中药红曲基原真菌的酯酶同工酶分析［J］. 微生物学通报，2000，27（6）：437-440.

［129］徐少萍，刘兆东. 液态醋酸深层发酵通气量的探讨［J］. 食品工业科技，1996（2）：79-81.

［130］杨安钢，刘新平，药立波. 生物化学与分子生物学实验技术［M］. 北京：高等教育出版社，2010.

［131］杨东升，罗先群，李小丽. 生物工程实验教学改革探讨［J］. 广州化工，2020，48（24）：183-185.

［132］杨革. 微生物学实验教程［M］. 2版. 北京：科学出版社，2010.

［133］杨华，周小苗，方亚东，等. 大蒜SOD酶的分离纯化和肝素修饰［J］. 湖南农业科学，2011（7）：3.

［134］杨玉霞. 双向电泳技术在蛋白质组学研究中的应用进展［J］. 浙江农业科学，2011（6）：1415-1416.

［135］杨忠华，左振宇. 生物工程专业实验［M］. 北京：化学工业出版社，2014.

［136］于源华. 生物工程与技术专业基础实验教程［M］. 北京：北京理工大学出版社，2016.

［137］余龙江. 发酵工程原理与技术［M］. 2版. 北京：高等教育出版社，2021.

［138］元云峰，王亦农，宓怀风，等. 离子交换色谱法研究蛋白质与RNA的结合特异性［J］. 离子交换与吸附，2001，17（4）：289-294.

［139］张锦华，王萍，何后军，等. 纳豆提取物和纳豆菌培养液对仔猪肠道菌体外抑菌试验［J］. 江西农业大学学报，2007，29（2）：262-265.

［140］张莉. 纳豆加工工艺的研究和产品开发［D］. 济南：齐鲁工业大学，2012.

［141］张松，黄波，夏学峰，等. 蛋白质亚细胞定位的生物信息学研究［J］. 生物化学与生物物

理进展, 2007, 34 (6): 573-579.

[142] 张玉霞, 孙碧珠. 生物工程综合实验 [M]. 南京: 南京大学出版社, 2022.

[143] 张元嵩. 基于噬菌体识别元件的阪崎克罗诺杆菌特异性检测方法构建及应用 [D]. 扬州: 扬州大学, 2023.

[144] 张正红, 王正朝. 分子生物学实验 [M]. 成都: 电子科技大学出版社, 2020.

[145] 赵金海. 啤酒酿造技术 [M]. 北京: 中国轻工业出版社, 2011.

[146] 赵玉萍, 方芳, 干建松, 等. 应用微生物学实验 [M]. 南京: 南京东南大学出版社, 2022.

[147] 甄会英, 王颉, 李长文, 等. 苹果酸-乳酸发酵在葡萄酒酿造中的应用 [J]. 酿酒科技, 2005 (3): 75-77.

[148] 郑春明. 植物组织培养技术 [M]. 杭州: 浙江大学出版社, 2011.

[149] 郑裕国, 薛亚平. 生物工程设备 [M]. 北京: 化学工业出版社. 2007.

[150] 钟杰, 左泽彦. 菌种保藏方法研究 [J]. 山东化工, 2018 (47): 60-61.

[151] 周德庆, 胡宝龙. 微生物学实验教程 [M]. 2版. 北京: 高等教育出版社, 2006.

[152] 周加祥, 刘铮. 生物分离技术与过程研究进展 [J]. 化工进展, 2000 (6): 38-41.

[153] 朱启忠. 生物固定化技术及应用 [M]. 北京: 化学工业出版社, 2009.

[154] 朱旭芬. 基因工程试验指导 [M]. 2版. 北京: 高等教育出版社, 2010.